Excel
财务宝典

马爱梅 / 编著

中国青年出版社
中国青年电子出版社
http://www.21books.com http://www.cgchina.com

中青雄狮

前　言

Excel 2007 是一款集表格制作、数据计算、图表绘制、数据分析等功能于一身的数据处理软件。财务工作中很多繁琐的报表、预算、核算、分析都能通过 Excel 快速生成，且能够重复使用，对于财务工作者来说 Excel 是一个不可多得的得力助手。本书依托 Excel 在财务工作中的具体应用，通过实例的方式，讲解如何使用 Excel 2007 在财务工作中高效办公。

本书共分为 Excel 基础知识、财务相关小实例、财务综合实例三大部分，共 20 章，由浅入深地全面介绍了 Excel 2007 在出纳、会计、财务管理人员办公中的具体应用。

一、Excel 2007 软件基础操作

本部分详细介绍了 Excel 软件的基础操作和财务人员必须掌握的相关软件知识。

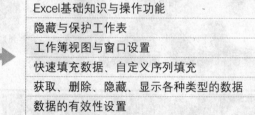

- Excel基础知识与操作功能
- 隐藏与保护工作表
- 工作簿视图与窗口设置
- 快速填充数据、自定义序列填充
- 获取、删除、隐藏、显示各种类型的数据
- 数据的有效性设置

二、小实例讲解 Excel 财务应用

本部分通过小实例详细讲解 Excel 在财务中的数据格式设置、数据计算、数据分析、公式函数处理、自动化处理、审阅打印等应用。

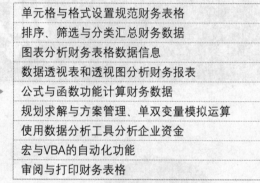

- 单元格与格式设置规范财务表格
- 排序、筛选与分类汇总财务数据
- 图表分析财务表格数据信息
- 数据透视表和透视图分析财务报表
- 公式与函数功能计算财务数据
- 规划求解与方案管理、单双变量模拟运算
- 使用数据分析工具分析企业资金
- 宏与VBA的自动化功能
- 审阅与打印财务表格

三、财务管理综合实例

本部分每章通过一个大的综合实例讲解一个财务方向的数据汇总、计算、分析或报表分析。

- 企业日记账和总账的填写与汇总
- 资产负债表的填制、计算、分析、保护
- 损益分析表中利润、盈亏、成本、费用分析
- 现金流量表的编制、图表分析资金流向、打印
- 企业项目投资管理、财务预算分析
- 企业资金时间价值的计算与分析

本书案例实用，步骤清晰，可面向需要提高 Excel 应用水平的财务人员，也可作为 Excel 会计应用的培训教材，是广大 Excel 使用者不可多得的一本参考书。

本书力求严谨细致，但由于时间有限，书中难免出现疏漏与不妥之处，敬请广大读者批评指正。

作　者

为了便于读者能够快速融入到本书的学习环境中，在随书光盘中为读者配送了多媒体视频教学，随时为读者答疑解惑。同时本书又为读者精心挑选了与财务工作相关的一些报表、函数公式等，便于在工作中随时查阅。

★ Excel 基础操作多媒体视频教学

因读者对 Excel 熟悉的程度不同，为了让大家都能更快捷地学习本书，在光盘中特别配送了多媒体视频教学，便于读者遇到技术难题时直接学习。

Excel工作表的基本操作	Excel的公式与函数
Excel的数据分析工具	在Excel中输入并编辑数据
Excel数据的排序筛选与汇总	Excel工作表页面设置与打印
在Excel中设置个性化工作表	在Excel中创建图表
Excel安全与共享	美化Excel工作表
Excel数据透视表与数据透视图	Excel VBA与宏

★ Excel 常用函数一览表电子书

鉴于在财务计算中会遇到很多公式与函数，光盘中特别配送 Excel 常用函数一览表电子书，遇到不懂的函数或参数设置，读者可以直接查阅。

7个数据库函数	5个文本函数
5个查找与引用函数	11个日期与时间函数
40个财务函数	10个数学与三角函数
2个加载宏和自动化函数	6个信息函数
8个统计函数	5个工程函数

★ 报税流程、常用票据的种类和使用方法（独家赠送）

详细讲解报税活动中各个环节的相关流程，可帮助读者在最短的时间内了解报税活动的主要工作项目和所需手续等内容，避免报税过程中出现环节上的遗漏，反复填报，浪费时间。

常用票据的种类和使用方法中介绍了常用票据的填写方法、填写注意事项，避免财务工作者反复填写还不能达到规范标准，浪费精力。

以上两项内容主要针对财务人员实际动手能力的培养，是财务工作者必备的专业技能。

★ 100 个国家标准财务表格模板

为读者精心安排了财务工作中常用的基本表格模板，读者使用时省去了重新设置表格样式的操作，每个表格都以最优化的模板样式呈现，可以直接应用到财务工作中。

★ 本书所有实例的原始、完成文件

配送学习本书用到的所有原始素材和完成文件，读者可以直接使用；也可以根据自己的实际需求进行借鉴、发挥应用于实际工作中。

目 录

Chapter 05 图表分析财务表格数据信息

Chapter 06 数据透视表（图）分析报表

Chapter 07 公式与函数计算财务数据

Chapter 08 规划求解与方案管理

Chapter 09 单、双变量模拟运算

Contents

Part 03　企业综合实例

Chapter 13 企业日记账和总账表

Contents

Part

01

Excel 基础操作

　　Excel 2007是集数据统计、数据分析、图表制作等功能于一身的专业电子表格处理软件，与以往的版本相比较，Excel 2007的界面发生了很大的改变，功能更加强大。在Excel 2007中，该软件不仅将原有的操作功能进行了保留，在此基础上还新增了多项功能强大的操作和设置，使财务管理人员在处理财务事务时能大大提高办公效率。鉴于Excel强大的财务分析功能，本书首先筛选了一些Excel中最基础的功能作为第一篇的软件基础内容进行介绍，希望您通过本部分的学习，快速掌握Excel 2007的基础功能，为以后的学习做准备。

Excel基础知识与操作功能

Excel 是集数据统计、图表制作等功能于一身的专业电子表格软件，2007版的功能更加强大。本章将先介绍Excel 2007的安装过程，然后再主要介绍Excel 2007的一些基本操作，为以后的公式函数、图表制作以及VBA的操作学习打下基础。

1.1 启动与退出Excel应用程序

Excel是集数据统计、数据分析、图表制作等功能于一身的专业电子表格软件，广泛地应用于财务管理等众多领域。在使用Excel应用程序之前，用户首先需要了解该程序的启动与退出方法，并对打开的应用程序窗口有所了解，本节将就这些知识点分别进行介绍。

1.1.1 启动Excel 2007

当用户需要使用Excel 2007应用程序时，首先需要启动该程序，从而打开相应的工作窗口进行操作处理，下面将为用户介绍多种不同的启动方式，用户可以根据需要选择习惯的方式进行启动。

1. 通过"开始"菜单启动

1 **单击"开始"按钮。** 当用户在计算机中完成Office 2007软件的安装后，会自动添加到"开始"菜单中。此时在Windows XP任务栏中单击"开始"按钮，在弹出的菜单中单击"所有程序"命令，如图1-1所示。

2 **启动应用程序。** 在其级联菜单中单击"Microsoft Office"选项，再单击"Microsoft Office Excel 2007"选项，即可启动 Excel 2007应用程序，如图1-2所示。

🔊 提示

与启动其他应用程序的方法相同，用户可以通过不同的启动方式启动 Excel 2007，当用户启动该应用程序时，将自动创建一个新的工作簿（通过文件图标启动方式启动除外，使用文件图标启动将打开相应的Excel 工作簿文件）。

图 1-1 单击"开始"按钮

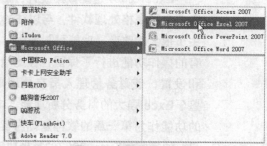

图 1-2 启用 Excel 2007

2. 通过快捷方式图标启动

使用快捷方式图标启动。在桌面上双击Excel 2007快捷方式图标，即可启动 Excel 2007程""序，如图1-3所示。

图 1-3 使用快捷方式图标启动

3. 通过快速启动栏启动

1 **添加快捷方式图标到快速启动栏。** 在桌面上选中Excel 2007快捷方式图标,并拖动鼠标将其移动至任务栏中的快速启动栏中,如图1-4所示。

2 **启动应用程序。** 添加完成后,在快速启动栏中可以看到添加的Excel 2007快捷方式图标,单击该图标即可启动Excel 2007程序,如图1-5所示。

图1-4　添加快捷方式图标

图1-5　启动应用程序

4. 通过Excel文件图标启动

双击图标启动。打开已保存Excel文件的文件夹,双击需要打开的文件图标,即可启动Excel 2007应用程序,如图1-6所示。

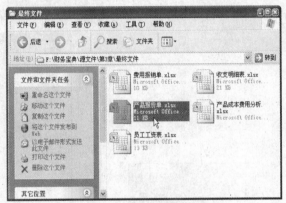

图1-6　通过双击文件图标启动

1.1.2　Excel 2007 操作界面

当用户启动Excel 2007应用程序后,即可打开如图1-7所示的应用程序窗口。在该窗口中用户可以对工作表进行编辑与设置,从而对数据进行分析与处理。

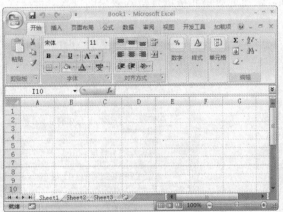

图1-7　Excel 2007 应用程序操作界面

下面分别对应用程序操作界面中的不同组成部分进行说明。

选项卡标签:单击窗口中的标签按钮,即可打开相应的选项卡,在不同的选项卡下为用户提供了多种不同的操作设置选项,如图1-8所示为单击"开始"标签按钮。

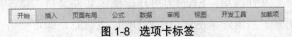

图1-8　选项卡标签

交叉参考

除了 Excel 默认提供的选项卡外，在插入图表、艺术字、图片等对象内容时，还将自动打开相应的选项卡，如"图表工具"上下文选项卡，用户可以在相应的选项卡下对不同的对象内容进行格式效果的设置，关于"图表工具"上下文选项卡的使用，用户可以参见第 5 章第 5.1.2 小节。

功能区选项卡：当用户单击功能区上方的标签后，即可打开相应的功能区选项卡。如图1-9所示即打开了"开始"选项卡，在该区域中用户可以对字体、对齐方式等内容进行设置。

图 1-9　功能区选项卡

组：组显示在选项卡中，如图1-10为"开始"选项卡中的"字体"组，在该组中集成了与字体设置相关的多项操作按钮，用户可以在该组中对单元格中的文本内容进行字体格式效果的设置。

对话框：在Excel 2007中同样保留了对话框功能。当用户需要对单元格进行格式效果的设置时，可以在"字体"组中单击右下角的对话框启动器，即可打开如图1-11所示的"设置单元格格式"对话框，切换到不同的选项卡下对单元格进行格式效果的设置即可。应用相同的方法用户可以在不同的组中打开相应的对话框进行操作设置。

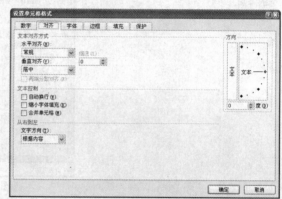

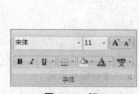

图 1-10　组　　　　　　　　　　　　　　　图 1-11　对话框

库：库是Excel 2007的新增功能，在提供的库中，用户可以直接套用已经设置好的样式效果，以简化对象的操作设置过程。如图1-12所示，在"开始"选项卡下的"样式"组中单击"单元格样式"按钮，即可展开相应的库列表，在该列表中用户可以选择需要应用的样式选项，快速地对单元格进行格式效果的设置。

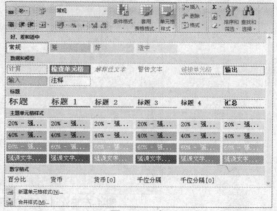

图 1-12　库

提示

在文件菜单中单击"Excel 选项"按钮，可以打开"Excel 选项"对话框，切换到不同的选项卡下，用户可以对 Excel 应用程序进行多项功能与操作习惯的设置。

Office按钮：在Excel操作窗口中单击左上角的Office按钮，即可打开文件菜单，在打开的菜单中用户可以对文档执行新建、保存、打印等操作。

文件菜单：Excel为用户提供了文件菜单，将常用的操作命令集成在该菜单中，如图1-13所示，当用户单击窗口中的Office按钮时，即可展开文件菜单，在该菜单列表中选择需要执行的操作命令即可。

快速访问工具栏：位于Office按钮右侧，在该工具栏中集成了多个常用的按钮，默认状态下包括"保存"、"撤消"、"恢复"按钮。用户也可以根据需要对其进行添加和更改，单击快速访问工具栏右侧的下三角按钮，即可打开"自定义快速访问工具栏"列表，如图1-14所示。在该列表中勾选需要添加的按钮选项，或根据需要添加其他命令按钮。

图 1-13　文件菜单　　　　　　　图 1-14　"自定义快速访问工具栏"列表

标题栏：位于操作界面正上方，用于显示工作簿的标题和类型。

程序窗口操作按钮：位于操作界面右上角，用于设置应用程序窗口的最小化、最大化（向下还原）或关闭窗口。

帮助与工作簿窗口按钮：位于应用程序窗口按钮下方，单击帮助按钮可打开Excel 2007帮助文件，用户可以查找需要帮助解决的问题，工作簿窗口按钮用于对当前工作簿执行窗口最小化、还原窗口（最大化）、关闭操作。

名称框：位于功能区选项卡下方左侧，用于显示当前所在单元格或单元格区域的名称或引用，如图1-15所示。

编辑栏：位于功能区选项卡下方右侧，可直接在此向当前所在的单元格输入数据；在单元格中输入数据内容的同时也会在此显示，如图1-16所示。

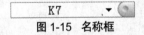
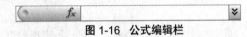

图 1-15　名称框　　　　　　　　　图 1-16　公式编辑栏

工作表编辑区：在工作表编辑区域中用户可以对不同的单元格进行编辑与设置，如图1-17所示。位于编辑区上方的为列标，显示单元格所在的列号；位于编辑区左侧的为行号，用于显示单元格所在的行号。

滚动条：位于编辑区右侧与下方，如图1-18所示。编辑区右侧为垂直滚动条，用于向上或向下调整窗口，从而查看更多行的数据信息；编辑区下方为水平滚动条，用于向左或向右调整窗口，从而查看更多列的数据信息。

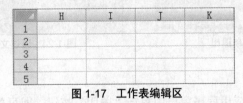

图 1-17　工作表编辑区　　　　　　图 1-18　滚动条

工作表标签：默认情况下一个工作簿中含有三个工作表，如图1-19所示。单击相应的工作表标签即可切换到工作簿中的该工作表下，单击"插入工作表"按钮可在工作簿中插入一个新的空白工作表。

状态栏：位于应用程序窗口下方左侧，用于显示当前的工作状态，如输入、保护等，如图1-20所示。

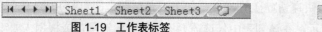

图 1-19 工作表标签

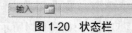

图 1-20 状态栏

提示

单击显示比例区域中的百分比按钮，可打开"显示比例"对话框，在该对话框中用户可以自定义窗口的显示比例。

视图按钮：位于状态栏右侧，单击需要显示的视图类型按钮，即可切换到相应的视图方式下，对工作表进行查看，如图1-21所示。

显示比例：位于视图按钮右侧，用于设置工作表区域的显示比例，用户可以通过拖动滑块来快速调整工作表显示比例的大小，如图1-22所示。

图 1-21 视图按钮

图 1-22 显示比例

1.1.3 退出与关闭 Excel 2007

退出Excel 2007与关闭Excel 2007相似，因此本节在介绍如何退出Excel 2007应用程序的同时，为用户介绍如何将打开的工作簿窗口关闭。其具体的操作与方法有多种，用户可以根据需要选择习惯的方式进行操作。

1. 通过文件菜单退出

单击"退出Excel"按钮。在窗口中单击左上角的Office按钮，在打开的菜单中单击"退出Excel"按钮，如图1-23所示，即可退出当前应用程序。

2. 通过文件菜单关闭

单击"关闭"命令。在窗口中单击左上角的Office按钮，在打开的菜单中单击"关闭"命令，即可关闭当前打开的Excel工作簿，与直接退出Excel工作窗口不同，这里只关闭工作簿不退出Excel应用程序，如图1-24所示。

图 1-23 通过文件菜单退出

图 1-24 通过文件菜单关闭

3. 通过窗口按钮退出

单击"关闭"按钮。在应用程序窗口中单击"关闭"按钮，即可关闭当前工作簿，退出Excel应用程序，如图1-25所示。

4. 通过窗口按钮关闭

单击"关闭窗口"按钮。在窗口中的工作簿窗口操作按钮中单击"关闭窗口"按钮，即可关闭当前工作簿，如图1-26所示，但不退出Excel应用程序。

图 1-25　通过窗口按钮退出

图 1-26　通过窗口按钮关闭

5. 通过窗口快捷菜单关闭

单击"关闭"选项。在打开的工作簿窗口上方标题栏位置处单击鼠标右键，在弹出的快捷菜单中单击"关闭"选项，即可关闭当前工作簿，如图1-27所示。

6. 通过任务栏菜单关闭

单击"关闭"选项。在桌面任务栏中需要关闭的工作簿标签上单击鼠标右键，在弹出的快捷菜单中单击"关闭"选项，即可关闭当前工作簿，如图1-28所示。

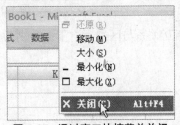

图 1-27　通过窗口快捷菜单关闭

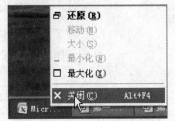

图 1-28　通过任务栏菜单关闭

技术扩展　**Excel 2007应用程序的卸载**

在Windows操作系统中，如果用户需要将安装的Excel 2007应用程序删除，只要运行Windows操作系统中的"添加或删除程序"，再根据Office 2007的卸载向导进行操作即可，下面为用户介绍其具体的操作步骤与方法：

❶ 单击任务栏中的"开始"按钮，在弹出的菜单中单击"控制面板"选项。

❷ 打开"控制面板"窗口，双击"添加或删除程序"图标。

❸ 弹出"添加或删除程序"窗口，在左侧单击"更改或删除程序"选项，在"当前安装的程序"列表中单击"Microsoft Office Professional Plus 2007"选项右侧的"更改"按钮。

❹ 弹出更改Office 2007的对话框，在其中单击"添加或删除功能"单选按钮，再单击"继续"按钮。

❺ 进入"安装选项"界面后，单击Microsoft Office Excel选项左侧的下三角按钮，在弹出的列表中选择"不可用"选项，再单击"继续"按钮进入"配置进度"界面，进行Excel 2007的删除操作，同时显示进度条，完成Excel 2007软件的卸载后，提示用户已完成Microsoft Office Professional Plus 2007配置，再单击"关闭"按钮即可。

1.2 工作簿与工作表操作

在使用Excel对电子表格内容进行编辑计算时，首先需要了解一些基础的工作簿与工作表操作与设置方法。在Excel中，工作簿与工作表的区别在于，工作簿是由工作表组成的，默认情况创建的工作簿含有三个空白工作表，用户编辑的内容作为工作簿进行保存，打开工作簿时，可以在不同的工作表中对表格内容进行编辑修改，如图1-29所示为工作簿窗口，用户可以在标题栏中查看当前工作簿的名称。如图1-30所示为工作表窗口，用户可以在此对具体的表格内容进行编辑。

图1-29 工作簿窗口

图1-30 工作表窗口

在了解了工作簿与工作表的相互关系与区别后，下面分别为用户介绍工作簿与工作表的基础操作与设置方法。

1.2.1 新建Excel工作簿

在编辑工作簿的过程中，用户常常需要创建新的工作簿来完成多个表格内容的编辑。在新建工作簿时，用户可以根据需要创建不同类型的电子表格，下面为用户介绍如何新建工作簿。

1. 新建空白工作簿

🔊 提示

用户可以使用快捷键快速新建 Excel工作簿，按键盘中的 Ctrl+N 键即可。

1 单击"新建"命令。在窗口中单击左上角的Office按钮，在打开的菜单中单击"新建"命令，如图1-31所示。

2 选择模板类型。打开"新建工作簿"对话框，在"模板"列表中单击"空白文档和最近使用的文档"选项，如图1-32所示。

图1-31 单击"新建"命令

图1-32 新建空工作簿

3 选择工作簿。在"空白文档和最近使用的文档"列表中单击"空工作簿"选项，再单击"创建"按钮，如图1-33所示。

4 新建空白工作簿。此时自动创建一个新的工作簿，并以"Book+序号"的形式进行命名，如图1-34所示。

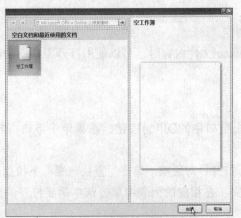

图 1-33　选择工作簿　　　　　　　　　　　图 1-34　新建空白工作簿

2. 通过模板创建电子表格

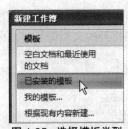

提示

如果用户保存了自定义的模板内容，则可以使用"新建工作簿"对话框中的"已安装的模板"功能，打开"我的模板"对话框，选择需要使用的模板类型进行创建。

1 **选择模板类型。**再次通过Office菜单中的"新建"命令打开"新建工作簿"对话框，在"模板"列表中单击"已安装的模板"选项，如图1-35所示 。

2 **选择模板。**在"已安装的模板"列表中单击"贷款分期付款"选项，在右侧区域预览选择的模板样式，再单击"创建"按钮，如图1-36所示。

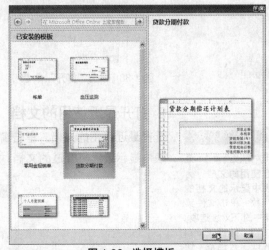

图 1-35　选择模板类型　　　　　　　　　图 1-36　选择模板

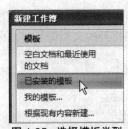

提示

新建工作簿与插入工作表的区别在于，插入工作表指在当前工作簿中插入一个新的工作表。

3 **创建电子表格。**此时可以看到创建了选定样式的电子表格，用户可以使用该功能简化表格的编辑过程，直接对表格数据进行统计与计算，如图1-37所示。

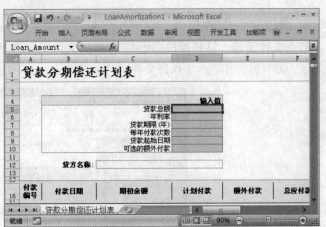

图 1-37　创建电子表格

1.2.2 打开Excel工作簿

当用户需要打开已有的Excel文件内容时，可以使用打开工作簿功能，下面为用户介绍不同的文件打开方式。

1. 通过菜单命令打开

1 **单击"打开"命令。** 单击窗口中的Office按钮，在菜单中单击"打开"命令，如图1-38所示。

2 **选择打开的文件。** 打开"打开"对话框，单击"查找范围"下拉列表按钮，在展开的列表中指定打开文件所在的文件夹，在相应的列表中单击选中需要打开的文件，再单击"打开"按钮，如图1-39所示。

提示

用户可以使用快捷键快速打开"打开"对话框，按键盘中的 Ctrl+O 键即可。

图 1-38 单击"打开"命令

图 1-39 选择打开的文件

2. 打开最近使用的文档

选择最近使用的文档。单击窗口中的Office按钮，在打开菜单中右侧的"最近使用的文档"列表中显示最近打开过的文档，单击需要打开的文档即可，如图1-40所示。

提示

用户可以设置在"最近使用的文档"列表中显示的文档的个数，单击文件菜单中的"Excel 选项"按钮，打开"Excel选项"对话框，切换到"高级"选项面板下，在"显示"区域中设置最近使用的文档个数的值，再单击"确定"按钮即可。

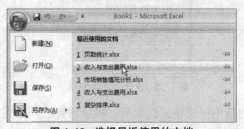

图 1-40 选择最近使用的文档

3. 通过文件图标打开

双击文件图标。打开存放Excel工作簿的文件夹，再双击需要打开的文件图标，如图1-41所示，即可打开相应的工作簿文件。

图 1-41 双击文件图标

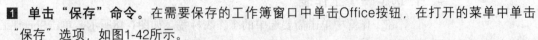

1.2.3 保存Excel工作簿

在完成工作簿的编辑后，用户常常需要对工作簿进行保存，以方便下次的使用与编辑。在编辑的过程中，为了避免数据的丢失，用户也可以间隔性地对工作簿进行保存，从而帮助数据更好地保存。

1 **单击"保存"命令。**在需要保存的工作簿窗口中单击Office按钮，在打开的菜单中单击"保存"选项，如图1-42所示。

2 **选择保存位置。**打开"另存为"对话框，单击"保存位置"右侧的下拉按钮，在展开的下拉列表中选择需要保存的路径位置，如图1-43所示。

图 1-42 单击"保存"命令

图 1-43 选择保存位置

3 **设置文件名。**在"另存为"对话框中的"文件名"文本框中输入需要保存的文件名称，如图1-44所示。

4 **设置保存类型。**单击"另存为"对话框中"保存类型"右侧的下拉按钮，在展开的下拉列表中单击选择合适的保存类型，在此保持默认的类型，如图1-45所示。

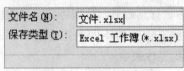

图 1-44 设置文件名

图 1-45 设置保存类型

5 **保存文件。**完成保存选项的设置后，单击"另存为"对话框中的"保存"按钮即可，如图1-46所示。

6 **查看保存文件。**打开保存文件所在的文件夹，此时可以看到保存的文件用定义的文件名，以图标的形式进行保存，如图1-47所示。

图 1-46 保存文件

图 1-47 查看保存文件

1.2.4 选定工作表

用户可以使用工作表标签对工作表进行操作，下面首先为用户介绍如何选定工作簿中不同的工作表。

1. 选定一个工作表

在工作簿中单击需要选中的工作表标签。如图1-48所示，单击Sheet1工作表标签，即选中该工作表。

2. 选定多个工作表

在工作簿中按住Ctrl键的同时单击需要选定的多个工作表标签，使其呈工作组状态，如图1-49所示，即选中了Sheet1和Sheet3工作表，在工作表标题处可以看到此时呈工作组状态。

图 1-48　选定一个工作表　　　　　　图 1-49　选定多个工作表

1.2.5 切换与重命名工作表

在编辑工作表时，如果一个工作簿中同时含有多个工作表，为了方便用户的查看与使用，可以根据需要对工作表标签名称进行重命名，分别将其定义为相应内容的名称。

1 **切换工作表**。当用户需要切换到工作簿中不同的工作表时，单击相应的工作表标签即可，如图1-50所示，即切换到Sheet2工作表中。

2 **重命名工作表**。在需要重命名的工作表标签位置上单击鼠标右键，在弹出的快捷菜单中单击"重命名"选项，如图1-51所示。

图 1-50　切换工作表　　　　　　　图 1-51　重命名工作表

3 **工作表标签呈可编辑状态**。此时工作表标签呈可编辑状态，用户也可以直接在需要重命名的工作表标签位置上双击鼠标左键，同样可以切换到该状态下，如图1-52所示。

4 **更改名称**。此时输入需要定义的工作表名称即可，如图1-53所示。

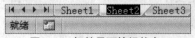　　　　　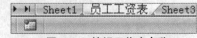

图 1-52　标签呈可编辑状态　　　　　图 1-53　编辑工作表名称

1.2.6　插入与删除工作表

在编辑工作簿的过程中，用户可以根据需要插入新的工作表，也可以将工作簿中多余的工作表进行删除，下面为用户分别介绍插入与删除工作表的具体操作方法。

1 插入工作表。 在工作表标签位置处单击"插入工作表"按钮，如图1-54所示，即可快速插入一个新的空白工作表。

2 插入新工作表。 此时可以看到插入的新工作表，将按"Sheet+数字"的形式自动进行命名，如图1-55所示。

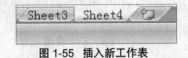

图 1-54　插入工作表　　　　　　　　　　　　　　图 1-55　插入新工作表

提示

用户可以使用快捷键快速插入新的工作表，按键盘中的Shiftl+F11键即可。

3 插入工作表。 用户还可以使用菜单命名插入新工作表，在Sheet1工作表标签位置上单击鼠标右键，在弹出的快捷菜单中单击"插入"选项，如图1-56所示。

4 选择工作表类型。 打开"插入"对话框，切换到"常用"选项卡下，单击"工作表"选项，再单击"确定"按钮，如图1-57所示。

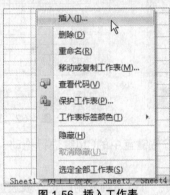

图 1-56　插入工作表

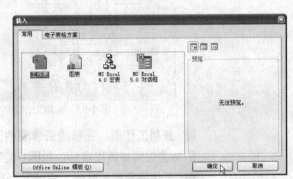

图 1-57　选择工作表类型

5 显示插入的工作表。 在选定工作表左侧显示新插入的工作表，如图1-58所示。

6 删除工作表。 如果用户需要删除工作表，在相应的工作表标签位置上单击鼠标右键，在弹出的菜单中单击"删除"选项，如图1-59所示。

提示

当用户在工作簿中直接删除空白工作表时，将不会弹出提示对话框，可直接将选定的工作表进行删除。

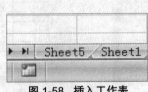

图 1-58　插入工作表

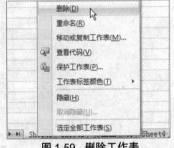

图 1-59　删除工作表

7 提示确定删除。 如果被删除的工作表中含有数据内容，则会弹出提示对话框，询问用户是否删除，单击"删除"按钮，确定删除，如图1-60所示。

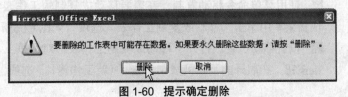

图 1-60　提示确定删除

1.2.7 移动与复制工作表

Excel中的工作表可以按用户的需要进行移动与复制，从而帮助用户提高制作表格的效率。用户可以在同一工作簿或不同工作簿之间进行移动与复制操作，下面介绍其具体的操作方法。

1. 在同一工作簿中移动与复制

1 **移动工作表**。打开源文件\第1章\原始文件\产品报价单.xlsx工作簿，选中工作表标签"产品报价单"，按下鼠标左键拖动鼠标在标签位置处进行移动，移动到需要放置的位置处释放鼠标，如图1-61所示。

2 **工作表被移动**。此时可以看到工作表被移动到指定的位置处，如图1-62所示。

图1-61 移动工作表

图1-62 工作表被移动

3 **复制工作表**。在移动工作表的同时按住键盘中的Ctrl键进行拖动，在需要放置复制工作表的标签位置处释放鼠标，如图1-63所示。

4 **工作表复制后效果**。完成复制操作后，可以看到复制的工作表放置在指定的位置处，如图1-64所示。

图1-63 复制工作表

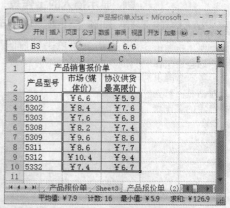

图1-64 工作表复制后效果

2. 在不同工作簿中移动或复制工作表

1 **使用菜单命令移动复制**。在需要移动或复制的工作表标签位置上单击鼠标右键，在弹出的快捷菜单中单击"移动或复制工作表"选项，如图1-65所示。

2 **设置移动位置**。打开"移动或复制工作表"对话框，单击"将选定工作表移至工作簿"下拉按钮，在展开的下拉列表中单击"（新工作簿）"选项，如图1-66所示。

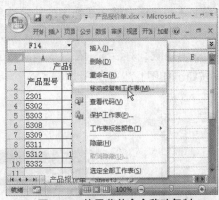

图 1-65　使用菜单命令移动复制

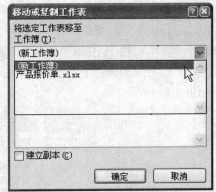

图 1-66　设置移动位置

3 建立副本。指定移动位置后,勾选"建立副本"复选框,再单击"确定"按钮,如图1-67
所示。

4 工作表被复制。此时可以看到选定的工作表被复制到新的工作簿中,如图1-68所示。

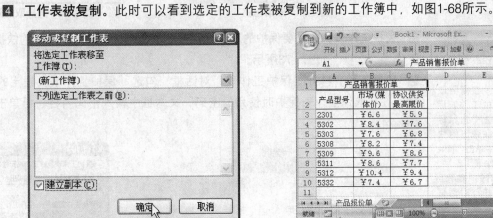

图 1-67　建立副本

图 1-68　工作表被复制

1.2.8　隐藏与保护工作表

在编辑工作簿时,如果用户需要将其中的工作表隐藏,则可以设置将工作表隐藏。当用
户需要避免他人对工作表内容进行编辑修改时,则可以对工作表进行保护,保护后的工作表
将作为只读文件不被他人所编辑修改。

1 隐藏工作表。打开源文件\第1章\原始文件\产品报价单.xlsx,在需要隐藏的工作表标签上单
击鼠标右键,在弹出的快捷菜单中单击"隐藏"选项,如图1-69所示。

2 工作表被隐藏。此时在工作表标签位置处可以看到选定的工作表已被隐藏,如图1-70
所示。

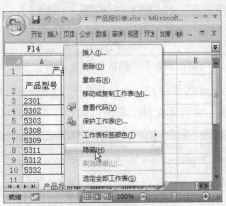

图 1-69　隐藏工作表

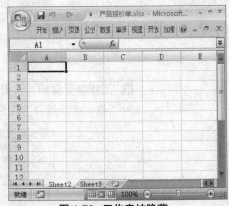

图 1-70　工作表被隐藏

3 **取消隐藏。**在工作表标签位置上单击鼠标右键,在弹出的快捷菜单中单击"取消隐藏"选项,如图1-71所示。

4 **选择取消隐藏工作表。**打开"取消隐藏"对话框,在"取消隐藏工作表"列表中选择需要显示的工作表,再单击"确定"按钮,如图1-72所示。

图1-71 取消隐藏

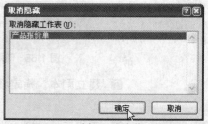

图1-72 选择取消隐藏工作表

5 **保护工作表。**在需要保护的工作表标签上单击鼠标右键,在弹出的快捷菜单中单击"保护工作表"选项,如图1-73所示。

6 **设置密码。**打开"保护工作表"对话框,勾选"保护工作表及锁定的单元格内容"复选框,在"取消工作表保护时使用的密码"文本框中输入密码内容,再单击"确定"按钮,如图1-74所示。

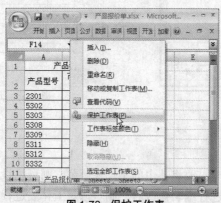

图1-73 保护工作表

图1-74 设置密码

7 **确认密码。**打开"确认密码"对话框,在"重新输入密码"文本框中再次输入设置的密码内容,并单击"确定"按钮,如图1-75所示。

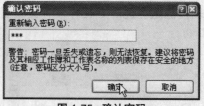

图1-75 确认密码

8 **工作表受保护。**设置完成后工作表受保护,此时用户对工作表进行编辑修改时,会弹出提示对话框,提示用户工作表受保护,为只读文件,单击"确定"按钮即可,如图1-76所示。

图1-76 提示工作表受保护

技术扩展　**设置工作表标签颜色**

　　Excel默认的工作表标签颜色都是相同的，为了加以区别，用户可以为不同的工作表标签设置不同的颜色，其具体的操作方法如下：

❶ 在需要设置的工作表标签上单击鼠标右键。

❷ 在弹出的快捷菜单中单击"工作表标签颜色"选项。

❸ 在展开的级联菜单中单击需要应用的颜色选项，也可以单击"其他颜色"选项，打开"颜色"对话框，选择需要设置的颜色选项，再单击"确定"按钮，即可完成工作表标签颜色的设置。

1.3 工作簿视图与窗口设置

　　在查看工作簿的过程中，用户可以切换到不同的视图方式中，对工作表内容进行查看，从而方便用户更好地对数据信息进行浏览与查阅，同时用户还可以在某些特定的视图方式下预览工作表的打印效果。

　　当用户需要设置工作簿的不同视图方式时，可以切换到"视图"选项卡下，在"工作簿视图"组中设置不同的视图方式，如图1-77所示。

- 普通视图：切换到默认的普通视图方式下对工作表内容进行查看。
- 页面布局：切换到页面布局方式下查看工作表的打印效果，在该视图方式下用户可以查看页面的起始位置和结束位置，并可查看页眉和页脚内容。
- 分页预览：切换到该视图方式中查看工作表打印时的分页位置。
- 自定义视图：可打开"视图管理器"对话框，添加自定义的视图方式，并可用于工作表的视图查看。
- 全屏显示：切换到全屏幕视图方式下查看工作表内容。

图 1-77　工作簿视图设置

🔊 提示

用户可以为打开的工作簿创建一个新的窗口，单击"窗口"组中的"新建窗口"按钮，即可为当前工作簿创建一个相同的窗口，用户可以在该窗口中对工作簿进行编辑与设置，其所有操作设置同样作用于原工作簿中，新建的工作簿窗口方便用户对数据内容进行对比查看。

　　用户除了可以对工作簿的视图方式进行设置外，还可以对工作簿窗口效果进行设置。如设置窗口的冻结、拆分、隐藏等效果。

　　切换到"视图"选项卡下，在"窗口"组中为用户提供了多项窗口操作设置功能，用户可以根据需要对窗口进行设置，如图1-78所示。

- 新建窗口：为当前工作簿创建一个相同的窗口，方便用户比较分析，在任意窗口中对表格数据进行更改时，将同时作用于另一个窗口，新建的窗口与原窗口是相互关联的。
- 全部重排：打开"重排窗口"对话框，设置将同时打开的多个工作簿窗口按指定的方式进行重新排列。
- 冻结窗格：设置工作表中某一指定位置处的单元格被冻结，冻结单元格将始终显示在窗口中。
- 拆分：将工作簿窗口拆分为多个大小可调的小窗口，方便用户对数据的查看与比较。
- 隐藏：隐藏当前工作簿窗口。
- 取消隐藏：指定已隐藏的工作簿重新显示。
- 并排查看：并排查看两个工作表，以比较其中的数据信息。
- 同步滚动：将并排查看的两个工作表同时滚动浏览。

- 重设窗口位置：重新设置正在并排比较的两个工作表，使其平分屏幕。
- 保存工作区：将所有窗口的当前布局保存为工作区，以便以后还原该布局。
- 切换窗口：同时打开多个工作簿时，使用该功能切换到不同的工作簿中进行查看。

图 1-78　窗口设置

1.3.1　不同视图方式的切换

光盘路径

原始文件：
源文件\第1章\原始文件\员工工资表.xlsx

在查看工作簿内容时，用户可以根据需要切换到不同的视图方式下进行查看，从而方便用户对工作表内容进行查阅与编辑。下面为用户介绍如何在不同的视图方式中进行切换。

1 **普通视图。** 打开源文件\第1章\原始文件\员工工资表.xlsx工作簿，默认情况下工作簿以普通视图方式进行显示，用户可以在该视图方式下对表格内容进行编辑与查看，如图1-79所示。

2 **设置页面布局。** 切换到"视图"选项卡下，在"工作簿视图"组中单击"页面布局"按钮，如图1-80所示。

图 1-79　普通视图

图 1-80　设置页面布局

提示

在页面布局视图方式下，用户可以在该页面中的"单击可添加页眉"区域中编辑页眉内容，使工作表在打印时显示更好的页面效果。

3 **页面布局视图。** 此时工作簿切换到页面布局视图方式下，用户可以在该视图下查看工作表的打印页面，并可在该视图中为页面添加页眉页脚内容，如图1-81所示。

4 **设置分页预览。** 切换到"视图"选项卡下，在"工作簿视图"组中单击"分页预览"按钮，如图1-82所示。

图 1-81　页面布局视图

图 1-82　设置分页预览

提示

用户可以在窗口下方的状态栏中单击视图方式按钮，快速地进行视图方式的切换。

5 分页预览视图。切换到分页预览视图方式下，用户可以在该视图中查看工作表打印时的分页位置，如图1-83所示。

6 设置全屏显示。切换到“视图”选项卡下，在“工作簿视图”组中单击“全屏显示”按钮，如图1-84所示。

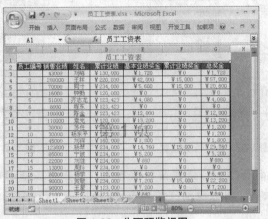

图 1-83 分页预览视图

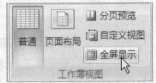

图 1-84 设置全屏显示

提示

如果用户需要快速地退出全屏视图方式，按键盘中的Esc键即可。

7 全屏显示视图。切换到全屏显示页面视图方式下，用户可以在全屏幕的视图方式下查看工作表内容，如图1-85所示。

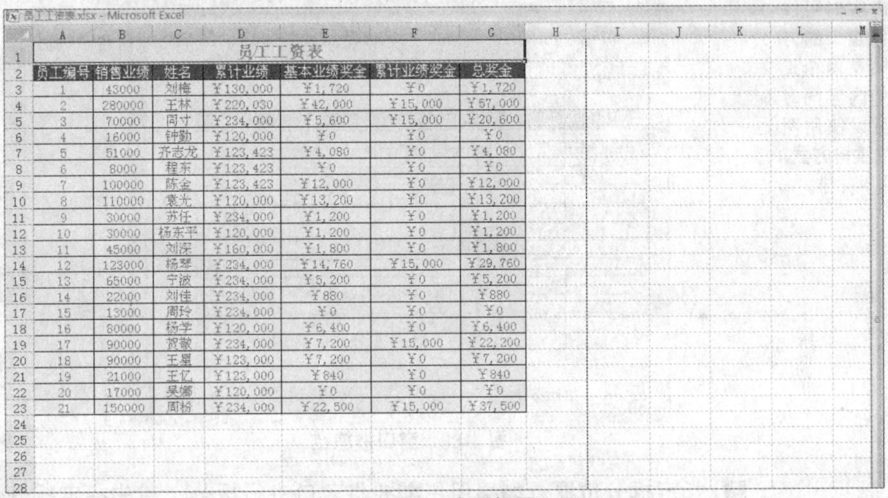

图 1-85 全屏视图

1.3.2 窗口的拆分与冻结

如果工作表中含有大量数据内容，在查看时容易出现看错的情况，此时则可以设置窗口的冻结效果。在编辑查看工作表的过程中，Excel为用户提供了拆分窗口功能，用户可以将窗口拆分为四个部分。在四个部分中用户都可以通过拖动滚动条的方法来查看工作表中的数据内容。窗口的设置功能使工作簿的查看更为方便，下面为用户介绍如何对窗口进行操作与设置。

1 指定冻结位置。打开原始文件员工工资表.xlsx，选中B3单元格作为冻结窗格的单元格，如图1-86所示。

2 冻结拆分窗格。切换到“视图”选项卡下，在“窗口”组中单击“冻结窗格”按钮，在展开的列表中单击“冻结拆分窗格”选项，如图1-87所示。

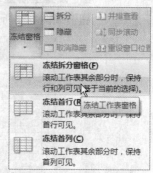

图 1-86　指定拆分位置　　　　图 1-87　冻结拆分窗格

3 **窗口被冻结。**此时在指定位置处窗口被冻结，用户可以拖动垂直滚动条和水平滚动条来查看工作表中的数据，可以看到冻结的单元格始终显示在窗口中，不被隐藏，如图1-88所示。

4 **取消冻结窗口。**如果用户需要取消窗口的冻结，再次单击"冻结窗格"按钮，在展开的列表中单击"取消冻结窗格"选项，如图1-89所示。

提示

在同一工作表中不方便显示表格右侧和下边的内容时可以使用冻结窗口的方法，如果是两个工作表中的内容同时显示，可以使用两个表格的重排方式，垂直或水平并排。

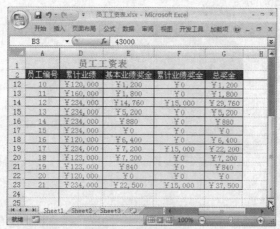

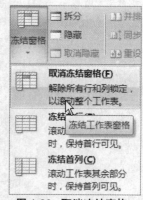

图 1-88　窗口被冻结　　　　图 1-89　取消冻结窗格

5 **指定拆分位置。**如果用户需要将窗口进行拆分，首先指定拆分位置，在此单击选中D7单元格，如图1-90所示。

6 **设置拆分。**在"窗口"组中单击"拆分"按钮，如图1-91所示。

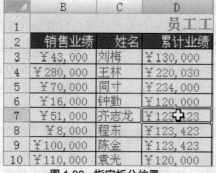

图 1-90　指定拆分位置　　　　图 1-91　设置拆分

提示

如果是多工作簿之间的内容比较，可使用"重排窗口"的"平铺"功能。

7 **窗口被拆分。**此时窗口在指定位置处被拆分为四个小窗口，用户可以分别在这四个小窗口中查看工作表中的数据，并进行对比与分析，大大地方便了用户对数据信息的查看与比较，如图1-92所示。

⑧　**隐藏窗口**。如果用户需要将当前工作簿进行隐藏，则在"窗口"组中单击"隐藏"按钮，如图1-93所示。

图 1-92　窗口被拆分　　　　　　　　　　图 1-93　隐藏窗口

⑨　**窗口被隐藏**。此时可以看到工作簿在窗口中被隐藏，如图1-94所示。

⑩　**取消隐藏**。如果用户需要取消对工作簿的隐藏设置，则在"窗口"组中单击"取消隐藏"按钮，如图1-95所示。

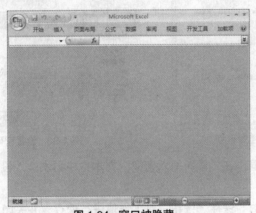

图 1-94　窗口被隐藏　　　　　　　　　　图 1-95　取消隐藏

⑪　**选择工作簿**。打开"取消隐藏"对话框，在"取消隐藏工作簿"列表中选中需要取消隐藏的工作簿，再单击"确定"按钮，即可设置将工作簿重新显示，如图1-96所示。

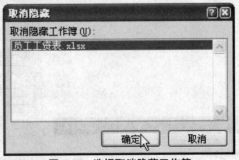

图 1-96　选择取消隐藏工作簿

技术扩展 **工作簿的加密保护**

用户可以使用"审阅"选项卡下"更改"组中的"保护工作簿"功能对工作簿内容进行保护。除此之外，如果用户需要设置避免他人随意地查看工作簿内容，则可以为工作簿添加密码，设置其为加密文档，当用户需要查看加密工作簿时，需要输入正确的密码才可打开相应的工作簿进行查看。其具体的操作与设置方法如下：

❶ 打开需要加密的工作簿，单击窗口左上角的Office按钮，在打开的菜单中单击"准备"命令，在级联菜单中单击"加密文档"命令。

❷ 打开"加密文档"对话框，在"密码"文本框中输入需要设置的密码内容123，再单击"确定"按钮。

图1-97 打开加密文档对话框

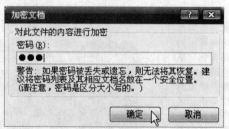

图1-98 设置密码

❸ 打开"确认密码"对话框，在"重新输入密码"文本框中再次输入设置的密码内容123，再单击"确定"按钮。

❹ 单击快速访问工具栏中的"保存"按钮，对工作簿进行保存，并关闭当前工作簿。

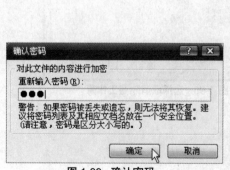

图1-99 确认密码

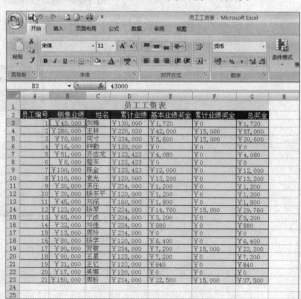

图1-100 保存加密文档

❺ 再次打开该工作簿时，会弹出"密码"对话框，要求用户输入正确的密码内容，以打开工作簿进行查看。

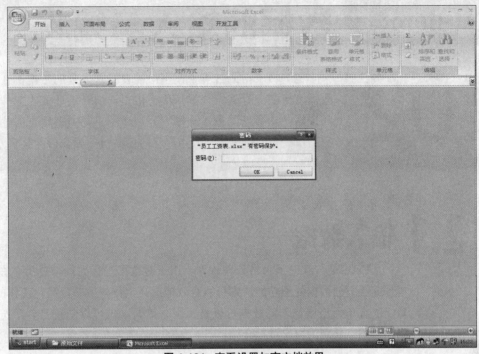

图 1-101　查看设置加密文档效果

如果用户需要取消工作簿的加密设置，则再次单击Office按钮，在打开的菜单中单击"准备"命令，在级联菜单中单击"加密文档"命令，在打开的"加密文档"对话框中删除已设置的密码内容即可。

Chapter 02 数据的输入与编辑

在编辑表格的过程中，用户需要输入大量的数据，在输入数据后，常常还会需要对其进行编辑，本章将为用户详细介绍如何在工作表中对数据进行输入与编辑。从数据的输入开始，分别介绍不同类型数据的输入方法，再深入到数据的修改与编辑操作，为用户学习后面财务类表格的编辑处理奠定基础。

2.1 输入数据

Excel是一款电子表格处理软件，用于对数据进行处理与分析。在财务管理与实务中，发挥其强大的数据处理功能，则可以有效地提高工作的效率，简化工作的繁琐性。

在单元格中输入的数据可以是文字、数据，也可以是符号、字符串等内容。本节将就这些知识点分别为用户进行介绍。

2.1.1 输入文本

在编辑表格内容时，常常需要在单元格中输入大量的文本信息，用以直观地表达表格数值所显示的内容。在输入文本内容时，用户可以使用不同的操作方法进行输入，下面为用户介绍四种不同的输入方法。

1. 在编辑栏中输入

用户可以在编辑栏中输入需要添加的文本内容，输入的数据将显示在选定的单元格中。

1 选定单元格。新建一个工作簿，在Sheet1工作表中选中A3单元格，如图2-1所示。

2 在编辑栏输入。在编辑栏中输入需要添加的文本信息，如图2-2所示。

> **提示**
>
> 在输入数据时，按键盘中的Shift+Tab键向左激活与当前单元格相邻的单元格；按Shift+Enter键向上激活与当前单元格相邻的单元格；按Enter键向下激活与当前单元格相邻的单元格。

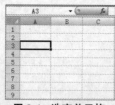

图2-1　选定单元格

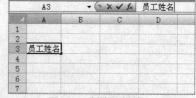

图2-2　在编辑栏输入

3 完成输入。输入完成后按下键盘中的Enter键完成输入，并自动跳转到下一单元格，如图2-3所示。

4 查看数据。输入完成后，再次选中A3单元格，在编辑栏中可查看与修改输入的数据内容，如图2-4所示。

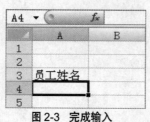

图2-3　完成输入

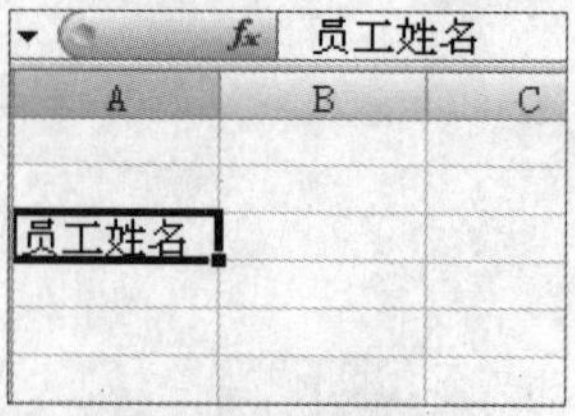

图2-4　查看数据

2. 在单元格中输入

用户可以直接在选定的单元格中输入需要添加的文本内容,其具体的操作方法如下。

1 **输入数据**。选中B3单元格,输入需要添加的文本内容,如图2-5所示。

2 **完成输入**。输入完成后按下键盘中的Enter键完成输入,如图2-6所示。

图2-5 输入数据

图2-6 完成输入

3. 在多个单元格中同时输入

如果用户需要在多个单元格中同时输入相同的数据内容,则可以按如下方法进行输入操作。

1 **选定多个单元格**。按住键盘中Ctrl键的同时单击选中B4、B6、B8单元格,如图2-7所示。

2 **输入数据**。选定多个单元格后,输入需要添加的文本信息,如图2-8所示。

图2-7 选定多个单元格

图2-8 输入数据

3 **完成输入**。输入完成后按键盘中的Ctrl+Enter键完成输入,此时可以看到选定的多个单元格中同时输入了相同的数据内容,如图2-9所示。

图2-9 完成输入

4. 在多个工作表中同时输入

用户可以在同一个工作簿中不同的工作表中同时输入相同的数据内容,其具体的操作方法如下。

1 **选定多个工作表**。新建一个工作簿,按住Ctrl键的同时单击工作表标签,同时选中三个工作表,此时工作表呈工作组状态,如图2-10所示。

2 **输入数据**。选定A1单元格,输入需要添加的文本数据,如图2-11所示。

交叉参考

用户可以参见第1章第1.2.4节中选定工作表的操作。

图2-10 选定多个工作表

图2-11 输入数据

3 **查看工作表**。输入完成后单击Sheet2工作表标签，切换到该工作表中，可以看到在A1单元格中同样输入了相同的数据内容，如图2-12所示。

4 **查看数据**。单击Sheet3工作表标签，切换到该工作表中，可以看到在A1单元格中同样输入了相同的数据内容，如图2-13所示。

图2-12　查看工作表

图2-13　查看数据

2.1.2　输入以0开头的数据

当用户在单元格中输入以0开头的数据内容时，常常发现输入的0会隐藏显示，如果需要设置将其显示在单元格中，则可以使用下面的输入方法。

1 **选定单元格**。打开源文件\第2章\原始文件\报销单.xlsx，选定B1单元格，如图2-14所示。

2 **输入数据**。在选定单元格中输入"'0001"，如图2-15所示。

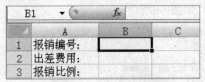

图2-14　选定单元格

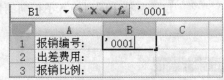

图2-15　输入数据

3 **完成输入**。输入完成后按键盘中的Enter键完成输入，此时可以看到选定的B2单元格中显示了输入的以0开头的数据，如图2-16所示。

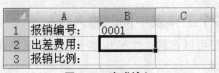

图2-16　完成输入

2.1.3　输入负数

在单元格中输入负数内容时，用户可以使用"负号+数字"的方式进行输入，也可以使用"括号+数字"的方式进行输入，下面为用户介绍如何使用第二种方式进行负数的输入操作。

1 **输入负数**。继续上一小节中的原始文件，选中B2单元格输入"（1200）"，如图2-17所示。用户也可以直接在单元格中输入负号并添加数字，在此只是介绍另一种负数的输入方法。

2 **完成输入**。输入完成后按键盘中的Enter键完成输入，此时可以看到选定单元格中输入的数据以负数形式显示，如图2-18所示。

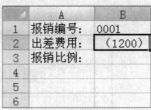

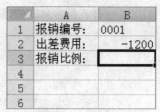

图 2-17 查看数据　　　　　　　　　图 2-18 查看数据

2.1.4 插入符号

在编辑表格的过程中，常常需要在单元格中添加符号，使表格数据达到更好的说明效果。插入符号时用户可以选择插入符号或特殊符号，下面为用户介绍具体的符号插入操作方法。

1 **选定单元格。** 继续上一小节中的实例文件，选中需要添加符号的B2单元格，如图2-19所示。

2 **指定插入点位置。** 在编辑栏中将插入点定位于负号之前，如图2-20所示。

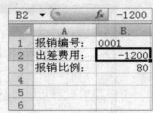

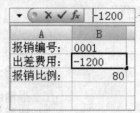

图 2-19 选定单元格　　　　　　　图 2-20 定位插入点

3 **插入符号。** 切换到"插入"选项卡下，在"特殊符号"组中单击"符号"按钮，如图2-21所示。

4 **选择符号。** 在展开的列表中选择需要插入的符号，如图2-22所示。

图 2-21 插入符号

图 2-22 选择符号

5 **显示插入的符号。** 返回到单元格中，此时可以看到选定的单元格中显示插入的符号，如图2-23所示。

6 **选定单元格并定位插入点。** 单击B3单元格，并将插入点定位到数据"80"之后，如图2-24所示。

图 2-23 显示插入的符号

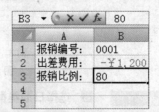

图 2-24 选定单元格并定位插入点

7 **插入符号。** 切换到"插入"选项卡下，在"文本"组中单击"符号"按钮，如图2-25所示。

8 **选择符号。** 打开"符号"对话框，切换到"符号"选项卡下，设置字体为"普通文本"，并在符号列表中选择需要插入的符号，再单击“插入”按钮，如图2-26所示。

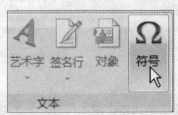

图 2-25　插入符号

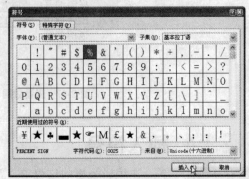

图 2-26　选择符号

提示

用户可以在打开的“符号”对话框中双击需要插入的符号，进行快速插入操作。

9　显示插入的符号。插入符号后可以看到在指定单元格数据后显示插入的符号，如图2-27所示。

10　关闭对话框。完成符号的插入后，用户需要单击“符号”对话框中的“关闭”按钮，关闭该对话框，如图2-28所示。

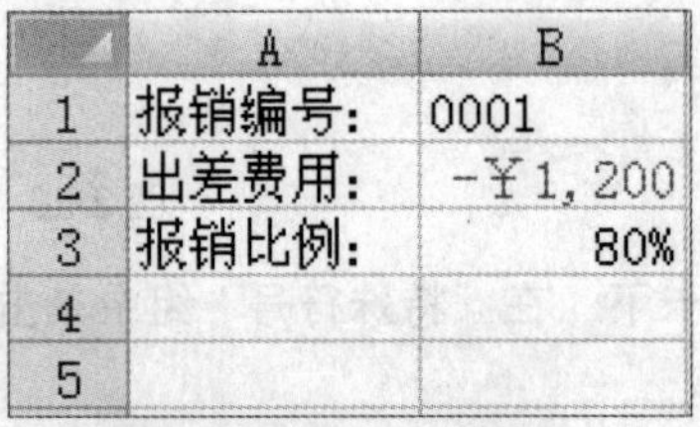

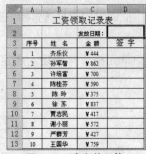

图 2-27　显示插入的符号

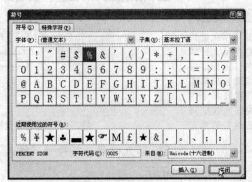

图 2-28　关闭对话框

2.1.5 插入日期

光盘路径

原始文件：
源文件\第2章\原始文件\工资表.xlsx

最终文件：
源文件\第2章\最终文件\工资表.xlsx

当用户需要在单元格中输入日期内容时，可以根据需要指定输入日期显示的格式效果，下面为用户介绍如何设置在单元格中输入指定格式的日期内容。

1　选定单元格。打开源文件\第2章\原始文件\工资表.xlsx，选定需要输入日期的D2单元格，如图2-29所示。

2　打开“设置单元格格式”对话框。切换到“开始”选项卡下，在“数字”组中单击对话框启动器，如图2-30所示。

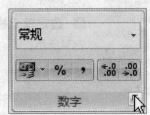

图 2-29　选定单元格

图 2-30　单击对话框启动器

提示

默认情况下在单元格中输入的日期以xxxx-xx-xx的形式显示。

3　选择日期类型。打开“设置单元格格式”对话框，切换到“数字”选项卡下，在“分类”列表框中单击“日期”选项，如图2-31所示。

4　选择类型。在“类型”列表框中选择需要应用的日期类型，如图2-32所示。

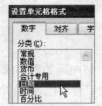

图 2-31 选择“日期”类型

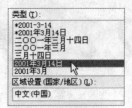

图 2-32 选择类型

> 提示
> 单击“区域设置(国家/地区)”下拉按钮，用户可以选择以不同的地区显示日期。

5 完成设置。完成日期格式的设置后，单击“设置单元格格式”对话框中的“确定”按钮，如图2-33所示。

6 输入日期。返回到工作表中，在D2单元格中输入日期“2008-5-12”，如图2-34所示。

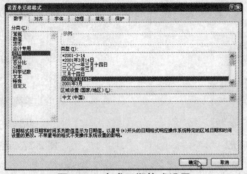

图 2-33 完成日期格式设置

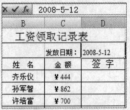

图 2-34 输入日期

7 以指定格式显示日期。输入完成后按Enter键可以看到输入的日期按指定的格式显示，如图2-35所示。

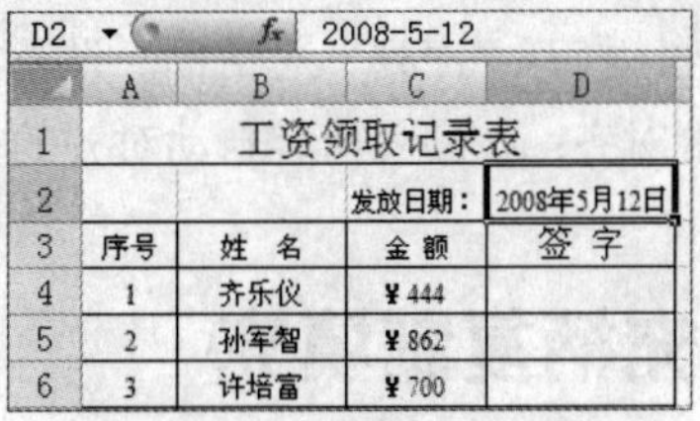

图 2-35 以指定格式显示日期

技术扩展 输入分数和时间数据

> 提示
> 当用户需要对单元格进行格式效果的设置时，可以先选定需要设置的单元格进行设置再输入数据。也可以先输入数据后再对需要设置格式的单元格进行格式效果的设置。

当用户需要在单元格中输入分数内容时，需要注意在输入过程中按特殊的输入方式进行输入操作。如输入分数2/3时，其具体的操作方法如下：

❶ 选定需要输入分数的单元格。

❷ 在单元格中输入“0 2/3”。需要注意的是，在输入的过程中首先输入“0”，再按空格，最后输入“2/3”。

❸ 输入完成后在单元格中将显示分数“2/3”，在编辑栏中可查看输入分数的计算结果。

在单元格中输入时间与输入日期的操作方法相同，用户可以先输入时间内容，再指定时间的格式效果，也可以先指定需要显示的时间格式，再进行输入操作，下面为用户简单介绍输入时间的操作方法。

❶ 选定需要输入时间的单元格，在“开始”选项卡下的“数字”组中单击对话框启动器，打开“设置单元格格式”对话框。

❷ 切换到“数字”选项卡下，在“分类”列表框中单击“时间”选项，再在“类型”列表框中选择需要输入的时间格式类型，再单击“确定”按钮。

❸ 返回到工作表中，在指定的单元格中输入时间内容，输入完成后按下Enter键完成输入，此时可以看到输入的时间以指定的格式显示。

2.2 快速填充数据

　　用户在编辑表格时，常常需要输入一些相同的数据或有规律的数据内容，如果重复进行输入操作，则既费时又费力，此时用户可以使用Excel提供的快速填充数据功能，进行序列的输入与填充，从而大大提高工作的效率，简化重复输入的操作过程。

　　在"开始"选项卡下的"编辑"组中为用户提供了填充功能，单击"填充"按钮即可，如图2-36所示。在展开的列表中用户可以选择填充的方式，如图2-37所示。

图 2-36　设置填充

图 2-37　选择填充方式

● 向下：对选定的单元格区域执行向下的序列填充方式。

● 向右：对选定的单元格区域执行向右的序列填充方式。

● 向上：对选定的单元格区域执行向上的序列填充方式。

● 向左：对选定的单元格区域执行向左的序列填充方式。

● 系列：打开"序列"对话框，设置填充的序列方向、类型、步长值等相关内容。

● 两端对齐：按序列内容自动对齐的方式重新排列数据。

2.2.1 使用填充柄复制填充

光盘路径

原始文件：
源文件\第2章\原始文件\月度盈亏分析.xlsx

最终文件：
源文件\第2章\最终文件\月度盈亏分析.xlsx

　　当用户需要在与单元格相邻的单元格区域中填充相同或有规律的数据内容时，可以使用填充柄复制填充的方法，从而简化重复输入数据的过程，提高工作的效率。

1.填充有规律的数据

1 **查看表格。**打开源文件\第2章\原始文件\月度盈亏分析.xlsx，查看已输入的表格标题及列标题内容，如图2-38所示。

2 **输入月份。**在A3单元格中输入"1月"，将鼠标光标放置在该单元格右下角，此时鼠标光标呈十字状态，如图2-39所示。

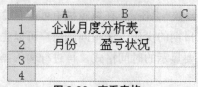

图 2-38　查看表格

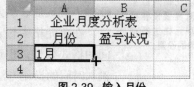

图 2-39　输入月份

提示

用户除可以使用填充功能外，还可以使用鼠标拖动填充的方法快速地进行序列内容的输入。

3 **复制填充。**按住鼠标左键向下拖动至A14单元格，如图2-40所示。

4 **显示填充结果。**选定填充单元格区域后释放鼠标，此时可以看到在选定的单元格区域中显示由1月到12月的月份数据，如图2-41所示。

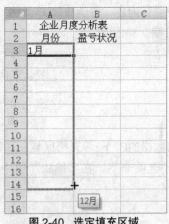

图 2-40 选定填充区域

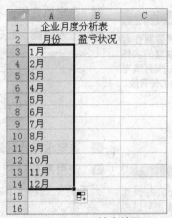

图 2-41 显示填充结果

2. 填充重复的数据

1 **输入数据**。在B3单元格中输入“盈”，并将鼠标光标放置在该单元格右下角，如图2-42所示。

2 **复制填充**。按住鼠标左键向下拖动进行复制填充，填充经过的单元格区域显示复制的数据内容，如图2-43所示。

> **提示**
> 当拖动两个完全没有联系的单元格数据进行填充时，将进行重复复制填充。

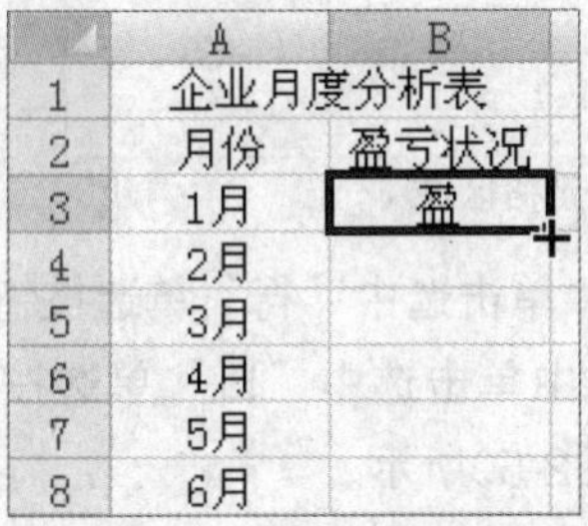

图 2-42 输入数据

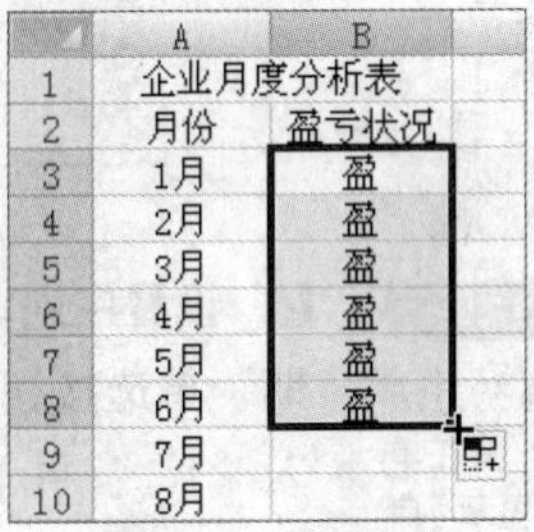

图 2-43 复制填充

3 **输入数据**。在B9单元格中输入“亏”，并选中B9和B9单元格，将鼠标光标放置在其右下角位置处，如图2-44所示。

4 **复制填充**。向下拖动鼠标进行复制填充，此时可以看到填充的数据显示选定数据的复制填充结果，如图2-45所示。

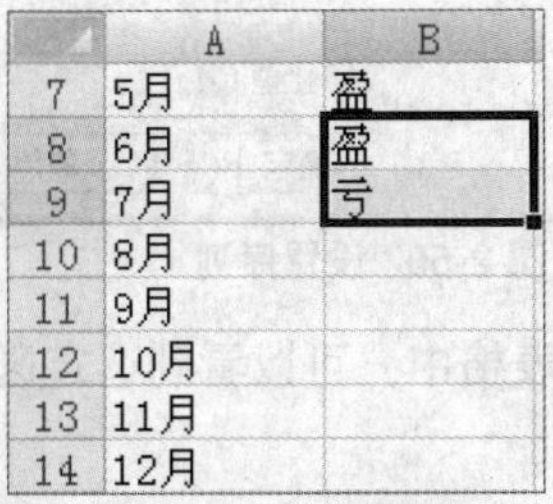

图 2-44 输入数据

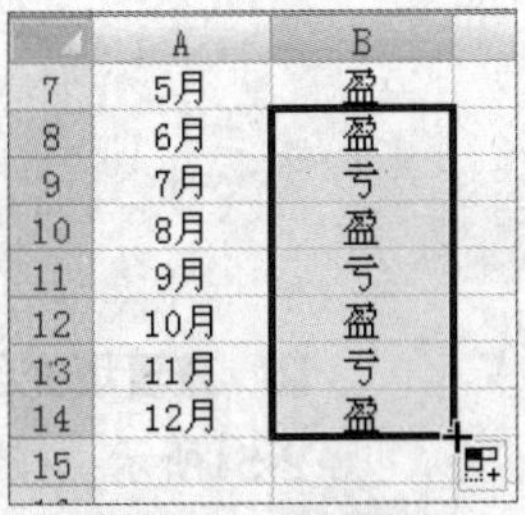

图 2-45 复制填充

2.2.2 系列填充

> **光盘路径**
> **最终文件：**
> 源文件\第2章\最终文件\资金变化情况.xlsx

用户除了可以使用填充柄进行拖动填充外，还可以使用系列填充功能，设置按序列或方向进行数据的填充。本节将分别为用户介绍两种不同的填充方法及具体的操作过程。

1. 序列填充

用户可以设置序列按指定的方式类型进行填充，其具体的操作方法如下。

提 示

当用户需要制作含有大量数据的表格时，使用序列填充功能十分方便有效。

1 **选定单元格。** 在表格中输入表格项目内容，并选中B2单元格，如图2-46所示。

2 **输入数据。** 在B2单元格中输入日期，如图2-47所示。

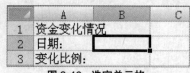

图 2-46 选定单元格

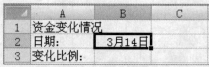

图 2-47 输入数据

3 **选定单元格区域。** 选定需要填充数据的B2:F2单元格区域，如图2-48所示。

4 **使用系列功能。** 切换到"开始"选项卡下，在"编辑"组中单击"填充"按钮，再单击"系列"选项，如图2-49所示。

提 示

使用 Excel 的快速填充功能还可以应用在数据的填充上，填充的数据具有一定的自动计算功能，可以简化数据的计算过程。

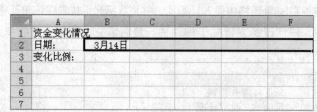

图 2-48 选定单元格区域

图 2-49 使用系列功能

提 示

使用序列填充方法填充完成后，将在单元格右下角显示"自动填充选项"按钮，用户可以使用该按钮更改序列的填充方式。

5 **设置序列。** 打开"序列"对话框，单击选中"行"单选按钮，在"类型"区域中单击"日期"单选按钮，在"日期单位"区域中单击选中"日"单选按钮，在"步长值"文本框中输入"1"，再单击"确定"按钮，如图2-50所示。

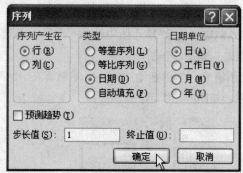

图 2-50 设置序列

6 **查看填充结果。** 设置完成后返回到表格中，可以看到选定区域显示数据的填充结果，如图2-51所示，按日期的时间顺序进行填充。

图 2-51 查看填充结果

7 **输入数据。** 在B3单元格中输入"2%"，并选中B3:F3单元格区域，如图2-52所示。

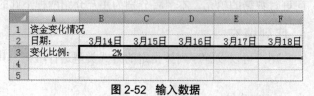

图 2-52 输入数据

8 **使用系列功能。**单击“编辑”组中的“填充”按钮，在展开的列表中单击“系列”选项，如图2-53所示。

9 **设置序列。**打开“序列”对话框，单击选中“行”单选按钮，在“类型”区域中单击“等比序列”单选按钮，在“步长值”文本框中输入“2”，再单击“确定”按钮，如图2-54所示。

提示

在“序列”对话框中用户可以设置序列按行进行填充，单击选中相应的单选按钮即可。

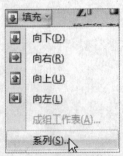

图 2-53 使用系列功能

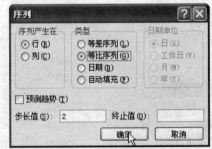

图 2-54 设置序列

10 **显示填充结果。**在选定的单元格区域，可以看到填充的等比序列数据结果，如图2-55所示。

	A	B	C	D	E	F
1	资金变化情况					
2	日期:	3月14日	3月15日	3月16日	3月17日	3月18日
3	变化比例:	2%	4%	8%	16%	32%
4						

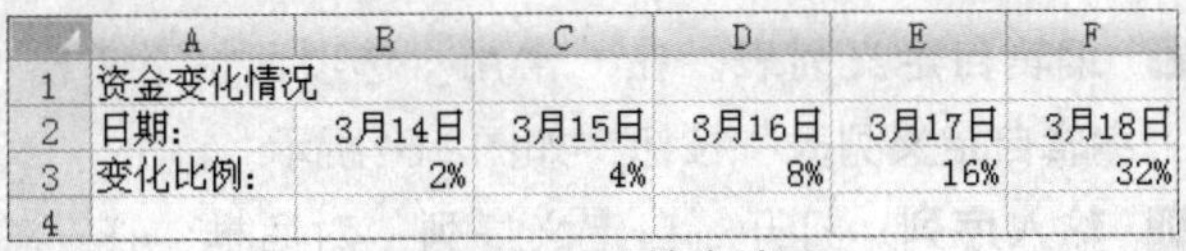

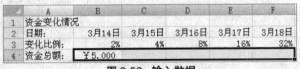

图 2-55 显示填充结果

2. 按方向填充

用户可以设置表格数据按选定单元格区域的方向进行填充，其具体的操作方法如下。

提示

在使用方向填充功能时，用户首先需要选定填充的单元格区域，再执行填充操作。

1 **输入数据。**在表格A4单元格中输入“资金总额:”，B4单元格中输入“¥5000”，并选中B4:F4单元格区域，如图2-56所示。

	A	B	C	D	E	F
1	资金变化情况					
2	日期:	3月14日	3月15日	3月16日	3月17日	3月18日
3	变化比例:	2%	4%	8%	16%	32%
4	资金总额:	¥5,000				

图 2-56 输入数据

2 **方向填充。**在“开始”选项卡下的“编辑”组中单击“填充”按钮，在展开的列表中单击“向右”选项，如图2-57所示。

3 **显示填充结果。**在选定区域显示数据填充结果，数据向右进行复制填充，如图2-58所示。

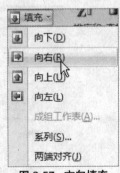

提示

当单元格中的数据过多无法完全显示时，可以单击“对齐方式”组中的“自动换行”按钮进行多行显示。

图 2-57 方向填充

A	B	C	D	E	F
资金变化情况					
日期:	3月14日	3月15日	3月16日	3月17日	3月18日
变化比例:	2%	4%	8%	16%	32%
资金总额:	¥5,000	¥5,000	¥5,000	¥5,000	¥5,000

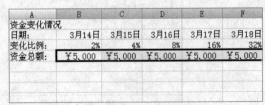

图 2-58 显示填充结果

2.2.3 自定义序列填充

光盘路径

最终文件：源文件\第2章\最终文件\支出费用项目.xlsx

当用户需要在工作表中重复输入某些序列内容时，可以将这些序列添加为自定义序列，在输入自定义序列的内容时，同样可以使用拖动填充的方法进行快速的输入操作，从而简化重复输入的繁琐性。

交叉参考

在第4章的第4.2小节中为用户介绍了自定义序列的方法。

1 设置Excel选项。新建一个工作簿，在窗口左上角单击Office按钮，在打开的菜单中单击"Excel选项"按钮，如图2-59所示。

2 切换到"常用"选项面板。打开"Excel选项"对话框，切换到"常用"选项面板下，如图2-60所示。

提示

用户可以使用自定义序列填充功能添加需要使用的序列内容，也可以对已有的自定义序列内容进行删除。

图2-59 设置 Excel 选项

图 2-60 切换到"常用"选项面板

3 编辑自定义列表。在"常用"选项面板下单击"使用Excel时采用的首选项"区域中的"编辑自定义列表"按钮，如图2-61所示。

4 输入序列。打开"自定义序列"对话框，在"输入序列"区域中输入需要添加的序列内容，再单击"添加"按钮，如图2-62所示。

提示

如果工作表中含有自定义的序列内容，则可以使用"从单元格中导入序列"功能，引用已有的序列，简化自定义序列的输入过程。

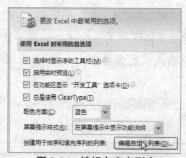

图 2-61 编辑自定义列表

图 2-62 输入序列

5 完成添加。添加的新序列显示在"自定义序列"列表中，完成添加后单击"确定"按钮，如图2-63所示。

6 完成选项设置。返回"Excel选项"对话框中，设置完成后单击"确定"按钮，如图2-64所示。

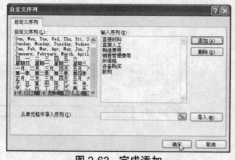

图 2-63 完成添加

图 2-64 完成选项设置

7 输入表格项目。返回到工作表中，输入表格项目内容，如图2-65所示。

8 输入数据。在A2单元格中输入自定义序列中含有的数据内容，并将鼠标光标放置在单元格右下角，如图2-66所示。

提示

在工作表中输入自定义序列中的任意序列内容，都可以执行自定义序列填充操作。

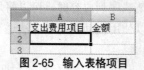

图 2-65 输入表格项目

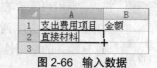

图 2-66 输入数据

⑨ **填充序列**。单击鼠标左键并向下拖动鼠标进行序列填充，可以看到填充的数据按自定义的序列内容进行填充，如图2-67所示。

⑩ 当用户使用序列填充功能时，填充完成后会显示"自动填充选项"按钮，单击该按钮，在展开的列表中可选择其他的填充方式，如图2-68所示。

图 2-67　填充序列

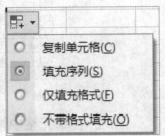

图 2-68　自动填充选项功能

技术扩展　为单元格插入批注信息

批注用于对单元格中的数据进行注释说明，从而帮助用户更好地了解相应单元格所反映的数据内容。当用户在单元格中插入批注后，默认情况下批注隐藏显示，而只在相应单元格右上角显示一个红色的小三角标记，将光标放置于该单元格上方，则会自动显示批注框，可查看批注信息。为单元格插入批注的具体操作方法如下：

❶ 选定需要添加批注的单元格。

❷ 切换到"审阅"选项卡下，在"批注"组中单击"新建批注"按钮。

❸ 为选定的单元格添加批注框，在批注框中输入需要添加的批注信息即可。

2.3 编辑数据

在表格中输入数据内容时，用户还常常需要对其进行修改、移动与复制、添加与删除等操作，从而使编辑的表格更加完善。本节将分别为用户介绍如何对表格中的数据进行编辑处理，使表格按用户的需要进行编制。

下面以编辑修改费用统计表为例，为用户介绍修改数据、添加与删除数据、移动与复制数据等相关操作的具体方法。

2.3.1 修改数据

修改数据可以在编辑栏中进行，也可以在单元格中直接进行，本节将对这两种方式分别为读者进行介绍。

1. 在编辑栏中修改数据

用户可以在编辑栏中对选定单元格的数据进行修改。

❶ **选中单元格**。打开源文件\第2章\原始文件\费用统计表.xlsx，选中需要修改数据的单元格A1，如图2-69所示。

❷ **修改数据**。在编辑栏中输入需要添加或修改的数据内容，如图2-70所示，可以看到单元格中的数据也相应地进行更改。

	A	B	C	D
		fx	费用统计表	
1		费用统计表		
2	类别编码	费用类别	实际	预算
3	521001	办公费	￥2,060	￥2,400
4	521002	差旅费	￥1,820	￥2,200
5	521003	通讯费	￥1,868	￥1,800
6	521004	汽车费	￥1,340	￥1,500
7	521005	培训费	￥4,500	￥4,500
8	521006	招待费	￥4,272	￥5,400
9				

图 2-69 选定单元格

	A	B	C
	X √ fx	费用统计与预算表	
	费用统计与预算表		
	类别编码	费用类别	实际
	521001	办公费	￥2,060
	521002	差旅费	￥1,820
	521003	通讯费	￥1,868
	521004	汽车费	￥1,340
	521005	培训费	￥4,500
	521006	招待费	￥4,272

图 2-70 修改数据

2. 在单元格中修改数据

用户还可以在单元格中直接对当前单元格进行数据的修改与编辑，其具体的操作方法如下。

1 编辑单元格数据。 双击需要修改数据的单元格，并将插入点放置在需要修改的位置，拖动鼠标选定需要删除的数据，再按键盘中的Delete键，即可删除选定的文本内容，如图2-71所示。

2 查看修改结果。 修改完成后，可以看到选定单元格的数据显示修改后的效果，如图2-72所示。

	A	B	C	D
	X √ fx	费用统计与预算表		
1		费用统计与预算表		
2	类别编码	费用类别	实际	预算
3	521001	办公费	￥2,060	￥2,400
4	521002	差旅费	￥1,820	￥2,200
5	521003	通讯费	￥1,868	￥1,800
6	521004	汽车费	￥1,340	￥1,500
7	521005	培训费	￥4,500	￥4,500
8	521006	招待费	￥4,272	￥5,400

图 2-71 编辑单元格数据

	A	B	C
	fx	费用统计预算表	
		费用统计预算表	
	类别编码	费用类别	实际
	521001	办公费	￥2,060
	521002	差旅费	￥1,820
	521003	通讯费	￥1,868
	521004	汽车费	￥1,340

图 2-72 查看修改结果

2.3.2 移动或复制数据

用户可以使用剪切功能将表格中的数据进行移动，并使用粘贴功能将数据粘贴到指定的位置。与剪切功能不同的是，复制功能将原数据粘贴到新的位置，原数据保持不变。

1 选定单元格区域。 选定需要移动数据的单元格区域C2:C8，如图2-73所示。

2 剪切数据。 切换到"开始"选项卡下，在"剪贴板"组中单击"剪切"按钮，如图2-74所示。

	A	B	C
1		费用统计预算表	
2	类别编码	费用类别	实际
3	521001	办公费	￥2,060
4	521002	差旅费	￥1,820
5	521003	通讯费	￥1,868
6	521004	汽车费	￥1,340
7	521005	培训费	￥4,500
8	521006	招待费	￥4,272

图 2-73 选定单元格区域

图 2-74 剪切数据

3 选定单元格。 选定需要粘贴剪切数据的E2单元格，如图2-75所示。

4 粘贴数据。 在"剪贴板"组中单击"粘贴"按钮，如图2-76所示。

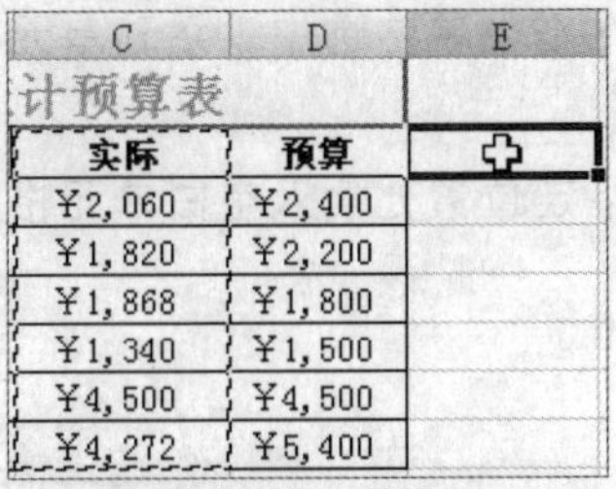

图 2-75 选定单元格

图 2-76 粘贴数据

5 显示粘贴数据。完成粘贴操作后，可以看到选定的数据被粘贴到指定的单元格中，如图2-77所示。

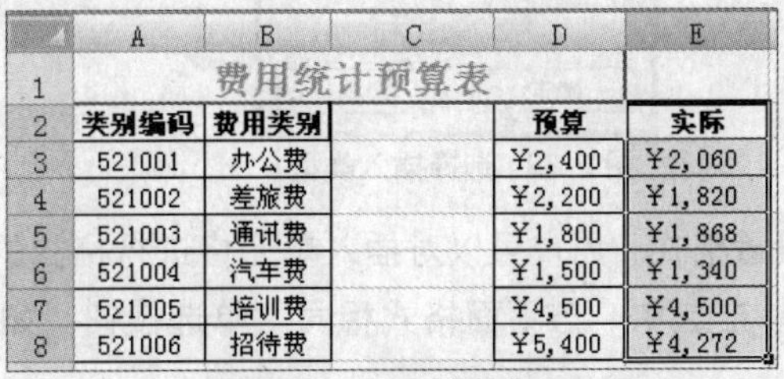

图 2-77 显示粘贴数据

6 使用快捷菜单剪切。用户还可以使用快捷菜单进行操作。选定需要剪切的单元格，并单击鼠标右键，在弹出的快捷菜单中单击"剪切"选项，如图2-78所示。

7 插入已剪切的单元格。选定需要粘贴数据的单元格并单击鼠标右键，在展开的列表中单击"插入已剪切的单元格"选项，即可将剪切的数据粘贴到指定的单元格，如图2-79所示。

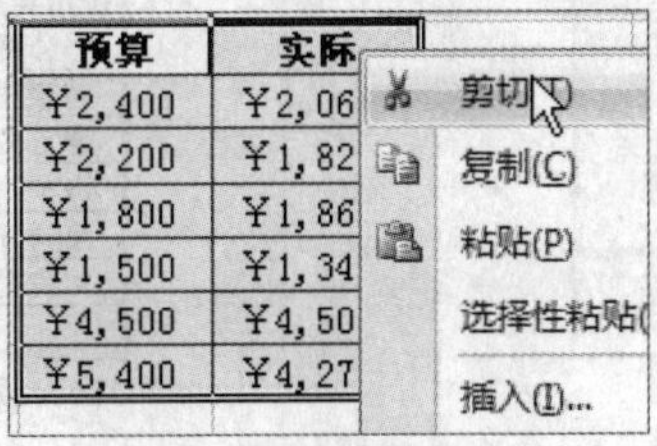

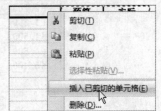

图 2-78 使用快捷菜单剪切   图 2-79 插入已剪切的单元格

2.3.3 添加或删除数据

当用户需要在表格中添加数据时，可以先为工作表插入单元格，再在插入的单元格中输入需要添加的数据。删除数据则可以直接选中需要删除数据的单元格进行删除。

1. 添加数据

首先在需要添加数据的位置处插入单元格，再执行数据的输入添加。

1 选定单元格。在需要添加数据的位置处选定相应的单元格，如图2-80所示。

2 插入单元格。切换到"开始"选项卡下，在"单元格"组中单击"插入"下拉按钮，在展开的列表中单击"插入单元格"选项，如图2-81所示。

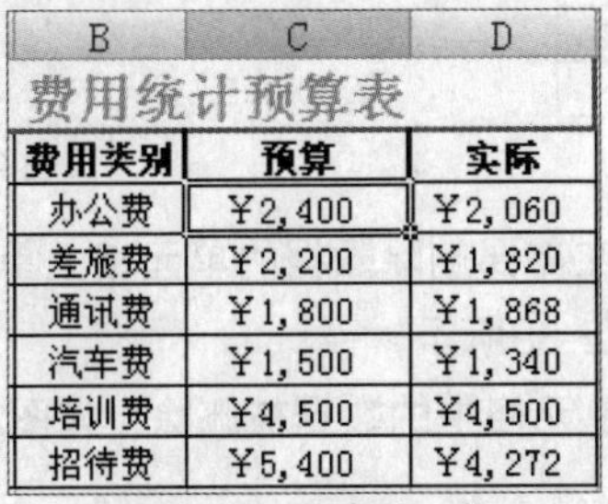

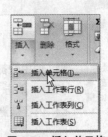

图 2-80 选定单元格   图 2-81 插入单元格

③ **选择插入类型。**打开"插入"对话框,单击选中"活动单元格下移"单选按钮,再单击"确定"按钮,如图2-82所示。

④ **插入空单元格。**此时可以看到在指定位置处插入空白单元格,原单元格向下移动,如图2-83所示。

图2-82 选择插入类型

费用统计预算表		
费用类别	预算	实际
办公费		¥2,060
差旅费	¥2,400	¥1,820
通讯费	¥2,200	¥1,868
汽车费	¥1,800	¥1,340
培训费	¥1,500	¥4,500
招待费	¥4,500	¥4,272
	¥5,400	

图2-83 插入空单元格

提示

用户可以在工作表中插入整行或整列单元格,其操作方法与插入单元格相似,用户只需要选择相应的操作选项进行操作即可。

⑤ **设置格式。**用户可以对插入单元格进行格式的设置,单击"插入选项"按钮,在展开的列表中单击选中"与下面格式相同"单选按钮,如图2-84所示,即设置插入的单元格显示货币格式。

⑥ **添加数据。**在插入的单元格中输入需要添加的数据内容,输入的数据按货币格式显示数据结果,如图2-85所示。

预算	实际
	¥2,060
¥2,400	¥1,820
¥2,200	
¥1,800	
¥1,500	
¥4,500	
¥5,400	

○ 与上面格式相同(A)
◉ 与下面格式相同(B)
○ 清除格式(C)

图2-84 设置格式

3200		
B	C	D
费用统计预算表		
费用类别	预算	实际
办公费	¥3,200	¥2,060
差旅费	¥2,400	¥1,820
通讯费	¥2,200	¥1,868
汽车费	¥1,800	¥1,340
培训费	¥1,500	¥4,500
招待费	¥4,500	¥4,272
	¥5,400	

图2-85 添加数据

2. 删除数据

选定需要删除数据的单元格,再对数据进行删除即可,其具体的操作方法如下。

① **选定单元格。**选定需要删除数据的单元格,如图2-86所示。

② **清除内容。**在"开始"选项卡下的"编辑"组中单击"清除"按钮,在展开的列表中单击"清除内容"选项,如图2-87所示。

提示

用户可以选定需要删除的文本内容,使用键盘中的退格键进行删除。

费用统计预算表		
费用类别	预算	实际
办公费	¥3,200	¥2,060
差旅费	¥2,400	¥1,820
通讯费	¥2,200	¥1,868
汽车费	¥1,800	¥1,340
培训费	¥1,500	¥4,500
招待费	¥4,500	¥4,272
	¥5,400	

图2-86 选定单元格

清除 排序和筛选
全部清除(A)
清除格式(F)
清除内容(C)
清除批注(M)

图2-87 清除内容

提示

如果用户需要删除表格中的数据,还可以使用键盘中的快捷键进行操作,选定需要删除的单元格,按Delete键即可。

③ **使用快捷菜单清除。**用户也可以在需要删除数据的单元格上单击鼠标右键,在弹出的快捷菜单中单击"清除内容"选项,如图2-88所示。

④ **内容被删除。**此时可以看到选定单元格中的数据被删除,如图2-89所示。

图 2-88 清除内容

费用统计预算表		
费用类别	预算	实际
办公费	￥3,200	￥2,060
差旅费	￥2,400	￥1,820
通讯费	￥2,200	￥1,868
汽车费	￥1,800	￥1,340
培训费	￥1,500	￥4,500
招待费	￥4,500	￥4,272

图 2-89 删除内容

2.3.4 隐藏与显示数据

当表格中的某些数据不希望被他人查看时，可以设置将其进行隐藏，隐藏数据的方法有多种，用户可以根据需要选择合适的方法进行设置，下面为用户介绍两种不同的操作与设置方法。

1. 隐藏单元格数据

1 **选定单元格。**选定需要隐藏的C2:D8单元格区域，如图2-90所示。

2 **打开对话框。**切换到"开始"选项卡下，在"数字"组中单击对话框启动器，如图2-91所示。

	A	B	C	D
	费用统计预算表			
	类别编码	费用类别	预算	实际
	521001	办公费	￥3,200	￥2,060
	521002	差旅费	￥2,400	￥1,820
	521003	通讯费	￥2,200	￥1,868
	521004	汽车费	￥1,800	￥1,340
	521005	培训费	￥1,500	￥4,500
	521006	招待费	￥4,500	￥4,272

图 2-90 选定单元格

图 2-91 打开对话框

3 **自定义格式。**打开"设置单元格格式"对话框，切换到"数字"选项卡下，在"分类"列表框中单击"自定义"选项，在"类型"文本框中输入";;;"，再单击"确定"按钮，如图2-92所示。

图 2-92 自定义格式

4 **数据被隐藏。**设置完成后可以看到选定单元格区域中的数据内容被隐藏，如图2-93所示。

费用统计预算表			
类别编码	费用类别		
521001	办公费		
521002	差旅费		
521003	通讯费		
521004	汽车费		
521005	培训费		
521006	招待费		

图 2-93 数据被隐藏

提示

用户可以设置将单元格中的文本内容显示为白色字体颜色，同样可以达到将数据进行隐藏的效果。

⑤ 取消隐藏。 如果用户需要取消数据的隐藏，则再次打开"设置单元格格式"对话框，在"数字"选项卡下单击"常规"选项，再单击"确定"按钮，如图2-94所示。

⑥ 显示数据。 设置完成后在单元格中重新显示隐藏的数据，由于设置的数字格式为"常规"，因此数据不显示货币符号，如图2-95所示。

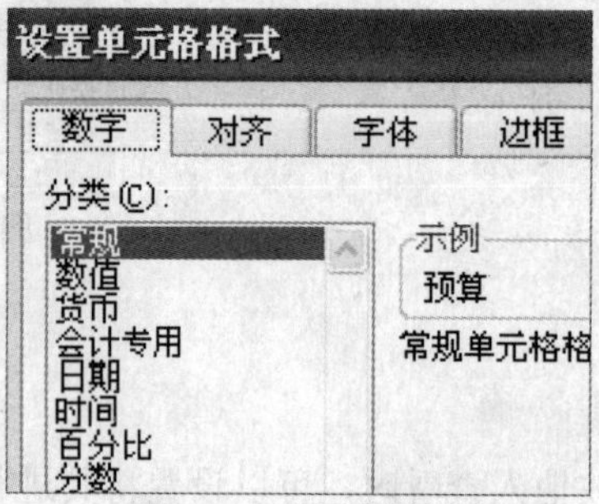

图 2-94 设置常规格式

图 2-95 显示数据

2. 隐藏行、列单元格

交叉参考

对单元格格式效果的设置，用户可以参见第3章第3.2小节。

① 选定列。 将鼠标光标放置在列标位置处，拖动鼠标选定第C、D列单元格，如图2-96所示。

② 设置格式。 切换到"开始"选项卡下，在"单元格"组中单击"格式"按钮，如图2-97所示。

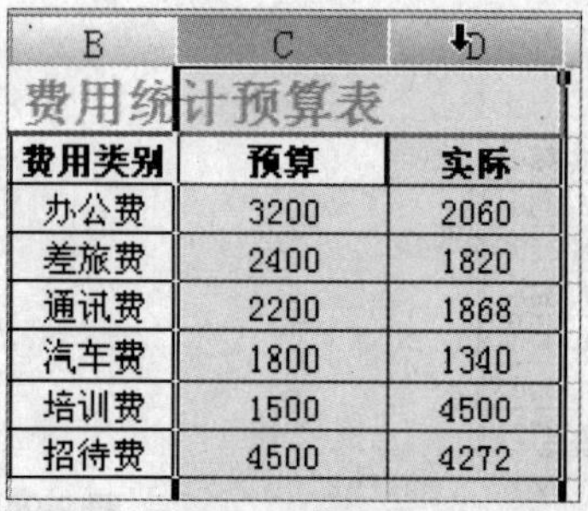

图 2-96 选定列

图 2-97 设置格式

③ 隐藏列。 在展开的列表中单击"隐藏和取消隐藏"选项，再在级联列表中单击"隐藏列"选项，如图2-98所示。

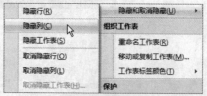

图 2-98 隐藏列

④ 列单元格被隐藏。 此时可以看到工作表中选定的列单元格被隐藏，如图2-99所示。

⑤ 选择隐藏列两侧相邻列。 选定隐藏列相邻两侧的B、E列单元格，如图2-100所示。

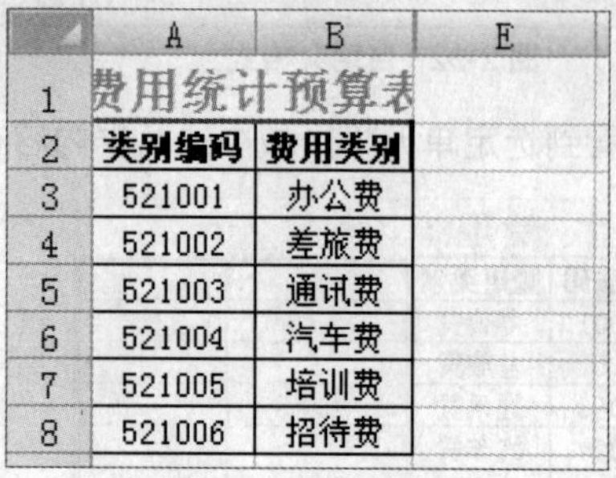

图 2-99 列被隐藏

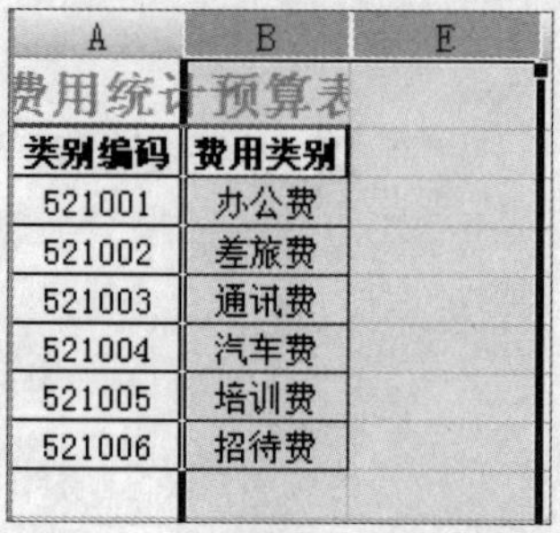

图 2-100 选择隐藏列两侧相邻列

提示

使用隐藏工作表功能则可将整个工作表进行隐藏。

6 **取消隐藏列。** 切换到"开始"选项卡下，在"单元格"组中单击"格式"按钮，在展开的列表中单击"隐藏和取消隐藏"选项，在级联列表中单击"取消隐藏列"选项，如图2-101所示。

7 **使用快捷菜单隐藏。** 用户也可以使用快捷菜单进行设置，选定需要隐藏的列并单击鼠标右键，在弹出的快捷菜单中单击"隐藏"选项，如图2-102所示。

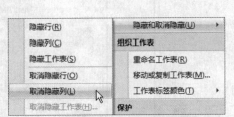

图 2-101　取消隐藏列

图 2-102　使用快捷菜单隐藏

2.3.5　设置数据有效性

用户可以指定表格中单元格的输入类型，使用数据有效性功能限制数据的输入操作，如指定用户在单元格中输入整数、小数、日期、时间、文本等不同类型的数据，用户还可以设置在输入时显示提示信息，在输入出错时显示错误提示，下面为用户介绍如何使用数据有效性功能对表格进行编辑处理。

1 **选定单元格。** 选定表格中B3:B8单元格区域，如图2-103所示。

2 **设置数据有效性。** 切换到"数据"选项卡下，在"数据工具"组中单击"数据有效性"下拉按钮，在展开的列表中单击"数据有效性"选项，如图2-104所示。

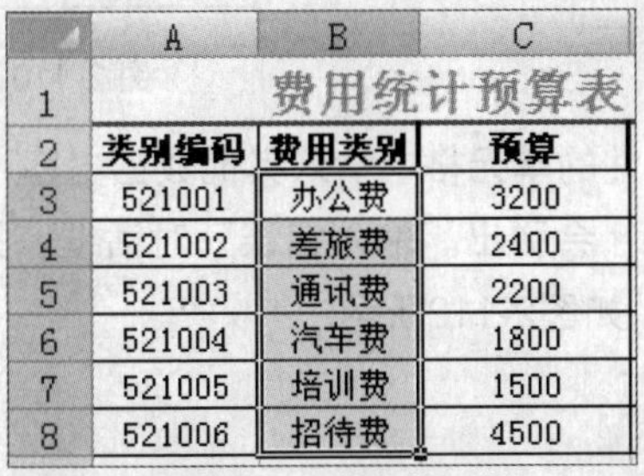

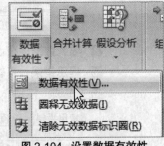

图 2-103　选定单元格

图 2-104　设置数据有效性

3 **设置有效性条件。** 打开"数据有效性"对话框，切换到"设置"选项卡下，单击"允许"下拉按钮，在展开的下拉列表中单击"序列"选项，如图2-105所示。

4 **设置来源。** 在"来源"文本框中输入序列内容，序列内容是使用逗号进行分隔的，如图2-106所示。

提示

在设置序列来源时，需要注意的是必须使用英文输入法状态下的逗号进行分隔，否则输入的序列将无效。

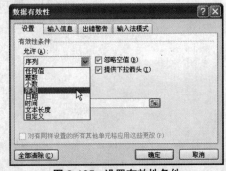

图 2-105　设置有效性条件

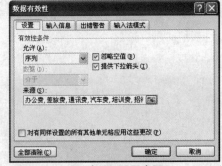

图 2-106　设置来源

5 **设置输入信息。** 切换到"输入信息"选项卡下，勾选"选定单元格时显示输入信息"复选框，并在"标题"和"输入信息"文本框中分别输入选定单元格显示的信息，如图2-107所示。

6 **设置出错警告。** 切换到"出错警告"选项卡下，勾选"输入无效数据时显示出错警告"复选框，设置样式为"停止"，在"标题"和"错误信息"文本框中分别输入出错警告内容，如图2-108所示。

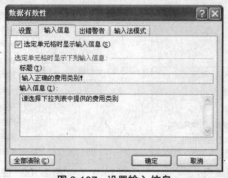
图 2-107 设置输入信息

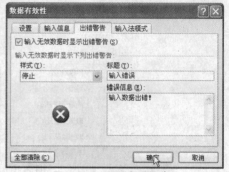
图 2-108 设置出错警告

7 **显示输入信息。** 设置完成后返回到工作表中，选中设置了数据有效性的单元格，此时可以看到显示输入信息内容，如图2-109所示。

8 **使用有效性功能。** 单击设置了数据有效性的单元格右侧的下拉按钮，在展开的下拉列表中可选择需要输入的数据，如图2-110所示。

图 2-109 显示输入信息

图 2-110 使用有效性功能

9 **输入数据。** 在设置了数据有效性的单元格中输入其他数据内容，如图2-111所示。

10 **提示错误。** 当输入无效数据时，会弹出"输入错误"对话框，提示用户输入数据出错，单击"重试"按钮，重新进行输入，如图2-112所示。

费用类别	预算	实际
办公费	3200	2060
差旅费	2400	1820
1	2200	1868
汽车		10
培训		00
招待		72

输入正确的费用类别！
请选择下拉列表中提供的费用类别

图 2-111 输入数据

图 2-112 提示错误

Part

02

Excel知识点

也许很多用户会认为Excel 2007软件只是一个制作数据排列，以及可以进行加减乘除操作的表格软件，但通过本篇的介绍，相信读者会发现这是一种错觉，在本篇中，将会讲解如何利用Excel 2007软件所提供的功能，帮助企业的财务人员解决在处理财务明细表、处理报表账单等工作中所遇到的实际问题，使读者拥有自己开发的电子表格系统。本篇主要介绍了如何利用排序筛选功能、图表处理分析、数据分析功能、公式与函数等来处理财务表格，使读者在学习中可以举一反三，快速进入Excel软件的高级应用境界。

设置财务表格格式

03

为了使单元格达到更好的视觉效果，可以为单元格设置字体格式与边框效果。对于单元格中不同类型的数据信息，可以通过设置单元格数字格式来得到需要的显示方式。也可以直接套用Excel提供的单元格样式，进行快速格式效果的设置。具体的设置方法有多种，可以选择习惯的方式进行操作设置。

3.1 设置字体格式和边框效果

用户可以对单元格中的字体设置格式效果，如字体、字形、字号等，同时也可以为单元格添加不同的边框，增加单元格的格式效果，使制作的表格更加丰富。

在工作表单元格中输入数据内容后，用户可以根据需要对其进行字体格式效果的设置，如设置其字形、字号、字体颜色等效果。设置字体格式的方法有多种，用户可以选定需要设置的单元格，切换到"开始"选项卡下，在"字体"组中进行操作设置，如图3-1所示。

图 3-1 设置字体

宋体：单击字体右侧的下拉按钮，用户可以选择需要应用的字体类型。

11：单击字号右侧的下拉按钮，在展开的列表中用户可以选择需要设置的字号大小，也可以直接在文本框中输入需要设置的字号。

A A：单击"增大字号"或"减小字号"按钮，可调整选定单元格数据的字体大小。

B I U：使用这三个按钮可分别设置字体的字形效果。单击"加粗"按钮设置字体加粗显示；单击"倾斜"按钮，设置字体倾斜显示；单击"下划线"下拉按钮，在展开的列表中可选择需要添加的下划线类型。应用设置后，相应的按钮将呈选中状态，如果用户需要取消应用的设置效果，则再次单击该按钮，取消其选中状态即可。

：单击"填充颜色"下拉按钮，在展开的列表中选择需要应用的颜色，可设置单元格的填充颜色效果；单击"字体颜色"下拉按钮，在展开的列表中选择颜色，设置选定单元格字体的颜色效果。

：单击边框线下拉按钮，在展开的列表中选择需要应用的边框样式，可以为选定的单元格添加边框线条。

：单击该按钮，在展开的列表中可以选择为选定单元格显示拼音字段，或对拼音进行编辑与设置等操作。

对于字体格式的设置，用户还可以在"设置单元格格式"对话框中进行。在"字体"组中单击右下角的对话框启动器，即可打开如图3-2所示的"设置单元格格式"对话框，切换到"字体"选项卡下，可以根据需要设置字体、字形、字号、特殊效果等，并在"预览"区域中查看设置后的效果，设置完成后单击"确定"按钮即可。

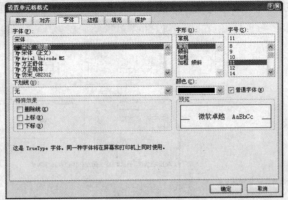

图3-2 设置字体格式

用户也可以使用浮动工具栏进行字体格式设置，如图3-3所示为浮动工具栏。当用户需要
使用该工具栏时，首先选定需要设置的单元格或单元格区域，并单击鼠标右键，即可打开该
浮动工具栏，该工具栏中显示常用的字体格式设置按钮，用户可以根据需要进行操作设置。

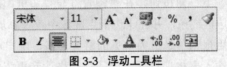

图3-3 浮动工具栏

与设置字体方法相似，当用户需要设置单元格的对齐方式时，首先选定需要设置的单元
格，在"开始"选项卡下的"对齐方式"组中进行操作设置即可，如图3-4所示。

用户也可以打开"设置单元格格式"对话框，切换到"对齐"选项卡下，在该选项卡下
设置单元格的对齐方式效果，如图3-5所示。

图 3-4 设置对齐方式

图3-5 "对齐"选项卡

：单击相应的按钮，可设置选定单元格的垂直对齐方式。

：单击相应的按钮，可设置选定单元格的水平对齐方式。

：单击"方向"按钮，可设置选定单元格数据的文字方向效果。

：单击"增加缩进量"或"减少缩进量"按钮，可调整选定单元格文字与边框间的
距离。

：当单元格中含有大量数据信息时，可单击该按钮，设置选定单元格自动进行换行显
示，从而完全显示单元格中的数据内容。

：单击"合并后居中"按钮，可以设置将选定的多个连续单元格合并为一个单元格，
并将单元格内容居中。也可以根据需要仅合并单元格、跨越合并、取消合并设置，只需单击
"合并后居中"按钮右侧的下拉按钮，在展开的列表中选择相应的选项即可。

默认情况下，工作表中的单元格显示网格线效果，但这些网格线只起到辅助的作用，如

果用户需要设置单元格的边框效果，则可以打开如图3-6所示的"设置单元格格式"对话框，切换到"边框"选项卡下，对边框效果进行操作设置。

图 3-6 设置边框

在"边框"选项卡下的"样式"列表中，用户可以选择需要添加边框的线条样式。单击"颜色"下三角按钮，在"预置"与"边框"区域中单击相应的按钮，可以为选定区域添加相应的边框线条，并在"边框"区域中查看添加边框的效果。

费用报销单是最为常见的财务表格，用户可以使用Excel在工作表中编辑与制作费用报销单，在输入表格项目后，为了使表格达到更为规范的效果，用户可以对其进行字体格式与边框效果的设置，本节将为用户详细介绍其具体的操作与设置方法。

3.1.1 设置报销单字体格式

在单元格中输入表格信息后，用户便可以对输入的文本进行字体格式的设置了，下面介绍其具体的操作与设置方法。

1 打开工作簿。 打开源文件\第3章\原始文件\费用报销单.xlsx，如图3-7所示。

2 设置单元格格式。 选中表格标题所在的A1:F1单元格区域，并单击鼠标右键，在弹出的快捷菜单中单击"设置单元格格式"选项，如图3-8所示。

图 3-7 打开工作簿

图 3-8 设置单元格格式

3 设置文本对齐方式。 打开"设置单元格格式"对话框，切换到"对齐"选项卡下，单击"水平对齐"下拉按钮，在展开的列表中单击"居中"选项，如图3-9所示。

4 设置合并单元格。 在"文本控制"区域中勾选"合并单元格"复选框，如图3-10所示。

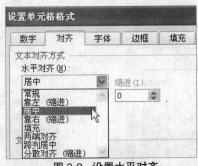

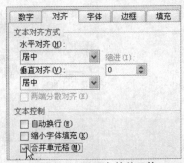

图 3-9 设置水平对齐 　　　　　　　　　　　图 3-10 设置合并单元格

⑤ **合并单元格。**在"开始"选项卡下的"对齐方式"组中单击"合并后居中"按钮,如图 3-11 所示。

⑥ **选定表格区域。**用户需要设置表格文本的对齐方式,选中 A2:F11 单元格区域,如图 3-12 所示。

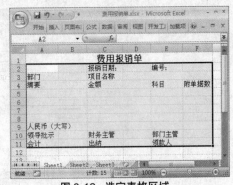

图 3-11 合并居中单元格 　　　　　　　　図 3-12 选定表格区域

⑦ **设置对齐方式。**切换到"开始"选项卡下,在"对齐方式"组中单击"居中"按钮,设置文字居中对齐效果,如图 3-13 所示。

⑧ **查看表格效果。**设置完成后返回到工作表中,可以看到选定单元格区域的数据内容显示居中对齐效果,如图 3-14 所示。

图 3-13 设置对齐方式 　　　　　　　　图 3-14 查看居中对齐效果

3.1.2 设置报销单边框效果

　　完成字体格式的设置后,用户可以对报销单的边框线条进行设置,从而使其更加规范化,制作的报销单更加符合要求,下面介绍其具体的操作与设置方法。

① **选定单元格区域。**选定需要添加边框的 A3:F10 单元格区域,如图 3-15 所示。

② **打开"设置单元格格式"对话框。**切换到"开始"选项卡下,单击"对齐方式"组中的对话框启动器,如图 3-16 所示。

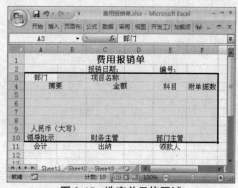

图 3-15　选定单元格区域

图 3-16　使用对话框启动器按钮

3 **选择线条样式。** 打开"设置单元格格式"对话框，切换到"边框"选项卡下，在"样式"列表中选择需要应用的样式，如图3-17所示。

4 **添加边框。** 选择线条样式后，在"预置"区域中单击"外边框"按钮，如图3-18所示。

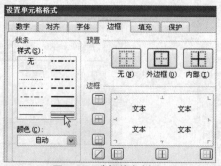

图 3-17　选择线条样式

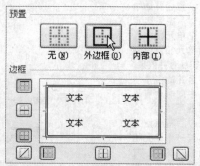

图 3-18　添加外边框

提示

在设置单元格边框效果时，用户首先需要设置边框的线条样式和颜色，再添加需要的边框线条，即可应用设置的效果。

5 **选择线条样式。** 在"样式"列表中选择需要应用的线条样式，如图3-19所示。

6 **添加边框。** 在"预置"区域中单击"内部"按钮，添加边框线条，并在"边框"区域中查看添加的边框效果，再单击"确定"按钮，如图3-20所示。

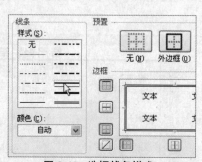

图 3-19　选择线条样式

图 3-20　添加边框

提示

当单元格中数据较多而无法完全显示时，用户可以在"对齐"选项卡下设置"缩小字体填充"效果，勾选相应的复选框即可。

7 **查看表格效果。** 设置完成后，返回到工作表中查看设置后的费用报销单效果，如图3-21所示。

费用报销单

报销日期：		编号：	
部门	项目名称		
摘要	金额	科目	附单据数
人民币（大写）			
领导批示	财务主管	部门主管	
会计	出纳	领款人	

图 3-21　查看表格效果

差旅费是指公司员工外出公干期间为完成预定任务所发生的必要的合理费用，具体包括长途交通费、住宿费、市内交通费、其他公务杂费等。

❶ 员工出差使用交通工具为火车、汽车、轮船等普及工具。

❷ 特殊情况，经公司领导批准后，可选择飞机。

❸ 违反公司规定使用交通工具，一律按火车票报销（超出部分由个人支付）。

❹ 市内交通工具应使用公交车、中巴等，如因特殊情况，可以乘出租车，但需在票据上注明起始地点和原因。

❺ 员工出差期间，标准内住宿费用实报实销（但不包含酒店清单上所列私话、餐费、洗衣费等费用）。

❻ 员工外出期间产生的公务费，如邮电费、文件复印费、传真费等，实报实销。

❼ 办事处主任、部门经理的手机话费在公司报销标准内，扣除私人话费，实报实销。

3.2 设置单元格数字格式

用户在编辑表格时，常常需要在单元格中输入不同类型的数据信息。默认情况下，输入的数据以常规形式显示，即无特定的格式效果。当用户需要设置数据以日期、货币、时间等格式效果显示时，则可以根据需要对其进行数字格式效果的设置。

Excel提供的数字格式类型如下表所示。

常规	在单元格中键入数字时 Excel 应用的默认数字格式。大多数情况下，"常规"格式的数字以键入的方式显示。但如果单元格的宽度不够显示整个数字，"常规"格式会用小数点对数字进行四舍五入。"常规"数字格式还对较大的数字（12 位或更多位）使用科学计数（指数）法表示
数值	用于数字的一般表示。可以指定要使用的小数位数、是否使用千位分隔符，以及如何显示负数
货币	用于一般货币值并显示带有数字的默认货币符号。可以指定要使用的小数位数、是否使用千位分隔符，以及如何显示负数
会计专用	同样用于货币值，但是会在一列中对齐货币符号和数字的小数点
日期	根据指定的类型和区域设置（国家/地区），将日期系列数值显示为日期值。以星号 (*) 开头的日期格式受 Windows "控制面板"中指定的区域日期设置的限制。不带星号的格式不受"控制面板"设置的影响
时间	根据指定的类型和区域设置（国家/地区），将时间系列数显示为时间值。以星号 (*) 开头的时间格式受 Windows "控制面板"中指定的区域时间设置的限制。不带星号的格式不受"控制面板"设置的影响
百分比	以百分数形式显示单元格的值。可以指定要使用的小数位数
分数	根据指定的分数类型以分数形式显示数字
科学记数	以指数表示法显示数字，用 E+n 替代数字的一部分，其中用 10 的 n 次幂乘以 E（代表指数）前面的数字。例如，2 位小数的"科学记数"格式将 12345678901 显示为 1.23E+10，即用 1.23 乘 10 的 10 次幂。可以指定要使用的小数位数
文本	将单元格的内容视为文本，并在键入时准确显示内容，即使键入数字

选中需要设置数字格式的单元格，在"开始"选项卡下的"数字"组中，用户可以根据需要对其进行数字格式、百分比样式、减小或增加小数位数等效果的设置，如图3-22所示。单击"数字"组中"数字格式"右侧的下拉按钮，在展开的列表中用户可以选择不同的数字类型，如图3-23所示。

图 3-22　"数字"组

图 3-23　数字格式类型

常规：单击"数字格式"下拉按钮，在展开的列表中用户可以选择需要设置的数字格式类型。

：单击"会计数字格式"下拉按钮，在展开的列表中可选择需要设置的会计数字格式类型。

：单击"百分比样式"按钮，设置数据显示百分比效果；单击"千位分隔样式"按钮，设置数据使用千位分隔符。

：单击"增加小数位数"或"减少小数位数"按钮，调整数据显示的小数位数。

用户可以打开"设置单元格格式"对话框，在"数字"选项卡下设置单元格的数字格式效果，在"分类"列表中选择需要应用的数字格式，并进行操作设置即可，设置完成后单击"确定"按钮，如图3-24所示。

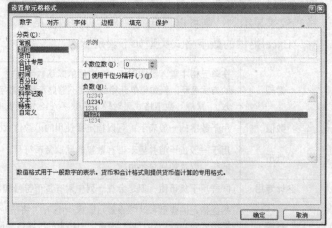

图 3-24　设置数字格式

在了解了单元格数字格式的设置功能后，下面为用户介绍如何制作收支明细表，并根据实际情况为明细表中的不同数据内容设置合适的数字格式效果，从而使收支明细表更为详尽。

3.2.1 设置金额费用货币格式

对于收支明细表中的金额数据，用户可以为其设置货币格式，下面为用户介绍其具体的操作与设置方法。

1 **选定单元格区域。**打开源文件\第3章\原始文件\收支明细表.xlsx，选定需要设置货币格式的C4:C13单元格区域，如图3-25所示。

2 **设置货币格式。**切换到"开始"选项卡下，在"数字"组中单击"数字格式"下拉按钮，在展开的列表中单击"货币"选项，如图3-26所示。

	A	B	C	D	E
1		教育储蓄专户收支明细表			
2			填表日期		
3	编号	摘要	收入	支出	余额
4	1	陈世明捐款	12400		12400
5	2	屏工青年毕业纪念册	3612		16012
6	3	张金银捐款	500		16512
7	4	萧伟君捐款	1000		17512
8	5	曹经五捐款	1000	15	18497
9	6	孙若虚捐款	1000	15	19482
10	7	李乾隆捐款	1000	15	20467
11	8	郭连生捐款	500	15	20952
12	9	潘文兰捐款	500	15	21437
13	10	黄天助捐款	1500	20	22917

图 3-25 选定单元格区域

图 3-26 设置货币格式

3 **查看数字格式**。设置完成后可以看到选定区域的单元格数据显示货币格式效果，如图3-27所示。

4 **减少小数位数**。在"数字"组中单击两次"减少小数位数"按钮将金额数据后的两位小数位数去除，如图3-28所示。

摘要	收入	支出
陈世明捐款	￥12,400.00	
屏工青年毕业纪念册	￥3,612.00	
张金银捐款	￥500.00	
萧伟君捐款	￥1,000.00	
曹经五捐款	￥1,000.00	15
孙若虚捐款	￥1,000.00	15
李乾隆捐款	￥1,000.00	15
郭连生捐款	￥500.00	15
潘文兰捐款	￥500.00	15
黄天助捐款	￥1,500.00	20

图 3-27 显示货币格式

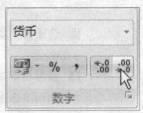

图 3-28 减少小数位数

5 **选定单元格区域**。减少小数位数后可以看到单元格中数据显示调整后的结果。再选中需要设置数字格式的D4:E13单元格区域，如图3-29所示。

6 **设置货币格式**。打开"设置单元格格式"对话框，切换到"数字"选项卡下，在"分类"列表中单击"货币"选项，在"小数位数"文本框中输入"0"，如图3-30所示。

摘要	收入	支出	余额
	填表日期：		
陈世明捐款	￥12,400		12400
屏工青年毕业纪念册	￥3,612		16012
张金银捐款	￥500		16512
萧伟君捐款	￥1,000		17512
曹经五捐款	￥1,000	15	18497
孙若虚捐款	￥1,000	15	19482
李乾隆捐款	￥1,000	15	20467
郭连生捐款	￥500	15	20952
潘文兰捐款	￥500	15	21437
黄天助捐款	￥1,500	20	22917

图 3-29 选定单元格区域

图 3-30 选择货币格式

7 **设置货币符号**。单击"货币符号"下拉列表按钮，在展开的列表中选择合适的符号样式，设置完成后单击"确定"按钮，如图3-31所示。

8 **查看格式效果**。设置完成后返回到工作表中，可以看到选定单元格区域显示设置的数字格式效果，如图3-32所示。

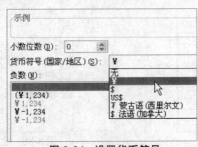

图 3-31 设置货币符号

摘要	收入	支出	余额
	教育储蓄专户收支明细表		
	填表日期：	2008年5月5日	
陈世明捐款	￥12,400		￥12,400
屏工青年毕业纪念册	￥3,612		￥16,012
张金银捐款	￥500		￥16,512
萧伟君捐款	￥1,000		￥17,512
曹经五捐款	￥1,000	￥15	￥18,497
孙若虚捐款	￥1,000	￥15	￥19,482
李乾隆捐款	￥1,000	￥15	￥20,467
郭连生捐款	￥500	￥15	￥20,952
潘文兰捐款	￥500	￥15	￥21,437
黄天助捐款	￥1,500	￥20	￥22,917

图 3-32 显示货币格式

3.2.2 设置制表日期格式

在填写表格内容时，常常需要在表格上方输入填写日期，当用户需要设置日期按指定的格式效果进行显示时，则可以为其设置日期格式效果，下面介绍设置日期格式的具体操作方法。

1 输入日期。 在D2单元格中输入填表日期，如图3-33所示。

2 设置日期格式。 打开"设置单元格格式"对话框，在"分类"列表中单击"日期"选项，如图3-34所示。

C	D	E
专户收支明细表		
填表日期：	2008-5-5	
收入	支出	余额
￥12,400		￥12,400
￥3,612		￥16,012
￥500		￥16,512
￥1,000		￥17,512
￥1,000	￥15	￥18,497
￥1,000	￥15	￥19,482

图 3-33　输入日期

图 3-34　选择日期格式

3 选择日期类型。 在"类型"列表中单击需要应用的日期类型，再单击"确定"按钮，如图3-35所示。

4 查看日期格式。 设置完成后返回到工作表中，可以看到选定单元格按指定的日期格式显示，如图3-36所示。

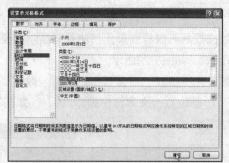

图 3-35　设置日期类型

填表日期：	2008年5月5日	
收入	支出	余额
￥12,400		￥12,400
￥3,612		￥16,012
￥500		￥16,512
￥1,000		￥17,512
￥1,000	￥15	￥18,497
￥1,000	￥15	￥19,482
￥1,000	￥15	￥20,467

图 3-36　查看日期格式

3.2.3 自定义编号数字格式

对于具有特殊格式的数据内容，用户还可以自定义数字格式效果，使其按自定义的数据格式进行显示，下面介绍自定义数字格式的具体操作与设置方法。

1 选定单元格区域。 选中表格中的A4:A13单元格区域，如图3-37所示。

2 设置自定义格式。 打开"设置单元格格式"对话框，切换到"数字"选项卡下，在"分类"列表中单击"自定义"选项，如图3-38所示。

	A	B	C
1		教育储蓄专户收支明细	
2		填表日期：	
3	编号	摘要	收入
4	1	陈世明捐款	￥12,400
5	2	屏工青年毕业纪念册	￥3,612
6	3	张金银捐款	￥500
7	4	萧传君捐款	￥1,000
8	5	曹经五捐款	￥1,000
9	6	孙若虚捐款	￥1,000
10	7	李乾隆捐款	￥1,000
11	8	郭连生捐款	￥500
12	9	潘文兰捐款	￥500
13	10	黄天助捐款	￥1,500

图 3-37　选定单元格区域

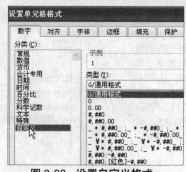

图 3-38　设置自定义格式

3 **设置类型。** 在"类型"文本框中输入需要自定义的数字格式，可在"示例"区域中查看自定义的格式效果，如图3-39所示。

4 **查看自定义格式效果。** 设置完成后返回到工作表中，可以看到选定单元格按指定的自定义格式显示数字效果，如图3-40所示。

图 3-39 设置类型

编号	摘要	收入
0001	陈世明捐款	￥12,400
0002	屏工青年毕业纪念册	￥3,612
0003	张金银捐款	￥500
0004	萧伟君捐款	￥1,000
0005	曹经五捐款	￥1,000
0006	孙若虚捐款	￥1,000
0007	李乾隆捐款	￥1,000
0008	郭连生捐款	￥500
0009	潘文兰捐款	￥500
0010	黄天助捐款	￥1,500

图 3-40 显示自定义格式

3.3 应用单元格样式效果

样式是字体、字号、填充颜色等格式设置的组合，将这个组合作为一个集合进行命名和存储，以方便用户对单元格进行快速格式效果的设置。Excel 2007为用户提供了多种可以直接套用的单元格样式，用户可以选择合适的样式进行快速的操作与设置。

首先选中需要设置的单元格或单元格区域，在"样式"组中单击"单元格样式"按钮，如图3-41所示，即可展开如图3-42所示的列表，在该列表中为用户提供了多种单元格样式效果，选择合适的样式进行设置即可。

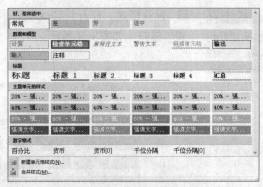

图 3-41 单元格样式按钮　　　　图 3-42 单元格样式列表

1 **选定单元格。** 打开源文件\第3章\原始文件\产品成本费用分析.xlsx，选中表格标题所在的单元格，如图3-43所示。

2 **单击单元格样式按钮。** 切换到"开始"选项卡下，在"样式"组中单击"单元格样式"按钮，如图3-44所示。

	A	B	C	D	E
1		上半年生产成本费用统计			
2	月份	直接费用	直接人工	材料费用	其他
3	1月	￥ 1,400	￥ 2,500	￥ 580	￥ 360
4	2月	￥ 1,500	￥ 2,800	￥ 600	￥ 200
5	3月	￥ 1,100	￥ 3,000	￥ 450	￥ 190
6	4月	￥ 1,000	￥ 2,500	￥ 360	￥ 320
7	5月	￥ 1,200	￥ 2,300	￥ 400	￥ 240
8	6月	￥ 1,300	￥ 2,500	￥ 500	￥ 260
9					

图 3-43 选定单元格　　　　图 3-44 单击单元格样式按钮

3 **选择单元格样式。**在展开的列表中单击"检查单元格"选项，如图3-45所示。

4 **选定单元格区域。**设置后的标题应用了指定的单元格样式效果，选中A2:E2和A2:A8单元格区域，如图3-46所示。

图 3-45 选择单元格样式

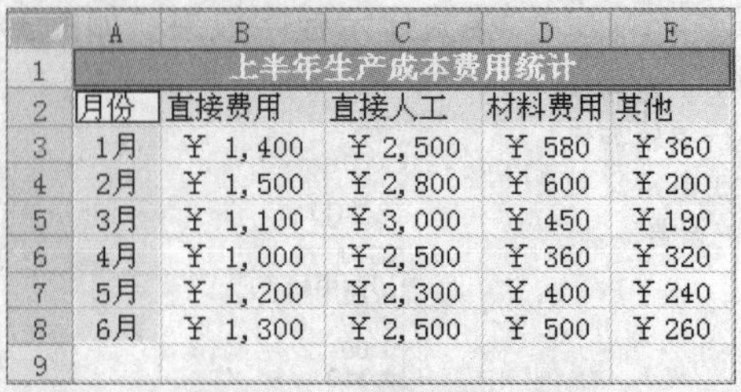

图 3-46 选定单元格区域

5 **选择单元格样式。**再次单击"单元格样式"按钮，在展开的列表中单击"输入"选项，如图3-47所示。

6 **选定单元格区域。**设置后的单元格区域显示应用的单元格样式，再选定B3:E8单元格区域，如图3-48所示。

图 3-47 选择单元格样式

图 3-48 选定单元格区域

7 **新建单元格样式。**再次单击"单元格样式"按钮，在展开的列表中单击"新建单元格样式"选项，如图3-49所示。

8 **设置格式。**打开"样式"对话框，在"样式名"文本框中输入"新建样式"，再单击"格式"按钮，如图3-50所示。

图 3-49 新建单元格样式

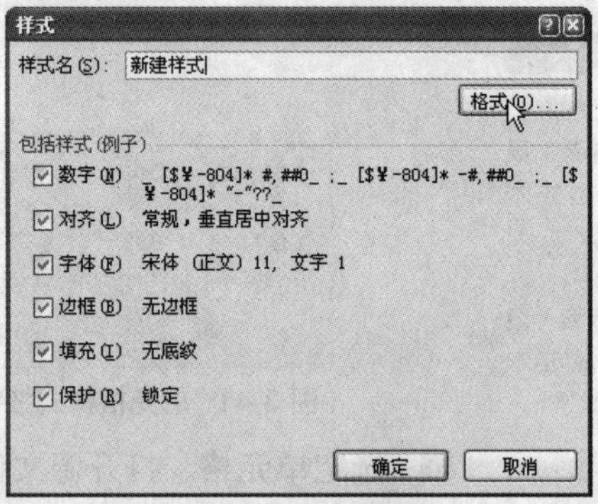

图 3-50 设置格式

9 **设置字体格式。**打开"设置单元格格式"对话框，切换到"字体"选项卡下，设置字体为"幼圆"，字形为"常规"，字号为"11"，字体颜色为"红色"，如图3-51所示。

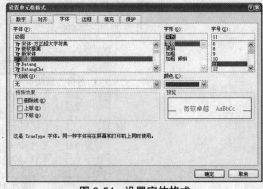

图 3-51 设置字体格式

⑩ **设置填充效果。** 切换到"填充"选项卡下，在"背景色"区域中选择需要应用的颜色选项，再单击"确定"按钮，如图3-52所示。

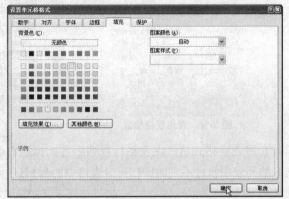

图 3-52 设置填充效果

⑪ **完成样式设置。** 返回到"样式"对话框中，完成样式的新建后，单击"确定"按钮，如图3-53所示。

⑫ **应用自定义样式。** 返回到工作表中，选中B3:E8单元格区域，再次打开"单元格样式"列表，在"自定义"区域中单击"新建样式"选项，如图3-54所示。

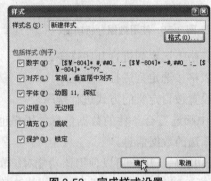

图 3-53 完成样式设置

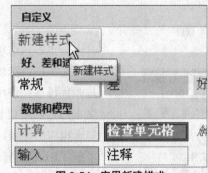

图 3-54 应用新建样式

⑬ **查看表格效果。** 单击"新建样式"选项后，可以看到应用了刚刚自定义的单元格样式后的表格效果，如图3-55所示。

上半年生产成本费用统计				
月份	直接费用	直接人工	材料费用	其他
1月	￥1,400	￥2,500	￥580	￥360
2月	￥1,500	￥2,800	￥600	￥200
3月	￥1,100	￥3,000	￥450	￥190
4月	￥1,000	￥2,500	￥360	￥320
5月	￥1,200	￥2,300	￥400	￥240
6月	￥1,300	￥2,500	￥500	￥260

图 3-55 查看表格效果

3.4 套用表格格式功能

为了快速设置工作表中表格的单元格式效果，用户还可以使用套用表格格式功能，为整个表格套用完整的格式效果，套用表格格式后的表格将具有数据排序、筛选等分析功能。

当用户需要套用表格样式时，可以在"开始"选项卡下的"样式"组中单击"套用表格格式"按钮，如图3-56所示，在展开的列表中选择需要套用的表格格式选项，如图3-57所示。

图3-56 套用表格格式

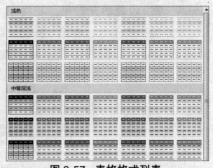

图3-57 表格格式列表

套用表格格式后，在表格标题列中各列标题右侧将显示下拉列表按钮，单击该按钮，在展开的列表中执行不同的操作可对表格中的数据进行分析处理，如图3-58所示。

图3-58 使用数据分析功能

升序：单击该选项，可设置表格按选定列进行升序排序。

降序：单击该选项，可设置表格按选定列进行降序排序。

按颜色排序：使用该功能可设置按自定义的方式进行排序。

文本筛选：可以设置在表格中筛选符合条件的数据信息。用户也可以在下方提示的列表框中勾选相应的选项，设置需要筛选的数据信息。

了解了Excel的套用表格格式功能后，用户可以使用该功能对编辑完成的表格进行格式效果的设置，下面以设置产品报价单为例，为用户介绍如何为表格套用表格格式，并使用套用的表格格式功能对表格数据进行排序、筛选等处理。

3.4.1 设置产品报价单样式

用户可以为选定区域的单元格套用表格格式，并对表格数据进行分析处理，下面介绍其具体的操作与设置方法。

■1 **套用表格格式。**打开源文件\第3章\原始文件\产品报价单.xlsx，切换到"开始"选项卡下，在"样式"组中单击"套用表格格式"按钮，如图3-59所示。

■2 **选择表格格式。**在展开的列表中单击"表样式中等深浅3"选项，如图3-60所示。

图3-59 套用表格格式

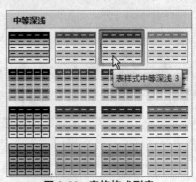

图3-60 表格格式列表

3 **设置表数据的来源**。打开"创建表"对话框，在"表数据的来源"文本框中引用A2:E16单元格区域，勾选"表包含标题"复选框，再单击"确定"按钮，如图3-61所示。

4 **套用表格格式**。设置完成后返回到工作表中，可以看到表格套用了选定的表格格式，如图3-62所示。

提示

在"创建表"对话框中未勾选"表包含标题"复选框，则套用表格格式时将以新的空白行作为列标题。

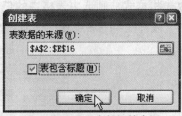

图 3-61　设置表数据的来源

图 3-62　套用表格格式

5 **设置数据排序**。单击"协议供货最高限价"下拉按钮，在展开的列表中单击"降序"选项，如图3-63所示。

6 **排序数据**。此时可以看到表格中的数据按选定列的降序进行排列，如图3-64所示。

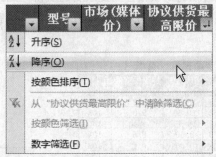

图 3-63　设置降序

图 3-64　显示排序结果

交叉参考

对于表格的排序筛选操作，用户可以参见本书第4章4.2小节和4.3小节。

7 **设置筛选**。单击"名称"右侧的下拉按钮，在展开的列表中取消勾选"全选"复选框，并勾选需要显示的名称选项，再单击"确定"按钮，如图3-65所示。

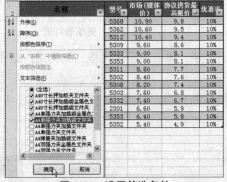

图 3-65　设置筛选条件

8 **显示筛选结果**。设置筛选后，在表格中只显示符合筛选条件的数据信息，如图3-66所示。

图 3-66　显示筛选结果

3.4.2 转换套用表格区域

对于已套用表格样式的表格，用户可以更改套用表格样式，也可以将其转换为普通单元格区域以方便用户的使用，下面紧接上一节的实例，介绍其具体的操作与设置方法。

1 **清除筛选。**如果用户需要清除筛选，则单击"名称"右侧的下拉列表按钮，在展开的列表中单击"从'名称'中清除筛选"选项，如图3-67所示。

2 **更改表样式。**如果用户需要更改表格样式，则选中表格中的任意单元格，在表工具"设计"选项卡下单击"表样式"组中的"表样式中等深浅19"选项，如图3-68所示。

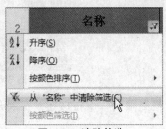

图3-67 清除筛选

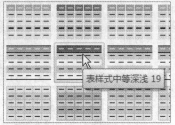

图3-68 选择表样式

3 **查看表格效果。**设置完成后可以看到表格套用更改后的表格样式，如图3-69所示。

4 **转换表区域。**如果用户需要将表格转换为普通的单元格区域，则在"工具"组中单击"转换为区域"按钮，如图3-70所示。

2008年度投标产品报价一览表

名称	型号	市场（媒体价）	协议供货最高限价	优惠率
A48寸长押加插袋金属色文件夹	5368	10.90	9.8	10%
A4双强力夹金属色文件夹	5362	10.60	9.5	10%
A4双强力夹文件夹	5312	10.40	9.4	10%
A48寸长押加板夹文件夹	5309	9.60	8.6	10%
A4悬挂式文件夹	5333	9.00	8.1	10%
A4单强力夹加插袋金属色文件夹	5353	9.00	8.1	10%
A4单强力夹加插袋文件夹	5311	8.60	7.7	10%
A4单强力夹文件夹	5302	8.40	7.6	10%
A48寸长押加插袋文件夹	5308	8.20	7.4	10%
A4弹簧夹加插袋文件夹	5303	7.60	6.8	10%
B5悬挂式文件夹	5332	7.40	6.7	10%
A4单强力夹加插文件夹	2301	6.60	5.9	10%
A6票据夹	5353	6.40	5.8	10%
A6票据夹	5352	5.40	4.9	10%

图3-69 更改表样式

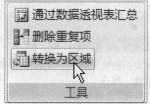

图3-70 转换表区域

5 **提示转换。**弹出提示对话框，询问用户是否将表转换为普通区域，单击"是"按钮，如图3-71所示。

6 **转换后的效果。**设置完成后可以看到表格被转换为普通区域，标题行右侧的下拉按钮消失，如图3-72所示。

图3-71 转换为普通区域

2008年度投标产品报价一览表

名称	型号	市场（媒体价）	协议供货最高限价	优惠率
A48寸长押加插袋金属色文件夹	5368	10.90	9.8	10%
A4双强力夹金属色文件夹	5362	10.60	9.5	10%
A4双强力夹文件夹	5312	10.40	9.4	10%
A48寸长押加板夹文件夹	5309	9.60	8.6	10%
A4悬挂式文件夹	5333	9.00	8.1	10%
A4单强力夹加插袋金属色文件夹	5353	9.00	8.1	10%
A4单强力夹加插袋文件夹	5311	8.60	7.7	10%
A4单强力夹文件夹	5302	8.40	7.6	10%
A48寸长押加插袋文件夹	5308	8.20	7.4	10%
A4弹簧夹加插袋文件夹	5303	7.60	6.8	10%
B5悬挂式文件夹	5332	7.40	6.7	10%
A4单强力夹加插文件夹	2301	6.60	5.9	10%
A6票据夹	5353	6.40	5.8	10%
A6票据夹	5352	5.40	4.9	10%

图3-72 转换后效果

相关行业知识 │ 出口产品报价单构成要素

价格主要由国内的费用+成本+国外的费用构成；

国内费用：运输费用、存储费、出口税等；

成本：原材料、加工费；

国外费用：运输、保险、税费；

考虑以上的要素根据不同的贸易术语报不同的价格，如FOB（离岸价）就不用报国外的费用。

价格构成：贸易术语、币别、单价、数量单位四方面构成。

3.5 设置单元格区域条件格式

在Excel 2007中，用户除了可以直接套用表格格式和单元格样式外，还可以使用条件格式功能，对表格中指定的单元格区域进行格式效果的设置。在设置条件格式时，用户可以对单元格区域应用数据条、色阶、图标集等效果，也可以根据需要自定义条件格式，从而使表格的格式效果更符合用户的要求。

在设置条件格式时，首先选定需要设置的单元格区域，在"开始"选项卡下的"样式"组中单击"条件格式"按钮，如图3-73所示，在展开的列表中为用户提供了多种条件格式设置功能，如图3-74所示，用户可以根据需要进行选择并设置。

图 3-73　单击"条件格式"按钮　　　　图 3-74　条件格式列表

突出显示单元格规则：设置符合设置条件值的单元格区域显示指定的单元格格式效果。

项目选取规则：设置指定单元格区域中满足最大值、最小值或平均值的单元格显示指定的格式效果。

数据条：设置指定单元格区域按数值大小显示数据条效果。

色阶：设置指定单元格区域按不同色阶显示数据值大小。

图标集：设置指定单元格区域使用不同的图标显示不同数值大小区域的值。

新建规则：根据用户的要求自定义条件格式的规则及相应的单元格格式效果。

清除规则：为套用条件格式的单元格区域或工作表清除条件格式效果。

管理规则：对应用的条件格式进行编辑、删除、新建等操作管理。

在了解了条件格式设置功能后，用户便可以对表格进行格式效果的设置了。下面以设置员工工资表为例，为用户介绍如何使用不同的条件格式设置功能，对表格中不同的单元格区域进行格式效果的设置。

3.5.1 突出显示单元格规则

提示

当用户应用单元格样式和表格格式时，还可以同时对其进行条件格式的设置，其效果不冲突。

在员工工资表中，用户可以对所属部门中符合指定部门的数据突出显示单元格效果，下面介绍其具体的操作与设置方法。

1 **选定单元格区域。** 打开源文件\第3章\原始文件\员工工资表.xlsx，选定需要设置条件格式的B3:B16单元格区域，如图3-75所示。

2 **设置条件格式。** 切换到"开始"选项卡下，在"样式"组中单击"条件格式"按钮，在展开的列表中单击"突出显示单元格规则"选项，再单击"文本包含"选项，如图3-76所示。

图 3-75 选定区域   图 3-76 设置条件格式

3 **设置文本包含。** 打开"文本中包含"对话框，在文本框中输入"技术部"，并设置格式为"浅红填充色深红色文本"，再单击"确定"按钮，如图3-77所示。

4 **查看设置条件格式后的效果。** 返回到工作表中，可以看到选定单元格区域按指定的格式显示符合条件的单元格效果，如图3-78所示。

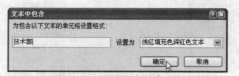

图 3-77 设置文本包含   图 3-78 显示设置条件格式的效果

3.5.2 设置岗位工资数据条格式

用户可以为工资表中的员工岗位工资数据设置数据条格式效果，使其按数据值的大小进行突出显示，下面介绍具体的操作与设置方法。

1 **选定单元格区域。** 选定表格中的D3:D16单元格区域，如图3-79所示。

2 **设置数据条格式。** 在"开始"选项卡下单击"样式"组中的"条件格式"按钮，在展开的列表中单击"数据条"选项，再单击"蓝色数据条"选项，如图3-80所示。

图 3-79 选定区域   图 3-80 设置数据条样式

③ **应用数据条效果。** 设置完成后，可以看到表格中选定区域按数据大小显示相应的数据条效果，如图3-81所示。

姓名	所属部门	职务	岗位工资	工龄工资	基本工资
邓捷	客户部	高级专员	￥1,600	￥100	￥1,680
何佳	技术部	技术员	￥1,400	￥100	￥1,480
何明天	生产部	机修工	￥200	￥100	￥280
李军	生产部	机修工	￥200	￥100	￥280
李丽	财务部	会计	￥800	￥100	￥880
李明	技术部	经理	￥2,000	￥100	￥2,080
李明诚	技术部	技术员	￥1,400	￥100	￥1,460
李涛	客户部	经理	￥2,000	￥100	￥2,080
林立	生产部	机修工	￥200	￥100	￥260
罗雪梅	行政部	经理	￥2,000	￥100	￥2,080
舒小英	客户部	专员	￥1,000	￥100	￥1,060
张诚	技术部	技术员	￥1,400	￥100	￥1,480
张晓群	客户部	专员	￥1,000	￥100	￥1,080
赵燕	财务部	经理	￥2,000	￥100	￥2,080

图 3-81 应用数据条效果

3.5.3 新建条件格式规则

用户除可以使用Excel提供的条件格式外，还可以根据需要自定义条件格式规则，并设置满足条件的单元格按指定的格式显示，下面介绍新建条件格式规则的具体操作与设置方法。

① **选定单元格区域。** 选定表格中的F3:F16单元格区域，如图3-82所示。

② **新建规则。** 单击"开始"选项卡下的"条件格式"按钮，在展开的列表中单击"新建规则"选项，如图3-83所示。

姓名	所属部门	职务	岗位工资	工龄工资	基本工资
邓捷	客户部	高级专员	￥1,600	￥100	￥1,680
何佳	技术部	技术员	￥1,400	￥100	￥1,480
何明天	生产部	机修工	￥200	￥100	￥280
李军	生产部	机修工	￥200	￥100	￥280
李丽	财务部	会计	￥800	￥100	￥880
李明	技术部	经理	￥2,000	￥100	￥2,080
李明诚	技术部	技术员	￥1,400	￥100	￥1,460
李涛	客户部	经理	￥2,000	￥100	￥2,080
林立	生产部	机修工	￥200	￥100	￥260
罗雪梅	行政部	经理	￥2,000	￥100	￥2,080
舒小英	客户部	专员	￥1,000	￥100	￥1,060
张诚	技术部	技术员	￥1,400	￥100	￥1,480
张晓群	客户部	专员	￥1,000	￥100	￥1,080
赵燕	财务部	经理	￥2,000	￥100	￥2,080

图 3-82 选定区域　　　　　　　　图 3-83 新建规则

③ **选择规则类型。** 打开"新建格式规则"对话框，在"选择规则类型"列表中单击"仅对排名靠前或靠后的数值设置格式"选项，如图3-84所示。

④ **编辑规则说明。** 在"编辑规则说明"选项区的下拉列表中选择"前"选项，并在文本框中输入"5"，再单击"格式"按钮，如图3-85所示。

> **提示**
>
> 用户可以设置单元格区域显示图标集效果。选中需要设置的单元格区域，单击"条件格式"按钮，在展开的列表中单击"图标集"选项，并选择需要应用的图标样式。

图 3-84 选择规则类型

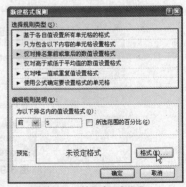

图 3-85 编辑规则说明

⑤ **设置边框。** 打开"设置单元格格式"对话框，切换到"边框"选项卡下，在"样式"列表

提示

在新建条件规则时，用户可以打开"新建格式规则"对话框，在"选择规则类型"列表中选择条件格式的规则方法，并对具体的规则内容进行编辑。

中选择线条样式，单击"颜色"下拉按钮，在展开的列表中单击"深红"选项，并单击"预置"区域中的"外边框"选项，如图3-86所示。

6 **设置填充。**切换到"填充"选项卡下，在"背景色"区域中单击"黄色"选项，再单击"确定"按钮，如图3-87所示。

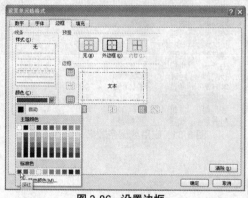

图 3-86 设置边框

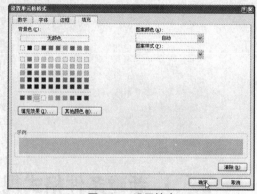

图 3-87 设置填充

提示

当用户完成条件格式规则效果的设置后，可以在"新建格式规则"对话框中的"预览"区域中查看自定义的格式效果，如果不满意则可以再次打开"设置单元格格式"对话框进行编辑修改。

7 **确定新建规则。**返回到"新建格式规则"对话框中，在"预览"区域中查看新建的格式效果，再单击"确定"按钮，如图3-88所示。

8 **应用条件格式。**设置完成后返回到工作表中，可以看到选定区域中符合条件的单元格显示自定义的格式效果，如图3-89所示。

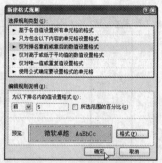

图 3-88 完成格式新建

姓名	所属部门	职务	岗位工资	工龄工资	基本工资
邓捷	客户部	高级专员	￥1,600	￥100	￥1,680
何佳	技术部	技术员	￥1,400	￥100	￥1,480
何明天	生产部	机修工	￥200	￥100	￥280
李军	生产部	机修工	￥200	￥100	￥280
李丽	财务部	会计	￥800	￥100	￥880
李明	技术部	经理	￥2,000	￥100	￥2,080
李明诚	技术部	技术员	￥1,400	￥100	￥1,460
李涛	客户部	经理	￥2,000	￥100	￥2,080
林立	生产部	机修工	￥200	￥100	￥260
罗雪梅	行政部	经理	￥2,000	￥100	￥2,080
舒小英	客户部	专员	￥1,000	￥100	￥1,060
张诚	技术部	技术员	￥1,400	￥100	￥1,480
张晓群	客户部	专员	￥1,000	￥100	￥1,080
赵燕	财务部	经理	￥2,000	￥100	￥2,080

图 3-89 应用自定义条件格式

9 **清除规则。**如果用户需要清除应用的条件格式，则在"开始"选项卡下单击"条件格式"按钮，在展开的列表中单击"清除规则"选项，如图3-90所示。

10 **清除整个工作表的规则。**在展开的级联列表中单击"清除整个工作表的规则"选项，如图3-91所示。

提示

如果用户只需要清除指定单元格的格式效果，则在"清除规则"列表中单击"清除所选单元格的规则"选项即可。

图 3-90 清除规则

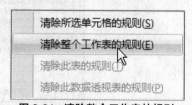

图 3-91 清除整个工作表的规则

相关行业知识	员工薪资体系定位

要设计出合理科学的薪资体系和薪资制度，一般要经历以下几个步骤。

❶ 职位分析：结合公司经营目标，公司管理层要在业务分析和人员分析的基础上，明确部门职能和职位关系，人力资源部和各部门主管合作编写职位说明书。

❷ 职位评价：比较企业内部各个职位的相对重要性，得出职位等级序列，为进行薪资调查建立统一的职位评估标准，消除不同公司间由于职位名称不同，或者即使职位名称相同但实际工作要求和工作内容不同所导致的职位难度差异，使不同职位之间具有可比性，为确保工资的公平性奠定基础。它是职位分析的自然结果，同时又以职位说明书为依据。

❸ 薪资调查：薪资调查的对象，最好是选择与自己有竞争关系的公司或同行业的类似公司，重点考虑员工的流失去向和招聘来源。薪资调查的数据，要有上年度的薪资增长状况、不同薪资结构对比、不同职位和不同级别的职位薪资数据、奖金和福利状况、长期激励措施以及未来薪资走势分析等。

❹ 薪资定位：在分析同行业的薪资数据后，需要做的是根据企业状况选用不同的薪资水平。在薪资定位上，可以选择领先策略或跟随策略。

❺ 薪资结构设计：要综合考虑三个方面的因素，一是其职位等级，二是个人的技能和资历，三是个人绩效。在工资结构上与其相对应的分别是职位工资、技能工资、绩效工资。有的也将前两者合并考虑，作为确定一个人基本工资的基础。确定职位工资，需要对职位做评估；确定技能工资，需要对人员资历做评估；确定绩效工资，需要对工作表现做评估；确定公司的整体薪资水平，需要对公司盈利能力、支付能力做评估。

❻ 薪资体系的实施和修正：在确定薪资调整比例时，要对总体薪资水平做出准确的预算。为准确起见，最好同时由人力资源部做此测算。因为按照外企的惯例，财务部门并不清楚具体工资数据和人员变动情况。人力资源部需要建好工资台账，并设计一套比较好的测算方法。

处理财务表格数据

04

在处理财务表格数据时，由于表格内含有大量的数据信息，因此常常需要财务人员针对表格中不同数据分类处理。本章将以不同财务表格数据的处理为例，为用户介绍数据的处理功能，并带领用户学会如何操作与设置相关选项内容，对表格数据进行更好地分析。

4.1 查找与替换表格数据

切换到"开始"选项卡下，在"编辑"组中单击"查找和选择"按钮，如图4-1所示。在打开的列表中选择执行查找或替换操作，如图4-2所示。

图4-1 查找和选择功能

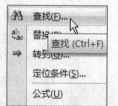

图4-2 查找与替换功能

当用户使用"查找"功能时，将打开如图4-3所示的"查找和替换"对话框，并自动切换到"查找"选项卡下，在"查找内容"文本框中用户可以输入需要查找的数据内容。

指定查找内容后单击"查找全部"按钮，将在工作表中查找所有满足查找条件的单元格，并在列表中显示查找数据所在的单元格地址。

单击"查找下一个"按钮，可在工作表中依次查找符合查找条件的单元格，并使查找结果所在的单元格呈选中状态。

图4-3 查找数据

当用户需要使用替换功能时，只需要在"查找和替换"对话框中切换到"替换"选项卡下，在"替换为"文本框中输入需要替换的数据内容，如图4-4所示。

指定完成查找与替换内容后，在"查找和替换"对话框中单击"全部替换"按钮，可将查找到的所有内容进行替换。

单击"替换"按钮时，可依次替换工作表中查找到的数据内容。

单击"关闭"按钮时，可关闭"查找和替换"对话框。

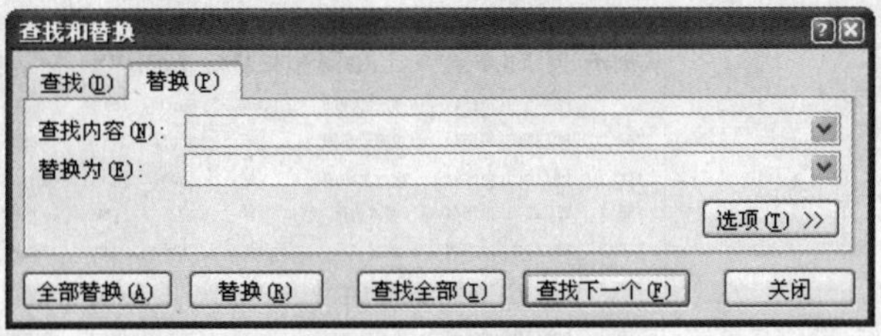

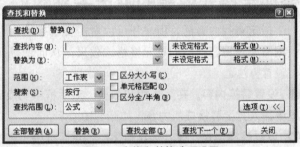

图 4-4 替换数据

用户除可以进行简单的数据内容查找外，还可以使用查找与替换功能中的选项功能，对需要查找内容的格式、范围、搜索方式进行设置，从而使查找与替换操作按指定的方式进行，帮助用户更好地完成数据的查找与替换。

在“查找和替换”对话框中单击“选项”按钮，即可打开“选项”设置区域，如图4-5所示。

单击“查找内容”或“替换为”文本框后的“格式”按钮，可打开“查找格式”或“替换格式”对话框，用户可以指定需要查找内容或替换内容的格式效果，设置完成后返回到“查找和替换”对话框中，在相应文本框后可预览设置的格式效果。

单击“选项”区域中的“范围”下拉按钮，在展开的列表中可设置在工作表或工作簿范围中进行查找与替换。

单击“搜索”下拉按钮，在展开的列表中可设置在工作表中按行或按列进行查找与替换。

提示

当用户需要设置对查找内容或替换内容进行全/半角区分时，可以在“查找与替换”对话框中勾选“区分全/半角”复选框。

单击“查找范围”下拉按钮，在展开的列表中可设置对公式、值或批注进行查找与替换。

图 4-5 查找和替换选项设置

光盘路径

原始文件：
源文件\第4章\原始文件\财产投保明细表.xlsx

最终文件：
源文件\第4章\最终文件\财产投保明细表.xlsx

在了解了数据的查找与替换功能后，用户可以使用查找与替换功能对工作表中的数据进行快速的修改，从而简化工作的重复性，提高工作效率。本节将以编辑修改财产投保明细表为例，为用户介绍如何查找与替换被保险财产名称相关数据内容。

4.1.1 查找财产名称数据

用户可以使用查找功能对输入错误的数据信息进行查找，从而了解错误数据所在的单元格地址，下面介绍查找数据的具体操作与设置方法。

1 **查看数据。** 打开源文件\第4章\原始文件\财产投保明细表.xlsx，如图4-6所示。

2 **使用查找功能。** 切换到“开始”选项卡下，在“编辑”组中单击“查找和选择”按钮，在展开的列表中单击“查找”选项，如图4-7所示。

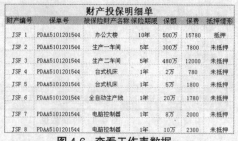

图 4-6 查看工作表数据

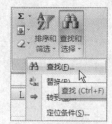

图 4-7 使用查找功能

3 **设置查找内容**。打开"查找和替换"对话框，在"查找"选项卡下的"查找内容"文本框中输入需要查找的内容，如图4-8所示。

4 **查找全部数据**。指定查找内容后单击"查找全部"按钮，对话框下方显示查找到的符合查找条件的数据地址，如图4-9所示。

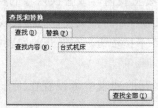

图 4-8 设置查找内容

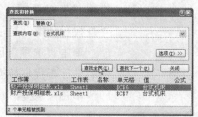

图 4-9 显示查找结果

4.1.2 替换带格式效果的财产名称数据

指定查找内容后，用户还可以对需要替换的内容进行设置，输入替换内容相关信息，并根据需要设置替换后的单元格格式效果，从而使替换操作更加完善，下面介绍其具体的操作与设置方法。

1 **设置替换内容**。在"查找和替换"对话框中切换到"替换"选项卡下，在"替换为"文本框中输入需要替换成的内容，如图4-10所示。

2 **设置替换格式**。在"查找和替换"对话框中单击"选项"按钮，并单击"替换为"文本框后的"格式"按钮，如图4-11所示。

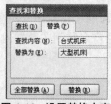

图 4-10 设置替换内容

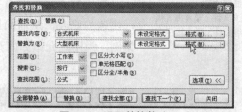

图 4-11 设置替换格式

3 **设置字体格式**。打开"替换格式"对话框，切换到"字体"选项卡下，设置字体为"宋体"，字号为"12"，字体颜色为"深红"，如图4-12所示。

图 4-12 设置字体格式

提示

关于格式效果的设置，用户可参见第3章详细的介绍说明。

4 **设置边框。**切换到"边框"选项卡下，设置边框线条样式，设置线条颜色为"黄色"，单击"预置"区域中的"外边框"按钮，如图4-13所示。

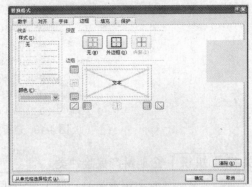

图 4-13　设置边框

提示

如果需要取消边框效果，则在"预置"区域中单击"无"选项即可。

5 **设置填充。**切换到"填充"选项卡下，单击"填充效果"按钮，如图4-14所示。

6 **设置填充效果。**打开"填充效果"对话框，在"渐变"选项卡下单击"双色"单选按钮，并设置颜色1和颜色2，再单击"斜下"单选按钮，最后单击"确定"按钮，如图4-15所示。

图 4-14　设置填充效果

图 4-15　设置双色渐变

7 **完成格式设置。**设置完成返回到"填充"选项卡下，在"示例"区域中查看设置的填充效果，再单击"确定"按钮，如图4-16所示。

8 **设置全部替换。**返回到"查找和替换"对话框，单击"全部替换"按钮，如图4-17所示。

图 4-16　完成格式设置

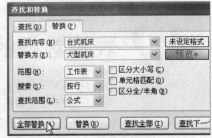

图 4-17　设置全部替换

9 **提示替换结果。**弹出提示对话框，提示用户完成2处替换，再单击"确定"按钮，如图4-18所示。

图 4-18　提示替换结果

10 查看替换结果。 设置完成后返回到工作表中，查看替换后的数据内容，并按指定的方式显示替换格式，如图4-19所示。

财产编号	保单号	被保险财产名称
JSF 1	PDAA5101201544	办公大楼
JSF 2	PDAA5101201544	生产一车间
JSF 3	PDAA5101201544	生产二车间
JSF 4	PDAA5101201544	大型机床
JSF 5	PDAA5101201544	大型机床
JSF 6	PDAA5101201544	全自动生产线

图 4-19 查看替换结果

相关行业知识 | **企业财产保险种类**

企业财产保险，是指投保人与保险人之间达成的以投保人的固定资产、流动资金和其他与投保人经济利益有关的财产作为保险对象，由保险人提供保险保障的一种保险。

根据我国各保险公司现行的企业财产保险条款的要求，凡是领有工商营业执照，独立核算的各类企业，包括国有企业、集体企业、农场、乡镇企业、军工企业、私营企业、联营企业、公司等，均可以投保企业财产保险，与保险公司订立企业财产保险合同。同时，国家机关、事业单位、社会团体等也可以成为企业财产保险合同的投保人。

企业财产分为可保财产和不保财产两类。

❶ 可保财产。被保险人所有或与他人共有而由被保险人负责的财产，由被保险人经营管理或替他人保管的财产，具有其他法律上承认的与被保险人有经济利害关系的财产，都属于可保险财产。从实物形态讲，具体表现为这几个方面：①房屋、建筑物、装饰设备。②机器设备。③交通运输工具及设备。④通讯设备器材。⑤工具、仪器、生产用具。⑥成品、半成品、原材料和其他商品物资。⑦管理用具和低值易耗品。⑧建造中的房屋、建筑物和建筑材料。⑨账款或已摊销的财产。

❷ 不保财产。非一般生产资料或无法确定其财产价值的财产为不保财产，保险公司不予承保。这些财产有：①土地、矿藏、矿井、矿坑、森林、水产资源以及未经收割或收割后尚未入库的农作物。②货币、票证、有价评判、文件、账册、图表、技术资料以及无法鉴定价值的财产。③违章建筑、危险建筑、非法占用的财产。④在运输过程中的物资。

4.2 表格数据的排序设置

在Excel表格中，用户可以对指定的行或列数据进行排序，从而使表格表达的数据信息更加规范。排序后的数据内容将更加方便用户的查找，在设置排序时，排序的规则有按数字大小、字母先后、笔划排序等多种方式，用户可以根据需要指定合适的排序方式进行操作与设置。

在"数据"选项卡下的"排序和筛选"组中，为用户提供了"升序"按钮，如图4-20所示，可设置指定列从最小值到最大值进行排列。同样地，在"排序和筛选"组中用户还可以单击"降序"按钮，如图4-21所示，设置指定列从最大值到最小值进行排序。

图 4-20 设置升序排列

图 4-21 设置降序排列

用户除可以对表格数据进行简单的升序或降序设置外，还可以使用高级排序功能对表格数据进行排序设置。在"排序和筛选"组中单击"排序"按钮，如图4-22所示，可打开如图4-23所示的"排序"对话框，在该对话框中用户可以分别对主要关键字、次要关键字等指定数据信息进行排序设置。

图 4-22 单击 "排序" 按钮

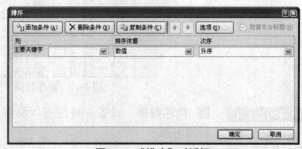

图 4-23 "排序"对话框

`添加条件(A)`：为排序添加关键字，从而可设置更多排序条件。

`删除条件(D)`：删除已添加的排序条件。

`复制条件(C)`：复制当前的排序条件。

`选项(O)...`：打开"排序选项"对话框，设置排序的方向及方法等相关信息。

在了解了数据的排序功能后，用户便可以按不同的方式对表格中的数据进行排序操作，从而使表格数据的显示更加符合用户的要求。本节将以处理销售记录清单为例，为用户介绍不同的排序设置方法。

4.2.1 简单排序销售数量数据

用户可以针对销售记录清单中销售数量、销售额等数据进行排序设置，快速地设置其按升序或降序顺序进行排列，下面介绍其具体的操作与设置方法。

1 查看表格数据。 打开源文件\第4章\原始文件\销售记录清单.xlsx，查看表格中记录的数据信息内容，并选中E列中的任意单元格，对销售数量列进行排序设置，如图4-24所示。

2 设置排序方式。 切换到"数据"选项卡下，在"排序和筛选"组中单击"降序"按钮，如图4-25所示。

	A	B	C	D	E	F
1			销售记录清单			
2	序号	产品名称	销售部门	成交单价	销售数量	销售额
3	1	彩电	销售二部	¥2,180	¥15	¥409,840
4	2	彩电	销售三部	¥2,298	¥200	¥459,600
5	3	彩电	销售一部	¥2,180	¥250	¥545,000
6	4	空调	销售二部	¥1,680	¥150	¥252,000
7	5	空调	销售三部	¥1,680	¥300	¥504,000
8	6	空调	销售一部	¥1,680	¥120	¥201,600
9	7	冰箱	销售二部	¥2,300	¥258	¥593,400
10	8	冰箱	销售三部	¥2,200	¥250	¥550,000
11	9	冰箱	销售二部	¥2,300	¥118	¥271,400
12	10	彩电	销售二部	¥2,080	¥198	¥411,840
13	11	彩电	销售三部	¥2,100	¥220	¥462,000
14	12	彩电	销售一部	¥2,100	¥265	¥556,500
15	13	空调	销售二部	¥1,680	¥136	¥228,480
16	14	空调	销售三部	¥1,680	¥150	¥252,000
17	15	空调	销售一部	¥1,680	¥160	¥268,800

图 4-24 指定排序列

图 4-25 设置降序

3 排序数据。 设置完成后可以看到表格中的数据按销售数量的降序顺序进行排列，如果用户还需要对销售额进行排序，则选中F列中的任意单元格，如图4-26所示。

4 设置升序。 在"排序和筛选"组中单击"升序"按钮，如图4-27所示。

销售记录清单					
序号	产品名称	销售部门	成交单价	销售数量	销售额
5	空调	销售三部	¥1,680	¥300	¥504,000
12	彩电	销售一部	¥2,100	¥265	¥556,500
7	冰箱	销售二部	¥2,300	¥258	¥593,400
3	彩电	销售一部	¥2,180	¥250	¥545,000
8	冰箱	销售三部	¥2,200	¥250	¥550,000
11	彩电	销售三部	¥2,100	¥220	¥462,000
2	彩电	销售三部	¥2,298	¥200	¥459,600
10	彩电	销售三部	¥2,080	¥198	¥411,840
1	彩电	销售二部	¥2,180	¥188	¥409,840
15	空调	销售一部	¥1,680	¥160	¥268,800
4	空调	销售二部	¥1,680	¥150	¥252,000
14	空调	销售三部	¥1,680	¥150	¥252,000
13	空调	销售二部	¥1,680	¥136	¥228,480
6	空调	销售一部	¥1,680	¥120	¥201,600
9	冰箱	销售一部	¥2,300	¥118	¥271,400

图 4-26　排序数据

图 4-27　设置升序

5 **排序数据**。设置完成后可以看到表格中的数据按销售额的升序顺序进行重新排列，如图4-28所示。

销售记录清单					
序号	产品名称	销售部门	成交单价	销售数量	销售额
6	空调	销售一部	¥1,680	¥120	¥201,600
13	空调	销售二部	¥1,680	¥136	¥228,480
4	空调	销售二部	¥1,680	¥150	¥252,000
14	空调	销售三部	¥1,680	¥150	¥252,000
15	空调	销售一部	¥1,680	¥160	¥268,800
9	冰箱	销售一部	¥2,300	¥118	¥271,400
1	彩电	销售二部	¥2,180	¥188	¥409,840
10	彩电	销售三部	¥2,080	¥198	¥411,840
2	彩电	销售三部	¥2,298	¥200	¥459,600
11	彩电	销售三部	¥2,100	¥220	¥462,000
5	空调	销售三部	¥1,680	¥300	¥504,000
3	彩电	销售一部	¥2,180	¥250	¥545,000
8	冰箱	销售三部	¥2,200	¥250	¥550,000
12	彩电	销售一部	¥2,100	¥265	¥556,500
7	冰箱	销售二部	¥2,300	¥258	¥593,400

图 4-28　排序数据

4.2.2 复杂排序单价与销售额数据

　　用户可以对表格中多列数据进行同时排序，指定表格满足多个排序条件后进行重新排列，在设置多个排序条件时，用户可以分别设置主要关键字、次要关键字、第三关键字等排序条件，在满足主要关键字的条件下满足次要关键字进行表格排序，依次类推排序原理。下面介绍复杂排序的具体操作与设置方法。

1 **复杂排序**。选中销售记录清单中的任意单元格，在"数据"选项卡下的"排序和筛选"组中单击"排序"按钮，如图4-29所示。

2 **设置主要关键字**。打开"排序"对话框，单击"主要关键字"下拉按钮，在展开的列表中单击"成交单价"选项，如图4-30所示。

图 4-29　单击"排序"按钮

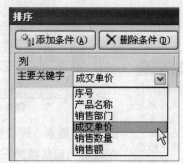

图 4-30　设置主要关键字

3 **设置排序依据**。单击"排序依据"下拉按钮，在展开的列表中单击"数值"选项，如图4-31所示。

4 **设置次序**。单击"次序"下拉按钮，在展开的列表中单击"升序"选项，如图4-32所示。

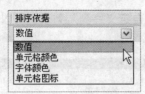

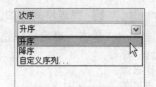

图 4-31　设置排序依据　　　　　　　　　　图 4-32　设置升序

5 添加条件。如果用户需要添加排序的条件，则在"排序"对话框中单击"添加条件"按钮，如图4-33所示。

6 设置次要关键字。使用相同的方法设置次要关键字为"销售额"，排序依据为"数值"，次序为"降序"，设置完成后单击"确定"按钮，如图4-34所示。

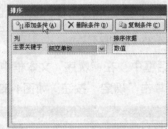

图 4-33　添加条件　　　　　　　　　　图 4-34　设置次要关键字

7 显示排序结果。设置完成后返回到工作表中，可以看到表格数据按指定的方式进行重新排列，如图4-35所示。

销售记录清单					
序号	产品名称	销售部门	成交单价	销售数量	销售额
5	空调	销售三部	¥1,680	¥300	¥504,000
15	空调	销售一部	¥1,680	¥160	¥268,800
4	空调	销售二部	¥1,680	¥150	¥252,000
14	空调	销售三部	¥1,680	¥150	¥252,000
13	空调	销售三部	¥1,680	¥136	¥228,480
6	空调	销售一部	¥1,680	¥120	¥201,600
10	彩电	销售二部	¥2,080	¥198	¥411,840
12	彩电	销售二部	¥2,100	¥265	¥556,500
11	彩电	销售三部	¥2,100	¥220	¥462,000
3	彩电	销售一部	¥2,180	¥250	¥545,000
1	彩电	销售二部	¥2,180	¥188	¥409,840
8	冰箱	销售三部	¥2,200	¥250	¥550,000
2	彩电	销售二部	¥2,298	¥200	¥459,600
7	冰箱	销售二部	¥2,300	¥258	¥593,400
9	冰箱	销售一部	¥2,300	¥118	¥271,400

图 4-35　显示排序结果

4.2.3　自定义按产品名称排序数据

当用户需要设置表格中的数据按自定义的序列方式进行排序时，则可以首先定义自定义序列内容，再设置按指定的序列进行排序。下面介绍通过自定义序列方式根据产品名称列进行重新排序。

1 设置自定义序列。打开"排序"对话框，单击"次序"下拉按钮，在展开的列表中单击"自定义序列"选项，如图4-36所示。

2 输入序列。打开"自定义序列"对话框，在"输入序列"列表中输入自定义序列内容，再单击"添加"按钮，如图4-37所示。

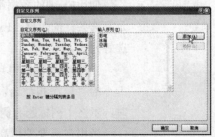

图 4-36　单击"自定义序列"选项　　　　　图 4-37　输入序列

Excel财务宝典

提示

当排序主要关键字中数据内容时,对含有相同的数据信息,则可以添加次要关键字,针对重复数据再次进行排序设置,以此类推,使表格数据的排列达到更好的效果。

3 完成序列添加。添加完成后,在"自定义序列"列表中可以看到添加的自定义序列内容,单击"确定"按钮,如图4-38所示。

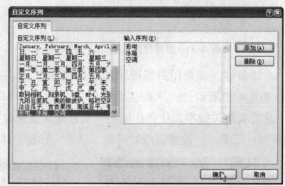

图 4-38 完成序列添加

4 设置排序方式。返回到"排序"对话框中,在"次序"文本框中显示自定义的序列内容,并设置主要关键字为"产品名称",再单击"确定"按钮,如图4-39所示。

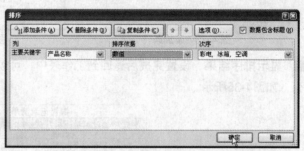

图 4-39 设置排序方式

提示

在"自定义序列"列表中选中需要删除的自定义序列,再单击"删除"按钮可将其删除。

5 查看排序结果。完成自定义排序设置后,返回到表格中,可以看到销售记录清单中的数据按产品名称列的自定义序列方式进行重新排列,如图4-40所示。

销售记录清单					
序号	产品名称	销售部门	成交单价	销售数量	销售额
10	彩电	销售二部	¥2,080	¥198	¥411,840
12	彩电	销售一部	¥2,100	¥265	¥556,500
11	彩电	销售三部	¥2,100	¥220	¥462,000
3	彩电	销售一部	¥2,180	¥250	¥545,000
1	彩电	销售二部	¥2,180	¥188	¥409,840
2	彩电	销售三部	¥2,298	¥200	¥459,600
8	冰箱	销售三部	¥2,200	¥250	¥550,000
7	冰箱	销售一部	¥2,300	¥258	¥593,400
9	冰箱	销售一部	¥2,300	¥118	¥271,400
5	空调	销售三部	¥1,680	¥300	¥504,000
15	空调	销售二部	¥1,680	¥160	¥268,800
4	空调	销售二部	¥1,680	¥150	¥252,000
14	空调	销售三部	¥1,680	¥150	¥252,000
13	空调	销售二部	¥1,680	¥136	¥228,480
6	空调	销售一部	¥1,680	¥120	¥201,600

图 4-40 查看排序结果

4.3 表格数据的筛选处理

使用Excel的数据筛选功能,可以在工作表中有选择性地显示满足条件的数据,对于不满足筛选条件的数据,Excel会自动将其进行隐藏。Excel的数据筛选功能包括自动筛选、高级筛选等方式。

当用户需要使用自动筛选功能时,只需要选定表格中的任意单元格,在"数据"选项卡下的"排序和筛选"组中单击"筛选"按钮,如图4-41所示。当"筛选"按钮呈选中状态时,表格中列标题右侧将显示下拉按钮,使用该按钮可对表格数据进行筛选操作。

当用户需要使用高级筛选功能时,在"排序和筛选"组中单击"高级"按钮,即可打开如图4-42所示的"高级筛选"对话框，在该对话框中分别设置筛选列表区域、条件区域等内容，指定表格数据按筛选条件进行筛选，并复制筛选结果到指定的单元格区域。

图 4-41　单击"筛选"按钮　　　　**图 4-42　使用高级筛选**

光盘路径

原始文件：
源文件\第4章\原始文件\部门销售业绩表.xlsx
最终文件：
源文件\第4章\最终文件\条件筛选.xlsx

在了解了数据的筛选功能后，用户便可以使用该功能对表格数据进行分析与处理了，本节将以筛选部门销售业绩表为例，分别为用户介绍如何使用自动筛选及高级筛选功能。

4.3.1　自动筛选产品数据

在分析部门销售业绩表格数据时，用户可以使用自动筛选功能，快速地对表格中的数据信息进行筛选设置，下面介绍具体的操作方法。

1 查看表格数据。 打开源文件\第4章\原始文件\部门销售业绩表.xlsx，选中表格中的任意单元格，如图4-43所示。

交叉参考

关于数据的高级筛选设置，可参考本章4.3.2节详细的操作与设置过程。

2 设置筛选。 切换到"数据"选项卡下，在"排序和筛选"组中单击"筛选"按钮，如图4-44所示。

销售日期	产品名称	销售员	数量	单价	销售额
	部门销售业绩				
2008-4-1	柯达M753相机	刘敏	2	￥1,499	￥2,998
2008-4-2	诺基亚N70	罗强	3	￥1,499	￥4,497
2008-4-3	诺基亚N70	张丽	3	￥1,499	￥4,497
2008-4-4	柯达M853相机	罗强	2	￥1,699	￥3,398
2008-4-5	诺基亚N70	刘敏	3	￥1,899	￥5,697
2008-4-6	柯达M853相机	张丽	2	￥1,699	￥3,398
2008-4-7	柯达M753相机	张丽	4	￥1,499	￥5,996
2008-4-8	诺基亚N70	罗强	2	￥1,499	￥2,998
2008-4-9	柯达M853相机	张丽	1	￥1,699	￥1,699
2008-4-10	诺基亚N70	刘敏	3	￥1,499	￥4,497

图 4-43　查看表格数据　　　　**图 4-44　使用筛选功能**

3 显示筛选下拉按钮。 使用自动筛选功能后，在表格列标题单元格中，将自动添加下拉按钮，用于对表格数据进行筛选操作，如图4-45所示。

提示

在使用自动筛选功能时，Excel将自动对当前表格中的列标题添加下拉列表按钮，用于执行筛选操作。

销售日期	产品名称	销售员	数量	单价	销售额
	部门销售业绩				
2008-4-1	柯达M753相机	刘敏	2	￥1,499	￥2,998
2008-4-2	诺基亚N70	罗强	3	￥1,499	￥4,497
2008-4-3	诺基亚N70	张丽	3	￥1,499	￥4,497
2008-4-4	柯达M853相机	罗强	2	￥1,699	￥3,398
2008-4-5	诺基亚N70	刘敏	3	￥1,899	￥5,697
2008-4-6	柯达M853相机	张丽	2	￥1,699	￥3,398
2008-4-7	柯达M753相机	张丽	4	￥1,499	￥5,996
2008-4-8	诺基亚N70	罗强	2	￥1,499	￥2,998
2008-4-9	柯达M853相机	张丽	1	￥1,699	￥1,699
2008-4-10	诺基亚N70	刘敏	3	￥1,499	￥4,497

图 4-45　显示筛选按钮

4 设置筛选。 单击"产品名称"下拉按钮，在展开的列表中取消勾选"全选"复选框，并勾选"柯达M753相机"选项，再单击"确定"按钮，如图4-46所示。

图4-46　设置筛选

5　**显示筛选结果。**设置完成后可以看到表格中显示符合筛选条件的数据内容，如图4-47所示。

部门销售业绩					
销售日期	产品名称	销售	数1	单价	销售额
2008-4-1	柯达M753相机	刘敏	2	￥1,499	￥2,998
2008-4-7	柯达M753相机	张丽	4	￥1,499	￥5,996

图4-47　显示筛选结果

交叉参考

当用户使用自动筛选功能时，将在表格列标题右侧显示下拉列表按钮，该按钮功能与套用表格格式后自动添加的按钮功能相同，可参见第3章第3.4节。

6　**清除筛选。**如果用户需要取消对产品名称数据的筛选，可以再次单击"产品名称"下拉按钮，在展开的列表中单击"从'产品名称'中清除筛选"选项，如图4-48所示。

7　**快速清除筛选。**用户还可以直接在"排序和筛选"组中单击"清除"按钮，快速清除数据的筛选，如图4-49所示。

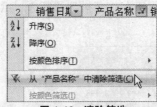

图4-48　清除筛选

图4-49　快速清除筛选

提示

清除筛选后，表格中的数据将按表格最初的数据排序方式进行排列。

8　**取消自动筛选功能。**如果用户需要取消表格的自动筛选功能，则可以在"排序和筛选"组中单击"筛选"按钮，使该按钮呈未选中状态，即可取消表格的自动筛选功能，如图4-50所示。

图4-50　取消自动筛选功能

4.3.2　条件筛选销售业绩数据

　　用户除可以使用自动筛选功能进行操作设置外，还可以指定筛选的条件内容，使用高级筛选功能对数据进行筛选，并在指定的位置显示筛选结果，下面介绍具体的操作与设置方法。

1　**设置筛选条件。**在部门销售业绩表下方输入筛选条件内容，如图4-51所示。

2　**使用高级筛选功能。**在"排序和筛选"组中单击"高级"按钮，如图4-52所示，使用高级筛选功能。

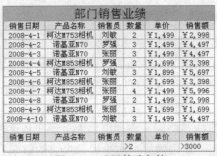

部门销售业绩

销售日期	产品名称	销售员	数量	单价	销售额
2008-4-1	柯达M753相机	刘敏	2	¥1,499	¥2,998
2008-4-2	诺基亚N70	罗强	3	¥1,499	¥4,497
2008-4-3	诺基亚N70	张丽	3	¥1,499	¥4,497
2008-4-4	柯达M853相机	罗强	2	¥1,699	¥3,398
2008-4-5	诺基亚N70	刘敏	3	¥1,899	¥5,697
2008-4-6	柯达M853相机	张丽	2	¥1,699	¥3,398
2008-4-7	柯达M753相机	张丽	4	¥1,499	¥5,996
2008-4-8	诺基亚N70	罗强	2	¥1,499	¥2,998
2008-4-9	柯达M853相机	刘敏	1	¥1,699	¥1,699
2008-4-10	诺基亚N70	刘敏	3	¥1,499	¥4,497
销售日期	产品名称	销售员	数量	单价	销售额
			>2		>3000

图 4-51　设置筛选条件

图 4-52　使用高级筛选

3 设置列表区域。打开"高级筛选"对话框，单击选中"在原有区域显示筛选结果"单选按钮，并单击"列表区域"文本框右侧的折叠按钮，如图4-53所示。

4 选定列表区域。在工作表中拖动鼠标选中A2:F12单元格区域，再单击"高级筛选-列表区域"对话框中的折叠按钮，如图4-54所示。

图 4-53　设置列表区域

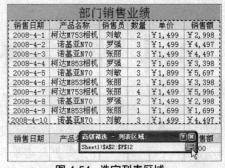

图 4-54　选定列表区域

5 设置条件区域。返回到"高级筛选"对话框中，可以看到指定的列表区域，将插入点放置在"条件区域"文本框中，如图4-55所示。

交叉参考

对于表格数据的复制与粘贴操作，用户可以参见本书第2章第2.3.2节。

6 设置复制筛选结果。设置条件区域引用A14:F15单元格区域，并单击选中"将筛选结果复制到其他位置"单选按钮，如图4-56所示。

图 4-55　设置条件区域

图 4-56　设置复制筛选结果

7 设置复制区域。在"复制到"文本框中设置复制区域为A16:F21，设置完成后单击"确定"按钮，如图4-57所示。

8 查看筛选结果。设置完成后返回到工作表中，可以看到在复制区域中显示数据筛选结果，如图4-58所示。

提示

在使用高级筛选功能时，首先需要设置筛选条件，在设置筛选条件时，用户需要注意的是必须为筛选条件添加相同的列标题内容。

图 4-57　设置复制区域

销售日期	产品名称	销售员	数量	单价	销售额
			>2		>3000
销售日期	产品名称	销售员	数量	单价	销售额
2008-4-2	诺基亚N70	罗强	3	¥1,499	¥4,497
2008-4-3	诺基亚N70	张丽	3	¥1,499	¥4,497
2008-4-5	诺基亚N70	刘敏	3	¥1,899	¥5,697
2008-4-7	柯达M753相机	张丽	4	¥1,499	¥5,996
2008-4-10	诺基亚N70	刘敏	3	¥1,499	¥4,497

图 4-58　查看筛选结果

业绩考评的方法很多，目前采取的方法主要有横向比较法、纵向分析法和尺度考评法。

❶ 横向比较法。该方法就是把终端销售人员的销售业绩进行比较和排列的方法。但并不是对业务完成的销售额进行对比。而且这应考虑到业务人员的终端销售成本、终端销售利润、终端风险控制等。

❷ 纵向分析法。该方法是将同一终端销售人员现在和过去的工作业绩进行比较，包括对终端的销售额、销售费用、新增的终端客户数、失去的终端客户数、终端的死账率以及每个终端平均销售额等数据指标的分析。这种方法有利于衡量销售人员工作的改善状况。

❸ 尺度考评法。该方法是将考评的各个项目都配以考评尺度，制作出一份考核比例表加以考核的方法。在考核表中，可以将每项考评因素划分出不同的等级考核标准，然后根据每个销售人员的表现评分，并可对不同的考评因素按其重要程度给予不同的权数，最后核算出总的得分。

4.4 分类汇总表格数据

用户可以对表格中的数据按不同的类别进行汇总计算。在使用分类汇总功能时，需要注意的是首先需要将汇总分类字段进行排序，以方便用户进行汇总设置。在排序完成后，指定分类字段为排序的字段信息，再根据需要设置汇总方式与汇总项进行计算即可。

在"数据"选项卡下的"分级显示"组中为用户提供了分类汇总功能，如图4-59所示。使用分类汇总功能时，将打开如图4-60所示的"分类汇总"对话框，用户在该对话框中对汇总方式进行设置即可。

图4-59 分类汇总功能

图4-60 分类汇总对话框

分类字段：设置数据进行汇总计算的类别，即按指定的分类字段对数据进行汇总计算。

汇总方式：设置汇总计算的方式，如求和、计数、求平均值、求最大值等。

选定汇总项：设置表格中需要汇总计算的项目。

替换当前分类汇总：当表格中已应用分类计算时，再次执行分类汇总计算勾选该复选框，则使用当前分类汇总替换原有分类汇总计算。

每组数据分页：勾选该复选框，则设置分类汇总计算结果按不同的数据组进行分页显示。

汇总结果显示在数据下方：勾选该复选框，则设置每组数据的分类汇总计算结果显示在当前数据组下方。

在了解了数据的分类汇总计算功能后，用户可以使用该功能对表格中的数据进行快速的求解计算。本节以计算销售日报表中相关数据内容为例，为用户介绍如何使用分类汇总计算功能来计算表格中不同销售员的销售额及销售数量。

4.4.1 分类汇总计算销售额

在分析销售日报表数据内容时，用户可以使用分类汇总功能对不同员工的销售额进行求和计算，首先需要对分类字段进行排序设置，再对分类汇总方式进行设置即可，下面介绍具体的操作与设置方法。

提示

在"分类汇总"对话框中设置"分类字段"时，需要注意的是将排序的列设置为分类字段的字段项。

1 **选中表格数据。**打开源文件\第4章\原始文件\销售日报表.xlsx，选中员工姓名列中的任意单元格，首先对该列数据进行排序，如图4-61所示。

2 **设置升序。**切换到"数据"选项卡下，在"排序和筛选"组中单击"升序"按钮，如图4-62所示。

超市销售日报表				
货品名称	员工姓名	单价	数量	销售额
彩虹单人电热毯	邓利平	32	1	32
彩虹单人电热毯	杨华明	32	1	32
超薄丝袜	李华明	4	1	4
德芙牛奶巧克力	何志刚	32	1	32
德芙牛奶巧克力	叶超	32	1	32
高露洁茶树牙膏	杨华明	4	1	4
豪居女式睡裙	何志刚	57	1	57
豪居女式睡裙	杨华明	57	1	57
康师傅老坛酸菜	何志刚	6	1	6
超薄丝袜	李华明	4	2	8
高露洁茶树牙膏	周烁	4	2	8
豪居女式睡裙	杨华明	57	2	114
豪居女式睡裙	邓利平	57	3	171
康师傅妙芙蛋糕	张芳芳	8	3	24
豪居女式睡裙	叶超	57	4	228

图 4-61 选中表格数据

图 4-62 设置升序

提示

使用分类汇总功能设置汇总方式时，实际是为工作表添加不同的函数内容，对表格数据进行自动汇总计算。

3 **使用分类汇总。**在"分级显示"组中单击"分类汇总"按钮，如图4-63所示。

4 **设置分类字段。**打开"分类汇总"对话框，单击"分类字段"下拉按钮，在展开的列表中单击"员工姓名"选项，如图4-64所示。

图 4-63 使用分类汇总功能

图 4-64 设置分类字段

提示

用户可以设置将不同类型的数据分页显示汇总计算结果，在"分类汇总"对话框中勾选"每组数据分页"复选框即可。

5 **设置汇总方式。**单击"汇总方式"下拉按钮，在展开的列表中单击"求和"选项，如图4-65所示。

6 **选定汇总项。**在"选定汇总项"列表中勾选"销售额"复选框，再单击"确定"按钮，如图4-66所示。

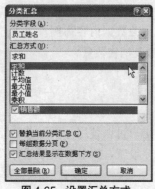

图4-65 设置汇总方式

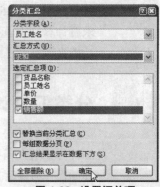

图4-66 设置汇总项

提示

应用数据的分类汇总功能进行计算后，用户也可以在"分级显示"组中单击"隐藏明细数据"和"显示明细数据"按钮来设置表格中需要显示的数据信息。

7 查看汇总结果。 设置完成后返回到工作表中，可以看到销售日报表汇总计算结果，单击左侧的折叠按钮，可设置将表格中的明细数据信息隐藏或显示，如图4-67所示。

8 查看分页显示结果。 用户也可以单击表格左上角的分页按钮，切换到不同的分页中，快速查看数据的汇总结果信息，如图4-68所示。

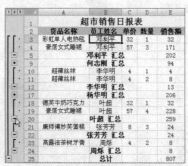

图4-67 查看汇总结果

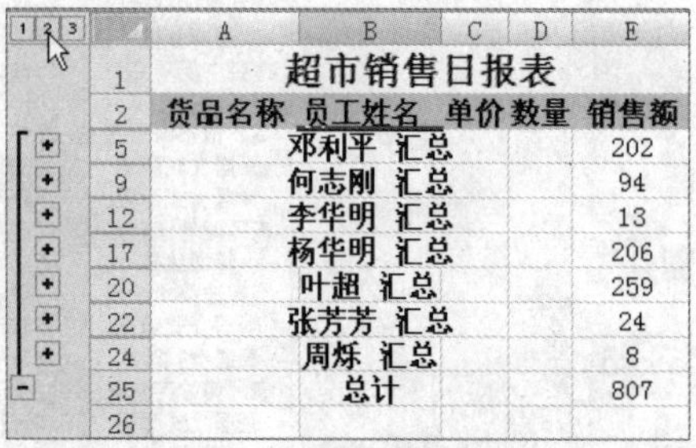

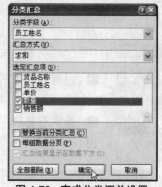

图4-68 查看分页显示结果

4.4.2 嵌套分类汇总

用户除了可以对表格中的某项数据进行汇总计算外，还可以增加汇总计算的项目内容，即设置表格的嵌套分类汇总计算，下面为用户介绍如何在表格中同时对多项数据进行分类汇总计算。

1 设置汇总项。 再次打开"分类汇总"对话框，在"选定汇总项"列表中勾选"数量"复选框，如图4-69所示。

2 取消替换当前分类汇总。 在"分类汇总"对话框中取消勾选"替换当前分类汇总"复选框，如图4-70所示。

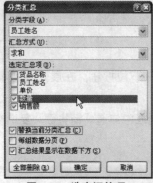

图4-69 选定汇总项

图4-70 完成分类汇总设置

3 查看汇总数据。 设置完成后单击"确定"按钮返回到工作表中，可以看到在表格中同时显示嵌套分类汇总数据结果，如图4-71所示。

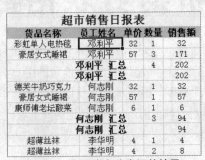

④ **删除分类汇总。**如果用户需要删除表格的分类汇总结果，则打开"分类汇总"对话框，单击"全部删除"按钮即可，如图4-72所示。

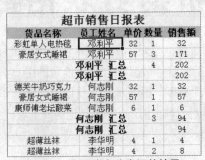

图 4-71 显示嵌套分类汇总结果

图 4-72 删除分类汇总

⑤ 在"分类汇总"对话框中单击"全部删除"按钮后，"分类汇总"对话框会自动关闭，删除全部汇总后的结果如图4-73所示。

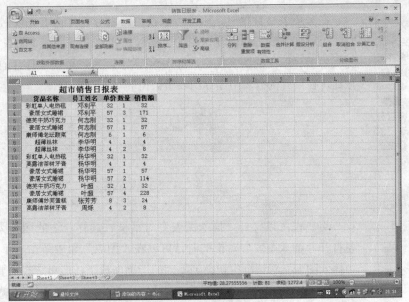

图 4-73 删除全部汇总

图表分析财务表格数据信息

在分析表格中的数据信息时，用户可以使用图表进行分析比较。数据通过图表的形式来显示更便于理解，并且图表还可以帮助用户对不同的数据信息进行比较，查看数据的差异、走势，进而预测其发展的趋势。本章将以不同类型图表的创建为例，为用户介绍如何使用图表分析常见的财务数据信息。

5.1 创建比较分析柱形图

🔊 提示

用户还可以单击"图表"组中任意图表类型相应的按钮，在展开的列表中单击"所有图表类型"选项，然后在打开的"插入图表"对话框中选择合适的图表类型。

在分析表格数据时，用户可以使用图表形象化地表达数据的相关信息。当用户创建图表时，可以切换到工作簿窗口中的"插入"选项卡下。在"图表"组中可以看到，Excel为用户提供了多种不同的图表类型，如图5-1所示，用户可以选择合适的图表进行创建，单击相应的按钮，在展开的列表中选择图表子类型即可。

图 5-1 "图表"组

用户也可以打开"插入图表"对话框，选择合适的图表类型，如图5-2所示。当用户需要打开"插入图表"对话框时，可以在"图表"组中单击右下角的对话框启动器。在打开的"插入图表"对话框中切换到不同的选项面板下，即可选择需要创建的图表类型。

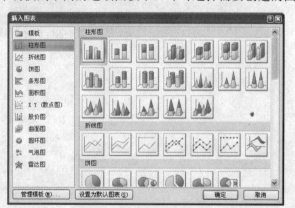

图 5-2 "插入图表"对话框

🔊 提示

三维柱形图可以更直观形象地描绘、分析比较不同数据的详细情况。

柱形图是最常用的图表之一，用于显示一段时间内数据的变化或各项目之间数据比较的图表。在"图表"组中单击"柱形图"按钮时，即可展开下拉列表，如图5-3和图5-4所示，在该列表中为用户提供了多种不同的柱形图子图表类型。圆柱图、圆锥图和棱锥图可以看作是三维柱形图的变形，其设置方法与三维柱形图相似。

◎ 光盘路径

原始文件：
源文件\第5章\原始文件\利息与本金比较分析.xlsx
最终文件：
源文件\第5章\最终文件\利息与本金比较分析.xlsx

图 5-3　柱形图子图表类型

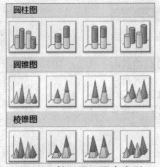

图 5-4　柱形图子图表类型

在了解了图表的创建及柱形图的类型后，本节将以创建利息与本金比较分析图表为例，为用户介绍如何在工作表中插入柱形图，并对创建的图表进行格式效果的设置。

5.1.1 创建柱形图

在比较分析贷款偿还利息与本金随年份变化的数据时，可以使用柱形图进行对比分析。下面为用户介绍如何创建柱形图表，其具体的操作与设置方法如下。

📖 交叉参考

关于贷款偿还利息与本金的详细计算方法，可参见第17章第17.2.3节。

1 选定图表源数据。 打开源文件\第5章\原始文件\利息与本金比较分析.xlsx，选定创建图表的源数据A4:F5单元格区域，如图5-5所示。

2 插入柱形图。 切换到"插入"选项卡下，在"图表"组中单击"柱形图"按钮，如图5-6所示。

图 5-5　选定图表源数据

图 5-6　插入柱形图

3 选择柱形图。 在展开的下拉列表中单击"簇状柱形图"选项，如图5-7所示。

4 生成图表。 在工作表中生成由选定数据创建的柱形图，如图5-8所示。

图 5-7　选择柱形图

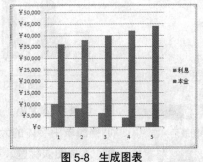

图 5-8　生成图表

5.1.2 设置本金与利息比较图表

💬 提示

用户可以设置将图表移动到其他工作表中，在"移动图表"对话框中单击选中"对象位于"单选按钮，并单击下拉列表按钮，选择需要放置的工作表即可。

插入的图表通常显示默认的图表效果，用户可以在Excel提供的图表工具中切换到不同的选项卡下对图表进行操作与设置，从而使其达到更好的效果，起到更好的分析说明作用，并增强视觉效果。

1 移动图表。 选中图表后在图表工具"设计"选项卡下单击"移动图表"按钮，如图5-9所示。

2 设置移动位置。 打开"移动图表"对话框，单击选中"新工作表"单选按钮，在文本框中输入"利息与本金比较分析"，再单击"确定"按钮，如图5-10所示。

图 5-9　移动图表

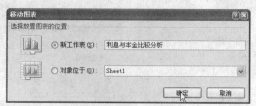

图 5-10　设置移动位置

3 **图表被移动**。此时可以看到图表被移动到新插入的工作表中，如图5-11所示。

4 **快速布局图表**。选中图表，在图表工具"设计"选项卡下单击"快速布局"按钮，在展开的列表中单击"布局4"选项，如图5-12所示。

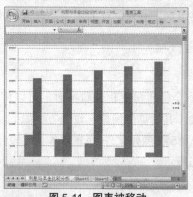

图 5-11　图表被移动

图 5-12　快速布局图表

5 **查看图表效果**。返回到工作表中，可以看到图表显示更改后的布局效果，如图5-13所示。

6 **快速应用图表样式**。在图表工具"设计"选项卡下单击"快速样式"按钮，在展开的列表中单击"样式26"选项，如图5-14所示。

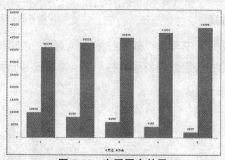

图 5-13　查看图表效果

图 5-14　应用图表样式

7 **调整字体大小**。选中图表，在"开始"选项卡下单击"字体"组中的"增大字号"按钮，调整图表中字体的大小，如图5-15所示。

8 **添加图表标题**。在图表工具"布局"选项卡下单击"标签"组中的"图表标题"按钮，在展开的列表中单击"居中覆盖标题"选项，如图5-16所示。

图 5-15　调整字体大小

图 5-16　添加图表标题

9 **编辑图表标题**。此时在图表上方添加了图表标题文本框，在其中输入标题文本内容，如图5-17所示。

⑩ **设置形状填充。**选中图表，在图表工具"格式"选项卡下单击"形状样式"组中的"形状填充"下拉按钮，在展开的列表中单击"纹理"选项，并单击"水滴"选项，如图5-18所示。

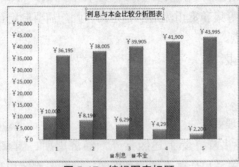

图 5-17　编辑图表标题

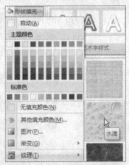

图 5-18　设置形状填充

⑪ **设置艺术字样式。**选中图表，在图表工具"格式"选项卡下单击"艺术字样式"组中的"渐变填充-强调文字颜色4，映像"选项，如图5-19所示。

⑫ **查看图表。**设置完成后可以看到图表中的文本应用了指定的艺术字样式，如图5-20所示。

图 5-19　设置艺术字样式

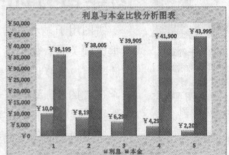

图 5-20　查看图表

⑬ **添加坐标轴标题。**在图表工具"布局"选项卡下单击"标签"组中的"坐标轴标题"按钮，在展开的列表中单击"主要横坐标轴标题"选项，再在级联列表中单击"坐标轴下方标题"选项，如图5-21所示。

⑭ **调整标题位置。**此时在图表下方添加了坐标轴标题文本框，拖动鼠标调整该文本框的位置，将其放置在图表中合适的位置处，如图5-22所示。

图 5-21　添加坐标轴标题

图 5-22　移动标题位置

⑮ **编辑标题。**在坐标轴标题文本框中输入需要添加的标题文本内容，如图5-23所示。

⑯ **查看图表。**完成图表的编辑后，用户可以查看设置完成后的图表效果，如图5-24所示。

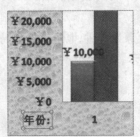

图 5-23　编辑标题

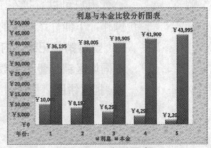

图 5-24　查看图表

利率过高，投资者利润微薄，影响投资积极性。利率过低，导致资金浪费和不合理使用，同时还会影响货币资金的筹集和货币流通的稳定。因此，需要制定合理的利率，通常制定时需要考虑的因素包括以下几点。

❶ 以平均利润率为最高界限。

❷ 考虑资金的供求状况。

❸ 考虑物价的变化水平。

❹ 考虑银行存贷利差的合理要求。

影响利率变化的因素多种多样。除上述因素外，经济周期、国家的产业政策、货币政策、财政策划、国际经济政治关系和金融市场的利率等，对利率制定均有不同程度的影响。

5.2 创建百分比结构分析饼图

提示

饼图类似于圆环图，用于显示数据间的比例关系，其区别在于圆环图可含有多个数据系列。

饼图用于显示数据系列中的项目和该项目数值总和的比例关系，它只能显示一个系列的数据比例关系。如果用户选定的图表源数据含有多个数据系列，则只会显示其中一个系列。因此当用户需要强调某一个重要的数据时，可以选择使用饼图。

在"插入"选项卡下单击"图表"组中的"饼图"按钮，如图5-25所示，在展开的列表中选择需要使用的图表类型，如图5-26所示。

饼图包括的图表类型包括饼图、三维饼图、复合饼图、分离型饼图、分离型三维饼图和复合条饼图。

光盘路径

原始文件：
源文件\第5章\原始文件\地区销售情况分析.xlsx
最终文件：
源文件\第5章\最终文件\地区销售情况分析.xlsx

图 5-25 单击"饼图"按钮

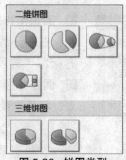
图 5-26 饼图类型

了解了饼图的不同类型及创建方法后，本节将以分析企业地区销售情况为例，为用户介绍如何在工作表中创建复合条饼图，并对创建的图表进行格式效果的设置，从而使其达到更好的视觉效果。

5.2.1 创建饼图

用户可以直接在工作表中插入图表，再对创建的图表源数据进行添加，完成图表的创建操作，下面介绍具体的操作方法。

1 查看销售记录。打开源文件\第5章\原始文件\地区销售情况分析.xlsx，查看表格中记录的不同地区销售量相关数据，如图5-27所示。

2 插入饼图。切换到"插入"选项卡下，在"图表"组中单击"饼图"选项，如图5-28所示。

	A	B	C
1	地区销售情况统计		
2	地区		销售量
3	东部		¥3,200
4	西部		¥1,800
5	北部		¥5,600
6	南部	成都	¥1,200
7		深圳	¥1,500
8		广州	¥800
9		福州	¥1,000

图 5-27　查看销售记录

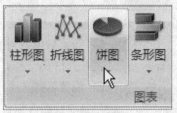

图 5-28　插入饼图

③ **选择饼图。** 在展开的列表中单击"复合饼图"选项，如图5-29所示。

④ **生成图表。** 由于在创建图表之前未选中图表源数据，因此生成的图表为空白图表效果，如图5-30所示。

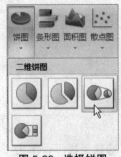

图 5-29　选择饼图

图 5-30　生成图表

提示

在"选择数据源"对话框中的"图表数据区域"文本框中显示选定的图表源数据区域，如果用户需要更改图表源数据，在此进行编辑修改即可。

⑤ **选择数据。** 由于图表为空白效果，因此需要为图表添加数据，在图表工具"设计"选项卡下单击"数据"组中的"选择数据"按钮，如图5-31所示。

⑥ **设置图表数据区域。** 打开"选择数据源"对话框，设置图表数据区域为A3:C9单元格区域，再单击"确定"按钮，如图5-32所示。

图 5-31　选择数据

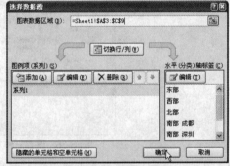

图 5-32　设置数据区域

⑦ **显示数据信息。** 完成图表数据源的设置后，可以看到图表中显示与表格中相关的数据信息，如图5-33所示。

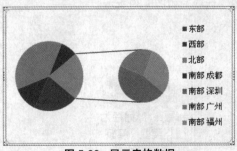

图 5-33　显示表格数据

5.2.2 设置区域销售分析条饼图

完成饼图图表的创建后，用户还可以对图表的图例、数据标签，以及图表类型等元素进行设置，从而使创建的图表更加完善，下面介绍具体的操作与设置方法。

1 **设置数据系列格式。** 在图表数据系列上单击鼠标右键，在弹出的快捷菜单中单击"设置数据系列格式"选项，如图5-34所示。

2 **设置系列选项。** 打开"设置数据系列格式"对话框，切换到"系列选项"选项面板下，在"第二绘图区包含最后一个值"文本框中输入"4"，设置分类间距为"100%"，第二绘图区大小为"50%"，如图5-35所示。

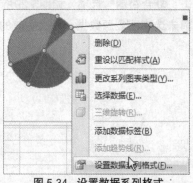

图 5-34 设置数据系列格式

图 5-35 设置系列选项

3 **设置三维格式。** 切换到"三维格式"选项面板下，单击"顶端"右侧的下三角按钮，在展开的列表中单击"圆"选项，如图5-36所示，设置完成后单击"关闭"按钮。

4 **查看图表效果。** 设置完成后查看图表中数据系列的格式效果，如图5-37所示。

图 5-36 设置三维格式

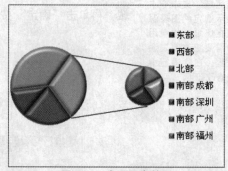

图 5-37 查看图表效果

5 **更改图表类型。** 选中图表，在图表工具"设计"选项卡下单击"类型"组中的"更改图表类型"按钮，如图5-38所示。

6 **选择图表类型。** 打开"更改图表类型"对话框，切换到"饼图"选项面板下，单击"复合条饼图"选项，如图5-39所示。

图 5-38 更改图表类型

图 5-39 选择图表类型

交叉参考

对于图表数据标签字体的设置，可参见本章第5.1.1小节。

7 **查看图表**。更改图表类型后，可以看到图表显示为指定的图表类型，如图5-40所示。

8 **添加数据标签**。切换到图表工具"布局"选项卡下，在"标签"组中单击"数据标签"按钮，如图5-41所示。

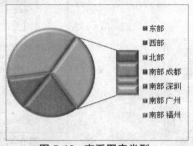

图 5-40 查看图表类型

图 5-41 添加数据标签

提示

用户可以设置数据标签显示系列名称，在"标签选项"选项面板下勾选"系列名称"复选框即可。

9 **添加其他数据标签**。在展开的列表中单击"其他数据标签选项"选项，如图5-42所示。

10 **设置标签选项**。打开"设置数据标签格式"对话框，切换到"标签选项"选项面板下，勾选"标签包括"区域中的"百分比"复选框，单击选中"标签位置"区域中的"居中"单选按钮，如图5-43所示。

图 5-42 添加其他数据标签

图 5-43 设置标签选项

11 **设置标签字体颜色**。选中图表数据标签，在"开始"选项卡下单击"字体"组中的"字体颜色"下拉按钮，在展开的列表中单击"黄色"选项，如图5-44所示。

12 **查看数据标签效果**。设置完成后，在图表中查看设置完成的数据标签效果，如图5-45所示。

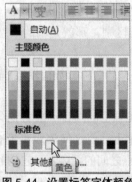

图 5-44 设置标签字体颜色

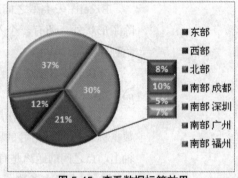

图 5-45 查看数据标签效果

13 **设置形状样式**。选中整个图表，在图表工具"设计"选项卡下单击"形状样式"组中的对话框启动器，如图5-46所示。

14 **设置形状填充**。打开"设置图表区格式"对话框，切换到"填充"选项面板下，单击选中"渐变填充"单选按钮，单击"预设颜色"按钮，在展开的列表中单击"薄雾浓云"选项，如图5-47所示。

图5-46 打开设置形状样式对话框

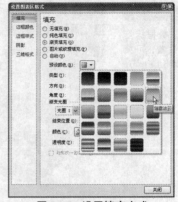

图5-47 设置填充方式

⓯ **设置预设颜色。** 切换到"三维格式"选项面板下，单击"顶端"按钮，在展开的列表中单击"冷色斜面"选项，再单击"关闭"按钮，如图5-48所示。

⓰ **查看图表效果。** 设置完成后，用户可以返回到工作表中查看图表的格式效果，如图5-49所示。

图5-48 设置三维格式

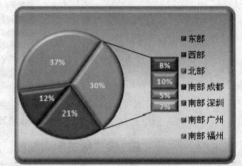

图5-49 查看图表效果

技术扩展 选择合适的图表类型

Excel图表类型之间最明显的区别在于它们的形状：线、点、柱形、条形、气泡、饼等。除了形状外，还有一个不是特别明显的区别，那就是轴的类型。Excel图表有分类轴和数值轴两种轴类型。

分类轴或X轴适用于性质变量，如产品名称。数值轴或Y轴则适用于数量变量，如单位产品产量。

这两种类型轴的作用也不同。分类轴上的项目一般被均匀地隔开，水平的分类轴使每个数据标记都间隔相等的距离，在分类轴上，点之间的距离没有任何特定含义。相反，在数值轴上，点之间的距离是有特定含义的，点之间的距离表示它们的相对大小。

Excel中绝大多数图表都有一个分类轴和一个数值轴。XY散点图和气泡图这两种图表类型有两条数值轴，需要注意的是没有任何一种二维图表有两条分类轴。这在分析数字变量之间的关系时很有价值。例如：如果用户想对工作时间和工资之间的关系进行分析，则可以使用XY散点图。

5.3 创建面积效果分析图

提示

在使用三维面积图时需要注意：有时前面的面积图可能会挡住后面的面积图，影响数据的查看与比较。

面积图用于显示每个数值的变化量，强调数据随时间变化的幅度，通过显示数值的总和，还可以直观地表现出整体和部分的关系。

当用户需要插入面积图时，可以切换到"插入"选项卡下，在"图表"组中单击"面积图"按钮，如图5-50所示，再在展开的列表中选择需要插入的图表类型，如图5-51所示。

面积图包括六种子类型，包括面积图、堆积面积图、百分比堆积面积图、三维面积图、三维堆积面积图和三维百分比堆积面积图。利用堆积面积图可以很容易地分析总数和每个系列的关系。三维面积图则强调数据的连续性。

交叉参考

关于图表的创建，用户还可以参考本章第5.1.1小节。

光盘路径

原始文件：
源文件\第5章\原始文件\地区销售情况分析.xlsx

最终文件：
源文件\第5章\最终文件\地区销售情况分析.xlsx

图 5-50 插入面积图

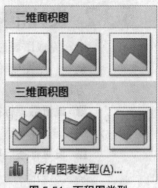

图 5-51 面积图类型

在了解了面积图的类型及创建方法后，本节以创建地区销售情况分析面积图为例，为用户介绍如何创建与使用面积图进行数据的分析与比较。

5.3.1 创建面积图

提示

在完成图表的创建后，如果对当前图表类型不满意，用户可以更改图表类型。

用户可以在工作表中创建面积图来分析不同销售市场的销售情况，首先根据表格中的源数据来创建相应的图表，具体的操作方法如下。

1 **选定图表源数据。**打开源文件\第5章\原始文件\地区销售情况分析.xlsx，选中A2:E5单元格区域作为图表源数据，如图5-52所示。

2 **插入面积图。**切换到"插入"选项卡下，在"图表"组中单击"面积图"按钮，如图5-53所示。

提示

用户可以为图表添加数据表，在图表工具"布局"选项卡下的"标签"组中单击"数据表"按钮，在展开的列表中进行操作与设置即可。

图 5-52 选定图表源数据

图 5-53 插入面积图

3 **选择图表。**在展开的列表中单击"面积图"选项，如图5-54所示。

4 **生成图表。**在工作表中生成由选定数据创建的面积图，如图5-55所示。

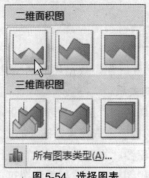

图 5-54 选择图表

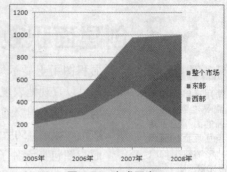

图 5-55 生成图表

5.3.2 设计市场销售状况分析图

完成图表的创建后，用户可以对图表的类型进行更改，还可以使用复制图表功能，快速创建一个图表并更改其源数据。下面为用户介绍如何布局与设置图表格式效果，具体的操作方法如下。

1 设置数据标签。 选中图表，在图表工具"布局"选项卡下单击"数据标签"按钮，在展开的列表中单击"其他数据标签选项"选项，如图5-56所示。

2 设置标签选项。 打开"设置数据标签格式"对话框，切换到"标签选项"选项面板下，勾选"系列名称"复选框，如图5-57所示，设置完成后单击"关闭"按钮。

图 5-56 设置数据标签

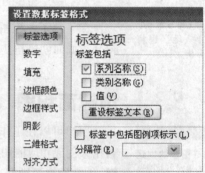

图 5-57 设置标签选项

3 调整标签位置。 设置完成后返回到图表中，拖动鼠标调整数据标签在图表中显示的位置，如图5-58所示。

4 删除图例。 在图表工具"布局"选项卡下单击"图例"按钮，在展开的列表中单击"无"选项即可删除图例，如图5-59所示。

> **提示**
>
> 当用户需要删除图表中某个元素对象时，可以选中需要删除的对象，按键盘中的 Delete 键进行快速删除。

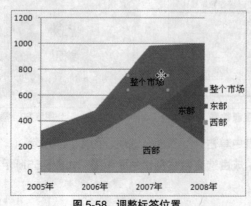

图 5-58 调整标签位置

图 5-59 删除图例

5 查看图表。 设置完成后查看设置后的面积图效果，如图5-60所示。

6 **设置坐标轴格式**。在图表纵坐标轴位置上单击鼠标右键，在弹出的快捷菜单中单击"设置坐标轴格式"选项，如图5-61所示。

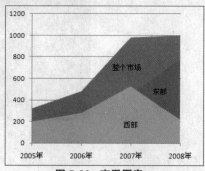

图 5-60 查看图表

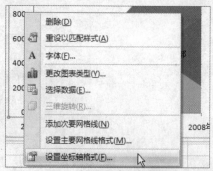

图 5-61 设置坐标轴格式

7 **设置坐标轴选项**。打开"设置坐标轴格式"对话框，切换到"坐标轴选项"选项面板下，单击选中"最大值"和"主要刻度单位"右侧的"固定"单选按钮，并分别设置数值为"1000"和"200"，如图5-62所示。

8 **应用图表样式**。在图表工具"设计"选项卡下单击"快速样式"列表中的"样式42"选项，如图5-63所示。

图 5-62 设置坐标轴选项

图 5-63 应用图表样式

9 **复制图表**。选中设置完成的图表，按住Ctrl键拖动鼠标进行复制，如图5-64所示。

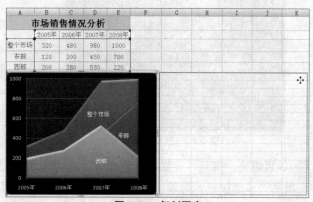

图 5-64 复制图表

10 **切换行/列**。选中复制的图表，在图表工具"设计"选项卡下单击"数据"组中的"切换行/列"按钮，如图5-65所示。

11 **查看图表**。此时可以看到切换行/列数据后的图表显示相反的数据信息，如图5-66所示。

图 5-65　切换行 / 列

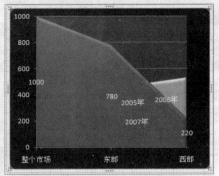

图 5-66　查看图表

📄 交叉参考

关于更改图表类型
的操作，可参见本
章第 5.1.2 小节。

12 **更改图表类型**。选中图表，在图表工具"设计"选项卡下单击"类型"组中的"更改图表类型"按钮，如图5-67所示。

13 **选择图表类型**。打开"更改图表类型"对话框，单击"面积图"选项面板下的"三维面积图"选项，再单击"确定"按钮，如图5-68所示。

图 5-67　更改图表类型

图 5-68　选择图表类型

14 **查看图表**。完成图表类型的更改后，查看更改后的图表效果，如图5-69所示。

🔊 提示

在设置图表背景墙
效果时，需要注意
的是，只能对三维
类型的图表进行背
景墙效果的设置。

15 **设置图表背景墙**。在图表工具"布局"选项卡下单击"背景"组中的"图表背景墙"按钮，在展开的列表中单击"其他背景墙选项"选项，如图5-70所示。

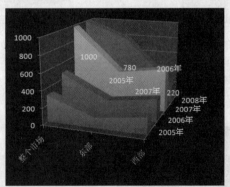

图 5-69　查看图表

图 5-70　设置图表背景墙

16 **设置填充**。打开"设置背景墙格式"对话框，切换到"填充"选项面板下，单击选中"渐变填充"单选按钮，再单击"预设颜色"按钮，在展开的列表中单击"碧海青天"选项，如图5-71所示。

🔊 提示

默认情况下图表的
边框颜色显示自动
效果。

17 **设置边框颜色**。切换到"边框颜色"选项面板下，单击选中"无线条"单选按钮，如图5-72所示。

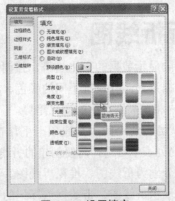

图 5-71 设置填充

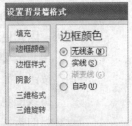

图 5-72 设置边框颜色

18 **查看图表**。完成图表背景墙的设置后，查看图表效果，并选中图表中的横坐标标题，如图5-73所示。

19 **调整文字方向**。在"开始"选项卡下单击"对齐方式"组中的"方向"按钮，在展开的列表中单击"竖排文字"选项，如图5-74所示。

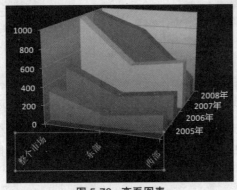

图 5-73 查看图表

图 5-74 设置文字方向

20 **设置网格线**。选中图表，在图表工具"布局"选项卡下单击"网格线"按钮，在展开的列表中单击"主要横网格线"级联列表中的"次要网格线"选项，如图5-75所示。

21 **查看图表效果**。完成图表的设置后，查看设置完成后图表的效果，如图5-76所示。

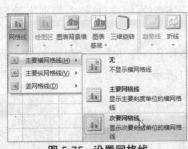

图 5-75 设置网格线

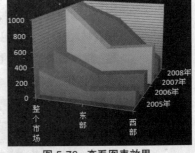

图 5-76 查看图表效果

22 **查看图表最终效果**。完成面积图表的制作后，分别调整两个图表的大小与位置，效果如图5-77所示。

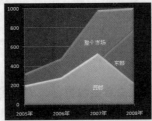
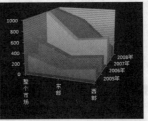

图 5-77 查看图表最终效果

5.4 创建数据走势分析折线图

折线图主要适用于以等时间间隔显示数据的变化趋势，强调时间性和变动率，而不是变动量。折线图可以使用任意多个数据系列，并设置不同的颜色、线型或标志来区别这些数据系列，因此更适用于显示一段时间内相关类别数据的变化趋势。

用户需要创建折线图时，可以切换到"插入"选项卡下，在"图表"组中单击"折线图"按钮，如图5-78所示。在展开的列表中可选择需要创建的折线图类型，如图5-79所示。

折线图包括七种子图表类型，分别为折线图、堆积折线图、百分比堆积折线图、带数据点标记的折线图、带数据点标记的堆积折线图、带数据点标记的百分比堆积折线图和三维折线图。

光盘路径

原始文件：
源文件 \ 第 5 章 \ 原始文件 \ 收入与支出费用 .xlsx

最终文件：
源文件 \ 第 5 章 \ 最终文件 \ 收入与支出费用 .xlsx

图 5-78　插入折线图

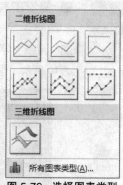

图 5-79　选择图表类型

在了解了折线图的创建方法后，本节将以制作收入与支出费用分析图表为例，为用户介绍如何在工作表中创建折线图，并为图表添加趋势线预测分析未来数据，将图表保存为模板以方便后面创建图表时使用。

5.4.1 创建折线图

与创建其他类型图表操作方法相同，在创建折线图时，用户首先可以选定图表的源数据区域，再指定需要创建的类型，从而在工作表中生成相应的图表。

1 选定图表源数据。 打开源文件\第5章\原始文件\收入与支出费用.xlsx，拖动鼠标选中源数据区域A2:C14，如图5-80所示。

2 插入图表。 切换到"插入"选项卡下，在"图表"组中单击"折线图"按钮，在展开的列表中单击"折线图"选项，如图5-81所示。

提示

在使用三维折线图时，用户需要注意该图表类型并不适合所有的折线图，更改后会影响某些二维图表的视觉效果。

	A	B	C
1	收入与支出费用表		
2	月份	收入	支出
3	1月	¥5,600	¥3,000
4	2月	¥4,520	¥1,500
5	3月	¥5,210	¥2,300
6	4月	¥2,165	¥1,800
7	5月	¥5,720	¥3,000
8	6月	¥3,210	¥1,200
9	7月	¥5,423	¥3,000
10	8月	¥6,320	¥2,500
11	9月	¥5,230	¥2,500
12	10月	¥7,210	¥4,300
13	11月	¥5,210	¥3,600
14	12月	¥5,710	¥3,800

图 5-80　选定源数据

图 5-81　插入图表

3 生成图表。 在工作表中生成由选定数据创建的折线图，如图5-82所示。

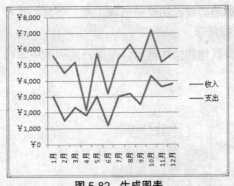

图 5-82　生成图表

5.4.2 添加收入费用线性趋势线

完成图表的创建后，用户可以根据需要对图表中不同元素对象进行格式效果的设置，从而使图表达到更好的视觉效果；用户还可以为图表中不同数据系列添加趋势线，以方便对数据的预测与分析，下面为用户介绍如何对图表进行设置。

交叉参考

用户可以参考本章第 5.3.1 节关于面积图的创建过程。

1 **设置图表布局。**选中图表，在图表工具"设计"选项卡下单击"快速布局"按钮，在展开的列表中单击"布局3"选项，如图5-83所示。

2 **查看图表。**设置完成后可以看到图表显示指定的布局效果，在图表标题文本框中输入合适的标题文本内容，如图5-84所示。

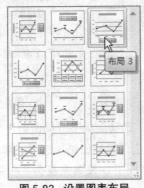

图 5-83　设置图表布局

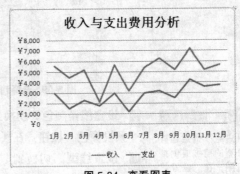

图 5-84　查看图表

提示

用户可以设置在图表上方显示表格数据信息，在"快速布局"列表中单击"布局 5"样式选项即可。

3 **应用图表样式。**选中图表，在图表工具"设计"选项卡下单击"快速样式"按钮，在展开的列表中单击"样式34"选项，如图5-85所示。

4 **查看图表效果。**设置完成后查看更改样式后的图表效果，选中图表中"收入"数据系列，如图5-86所示。

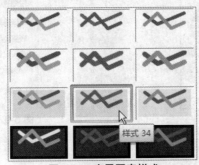

图 5-85　应用图表样式

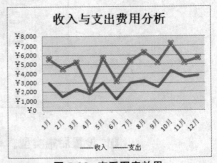

图 5-86　查看图表效果

提示

在添加趋势线时，用户需要注意的是首先确定需要添加趋势线的数据系列，再选择需要添加的趋势线类型。

5 **添加趋势线。**切换到图表工具"布局"选项卡下，在"分析"组中单击"趋势线"按钮，如图5-87所示。

6 **设置其他趋势线选项。**在展开的列表中单击"其他趋势线选项"选项，如图5-88所示。

图 5-87　单击"趋势线"按钮

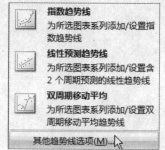

图 5-88　设置其他趋势线

7 **设置趋势线类型。**打开"设置趋势线格式"对话框，切换到"趋势线选项"选项面板下，单击选中"线性"单选按钮，如图5-89所示。

8 **设置趋势线名称。**单击选中"自定义"单选按钮，并输入需要设置的趋势线名称，勾选"显示公式"复选框，如图5-90所示。

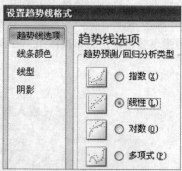

图 5-89　选择趋势线类型

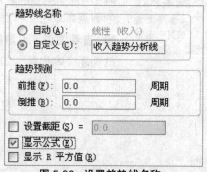

图 5-90　设置趋势线名称

提示

用户可以指定趋势预测的前推或倒推周期，在"设置趋势线格式"对话框的"趋势线选项"选项面板下的"趋势预测"区域中设置周期数即可。

9 **设置线条颜色。**切换到"线条颜色"选项面板下，单击选中"渐变线"单选按钮，再单击"预设颜色"按钮，在展开的列表中单击"彩虹出岫"选项，如图5-91所示。

10 **设置线型。**切换到"线型"选项面板下，设置宽度为"3磅"，单击"短划线类型"按钮，在展开的列表中单击"方点"选项，如图5-92所示。

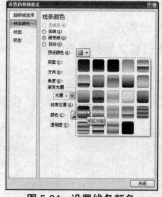

图 5-91　设置线条颜色

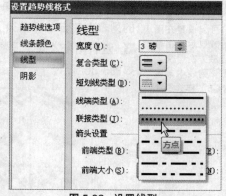

图 5-92　设置线型

11 **设置后端类型。**单击"后端类型"按钮，在展开的列表中单击"燕尾箭头"选项，如图5-93所示。

12 **设置阴影。**切换到"阴影"选项面板下，单击"预设"按钮，在展开的列表中单击"右下斜偏移"选项，如图5-94所示，再单击"关闭"按钮。

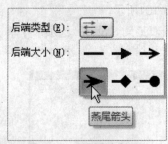

图 5-93　设置后端类型

图 5-94　设置阴影

13 **查看趋势线。** 设置完成后返回到图表中，可以看到添加的趋势线效果，如图5-95所示。

14 **选择图表元素。** 在图表工具"格式"选项卡下的"当前所选内容"组中单击"图表元素"下拉按钮，如图5-96所示。

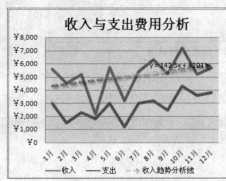

图 5-95　查看趋势线

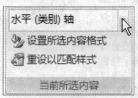

图 5-96　选择图表元素

15 **选择元素对象。** 在展开的列表中单击"水平（类别）轴"选项，如图5-97所示。

16 **设置文字方向。** 选中图表坐标轴后，在"开始"选项卡下单击"对齐方式"组中的"方向"按钮，在展开的列表中单击"向上旋转文字"选项，如图5-98所示。

图 5-97　选择元素对象

图 5-98　设置文字方向

17 **设置图表。** 完成图表对象的设置后，用户还可以根据需要对图表中不同对象的格式效果进行设置，从而使图表达到更好的视觉效果，如图5-99所示。

18 **另存为模板。** 切换到图表工具"设计"选项卡下，在"类型"组中单击"另存为模板"按钮，如图5-100所示。

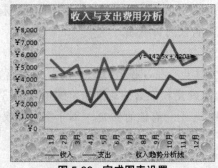

图 5-99　完成图表设置

图 5-100　另存为模板

交叉参考

关于图表类型的更改，可以参见本章第5.2.2小节。

⑲ **设置保存选项**。打开"保存图表模板"对话框，在"文件名"文本框中输入需要定义的模板名称，再单击"保存"按钮，如图5-101所示。

⑳ **更改图表类型**。保存完成后，在图表工具"设计"选项卡下单击"更改图表类型"按钮，如图5-102所示。

图 5-101　设置保存选项　　　　　　　　　　　图 5-102　更改图表类型

提示

默认情况下，用户在保存图表模板时，打开"保存图表模板"对话框，将自动指定模板的保存位置，此时保持默认的位置，设置文件名再进行保存即可。

㉑ **查看自定义保存的模板**。打开"更改图表类型"对话框，切换到"模板"选项面板下，在"我的模板"列表中可以看到自定义保存的图表模板，如图5-103所示。

图 5-103　查看自定义保存的模板

相关行业知识 | **收支平衡分析**

收支平衡分析的关键在于收支平衡点的确定。

收支平衡点

收支平衡点（Break-even Point）就是收益与损失相等的那一点，它能够反映投资何时将产生积极回报。收支平衡点也是销售收入与成本费用相等的那一点，或者是总成本与总收入相等的那一点。在收支平衡点处，既没有盈利，也没有损失。在制定价格和决定边际利润之后，收支平衡点就成了盈利水平的底线，因此在经营管理中把握好收支平衡点是非常重要。

今天达到的收支平衡点既不能弥补昨天发生的损失，也不能为未来的损失做任何储备。从投资回报的角度来看，它对此没有任何贡献。

收支平衡分析的用途

收支平衡分析可以被广泛运用于产品、投资或公司的整体运营，在期权领域，它也有用武之地。就此而言，收支平衡点就是权证必须达到一定的市场价格，只有在这一价格水平上，期权买方在行使期权的时间内才不会有任何损失。对于买入期权，它等于行使价格＋已付溢价；对于出售期权，它等于行使价格-已付溢价。

收支平衡分析的定义

收支平衡分析是研究固定成本、变动成本和利润关系的一个非常有用的工具，收支平衡点能够告知投资将于何时产生积极回报，它可以用直观的图表或者简单的公式来表达。 通过收支平衡分析，可以计算出在一给定价格水平上，为了收回所有成本所必需达到的最低产量。也可以计算出在一给定产量水平上，为了收回所有成本所必需达到的最低价格。 在做收支平衡分析时，首先要定义成本项。

固定成本就是公司进入某一商业活动后所卷入的、不管生产水平出现任何变化仍需维持固定不变的成本。 固定成本包括设备折旧、利息费用、税金，以及一般营业费用等。总固定成本是各项固定成本之和。

变动成本和产量直接相关，它包括已售商品成本和生产费用，如人工、电费、原料、燃料以及其他与生产或投资相关联的费用。 总变动成本是一定产量水平上的各变动成本之和。平均变动成本或单位变动成本，就是用总变动成本除以产量。

注意不能把收支平衡点和Payback Period投资回收期混淆，后者是指收回投资成本所需的时间。如果用价值管理术语来阐述，收支平衡点则可以被定义为Operating Profit营业利润的边际水平，在这一水平上，经营或投资实现了最低可接受的Rate of Return收益率，即总资金成本。

数据透视表（图）分析报表

06

使用数据透视表可以建立数据集的交互式视图，汇总大量的数据形成有用的信息，并在短时间内进行各种计算。在使用数据透视表的同时，用户还可以利用图表来快速确定数据需要说明的内容，传递透视表中相关信息。本章将分别为用户介绍如何在工作表中创建数据透视表与数据透视图。

6.1 创建数据透视表

当用户需要对表格中的数据进行更好的分析与表达时，可以使用数据透视表功能，创建相应的透视表并添加字段内容，使数据在表格中有效地进行表达与说明，帮助用户更好地进行对比与分析。

在工作表中创建数据透视表后，如果需要生成报表，则首先需要添加字段内容，如图6-1所示，用户创建的数据透视表在最初显示空白效果，用户需要在打开的"数据透视表字段列表"窗格中选择需要添加的字段，勾选"选择要添加到报表的字段"列表中相应的选项即可，在"在以下区域间拖动字段"区域中，用户可以将已添加的字段进行位置的调整，设置其在数据透视表中显示的位置。

图 6-1 添加字段内容

> **提示**
>
> 默认情况下创建的数据透视表为空白表格，用户需要为其添加字段，使其在表格中显示相应的字段信息内容。

当用户在工作表中创建数据透视表后，Excel将自动打开"数据透视表工具"上下文选项卡，切换到"选项"选项卡下，用户可以对数据透视表相关选项内容进行操作与设置，如图6-2与图6-3所示即为"选项"选项卡相关内容。

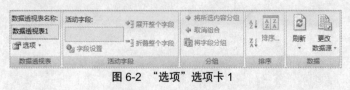

图 6-2 "选项"选项卡 1

图 6-3 "选项"选项卡 2

"数据透视表"组：在该组中用户可以对创建的数据透视表名称进行定义，设置数据透视表选项相关内容。

"活动字段"组：用户可以设置将数据透视表中的字段展开或折叠，并使用字段设置功能对透视表中的数据进行汇总计算。

"分组"组：使用该组中的功能可以设置将数据透视表按内容或字段进行分组显示。

"排序"组：设置数据透视表中相关数据的排序方法。

"数据"组：用户可以在此更改数据透视表的源数据区域，也可以在更改源数据后进行刷新，使数据透视表更快地显示更新后的数据信息。

"操作"组：选定数据透视表中的不同对象，可使用清除功能删除字段、格式、筛选器等内容，使用移动数据透视表功能调整数据透视表在工作簿中的位置。

"工具"组：可根据现有数据透视表快速创建数据透视图，使用公式功能创建和修改计算字段和字段项。

"显示/隐藏"组：用户可以设置将数据透视表字段列表、字段标题等相关内容进行显示或隐藏。

当用户需要对数据透视表的外观样式效果进行设置时，则可以切换到数据透视表工具"设计"选项卡下，在不同的组中进行操作设置，如图6-4所示。

图6-4 "设计"选项卡

"布局"组：设置数据透视表中分类汇总显示方式、报表布局效果、空行设置效果等。

"数据透视表样式选项"组：设置数据透视表中不同标题行、列显示的格式效果。

"数据透视表样式"组：选择合适的表格样式，为当前数据透视表进行套用，快速设置其格式效果。

在学习了数据透视表的创建与设置方法后，本节将以分析月销售记录表为例，为用户介绍如何在工作表中创建数据透视表，并使用数据透视表对相关字段数据进行分析，格式化数据透视表使其更加美观。

6.1.1 创建企业月销售记录数据透视表

为了更好地分析表格中的数据内容，用户可以创建数据透视表来综合比较表格中大量的数据，并查看相关数据信息，方便对数据进行分析与处理。创建数据透视表的操作方法十分简单，用户可以根据下面的操作步骤进行创建。

1 查看表格数据。 打开源文件\第6章\原始文件\月销售记录表.xlsx中记录的相关数据内容，如图6-5所示。

2 插入数据透视表。 切换到"插入"选项卡下，在"表"组中单击"数据透视表"下拉按钮，在展开的列表中单击"数据透视表"选项，如图6-6所示。

图6-5 查看表格数据

图6-6 插入数据透视表

提示

用户可以设置在现有工作表中创建数据透视表,在"创建数据透视表"对话框中单击选中"现有工作表"单选按钮,并选择工作表位置即可。

❸ **设置表区域**。打开"创建数据透视表"对话框,单击选中"选择一个表或区域"单选按钮,并引用表格中的A2:F49单元格区域,单击选中"新工作表"单选按钮,再单击"确定"按钮,如图6-7所示。

❹ **添加字段**。创建数据透视表后,打开"数据透视表字段列表"窗格,在"选择要添加到报表的字段"列表中勾选需要添加的字段内容,如图6-8所示。

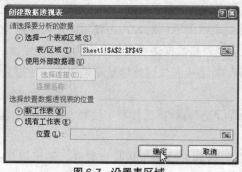

图 6-7 设置表区域

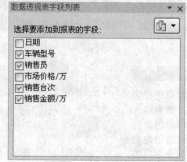

图 6-8 添加字段

❺ **设置字段位置**。单击"行标签"列表中的"车辆型号"下拉按钮,在展开的列表中单击"移动到报表筛选"选项,如图6-9所示。

❻ **查看数据透视表**。返回到工作表中,可以看到透视表中显示的字段内容,如图6-10所示。

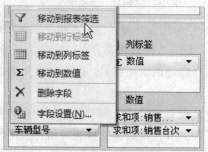

图 6-9 设置字段位置

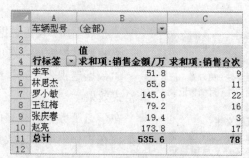

图 6-10 查看数据透视表

6.1.2 设置数据透视表选项

提示

用户可以使用鼠标拖动的方法快速设置不同字段在数据透视表中显示的位置。

当用户在工作表中创建数据透视表后,还可以根据需要对透视表中的数据进行排序与筛选设置,使其更好地显示需要表达的相关数据信息,本节为用户介绍如何对数据透视表相关选项进行操作与设置。

❶ **设置筛选选项**。单击"车辆型号"右侧的下拉按钮,如图6-11所示。

❷ **选择多项**。在展开的列表中勾选"选择多项"复选框,并取消勾选"全部",再根据需要勾选需要显示的车辆型号,设置完成后单击"确定"按钮,如图6-12所示。

交叉参考

关于数据的筛选设置,用户可以参见本书第4章第4.3小节。

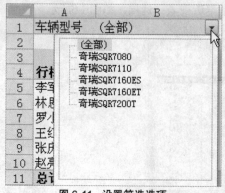

图 6-11 设置筛选选项

图 6-12 选择多项

3 显示数据。返回到数据透视表中，可以看到在透视表中显示指定的相关数据信息内容，如图6-13所示。

4 取消筛选。如果用户需要取消数据的筛选设置，则再次单击车辆型号右侧的下拉按钮，在展开的列表中勾选"全部"选项，如图6-14所示。

图6-13 显示数据 | 图6-14 取消筛选

5 设置排序。单击"行标签"右侧的下拉按钮，在展开的列表中单击"其他排序选项"选项，如图6-15所示。

6 设置降序排序。打开"排序"对话框，单击选中"降序排序（Z到A）依据"单选按钮，并单击下拉按钮，在展开的列表中单击"求和项：销售金额/万"选项，如图6-16所示。

> **提示**
>
> 在数据透视表中，单击不同区域字段标签右侧的下拉按钮，在展开的列表中用户可以对相应字段信息进行设置。

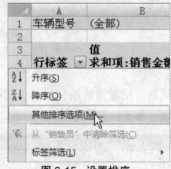

图6-15 设置排序

图6-16 设置降序排序

7 设置其他选项。在"排序"对话框中单击"其他选项"按钮，如图6-17所示。

8 设置其他排序选项。打开"其他排序选项"对话框，勾选"每次更新报表时自动排序"复选框，再单击"确定"按钮，如图6-18所示。

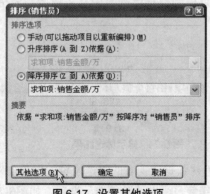

图6-17 设置其他选项

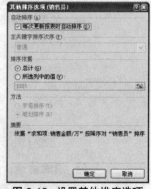

图6-18 设置其他排序选项

> **提示**
>
> 单击选中"升序排序（A到Z）依据"，并单击下拉按钮，在展开的列表中用户可以选择排序的字段依据，在"摘要"区域用户可以查看详细的排序方式。

9 完成排序设置。设置完成后返回到"排序"对话框，再单击"确定"按钮，如图6-19所示。

10 查看表格数据。设置完成后返回到数据透视表中，可以看到表格中的数据按销售金额的降序进行排列，如图6-20所示。

图 6-19　完成排序设置

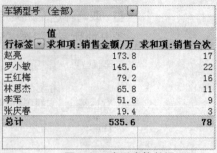

图 6-20　查看表格数据

11 **设置值筛选**。再次单击"行标签"右侧的下拉按钮，在展开的列表中单击"值筛选"选项，如图6-21所示。

12 **选择筛选方式**。在展开的级联列表中单击"大于或等于"选项，如图6-22所示。

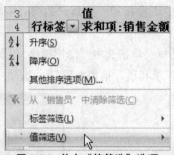

图 6-21　单击"值筛选"选项

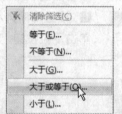

图 6-22　选择筛选方式

13 **设置值筛选**。打开"值筛选"对话框，设置筛选条件为"求和项：销售金额/万大于或等于100"，设置完成后单击"确定"按钮，如图6-23所示。

图 6-23　设置值筛选

14 **显示筛选结果**。设置完成后返回到数据透视表中，可以看到表格中显示筛选后的数据结果，如图6-24所示。

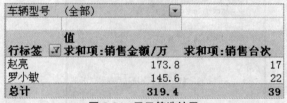

图 6-24　显示筛选结果

15 **清除筛选**。如果用户需要删除对数据透视表的筛选设置，则单击"行标签"右侧的下拉按钮，在展开的列表中单击"从'销售员'中清除筛选"选项，如图6-25所示。

16 **查看表格数据**。返回到数据透视表中，可以看到表格中筛选被清除，显示所有字段信息内容，如图6-26所示。

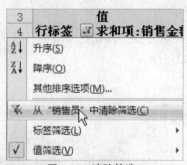

图 6-25 清除筛选

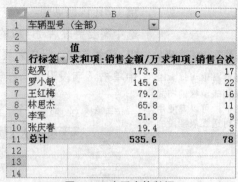

图 6-26 查看表格数据

6.1.3 修改数据透视表汇总方式

创建的数据透视表默认情况下对其中的数据进行求和计算，如果用户需要更改其中的汇总计算方式，则可以使用字段设置功能，选择合适的汇总方式，下面介绍具体的操作与设置方法。

1 设置字段列表样式。单击"数据透视表字段列表"窗格中的布局按钮，在展开的列表中单击"仅2×2区域节"选项，如图6-27所示。

2 显示设置布局。此时可以看到数据透视表字段列表显示设置的字段布局效果，如图6-28所示。

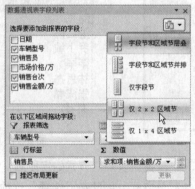

图 6-27 设置字段布局

图 6-28 显示布局效果

3 关闭列表窗格。如果需要关闭"数据透视表字段列表"窗格，则单击"关闭"按钮，如图6-29所示。

4 隐藏字段列表。用户也可以在选项卡中设置隐藏字段列表，在"选项"选项卡中单击"显示/隐藏"组中的"字段列表"按钮，使其呈不选中状态，即可隐藏字段列表窗格，如图6-30所示。用户也可以设置将字段标题进行隐藏。

图 6-29 关闭窗格

图 6-30 隐藏字段列表

5 **字段标题被隐藏。**返回到数据透视表中，可以看到字段标题被隐藏显示，如图6-31所示，选中需要更改活动字段的字段名。

6 **设置字段。**用户需要更改字段的汇总方式，因此在“选项”选项卡下的“活动字段”组中单击“字段设置”按钮，如图6-32所示。

> **提示**
> 调整数据透视表字段列表窗格的布局方式，可以方便用户对透视表字段的查看与调整。

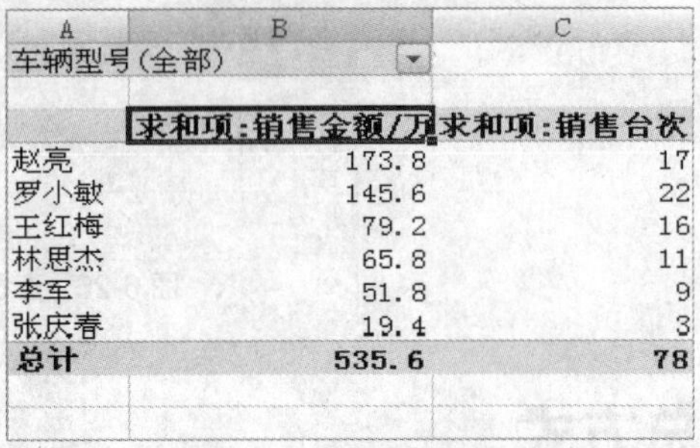

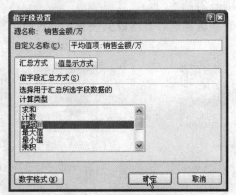

图 6-31　隐藏字段标题

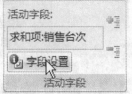

图 6-32　字段设置

7 **设置计算类型。**打开“值字段设置”对话框，切换到“汇总方式”选项卡下，在“计算类型”列表中单击“平均值”选项，再单击“确定”按钮，如图6-33所示。

8 **显示汇总结果。**返回到数据透视表中，可以看到选定列按指定的汇总方式进行计算，如图6-34所示。

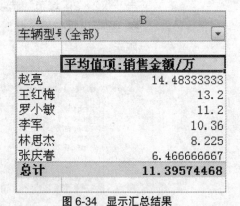

图 6-33　设置计算类型

图 6-34　显示汇总结果

9 **选定计算字段。**选定数据透视表中需要更改汇总方式的字段名，如图6-35所示。

10 **字段设置。**用户需要更改字段的汇总方式，因此在“选项”选项卡下的“活动字段”组中单击“字段设置”按钮，如图6-36所示。

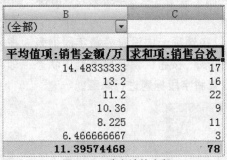

图 6-35　选定计算字段

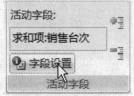

图 6-36　字段设置

11 **设置值显示方式。**打开“值字段设置”对话框，切换到“值显示方式”选项卡下，单击“值显示方式”下拉按钮，在展开的列表中单击“占同列数据总和的百分比”选项，再单击“确定”按钮，如图6-37所示。

12 **显示汇总结果。**返回到数据透视表中，可以看到选定列按指定的汇总方式进行计算，如图6-38所示。

提示

数据透视表中的每一个字段都有一个名称，行、列和筛选区域中的字段从源数据的标题继承其名称，当用户需要对名称进行更改时，可以在"值字段设置"对话框中的"自定义名称"文本框中进行编辑修改，输入需要定义的新名称即可。

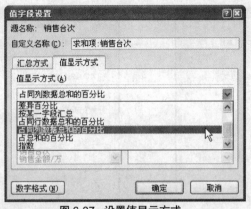

图 6-37　设置值显示方式

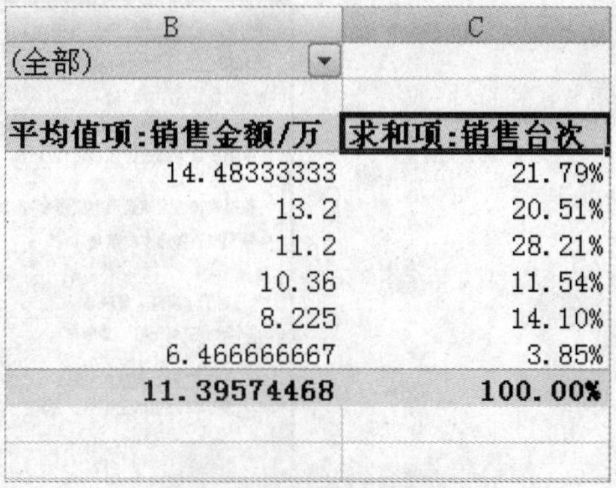

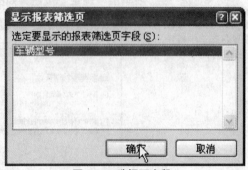

图 6-38　显示汇总结果

提示

设置值显示方式为"差异百分比"，表示某一项相对于另一项变化的百分比。

13 显示报表筛选页。 单击"选项"选项卡下"数据透视表"组中的"选项"下拉按钮，在展开的列表中单击"显示报表筛选页"选项，如图6-39所示。

14 选择页字段。 打开"显示报表筛选页"对话框，在"选定要显示的报表筛选页字段"列表中单击"车辆型号"选项，再单击"确定"按钮，如图6-40所示。

提示

设置值显示方式为"差异"，表示显示一项与另一项对比或者与前一项对比二者之间的差异。

图 6-39　显示报表筛选页

图 6-40　选择页字段

15 生成页数据透视表。 返回到工作表中，可以看到按报表页字段生成了多个工作表，显示不同车辆型号的相关数据信息内容，如图6-41所示。

16 设置选项。 在"选项"选项卡下的"数据透视表"组中单击"选项"下拉按钮，在展开的列表中单击"选项"选项，如图6-42所示。

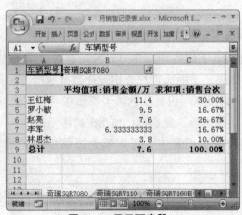

图 6-41　显示页字段

图 6-42　设置选项

17 设置布局和格式。 打开"数据透视表选项"对话框，在"名称"文本框中输入数据透视表名称，切换到"布局和格式"选项卡下，根据需要自行设置数据透视表的相关选项设置，如图6-43所示。

18 设置汇总和筛选。 切换到"汇总和筛选"选项卡下，设置总计方式，筛选及排序相关选项内容，如图6-44所示。

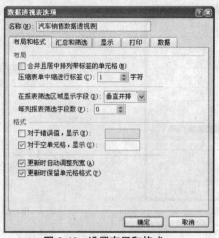

图 6-43 设置布局和格式

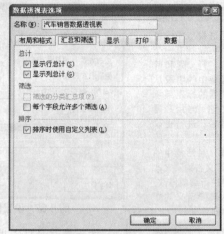

图 6-44 设置汇总和筛选

⑲ **设置显示。** 切换到"显示"选项卡，设置显示及字段列表相关选项内容，如图6-45所示。

⑳ **设置数据。** 切换到"数据"选项卡下，设置"数据透视表数据"相关选项内容，设置完成后单击"确定"按钮，如图6-46所示。

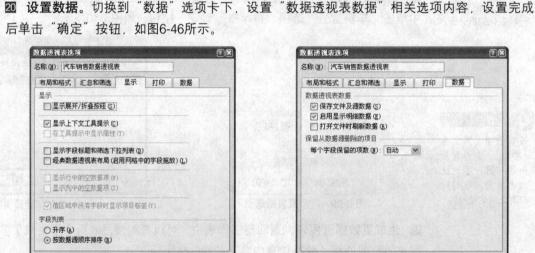

图 6-45 设置显示

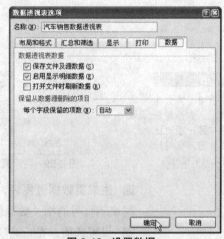

图 6-46 设置数据

6.1.4 设计销售费用数据透视表

用户可以使用"设计"选项卡下的各项操作与设置功能对数据透视表进行格式效果的设置，从而使其达到更好的视觉效果，下面为用户介绍设计数据透视表的具体操作方法。

❶ **设置数据透视表样式选项。** 切换到"设计"选项卡下，在"数据透视表样式选项"组中勾选"行标题"、"列标题"和"镶边行"复选框，如图6-47所示。

❷ **显示表样式效果。** 返回到数据透视表中，可以看到表格中指定的对象套用了表样式效果，如图6-48所示。

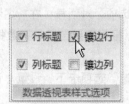

图 6-47 设置数据透视表样式选项

图 6-48 显示表样式效果

交叉参考

关于数据透视表格
式效果的设置，用
户可以参见第5章
第5.3小节图表格
式效果的设置。

3 **选择表样式**。单击"设计"选项卡下"数据透视表样式"快翻按钮，在展开的列表中单击
"数据透视表样式中等深浅16"选项，如图6-49所示。

4 **套用表样式**。返回到工作表中，可以看到数据透视表套用了选定的表样式，如图6-50
所示。

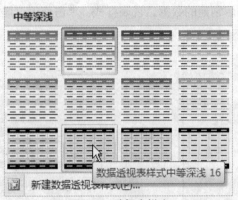

图 6-49 选择表样式

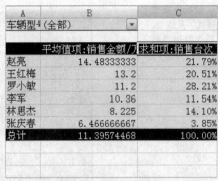

图 6-50 套用表样式

5 **新建表样式**。单击"设计"选项卡下"数据透视表样式"快翻按钮，在展开的列表中单击
"新建数据透视表样式"选项，如图6-51所示。

6 **设置表元素格式**。打开"新建数据透视表快速样式"对话框，在"名称"文本框中输入样
式名称，在"表元素"列表中选中"整个表"选项，再单击"格式"按钮，如图6-52所示。

图 6-51 新建数据透视表样式

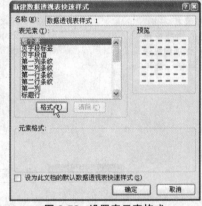

图 6-52 设置表元素格式

7 **设置边框**。打开"设置单元格格式"对话框，切换到"边框"选项卡下，在"样式"列表
中选择需要应用的线条样式，设置颜色为"浅蓝"，单击"预置"区域中的"外边框"选
项，如图6-53所示。

8 **设置填充**。切换到"填充"选项卡下，在"背景色"区域中选择需要应用的背景颜色，再
单击"确定"按钮，如图6-54所示。

图 6-53 设置边框

图 6-54 设置填充

9 **设置条件尺寸。** 返回到"新建数据透视表快速样式"对话框，在"表元素"列表中单击 "第一列条纹"选项，单击"条纹尺寸"下拉按钮，在展开的列表中单击"2"选项，再单击 "确定"按钮，如图6-55所示。

10 **使用自定义样式。** 再次单击"设计"选项卡下"数据透视表样式"快翻按钮，在展开的列表中可以看到自定义区域中显示创建的数据透视表样式，单击使用该样式，如图6-56所示。

图 6-55 设置条件尺寸

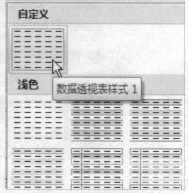

图 6-56 使用自定义样式

11 **套用表格样式。** 套用表样式后可以看到数据透视表显示自定义的表样式效果，如图6-57所示。

车辆型号 (全部)	▼	
	平均值项:销售金额/万	求和项:销售台次
赵亮	14.48333333	21.79%
王红梅	13.2	20.51%
罗小敏	11.2	28.21%
李军	10.36	11.54%
林思杰	8.225	14.10%
张庆春	6.466666667	3.85%
总计	11.39574468	100.00%

图 6-57 套用表格样式

技术扩展 **透视表推迟布局更新功能**

　　根据大型数据源创建数据透视表最困难的部分是每次添加字段到数据透视表区域中，Excel处理所有数据时，都需要耐心等待。如果必须添加几个字段到数据透视表区域中，则需要花费较长的时间等待。

　　Excel 2007缓解了这样的问题，用户可以将布局变化推迟到准备完成了才应用。在"数据透视表字段列表"窗格中勾选"推迟布局更新"复选框即可。

　　当用户使用推迟布局更新功能时，可以阻止在来回移动不在数据透视表中的字段时，对数据透视表进行实时更新。但需要注意的是，结束创建数据透视表时，需要取消勾选"推迟布局更新"复选框，如果一直选中该复选框，则可能导致数据透视表一直停留在人工更新状态，阻止使用数据透视表的如排序、筛选、分组等其他功能。

6.2 创建数据透视图

　　创建数据透视图与创建数据透视表的方法相同，用户首先需要创建数据透视表，在创建透视表的同时创建相应的透视图，由于数据透视表与数据透视图是相关的，因此当用户对数据透视表中的数据进行更改时，透视图中的数据也同时发生改变。

　　当用户在工作表中创建数据透视图后，会自动打开"数据透视表字段列表"和"数据透视图筛选窗格"窗格。在"数据透视表字段列表"窗格中，用户可以选择需要添加到数据透视表中的字段内容，并设置在图例字段、轴字段中显示相关字段的信息，如图6-58所示。

　　用户可以对数据透视图中的数据字段进行筛选设置，在"数据透视图筛选窗格"中使用筛选功能进行筛选操作即可，如图6-59所示。

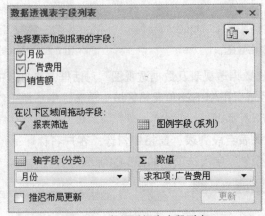

图 6-58　数据透视表字段列表

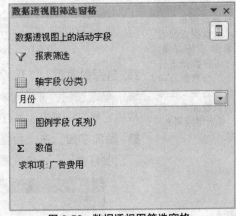

图 6-59　数据透视图筛选窗格

　　与创建数据透视表不同的是，在设置数据透视图时，为用户提供了"数据透视图工具"上下文选项卡，用户可以切换到不同的选项卡下对数据透视图进行设置。

　　在设置数据透视图时，用户可以使用与设置图表相同的方法对透视图格式、布局等效果进行设置。但在数据透视图中，还为用户提供了"分析"选项卡，用户可以在该选项卡下对透视图进行数据、活动字段等相关内容的设置，如图6-60所示。

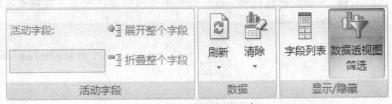

图 6-60　"分析"选项卡

　　在了解了数据透视图的创建与设置后，本节将以制作应收账款分析数据透视图为例，为用户介绍如何在工作表中创建与设置数据透视图，使其更好地分析表格中的相关数据，并显示更好的视觉效果。

6.2.1　创建企业应收账款数据透视图

◎ 光盘 路径

原始文件：
源文件\第6章\原始文件\应收账款分析.xlsx
最终文件：
源文件\第6章\最终文件\应收账款分析.xlsx

　　用户首先需要根据表格中的数据来创建数据透视图，创建数据透视图的同时会创建相应的数据透视表，数据透视图与透视表之间是相互关联的，下面为用户介绍如何创建企业应收账款数据透视图。

1 **查看数据。**打开源文件\第6章\原始文件\应收账款分析.xlsx，查看表格中记录的相关数据信息，如图6-61所示。

2 **插入数据透视图。**切换到"插入"选项卡下，在"表"组中单击"数据透视表"下拉按钮，在展开的列表中单击"数据透视图"选项，如图6-62所示。

图 6-61　查看表格数据

图 6-62　插入数据透视图

3 **选择数据源**。打开"创建数据透视表及数据透视图"对话框,单击选中"选择一个表或区域"单选按钮,并设置表/区域引用A1:E25单元格区域,单击选中"新工作表"单选按钮,再单击"确定"按钮,如图6-63所示。

4 **添加字段**。在"数据透视表字段列表"窗格中勾选"客户名称"、"应收账款金额"、"已收订金"、"应收账款余额"字段选项,如图6-64所示。

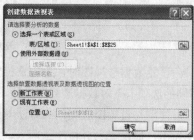

图 6-63　选择数据源

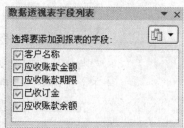

图 6-64　添加字段

5 **生成数据透视表**。在工作表中生成数据透视表,并在透视表中显示添加的字段信息内容,如图6-65所示。

行标签	求和项:应收账款金额	求和项:应收账款余额	求和项:已收订金
百货大楼	58500	38500	20000
宝丽实业	141800	75000	66800
陈陈实业	50000	30000	20000
风凡集团	734000	630000	104000
福声企业	65000	45000	20000
富贵集团	640000	336700	303300
灵俊集团	50000	45000	5000
罗天胜集团	319800	197000	122800
明天新实业公司	78000	68000	10000
明威公司	3800	3000	800
摩尔百盛	62200	32200	30000
总计	2203100	1500400	702700

图 6-65　生成数据透视表

6 **设置字段位置**。在"数据透视表字段列表"窗格中的"在以下区域间拖动字段"区域中设置字段的位置,如图6-66所示。

7 **查看轴字段**。在"数据透视图筛选窗格"中,用户可以查看透视图轴字段及图例字段内容,如图6-67所示。

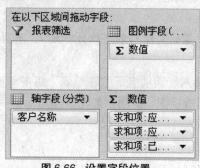

图 6-66　设置字段位置

图 6-67　查看轴字段

提示

数据透视图默认与数据透视表放置在同一个工作表中，如果需要将其放置在其他工作表中，则需要使用移动图表功能。

8　**查看透视图**。在工作表中生成数据透视图，显示数据透视表中相关字段信息内容，如图6-68所示。

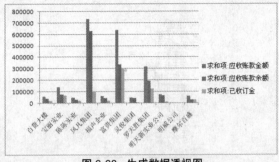

图 6-68　生成数据透视图

6.2.2　分析应收账款数据透视图

　　用户可以设置在数据透视图中显示筛选后的数据信息，并对图表中的数据进行排序设置，从而使图表更好地分析与表达相关数据信息，下面介绍如何对透视图进行分析。

提示

"数据透视图筛选窗格"代替了"数据透视表字段列表"，可以限制在数据透视图中显示的数据，用户可以在此设置数据透视图中显示的字段内容。

1　**显示数据透视表字段列表窗格和数据透视图筛选窗格**。切换到数据透视图工具"分析"选项卡下，在"显示/隐藏"组中单击"字段列表"和"数据透视图筛选"按钮，在工作表中分别打开这两个窗格，如图6-69所示。

2　**设置轴字段**。在"数据透视图筛选窗格"中单击"轴字段（分类）"下拉按钮，如图6-70所示。

图 6-69　显示窗格

图 6-70　设置轴字段

3　**设置排序**。在展开的列表中单击"其他排序选项"选项，如图6-71所示。

4　**设置降序排序**。打开"排序"对话框，单击选中"降序排序（Z到A）依据"单选按钮，设置其为"求和项：应收账款金额"，并单击"确定"按钮，如图6-72所示。

交叉参考

关于数据透视图字段的排序操作，用户可以参见本章第6.1小节中对数据透视表字段的排序设置。

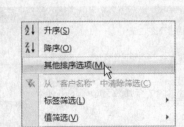

图 6-71　设置排序

图 6-72　设置降序排序

5　**设置筛选**。再次单击"轴字段（分类）"下拉按钮，在展开的列表中勾选需要筛选的选项，再单击"确定"按钮，如图6-73所示。

6　**删除字段**。在"数据透视表字段列表"窗格中单击"数值"列表中的"求和项：已收订金"选项，在展开的列表中单击"删除字段"选项，如图6-74所示。

图6-73 设置筛选

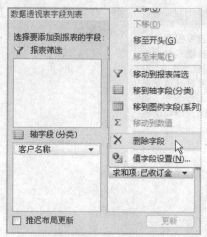

图6-74 删除字段

7 **查看数据透视图。**完成数据透视图字段的设置后，在图表中查看表达的数据信息，如图6-75所示。

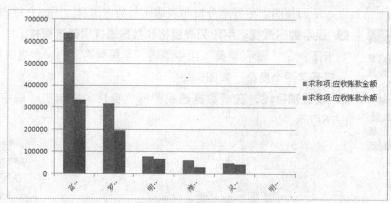

图6-75 生成数据透视图

6.2.3 设计应收账款数据透视图

为了使透视图表达的效果更好，用户可以使用设计功能对其进行设置，如更改图表类型、设置图表布局与样式等，下面为用户介绍具体的操作与设置方法。

1 **移动图表。**切换到"设计"选项卡下，在"位置"组中单击"移动图表"按钮，如图6-76所示。

2 **选择图表位置。**打开"移动图表"对话框，单击选中"新工作表"单选按钮，并输入工作表名称，再单击"确定"按钮，如图6-77所示。

图6-76 移动图表

图6-77 选择图表位置

3 **图表被移动。**此时可以看到图表被移动到指定的工作表中，如图6-78所示。

4 **应用图表布局。**单击"设计"选项卡下的"快速布局"按钮，在展开的列表中单击"布局2"选项，如图6-79所示。

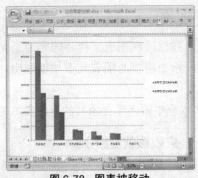

图 6-78　图表被移动

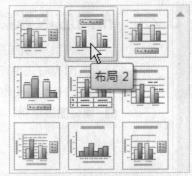

图 6-79　应用图表布局

5 **应用图表样式**。单击"设计"选项卡下的"快速样式"按钮，在展开的列表中单击"样式26"选项，如图6-80所示。

6 **更改图表类型**。在"类型"组中单击"更改图表类型"按钮，如图6-81所示。

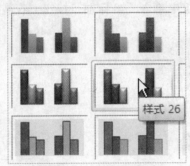

图 6-80　应用图表样式

图 6-81　更改图表类型

7 **选择图表类型**。打开"更改图表类型"对话框，切换到"柱形图"选项面板下，单击"三维圆柱图"选项，再单击"确定"按钮，如图6-82所示。

8 **调整字号**。更改图表类型后，在"开始"选项卡下的"字体"组中单击"增大字号"按钮，如图6-83所示。

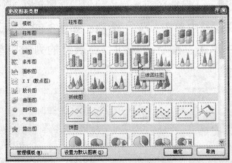

图 6-82　选择图表类型

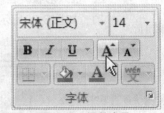

图 6-83　调整字号

9 **查看图表**。完成图表的设计后，查看工作表中的数据透视图效果，如图6-84所示。

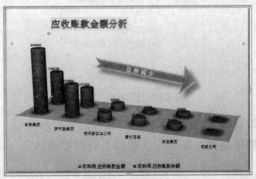

图 6-84　查看图表

6.2.4 布局应收账款数据透视图

图表由不同的图表元素构成，数据透视图也一样。因此为了完善透视图的制作，用户可以对其图表布局进行详细的设置，添加需要的图表元素加以说明，删除不必要的元素对象，下面介绍具体的操作与设置方法。

1 编辑图表标题。在图表标题文本框中输入需要添加的标题文本内容，如图6-85所示。

应收账款金额分析

■求和项:应收账款金额　　■求和项:应收账款余额

图 6-85　编辑图表标题

2 设置图表标题。切换到"布局"选项卡下，在"标签"组中单击"图例"按钮，在展开的列表中单击"在底部显示图例"选项，如图6-86所示。

3 设置坐标轴。在"坐标轴"组中单击"坐标轴"按钮，在展开的列表中单击"竖坐标轴"选项，如图6-87所示。

图 6-86　设置图表标题　　　　　图 6-87　设置坐标轴

4 删除坐标轴。在展开的级联列表中单击"无"选项，如图6-88所示。

5 插入形状。在"插图"组中单击"形状"按钮，在展开的列表中单击"燕尾形箭头"选项，如图6-89所示。

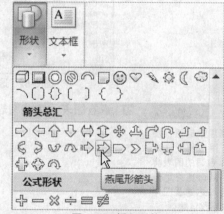

图 6-88　删除坐标轴　　　　　　图 6-89　插入形状

6 绘制形状。在图表中拖动鼠标绘制箭头图形，绘制完成后释放鼠标即可，如图6-90所示。

7 旋转角度。拖动形状图形上方的控点按钮，调整图形的旋转角度，将其调整到合适的位置，如图6-91所示。

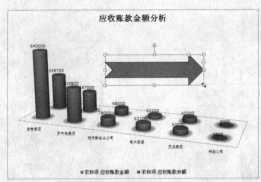

图 6-90　绘制形状

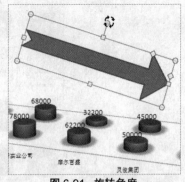

图 6-91　旋转角度

8 **编辑文字。**在绘制完成后的形状图形上单击鼠标右键，在弹出的快捷菜单中单击"编辑文字"选项，如图6-92所示。

9 **添加文字。**在形状图形中输入需要添加的文本内容，如图6-93所示。

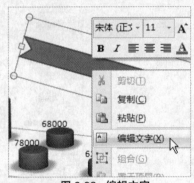

图 6-92　编辑文字

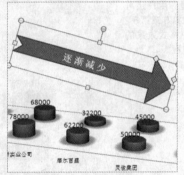

图 6-93　添加文字

10 **查看图表。**完成图表布局效果的设置后，返回到图表中查看制作的数据透视表效果，如图6-94所示。

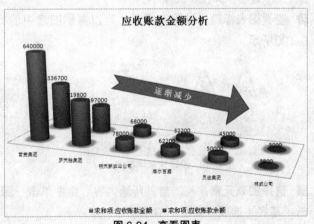

图 6-94　查看图表

6.2.5　设置应收账款数据透视图格式

　　为了使透视图达到更好的视觉效果，用户可以使用格式功能对图中不同的对象元素进行格式效果的设置，下面介绍具体的操作与设置方法。

1 **设置图表区样式。**选中图表，在"格式"选项卡下单击"形状样式"快翻按钮，在展开的列表中单击"细微效果-强调颜色4"选项，如图6-95所示。

2 **选定形状图形。**选定图表中的形状图形，如图6-96所示。

图 6-95　设置图形区样式

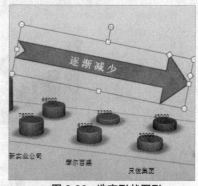

图 6-96　选定形状图形

3 **设置形状样式**。在"形状样式"组中单击"强烈效果-强调颜色5"选项，如图6-97所示。

4 **设置形状效果**。单击"形状样式"组中的"形状效果"按钮，在展开的列表中单击"预设"选项，在级联列表中单击"预设4"选项，如图6-98所示。

交叉参考

对于图表的格式效果设置，用户还可以参见第5章第5.2小节中格式效果的设置过程。

图 6-97　设置形状样式

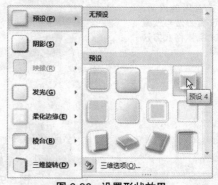

图 6-98　设置形状效果

提示

选中整个图表应用艺术字样式，将对图表中所有文本内容进行设置，选中图表中某个文本对象，应用艺术字样式功能，则只对选定的对象起作用。

5 **设置艺术字样式**。选中图表标题，在"艺术字样式"组中单击"填充-无，轮廓-强调文字颜色2"选项，如图6-99所示。

6 **查看图表标题**。设置完成后，可以看到图表中的标题显示指定的艺术字样式效果，如图6-100所示。

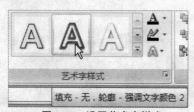

图 6-99　设置艺术字样式

图 6-100　查看图表标题

7 **选择图表元素**。在"当前所选内容"组中单击"图表元素"下拉按钮，在展开的列表中单击"基底"选项，如图6-101所示。

8 **设置所选内容格式**。选定图表元素后，在"当前所选内容"组中单击"设置所选内容格式"按钮，如图6-102所示。

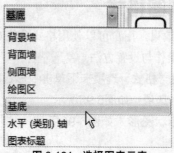

图 6-101　选择图表元素

图 6-102　设置所选内容格式

9 **设置填充**。打开"设置基底格式"对话框，切换到"填充"选项面板下，单击选中"图片或纹理填充"单选按钮，并单击"纹理"按钮，在展开的列表中单击"水滴"选项，如图6-103所示。

10 **设置层叠效果**。在"填充"选项面板下单击选中"层叠"单选按钮，设置透明度为"40%"，如图6-104所示。

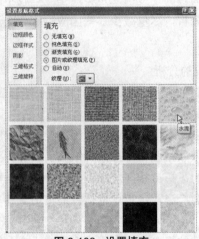

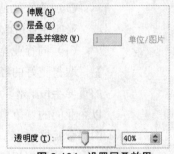

图 6-103 设置填充   图 6-104 设置层叠效果

11 **设置边框颜色**。切换到"边框颜色"选项面板下，单击选中"无线条"单选按钮，如图6-105所示，再单击"关闭"按钮。

12 **设置标题填充**。选中图表标题，单击"格式"选项卡下的"形状样式"组中的"形状填充"下拉按钮，在展开的列表中选择合适的颜色选项，如图6-106所示。

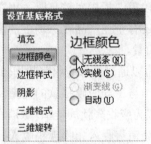

图 6-105 设置边框颜色   图 6-106 设置形状填充

13 **设置形状效果**。选中图表，在"形状样式"组中单击"形状效果"按钮，在展开的列表中单击"棱台"选项，再单击"圆"选项，如图6-107所示。

14 **查看图表**。完成图表的设置后，查看制作完成的应收账款金额分析数据透视图，如图6-108所示。

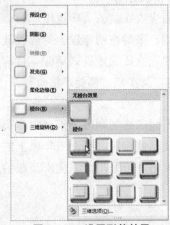

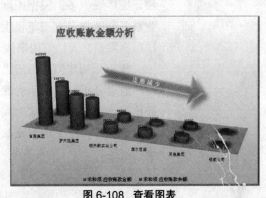

图 6-107 设置形状效果   图 6-108 查看图表

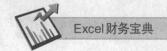

相关行业知识 | 如何进行应收账款分析

应收账款是指企业因销售商品、提供劳务等业务向购货或接受劳务单位收取的款项，是企业因销售商品、提供劳务等经营活动所形成的债权。主要包括企业出售产品、材料、提供劳务等向有关债务人收取的价款及为购货方垫付的运杂费等。企业应收账款的增加也有其不利的一面：一是会减慢企业资金周转的速度；二是会产生一些收不回来的坏账。这就要求企业管理者必须重视对应收账款的分析，尽量减少那些因应收账款无法收回而造成的损失。应收账款分析主要包括以下几个方面：

一．应收账款总额及周转情况的分析

❶ 应收账款是企业正常交易中与顾客发生赊销而产生的未结清账款。

影响企业应收账款的因素一般有：

（1）同行业竞争。每一个企业为了能使自己在激烈的竞争中取胜，增加企业商品的销售量，取得更好的经济效益，均会采取某些某优惠条件来吸引顾客，而赊销正是达到这一目的的重要手段。作为销货者来说，为了招揽顾客增加销售量，愿意为购货者提供商业信用。所以企业间的竞争愈激烈，赊销就愈广泛，销货单位提供的信用就越多，占用在应收账款方面的资金就越大。

（2）销售规模。企业应收账款的多少在很大程度上取决于企业的销售规模。而企业每天在市场上销售的商品越多，流动资产周转各阶段占用的资产也就越多，因为应收账款是流动资产周转的一个重要阶段，所以也就毫不例外地会随着销售规模的扩大而增加。

（3）企业的信用政策。企业的信用政策主要是指企业的信用标准、信用期限。当企业提供的信用期限较长、折扣率较低时，企业应收账款方面占用的资产数额就会增加销售量就会增多；反之，企业提供的信用期限较短、折扣率较高时占用在应收账款的资产数额就会减少，但销量会受到影响。除此之外，还有企业产品在市场上的需求情况、产品质量、季节变化等因素也会影响企业应收账款的占用量。

❷ 对应收账款周转情况的分析，可以通过计算应收账款周转率指标来进行。

应收账款周转率是指赊销收入净额与平均应收账款的比率。它可以评定企业特定期间收回赊销账款的能力和速度。其计算公式为应收账款周转率=赊销收入净额÷平均应收账款。在公式中，分子是赊销收入净额，即商品销售收入扣除现销收人、销售折扣后的余额，因为应收账款是由于赊销而引起的；分母中的平均应收账款是年初应收账款余额和年末应收账款余额的平均数。该指标值越高，表明一年内收回的账款次数越多，意味着平均收回账款的时间越短，应收账款收回越快。否则，企业的营运资金过多地呆滞在应收账款上，影响正常的资金周转。

二．应收账款的管理及坏账准备情况分析

为了加强应收账款的管理，提高应收账款的周转速度，企业对应收账款要及时进行清理和计提坏账准备。根据国际会计准则，账龄在两年以上的应收款项，应视同坏账，而内资企业财务制度规定，三年以上未收回的应收账款才视同坏账。目前人们普遍接受，也最常用的信用期限是30天，信用期限一旦确定，买卖双方都要严格执行。

❶ 可采用账龄分析法进行分析。

通过分析应收账款的账龄，对不同的拖欠期限分别确定坏账计提比例。拖欠时间短则计提比例可以低些，拖欠时间长则计提比例相对高些，三年以上的可全部计提。另外，在清理应收账款时，对于应收账款余额较大的，可采用老账优于新账的原则确定还款对象，即先发生先偿还

❷ 采用应收账款余额百分比法计提坏账准备。

我国现行分行业财务会计制度规定，可以按应收账款年末余额的3‰～5‰计提坏账准备。在此方法下年末的坏账准备余额和应收账款余额相配比，保持一定的计提比率，并在资产负债表中以其净额计入资产总额，避免了资产虚增，符合谨慎性原则。但也存在一些不足：首先，各年的坏账损失费用既不与企业实际发生的坏账相对应，又不与当年发生的赊销收入相对应，其数额难以理解；其次，不能避免因坏账发生的偶然性而导致各年坏账损失的波动性，直接影响了各年经营成果的稳定。

❸ 赊销百分比法着眼于损益表的正确，各年的坏账损失费用与当期的收入相配比。

其出发点是：坏账损失的产生与赊销业务直接相关，坏账损失估计数应在赊销净值的基础上乘以一定的比率来计算。因此，赊销百分比法的基础是赊销净额，它反映的是一个时期的数字，以其为基础计算出的坏账损失估计数也是时期数，即当期应计提的坏账准备金额。其优点是，不论各年实际发生的坏账如何，只要赊销业务收入波动不大，坏账损失费用就将保持平稳。此法计算简便容易理解，但也存在一定的缺点：首先，在"坏账准备"账户中一并核算各期的坏账准备金额、实际发生的坏账损失以及已确认的坏账收回，而在期末时，又不作调整，不能分别反映各个时期的坏账准备金额，从而使得该账户的余额难以理解，甚至会使资产负债表的使用者误解。其次，赊销百分比法的出发点是本期发生的赊销业务量，而不问赊销业务的后续情况。若本期发生的一笔赊销业务款项在本期已经收回，则此业务就不存在风险，但赊销百分比法没有考虑这些情况，仍在期末就其发生额计提一定的坏账准备金。

三．如何减少应收账款损失

在市场经济条件下各企业业务往来中，有商品赊销就存在坏账风险。为将坏账风险降到最低且坏账发生时不至于引起企业生产经营和财务收支的困难，就要预先按规定比例提取坏账准备金，在坏账实际发生时冲销已提的坏账准备金。坏账准备分析主要是了解坏账准备是否按规定的提取比例提取，年内"坏账准备"账户注销的坏账额有多少属于应注销的坏账。因此，应收账款是流动资产中的一个重要项目，它的数额大小直接影响企业资金周转。财务部门的重要职责就是通过对应收账款的分析，尽早收回应收账款，减少坏账发生，将应收账款损失降到最低。一是根据市场行情、竞争者的能力和企业产品质量制定合理的信用条件；二是对应收账款严格管理，采取较好的收账政策。最理想的收账策略是既要顺利收回货款，又要维护好企业与客户的关系，降低收账费用。这在实际工作中较难做到，但企业管理者可以通过正确、科学地进行应收账款分析，逐步向这一目标迈进，以期加速应收账款周转率，减少坏账损失，为企业创造更好的经济效益。

Chapter 07 公式与函数计算财务数据

公式和函数是Excel最基本最重要的应用工具，对公式与函数的掌握越熟练，运用Excel分析处理数据就越得心应手。可以说，公式是Excel的核心，在公式中可能只需要运用少量的运算符，结合Excel提供的函数，就可以把Excel变成功能强大的数据分析工具。

7.1 公式的使用

公式必须以等号开始，当用户在单元格中输入等号时，Excel就认为在该单元格中开始公式的输入，接下来用户再根据需要完成公式内容的输入，然后进行计算。

在公式中需要输入以下几种元素：

（1）运算符：对公式的元素进行特定类型的计算，一个运算符就是一个符号，如"+"、"*"等。

（2）单元格引用：利用单元格引用，对需要计算的单元格中的数值进行引用，如"A1"、"$A$3"等。

（3）值或常量：直接输入公式中的值或文本，如"15"、"销售数量"等。

（4）工作表函数：包括一些函数和参数，用于返回一定的函数值。

在公式中，运算符是公式的基本元素，用于对公式中其他元素进行特定类型的运算。在公式中通常将运算符分为四种类型，算术运算符、比较运算符、文本连接运算符、引用运算符。

（1）算术运算符：用于进行基本的数字计算，如加、减、乘、除等。

运算符号	名　称	功能与说明
+	加	加法运算
−	减	减法运算
*	乘	乘法运算
/	除	除法运算
^	幂	乘幂运算

提示

比较运算符用于比较两个数值，当计算结果符合实际情况时，返回 TRUE，当计算结果不符合实际情况时，返回 FALSE。

（2）比较运算符：用于比较两个数值，比较运算符计算的结果为逻辑值，即TRUE或FALSE，比较运算符多用在条件运算中，通过比较两个数值，再根据结果来判断下一步的计算，其功能与说明如下。

运算符号	名　称	功能与说明
=	等于	A1=B1表示A1等于B1
>	大于	A1>B1表示A1大于B1
>=	大于等于	A1>=B1表示A1大于等于B1
<	小于	A1<B1表示A1小于B1
<=	小于等于	A1<=B1表示A1小于等于B1
<>	不等于	A1<>B1表示A1不等于B1

（3）连接运算符：使用"&"号连接一个或多个文本字符串形成一串文本。如果使用文本连接运算符，则单元格中的内容也将按文本类型来处理，文本连接运算符功能及说明如下。

运算符号	名　称	功能与说明
&	连接符	将两个或多个文本连接在一起形成一个文本值，如"北京&企业"，结果即为"北京企业"，常用于将不同单元格中的数值进行连接

（4）引用运算符：用于表示单元格在工作表中所在位置的坐标集，引用运算符为公式指明引用单元格的位置，其功能及用法如下。

运算符号	名　称	功能与说明
:	冒号	引用两个单元格之间的所有单元格。如A1:A3，即引用从A1到A3单元格之间的所有单元格
,	逗号	联合运算符，用于将多个区域联合为一个引用，如A1:A3，B1:B3即指A1:A3和B1:B3两个单元格区域
空格		交叉运算符，取两个区域的公共单元格，如A1:C3 B1:C3即指B1，B2，B3三个公共单元格

运算公式中如果使用多个运算符，公式将按运算符的优先级由高到低进行计算，对于同级运算符，则遵循从左到右的方法进行计算，下面为用户介绍运算符的优先级。

优 先 级	运算符号	名　称
1	^	幂运算
2	*	乘号
3	/	除号
4	+	加号
5	–	减号
6	&	连接符号
7	=	等于符号
8	<	小于符号
9	>	大于符号

在了解了公式的使用方法后，下面为用户介绍Excel中编辑公式的意义及方法。如图7-1所示，用户在C2单元格中输入公式=A2+B2，其中A2表示引用单元格A2中的数值5，B2表示引用单元格中的数值35，公式表示求A2与B2单元格中数值的和。当用户在完成公式的编辑后，单击编辑栏前的"输入"按钮☑，即可在输入公式的单元格中显示计算结果。

◎ 光盘路径

原始文件：
源文件＼第7章＼原始文件＼商品销售分析.xlsx

最终文件：
源文件＼第7章＼最终文件＼商品销售分析.xlsx

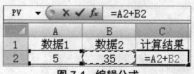

图 7-1　编辑公式

在了解了公式元素、公式运算符、运算符优先级等相关内容后，用户对公式的使用有了初步的了解。本节将以计算商品销售数据为例，为用户介绍如何在工作表中使用不同的公式编辑方法进行数值的求值计算。

7.1.1 名称的定义

默认情况下，单元格名称是以与其相对应的行号加列标共同组成的，为了方便用户对公式的编辑，用户还可以使用定义名称功能将工作表中的单元格或单元格区域指定一个固定的名称，从而在编辑公式的过程中直接引用该名称即可，下面介绍定义名称的具体操作方法。

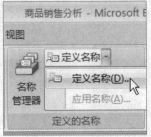

提示

在定义名称时，同样需要注意一定的规则：1.定义名称的第1个字符必须是字母、中文字或下划线；2.定义的名称不能与单元格引用相同；3.定义的名称中不能含有空格；4.定义的名称长度最多可包括255个字符，没有大小写区分。

1 **选定单元格。** 打开源文件\第7章\原始文件\商品销售分析.xlsx，选定需要定义名称的单元格区域B3:B7，如图7-2所示。

2 **定义名称。** 切换到"公式"选项卡下，在"定义的名称"组中单击"定义名称"下拉按钮，在展开的列表中单击"定义名称"选项，如图7-3所示。

图7-2 选定单元格

图7-3 定义名称

提示

在"名称管理器"对话框中单击"新建"按钮，同样可以打开"新建名称"对话框定义新的名称内容。

3 **新建名称。** 打开"新建名称"对话框，在"名称"文本框中输入"单价"，引用位置文本框中显示选定的单元格区域，再单击"确定"按钮，如图7-4所示。

4 **选定单元格。** 用户可以使用根据所选内容创建名称的方法来定义名称，选定表格中C2:D7单元格区域，如图7-5所示。

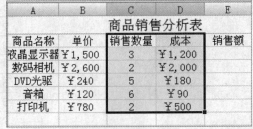

图7-4 新建名称

图7-5 选定单元格

5 **根据所选内容创建。** 在"定义的名称"组中单击"根据所选内容创建"，如图7-6所示。

6 **以选定区域创建名称。** 打开"以选定区域创建名称"对话框，勾选"首行"复选框，再单击"确定"按钮，如图7-7所示。

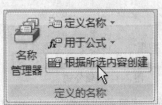

图7-6 单击"根据所选内容创建"按钮

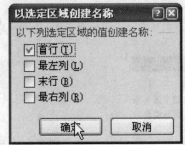

图7-7 设置选定区域

7 **打开"名称管理器"。** 在"定义的名称"组中单击"名称管理器"按钮，如图7-8所示。

8 **设置编辑名称。** 打开"名称管理器"对话框，在列表中可以看到已定义的名称内容，选中需要修改或编辑的名称，单击"编辑"按钮，如图7-9所示。

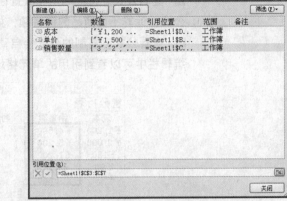

图7-8 打开"名称管理器"　　　　　　　　图7-9 设置编辑名称

9 **编辑名称。**打开"编辑名称"对话框，用户可以对选定的名称、引用位置进行编辑修改，编辑完成后单击"确定"按钮，如图7-10所示。

10 **关闭名称管理器。**完成名称的查看与修改后，单击"关闭"按钮，如图7-11所示。

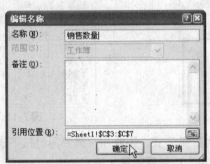

图7-10 编辑名称

图7-11 关闭名称管理器

7.1.2 公式的输入

用户可以使用不同的方法计算表格中相关的数据内容。本节将为用户介绍如何直接引用单元格地址进行计算、使用定义的名称编辑公式进行计算及使用数组公式进行计算，具体的操作方法如下。

1 **输入公式。**选中E3单元格，在编辑栏中输入公式"=C3*B3"，输入完成后单击编辑栏前的"输入"按钮，如图7-12所示。

2 **查看计算结果。**完成公式的输入后，在E3单元格中显示公式计算结果，如图7-13所示。

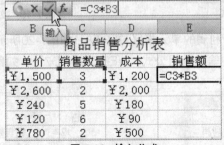

图7-12 输入公式

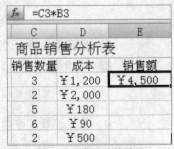

图7-13 查看计算结果

3 **复制公式**。将鼠标光标放置在E3单元格右下角，当鼠标光标呈十字时，向下拖动鼠标复制公式，计算不同商品的销售额，如图7-14所示。

4 **查看公式**。复制的公式会自动根据计算结果所在的单元格进行调整，如选定E5单元格，在编辑栏中可以看到引用的单元格地址自动发生改变，如图7-15所示。

	D	E	F
		售分析表	
	成本	销售额	利润
	￥1,200	￥4,500	
	￥2,000	￥5,200	
	￥180	￥1,200	
	￥90	￥720	
	￥500	￥1,560	

图7-14 复制公式

	B	C	D	E
				=C5*B5
		商品销售分析表		
	单价	销售数量	成本	销售额
	￥1,500	3	￥1,200	￥4,500
	￥2,600	2	￥2,000	￥5,200
	￥240	5	￥180	=C5*B5
	￥120	6	￥90	￥720
	￥780	2	￥500	￥1,560

图7-15 查看公式

5 **选定单元格区域**。用户还可以使用数组公式进行计算，选定需要输入公式的单元格区域E3:E8，如图7-16所示。

6 **编辑公式**。在编辑栏中输入公式"=单价*销售数量"，此处引用的单元格地址为定义的名称，如图7-17所示。

	C	D	E
			fx
		商品销售分析表	
	销售数量	成本	销售额
	3	￥1,200	
	2	￥2,000	
	5	￥180	
	6	￥90	
	2	￥500	

图7-16 选定单元格区域

	B	C	D	E
				=单价*销售数量
				销售数量
		商品销售分析表		
	单价	销售数量	成本	销售额
	￥1,500	3	￥1,200	*销售数量
	￥2,600	2	￥2,000	
	￥240	5	￥180	
	￥120	6	￥90	
	￥780	2	￥500	

图7-17 编辑公式

7 **计算公式**。由于输入的公式为数组公式，因此用户需要同时按下键盘中的Ctrl+Shift+Enter键来完成数组公式的计算，计算完成后查看计算结果，如图7-18所示。

8 **不能更改数组**。由于数组公式不能更改其中的某一部分，因此对计算结果所在的任意单元格进行更改时，会弹出如下图所示的提示对话框，提示用户数组公式不能更改，如图7-19所示。

	C	D	E
		{=单价*销售数量}	
		商品销售分析表	
	销售数量	成本	销售额
	3	￥1,200	￥4,500
	2	￥2,000	￥5,200
	5	￥180	￥1,200
	6	￥90	￥720
	2	￥500	￥1,560

图7-18 计算公式

Microsoft Office Excel

不能更改数组的某一部分。

确定

图7-19 数组不能修改

9 **选定单元格**。选定需要计算利润的单元格区域F3:F8，如图7-20所示。

10 **编辑公式**。在公式编辑栏中输入数组公式"=E3:E7-D3:D7"，如图7-21所示。

	D	E	F
			fx
		售分析表	
	成本	销售额	利润
	￥1,200	￥4,500	
	￥2,000	￥5,200	
	￥180	￥1,200	
	￥90	￥720	
	￥500	￥1,560	

图7-20 选定单元格

	D	E	F
			=E3:E7-D3:D7
		售分析表	
	成本	销售额	利润
	￥1,200	￥4,500	-D3:D7
	￥2,000	￥5,200	
	￥180	￥1,200	
	￥90	￥720	
	￥500	￥1,560	

图7-21 编辑公式

11 **计算公式。** 同时按下键盘中的Ctrl+Shift+Enter键来完成数组公式的计算，并查看公式计算结果，如图7-22所示。

12 **复制公式计算。** 用户除使用数组公式外，也可以使用普通公式进行计算，在F3单元格中输入公式"=E3-D3"，并向下拖动鼠标复制公式，可以看到显示相同的计算结果，如图7-23所示。

<table>
<tr><td colspan="3">fx {=E3:E7-D3:D7}</td></tr>
<tr><td>D</td><td>E</td><td>F</td></tr>
<tr><td colspan="3">售分析表</td></tr>
<tr><td>成本</td><td>销售额</td><td>利润</td></tr>
<tr><td>￥1,200</td><td>￥4,500</td><td>￥3,300</td></tr>
<tr><td>￥2,000</td><td>￥5,200</td><td>￥3,200</td></tr>
<tr><td>￥180</td><td>￥1,200</td><td>￥1,020</td></tr>
<tr><td>￥90</td><td>￥720</td><td>￥630</td></tr>
<tr><td>￥500</td><td>￥1,560</td><td>￥1,060</td></tr>
</table>

图 7-22 计算公式

<table>
<tr><td colspan="3">fx =E3-D3</td></tr>
<tr><td>D</td><td>E</td><td>F</td></tr>
<tr><td colspan="3">销售分析表</td></tr>
<tr><td>成本</td><td>销售额</td><td>利润</td></tr>
<tr><td>￥1,200</td><td>￥4,500</td><td>￥3,300</td></tr>
<tr><td>￥2,000</td><td>￥5,200</td><td>￥3,200</td></tr>
<tr><td>￥180</td><td>￥1,200</td><td>￥1,020</td></tr>
<tr><td>￥90</td><td>￥720</td><td>￥630</td></tr>
<tr><td>￥500</td><td>￥1,560</td><td>￥1,060</td></tr>
</table>

图 7-23 复制公式计算

7.1.3 设置单元格引用方式

在Excel中，用户编辑公式内容时，需要注意设置正确的单元格引用方式，从而方便用户对公式进行复制，提高工作的效率，更快更好地完成表格数据的计算。Excel为用户分别提供了相对引用、绝对引用、行绝对引用和列绝对引用四种不同的单元格引用方式，本节将分别为用户进行介绍。

1 **查看公式。** 默认情况下输入公式中引用的单元格地址为相对引用，如图7-24所示，选定E3单元格并查看公式内容。

2 **相对引用单元格地址改变。** 由于E列数据为复制公式计算所得，因此选中E4单元格时，在编辑栏中可查看公式内容，此时可以看到公式中引用的单元格自动进行调整，这是由引用单元格为相对引用单元格地址，其地址会随目标单元格的改变而更改，如图7-25所示。

图 7-24 查看公式

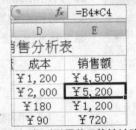

图 7-25 相对引用单元格地址改变

3 **输入固定数量。** 如果用户需要计算在固定销售数量下的销售额，首先在工作表中输入固定数量相关数据，并选中需要修改公式的E3单元格，如图7-26所示。

4 **编辑公式。** 在编辑栏中输入公式=B3*G3，并将光标放置在G3单元格地址位置处，如图7-27所示。

<table>
<tr><td colspan="4">=B3*G3</td></tr>
<tr><td>D</td><td>E</td><td>F</td><td>G</td></tr>
<tr><td colspan="4">售分析表</td></tr>
<tr><td>成本</td><td>销售额</td><td>利润</td><td>固定数量</td></tr>
<tr><td>￥1,200</td><td>￥4,500</td><td>￥3,300</td><td>3</td></tr>
<tr><td>￥2,000</td><td>￥7,800</td><td>￥5,800</td><td></td></tr>
<tr><td>￥180</td><td>￥720</td><td>￥540</td><td></td></tr>
<tr><td>￥90</td><td>￥360</td><td>￥270</td><td></td></tr>
<tr><td>￥500</td><td>￥2,340</td><td>￥1,840</td><td></td></tr>
</table>

图 7-26 输入固定数量

<table>
<tr><td colspan="4">✕ ✓ fx =B3*G3</td></tr>
<tr><td>E</td><td>F</td><td>G</td></tr>
<tr><td colspan="3">表</td></tr>
<tr><td>销售额</td><td>利润</td><td>固定数量</td></tr>
<tr><td>=B3*G3</td><td>￥3,300</td><td>3</td></tr>
<tr><td>￥5,200</td><td>￥3,200</td><td></td></tr>
<tr><td>￥1,200</td><td>￥1,020</td><td></td></tr>
<tr><td>￥720</td><td>￥630</td><td></td></tr>
<tr><td>￥1,560</td><td>￥1,060</td><td></td></tr>
</table>

图 7-27 编辑公式

提示

用户可以使用 F4 快捷键快速地更改单元格的引用方式，其引用方式在绝对引用、行绝对引用、列绝对引用和相对引用之间按顺序进行更改。

5 **更改引用方式。** 按下键盘中的 F4 键，将单元格地址更改为绝对引用地址 $G$3，再单击"输入"按钮，如图7-28所示。

6 **复制公式。** 向下拖动鼠标复制公式到 E8 单元格，如图7-29所示。

图 7-28　更改引用方式　　　　　　　　图 7-29　复制公式

7 **查看公式。** 绝对引用单元格地址固定不变，选中 E5 单元格，在编辑栏中可以看到绝对引用的单元格地址不随目标单元格的改变而改变，如图7-30所示。

	A	B	C	D	E	F	G
1			商品销售分析表				
2	商品名称	单价	销售数量	成本	销售额	利润	固定数量
3	液晶显示器	￥1,500	3	￥1,200	￥4,500	￥3,300	3
4	数码相机	￥2,600	2	￥2,000	￥7,800	￥5,800	
5	DVD光驱	￥240	5	￥180	=B5*$G$3	￥540	
6	音箱	￥120	6	￥90	￥360	￥270	
7	打印机	￥780		￥500	￥2,340	￥1,840	

图 7-30　查看公式

8 **行绝对引用。** 用户除可以设置相对引用和绝对引用外，还可以设置单元格为行绝对引用，在相对引用的基础上，按两次 F4 键，即可将指定的地址更改为行绝对引用，如图7-31所示。在复制公式时，行绝对引用地址随列单元格的改变而改变，但所在的行固定不变。

提示

用户可以使用快捷键 F4 快速地进行单元格地址引用方式的更改，也可以直接使用输入法，在地址前输入 $ 号设置不同的引用方式。

9 **列绝对引用。** 用户还可以设置单元格为列绝对引用，在相对引用的基础上，按三次 F4 键，即可将指定的地址更改为列绝对引用，如图7-32所示。在复制公式时，列绝对引用地址随行单元格的改变而改变，但所在的列固定不变。

图 7-31　行绝对引用　　　　　　　　图 7-32　列绝对引用

技术扩展　**常见公式结果错误值处理**

❶ 输入公式后，出现 ###### 错误时，如何处理？

- 增加列宽：通过拖动列标之间的边界来调整所在单元格的列宽。
- 应用不同数字格式：更改单元格的数字格式以使数字适合单元格的宽度，如调整小数点后的小数位数。
- 保证日期与时间公式的正确性：对日期和时间进行减法运算时，应确保公式的正确性。

❷ 输入公式后，出现 #VALUE! 错误时，如何处理？

- 要注意不要将数字或逻辑值错输成文本，应确保公式数据类型的正确性。

- 在输入和编辑的为数组公式时，应使用Ctrl+Shift+Enter键来进行计算。
- 不要将单元格引用、公式或函数作为数组常量输入。

❸ 输入公式后，出现#NUM！错误时，如何处理？

- 在需要数字参数的函数中使用了不能接受的参数，应确保参数的正确使用。
- 不能使用迭代计算的工作表函数。
- 由公式产生的数字太大或太小，Excel不能表示，应确保数字格式为的正确性。

❹ 输入公式后，出现#NAME！错误时，如何处理？

- 删除了公式中使用的名称，或使用了不存在的名称，应确认使用的名称确实存在。
- 修改拼写错误，可以在编辑栏中选定名称，完成拼写的修改。
- 函数名拼写错误，需要将正确的函数名称插入到公式中。
- 在公式中输入文本时没有使用双引号，需要注意在编辑公式时如含有文本内容需要添加双引号。
- 在引用区域中缺少冒号，在公式中对所有单元格区域地址的引用，都需要在两个地址之间添加冒号。

7.2 财务函数的使用

函数是Excel中预定义的公式，使用函数可以将一些称为参数的特定数字按照特定的顺序或结构执行计算，函数可以有一个或多个参数，返回一个计算结果。将具有特定功能的一组公式组合在一起，形成函数，使用函数可以方便和简化公式的使用。切换到"公式"选项卡下，在"函数库"组中为用户提供了多种不同类型的函数，用户可以选择合适的函数完成公式的编辑，如图7-33所示。

图 7-33　函数库

函数类型	函数功能说明
财务函数	进行财务分析及财务数据的计算
逻辑函数	进行逻辑判定、重要条件检查
文本函数	对公式、单元格中的字符、文本进行格式化或运算
工程函数	用于工程数据分析处理
统计函数	对工作表数据进行统计分析
数据库函数	对数据清单中的数据进行分析、查找、计算等
信息函数	对单元格或公式中数据类型进行判定
查找和引用函数	在数据清单和表格中查找特定内容
日期与时间函数	对公式中所涉及的日期和时间进行计算、设置及格式化处理
数学和三角函数	用来进行数学和三角方面的计算

在"函数库"组中单击"插入函数"按钮，即可打开如图7-34所示的"插入函数"对话框，单击"或选择类别"下拉按钮，在展开的列表中可选择不同的函数类型，指定函数类型后在"选择函数"列表中选择需要应用的函数，再单击"确定"按钮即可。

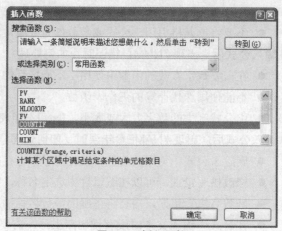

图 7-34　插入函数

选择需要插入的函数后，打开"函数参数"对话框，在该对话框中完成指定函数的参数设置，再单击"确定"按钮，如图7-35所示。

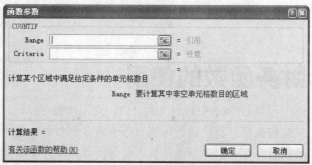

图 7-35　设置参数

光盘路径

原始文件：
源文件\第7章\原始文件\固定资产折旧计算.xlsx
最终文件：
源文件\第7章\最终文件\固定资产折旧计算.xlsx

学习了函数在Excel中的使用方法后，用户在计算不同类型表格数据时，可以选择合适的函数完成公式的编辑，快速对表格数据进行统计与计算。本节将以计算固定资产折旧额为例，为用户介绍如何使用不同类型的财务函数完成资产折旧的分析与计算。

7.2.1　SLN()函数直线折旧计算

直线折旧法也称为平均年限折旧法，是将固定资产的价值平均分摊到每一期中，且每年提取的金额相等，可使用财务函数中的SLN()函数进行计算，其具体的计算方法如下。

1 选定单元格。 打开源文件\第7章\原始文件\固定资产折旧计算.xlsx，选定需要输入公式的B6单元格，如图7-36所示。

2 插入函数。 切换到"函数库"组中，单击"插入函数"按钮，如图7-37所示。

提示

在"函数库"组中统计函数、多维数据集函数、工程函数、信息函数集成在"其他函数"列表中，用户可以单击该按钮，在展开的列表中选择合适的函数类型。

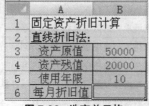

图 7-36　选定单元格

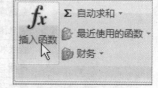

图 7-37　插入函数

3 选择类别。 打开"插入函数"对话框，单击"或选择类别"下拉按钮，在展开的列表中单击"财务"选项，如图7-38所示。

4 选择函数。 在"选择函数"列表中单击"SLN"选项，再单击"确定"，如图7-39所示。

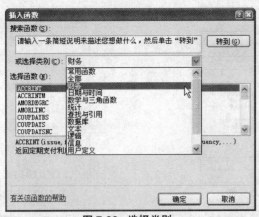

图 7-38 选择类别   图 7-39 选择函数

SLN() 函数语法结构 SLN(cost,salvage, life)，其中参数 cost 指固定资产原值；参数 salvage 指定固定资产使用年限终了时的估计残值；参数 life 指定固定资产进行折旧计算的周期总数，也称固定资产的生命周期。

⑤ 设置函数参数。 打开"函数参数"对话框，分别设置不同的函数参数内容，再单击"确定"按钮，如图7-40所示。

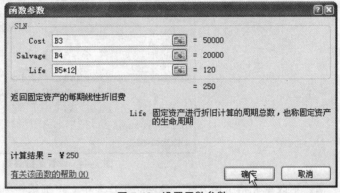

图 7-40 设置函数参数

⑥ 查看计算结果。 完成函数设置及公式的编辑后，返回到工作表中，在B6单元格中查看公式计算结果，并在编辑栏中查看详细的公式内容，如图7-41所示。

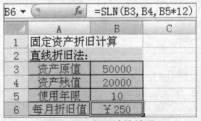

图 7-41 查看计算结果

7.2.2 DB()函数固定余额递减折旧计算

固定余额递减法是一种加速折旧的方法，是采用一定的折旧率乘以一个递减的设备资产初期账面值，得到每期的折旧金额，在Excel中可以使用DB()函数进行计算。

① 选定单元格。 切换到"固定余额递减法"工作表中，查看表格数据内容，并选中B7单元格，如图7-42所示。

② 选择函数。 在"公式"选项卡下单击"函数库"组中的"财务"按钮，在展开的列表中单击"DB"选项，如图7-43所示。

提示

DB() 函数语法结构 DB(cost,salvage,life,period,month)，其中参数 cost 指定固定资产原值；参数 salvage 指定固定资产使用年限终了时的估计残值；参数 life 指定固定资产进行折旧计算的周期总数，也称固定资产的生命周期；参数 period 指定进行折旧计算的期次，必须与前者使用相同的单位；参数 month 指定第一年的月份数，默认为 12。

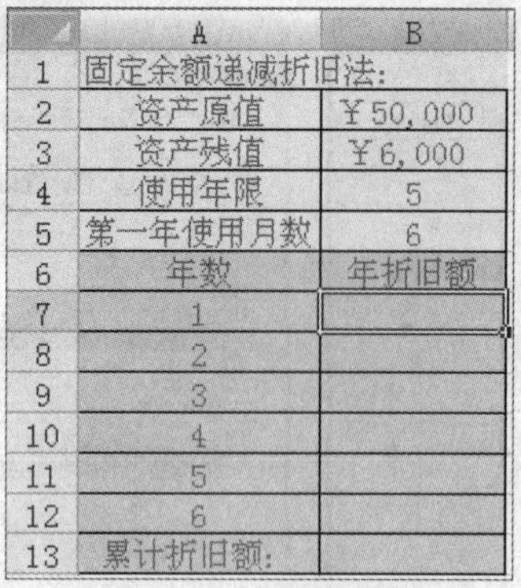

	A	B
1	固定余额递减折旧法:	
2	资产原值	￥50,000
3	资产残值	￥6,000
4	使用年限	5
5	第一年使用月数	6
6	年数	年折旧额
7	1	
8	2	
9	3	
10	4	
11	5	
12	6	
13	累计折旧额:	

图 7-42 选定单元格

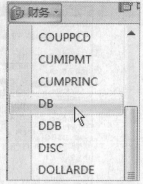

图 7-43 选择函数

3 **设置函数参数。**打开"函数参数"对话框，分别设置不同的参数内容，再单击"确定"按钮，如图7-44所示。

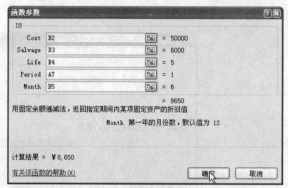

图 7-44 设置函数参数

4 **更改单元格引用方式。**返回到工作表中，在编辑栏中更改公式中单元格的引用方式，设置为绝对引用方式，设置完成后单击"输入"按钮，如图7-45所示。

5 **复制公式。**拖动鼠标将B7单元格公式复制到B11单元格，如图7-46所示。

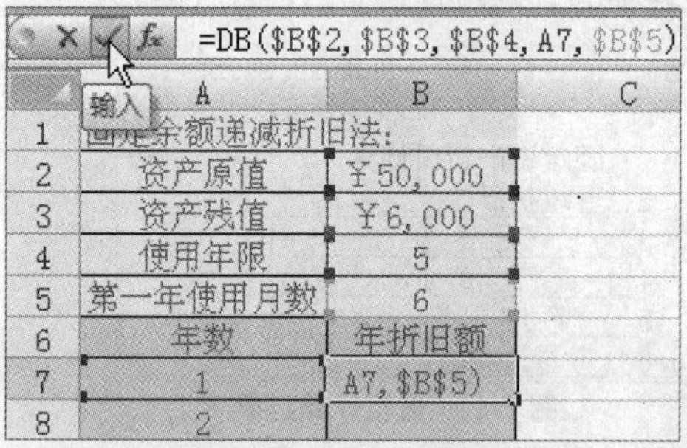

图 7-45 更改引用方式

图 7-46 复制公式

6 **计算末年折旧额。**由于使用余额递减法计算，因此每一期的折旧额都不一样，在B6单元格中输入公式"=B2-B3-(B7+B8+B9+B10+B11)"，如图7-47所示。

7 **计算累计折旧额。**选中B13单元格，如图7-48所示。

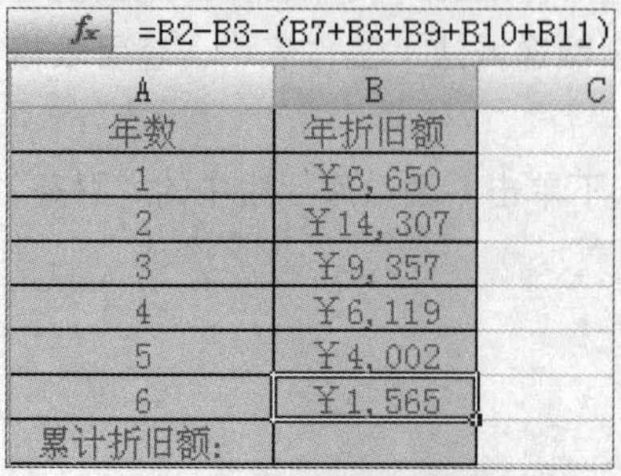

图 7-47 计算末年折旧额

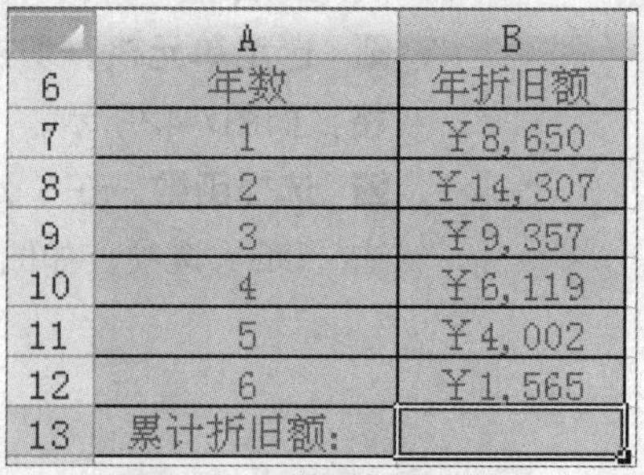

图 7-48 计算累计折旧额

8 **自动求和功能。** 在"函数库"组中单击"自动求和"按钮，在展开的列表中单击"求和"选项，如图7-49所示。

9 **完成公式输入。** 在编辑栏中自动输入求和计算公式，确定参数无误后按Enter键完成计算，如图7-50所示。

图7-49 自动求和功能

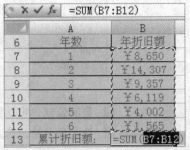

图7-50 完成公式输入

10 **查看计算结果。** 完成公式计算后，在B13单元格中查看累计折旧额计算结果，如图7-51所示。

6	年数	年折旧额
7	1	￥8,650
8	2	￥14,307
9	3	￥9,357
10	4	￥6,119
11	5	￥4,002
12	6	￥1,565
13	累计折旧额：	￥44,000

图7-51 查看计算结果

7.2.3 DDB()函数双倍余额递减折旧法

双倍余额递减法是在不考虑固定资产残值的情况下，根据双倍直线法折旧率计算固定资产折旧的一种方法。当折旧率是固定的，计算折旧的基数是期初固定资产的账面净值时，可以使用DDB()函数进行求解。

1 **插入函数。** 切换到"双倍余额递减"工作表中，选中B5单元格，单击编辑栏前的"插入函数"按钮，如图7-52所示。

2 **选择函数。** 打开"插入函数"对话框，设置"或选择类别"为"财务"，在"选择函数"列表中单击"DDB"选项，再单击"确定"按钮，如图7-53所示。

> **提示**
>
> DDB() 函数语法结构 DDB(cost,salvage,life,period,factor)，其中参数 cost 指定固定资产原值；参数 salvage 指定固定资产使用年限终了时的估计残值；参数 life 指定固定资产进行折旧计算的周期总数，也称固定资产的生命周期；参数 period 指定进行折旧计算的期次，必须与前者使用相同的单位；参数 factor 指定余额递减速率，如果省略，则使用默认值2，表示双倍余额递减。

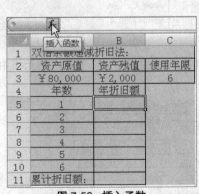

图7-52 插入函数

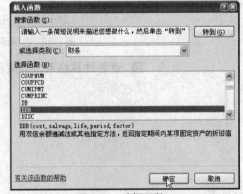

图7-53 选择函数

3 **设置函数参数。** 打开"函数参数"对话框，分别设置不同的函数内容，再单击"确定"按钮，如图7-54所示。

4 **设置单元格引用方式。** 选中公式中需要更改引用方式的参数，按下键盘中的F4键更改为绝对引用方式，如图7-55所示。

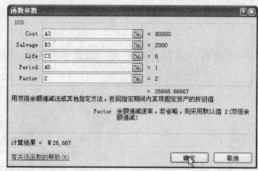

图 7-54　设置函数参数

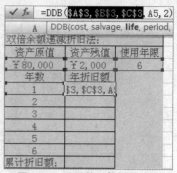

图 7-55　设置单元格引用方式

5　**复制公式**。拖动鼠标复制B5单元格公式到B10单元格，如图7-56所示。

6　**选定单元格**。选定需要计算累计折旧额的B11单元格，如图7-57所示。

	双倍余额递减折旧法:	
1	双倍余额递减折旧法:	
2	资产原值	资产残值
3	￥80,000	￥2,000
4	年数	年折旧额
5	1	￥26,667
6	2	￥17,778
7	3	￥11,852
8	4	￥7,901
9	5	￥5,267
10	6	￥3,512
11	累计折旧额:	

图 7-56　复制公式

	A	B	C
1	双倍余额递减折旧法:		
2	资产原值	资产残值	使用年限
3	￥80,000	￥2,000	6
4	年数	年折旧额	
5	1	￥26,667	
6	2	￥17,778	
7	3	￥11,852	
8	4	￥7,901	
9	5	￥5,267	
10	累计折旧额:	￥3,512	
11	累计折旧额:		
12			

图 7-57　选定单元格

> **提示**
>
> 当用户使用自动求和功能时，Excel会根据目标单元格自动引用函数参数，如果用户需要更改参数，拖动鼠标进行调整即可，自动求和功能下的公式并不是固定不变的。

7　**选择函数**。单击"函数库"组中的"数学和三角函数"按钮，在展开的列表中单击"SUM"选项，如图7-58所示。

8　**设置函数参数**。打开"函数参数"对话框，设置函数参数内容，并单击"确定"按钮，如图7-59所示。

图 7-58　选择函数

图 7-59　设置函数参数

9　**查看计算结果**。完成函数设置及公式的编辑后，在B11单元格中查看公式计算结果，如图7-60所示。

	双倍余额递减折旧法:	
1	双倍余额递减折旧法:	
2	资产原值	资产残值	使用年限
3	￥80,000	￥2,000	6
4	年数	年折旧额	
5	1	￥26,667	
6	2	￥17,778	
7	3	￥11,852	
8	4	￥7,901	
9	5	￥5,267	
10	6	￥3,512	
11	累计折旧额:	￥72,977	

图 7-60　查看计算结果

7.2.4 SYD()函数年限总和折旧法

年限总和折旧法是将固定资产原值减去预计残值后的余额乘以一个逐年递减的分数,分数的分子代表固定资产尚可使用的年限,分母是使用年限的各年年数之和,可使用SYD()函数进行求解。

1 **插入函数。**切换到"年限总和折旧"工作表中,在B5单元格中输入"=SYD(",再单击编辑栏中的"插入函数"按钮,如图7-61所示。

2 **设置函数参数。**打开"函数参数"对话框,分别设置不同的参数内容,再单击"确定"按钮,如图7-62所示。

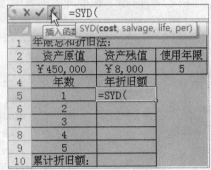

图 7-61 插入函数

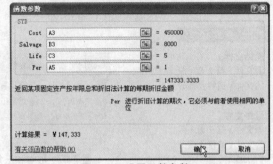

图 7-62 设置函数参数

3 **复制公式。**完成公式的编辑后,更改单元格引用方式,并拖动鼠标将其复制到B9单元格,如图7-63所示。

4 **计算累计折旧额。**在B10单元格中输入公式"=SUM(B5:B9)",计算累计折旧额,如图7-64所示。

f_x	=SYD($A$3,$B$3,$C$3,A5)	
	A	B	C
1	年限总和折旧法:		
2	资产原值	资产残值	使用年限
3	¥450,000	¥8,000	5
4	年数	年折旧额	
5	1	¥147,333	
6	2	¥117,867	
7	3	¥88,400	
8	4	¥58,933	
9	5	¥29,467	
10	累计折旧额:		

图 7-63 复制公式

f_x	=SUM(B5:B9)	
	A	B	C
1	年限总和折旧法:		
2	资产原值	资产残值	使用年限
3	¥450,000	¥8,000	5
4	年数	年折旧额	
5	1	¥147,333	
6	2	¥117,867	
7	3	¥88,400	
8	4	¥58,933	
9	5	¥29,467	
10	累计折旧额:	¥442,000	

图 7-64 计算累计折旧额

7.3 统计函数与数学函数的使用

统计函数可用于对数据区域进行统计与分析,从而快速解决工作中一些复杂数据按条件统计、求最值的问题。

在"函数库"组中,统计函数集成在"其他函数"中,单击"其他函数"按钮,如图7-65所示,在展开的列表中选择"统计"选项,即可展开相应的级联列表,在该列表中用户可以选择不同的统计函数,如图7-66所示。

图7-65 选择统计类别

图7-66 选择统计函数

数学函数则用来解决日常生活和工作中的一些数学运算问题，在"函数库"中，用户可以单击"数学和三角函数"按钮，如图7-67所示，在展开的列表中可以选择需要使用的数学函数，如图7-68所示。

光盘路径

原始文件：
源文件\第7章\原始文件\销售业绩分析.xlsx

最终文件：
源文件\第7章\最终文件\销售业绩分析.xlsx

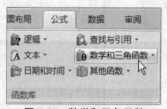

图7-67 数学和三角函数

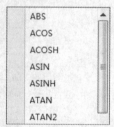

图7-68 选择数学函数

7.3.1 SUMPRODUCT()函数计算销售业绩

提示

SUMPRODUCT()函数用于返回相应的数组或区域乘积的和。语法结构为 SUMPRODUCT(array1, array2, array3…)，其中参数 array 指定 2 到 255 个数组，所有数组的维数必须一致。

在计算销售业绩时，用户可以使用数学函数中的SUMPRODUCT()函数计算不同员工的销售业绩情况，快速完成表格数据的统计。

1 选定单元格。 打开源文件\第7章\原始文件\销售业绩分析.xlsx，选中表格中的C8单元格，如图7-69所示。

	A	B	C	D	E	F	G
1			销售业绩分析				
2	商品信息		业务员销售数量				
3	商品	单价	林玲	吴明	张如	李敏	周杰
4	A	¥188	30	22	35	27	32
5	B	¥156	25	17	32	19	15
6	C	¥178	12	19	26	30	22
7	D	¥218	8	11	13	5	16
8	销售业绩						
9	最高业绩						
10	最低业绩						

图7-69 选定单元格

2 插入函数。 切换到"公式"选项卡下，在"函数库"组中单击"数学和三角函数"按钮，在展开的列表中单击"SUMPRODUCT"选项，如图7-70所示。

3 设置函数参数。 打开"函数参数"对话框，分别设置不同的参数内容，再单击"确定"按钮，如图7-71所示。

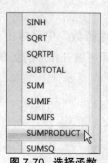

图7-70 选择函数

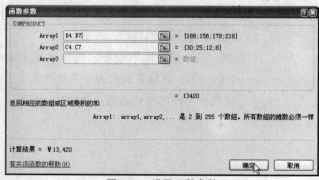

图7-71 设置函数参数

4 **更改引用方式。**选定编辑栏函数参数中需要更改引用方式的单元格地址，调整其为绝对引用方式，如图7-72所示。

✔ fx	=SUMPRODUCT($B$4:$B$7, C4:C7)
A	SUMPRODUCT(**array1**, [array2], [arra

销售业绩分析

商品信息		业务员销售数
商品	单价	林玲	吴明	张如
A	￥188	30	22	35
B	￥156	25	17	32
C	￥178	12	19	26
D	￥218	8	11	13
销售业绩		$4:$B$7, C₄
最高业绩	
最低业绩	

图 7-72 更改单元格引用方式

5 **复制公式。**向右拖动鼠标复制公式到G8单元格，计算员工的销售业绩，如图7-73所示。

| C8 | ▼ | fx | =SUMPRODUCT($B$4:$B$7, C4:C7) |

	A	B	C	D	E	F	G
1				销售业绩分析			
2		商品信息		业务员销售数量			
3		商品	单价	林玲	吴明	张如	李敏	周杰
4	A	￥188	30	22	35	27	32
5	B	￥156	25	17	32	19	15
6	C	￥178	12	19	26	30	22
7	D	￥218	8	11	13	5	16
8		销售业绩	￥13,420	￥12,568	￥19,034	￥14,470	￥15,760
9		最高业绩					
10		最低业绩					

图 7-73 复制公式

7.3.2 MAX()、MIN()函数评比业绩成绩

当用户需要对业绩进行评定时，常常需要对最高销售业绩与最低销售业绩有所了解，因此用户可以使用统计函数中求最大与最小值函数进行数据的分析，评比销售业绩情况。

> 🔊 **提示**
>
> MAX() 函数用于返回一组数值中的最大值，忽略逻辑值及文本。其语法结构为MAX(number1, number2…)，其中参数 number 指定准备从中求取最大值的 1 到 255 个数值、空单元格、逻辑值或文本数值。

1 **插入统计函数。**选中C9单元格，在"函数库"组中单击"其他函数"按钮，在展开的列表中单击"统计"选项，并在展开的级联列表中单击"MAX"选项，如图7-74所示。

图 7-74 选择函数

2 **设置函数参数。**打开"函数参数"对话框，设置函数参数内容，再单击"确定"按钮，如图7-75所示。

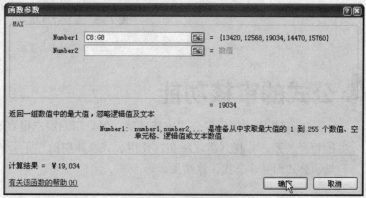

图 7-75 设置函数参数

提示

MIN() 函数用于返回一组数值中的最小值，忽略逻辑值及文本。其语法结构为 MIN(number1, number2…)，其中参数 number 指定准备从中求取最小值的 1 到 255 个数值、空单元格、逻辑值或文本数值。

3 **查看计算结果**。返回到工作表中，在C8单元格中查看公式计算结果，如图7-76所示。

4 **插入函数**。选中表格中C9单元格，在"函数库"组中单击"其他函数"按钮，在展开的列表中单击"统计"选项，并单击"MIN"选项，如图7-77所示。

fx	=MAX(C8:G8)	
C	D	E

销售业绩分析		
	业务员销售数	
林玲	吴明	张如
30	22	35
25	17	32
12	19	26
8	11	13
¥13,420	¥12,568	¥19,034
	¥19,034	

图 7-76　查看计算结果

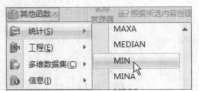

图 7-77　插入函数

5 **设置函数参数**。打开"函数参数"对话框，设置函数参数内容，再单击"确定"按钮，如图7-78所示。

图 7-78　设置函数参数

6 **查看计算结果**。返回到工作表中，查看计算的最低业绩，如图7-79所示。

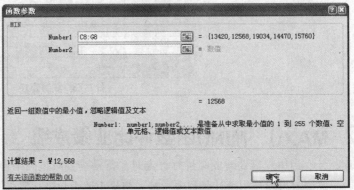

C10		fx	=MIN(C8:G8)			
	A	B	C	D	E	F	G

	A	B	C	D	E	F	G
1			销售业绩分析				
2	商品信息		业务员销售数量				
3	商品	单价	林玲	吴明	张如	李敏	周杰
4	A	¥188	30	22	35	27	32
5	B	¥156	25	17	32	19	15
6	C	¥178	12	19	26	30	22
7	D	¥218	8	11	13	5	16
8	销售业绩		¥13,420	¥12,568	¥19,034	¥14,470	¥15,760
9	最高业绩		¥19,034				
10	最低业绩		¥12,568				

图 7-79　查看计算结果

7.4 公式的审核功能

　　Excel为用户提供了公式审核功能，可以帮助用户很容易地检查工作表公式与单元格之间的相互关系，并找到错误所在。使用公式审核中的显示公式功能，可以设置在工作表中直接显示公式而并非公式计算结果。

切换到"公式"选项卡下，在"公式审核"组中为用户提供了不同的审核功能，如图7-80所示。

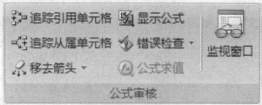

图 7-80 公式审核功能

追踪引用单元格：显示箭头，用于指示影响当前所选单元格值的单元格。

追踪从属单元格：显示箭头，用于指示受当前所选单元格值影响的单元格。

移去箭头：删除添加的"追踪引用单元格"或"追踪从属单元格"箭头。

显示公式：在单元格中显示公式，而并非结果值。

错误检查：用于检查公式中的常见错误。

公式求值：打开"公式求值"对话框，用于对公式每个部分单独求值以调试公式。

监视窗口：用于在更改工作表时，监视某些单元格的值。

在学习与了解了公式的审核功能后，本节将以评定员工工资等级为例，首先为用户介绍如何使用IF()嵌套函数评定不同员工的工资等级，再使用公式审核功能对编辑的公式进行查看与分析。

7.4.1 IF()嵌套函数评定工资等级

◎ 光盘路径

原始文件：
源文件\第7章\原始文件\员工工资等级评定.xlsx
最终文件：
源文件\第7章\最终文件\员工工资等级评定.xlsx

假定员工工资小于1500的员工为D级，大于1500小于2000的为C级，大于2000小于3000的为B级，大于3000的为A级，用户可以使用IF()函数的嵌套功能，完成员工工资等级的评定。

1 选定单元格。打开源文件\第7章\原始文件\员工工资等级评定.xlsx，选定需要输入公式的C3单元格，如图7-81所示。

2 插入函数。在"函数库"组中单击"逻辑"按钮，在展开的列表中单击"IF"选项，如图7-82所示。

	A	B	C
1	工资等级评定		
2	姓名	工资额	等级
3	李林	¥1,400	
4	吴宇	¥1,800	
5	张小芳	¥2,500	
6	陈健	¥1,600	
7	张强	¥3,000	
8	李思思	¥3,500	
9	陈红	¥2,000	
10	罗英	¥1,600	
11	林琳	¥1,800	

图 7-81 选定单元格

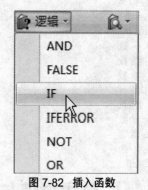

图 7-82 插入函数

3 设置函数参数。打开"函数参数"对话框，分别设置不同的参数内容，由于需要编辑嵌套的函数内容，为了更好地显示输入的参数，因此单击"value_if_false"文本框后的折叠按钮，如图7-83所示。

对于函数的嵌套调
用须注意以下两个
问题：
1.有效地返回值。
当嵌套函数作为参
数使用时，返回的
数值类型必须与参
数使用的数值类
型相同。如果参
数返回一个TRUE
或 FALSH 值，那
么嵌套函数也必须
返回一个TRUE 或
FALSH 值，否则将
显示 #VALUE! 错误。
2.公式中最多可以
包含七级嵌套函数。

图 7-83　设置函数参数

4 **编辑参数。** 打开"函数参数"折叠对话框，输入需要设置的参数内容，再单击折叠按钮，如图7-84所示。

图 7-84　编辑参数

5 **完成参数设置。** 完成嵌套函数的参数设置，单击"确定"按钮，如图7-85所示。

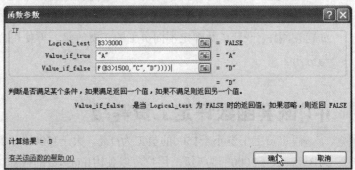

图 7-85　完成参数设置

IF() 函数用于判断
是否满足某个条
件，如果满足返回
一个值，如果不
满足则返回另一
个值。语法结构为
(logical_test,value_
if_true,value_if_
false)，其中参数
logical_test 指定数
值或表达式，参数
value_if_true 指定当
logical_test 为 TRUE
时返回的值，参数
value_if_false 指定
当 logical_test 为
FALSE 时返回的值。

6 **复制公式。** 返回到工作表中，在C3单元格中显示公式计算结果，复制公式到C11单元格，评定不同员工的工资等级，如图7-86所示。

	A	B	C	D
	fx	=IF(B3>3000,"A",(IF(B3>2000,"B",(IF(B3>1500,"C","D")))))		
1		工资等级评定		
2	姓名	工资额	等级	
3	李林	￥1,400	D	
4	吴宇	￥1,800	C	
5	张小芳	￥2,500	B	
6	陈健	￥1,600	C	
7	张强	￥3,000	B	
8	李思思	￥3,500	A	
9	陈红	￥2,000	C	
10	罗英	￥1,600	C	
11	林琳	￥1,800	C	

图 7-86　复制公式

7.4.2 公式求值与显示

用户可以使用公式审核功能中的求值功能查看详细的公式计算过程，也可以使用显示公式功能设置在单元格中直接显示公式而非计算结果，有效地使用公式审核功能，可以帮助用户更好地了解公式及其含义。

1 **查看表格。** 切换到需要显示计算公式的工作表中，此时可以看到表格中仅显示公式计算结果，如图7-87所示。

2 **显示公式。**切换到"公式"选项卡下，在"公式审核"组中单击"显示公式"按钮，如图7-88所示。

	A	B	C
1		工资等级评定	
2	姓名	工资额	等级
3	李林	¥1,400	D
4	吴宇	¥1,800	C
5	张小芳	¥2,500	B
6	陈健	¥1,600	C
7	张强	¥3,000	B
8	李思思	¥3,500	A

图 7-87　查看表格

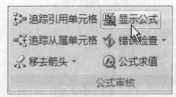

图 7-88　显示公式

3 **查看公式。**此时可以看到工作表中的所有公式显示在相应的单元格中，用户可以很方便地查看公式内容，如图7-89所示。

	A	B	C
1			工资等级评定
2	姓名	工资额	等级
3	李林	1400	=IF(B3>3000,"A",(IF(B3>2000,"B",(IF(B3>1500,"C","D")))))
4	吴宇	1800	=IF(B4>3000,"A",(IF(B4>2000,"B",(IF(B4>1500,"C","D")))))
5	张小芳	2500	=IF(B5>3000,"A",(IF(B5>2000,"B",(IF(B5>1500,"C","D")))))
6	陈健	1600	=IF(B6>3000,"A",(IF(B6>2000,"B",(IF(B6>1500,"C","D")))))
7	张强	3000	=IF(B7>3000,"A",(IF(B7>2000,"B",(IF(B7>1500,"C","D")))))
8	李思思	3500	=IF(B8>3000,"A",(IF(B8>2000,"B",(IF(B8>1500,"C","D")))))
9	陈红	2000	=IF(B9>3000,"A",(IF(B9>2000,"B",(IF(B9>1500,"C","D")))))
10	罗英	1600	=IF(B10>3000,"A",(IF(B10>2000,"B",(IF(B10>1500,"C","D")))))
11	林琳	1800	=IF(B11>3000,"A",(IF(B11>2000,"B",(IF(B11>1500,"C","D")))))

图 7-89　查看公式

4 **选定单元格。**如果用户需要取消显示公式，则再次单击"显示公式"按钮使其呈未选中状态即可。用户需要使用追踪引用单元格功能查看影响结果的单元格，首先选中需要查看的单元格C3，如图7-90所示。

5 **追踪引用单元格。**在"公式审核"组中单击"追踪引用单元格"按钮，如图7-91所示。

	A	B	C
1		工资等级评定	
2	姓名	工资额	等级
3	李林	¥1,400	D
4	吴宇	¥1,800	C
5	张小芳	¥2,500	B
6	陈健	¥1,600	C
7	张强	¥3,000	B
8	李思思	¥3,500	A
9	陈红	¥2,000	C

图 7-90　选定单元格

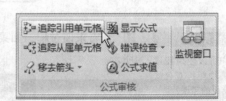

图 7-91　追踪引用单元格

6 **查看追踪箭头。**在工作表中显示追踪引用箭头，指定影响值的单元格，如图7-92所示。

7 **移去箭头。**如果用户需要删除箭头，则单击"公式审核"组中的"移去箭头"按钮，在展开的列表中单击"移去箭头"选项，如图7-93所示。

A	B	C
	工资等级评定	
姓名	工资额	等级
李林	¥1,400	D
吴宇	¥1,800	C
张小芳	¥2,500	B
陈健	¥1,600	C
张强	¥3,000	B
李思思	¥3,500	A

图 7-92　查看追踪箭头

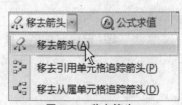

图 7-93　移去箭头

⑧ **公式求值**。选中需要查看求值的C3单元格，在"公式审核"组中单击"公式求值"按钮，如图7-94所示。

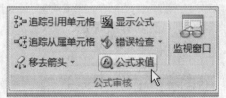

图 7-94 公式求值

⑨ **步入值**。打开"公式求值"对话框，单击"步入"按钮，查看计算结果，如图7-95所示。

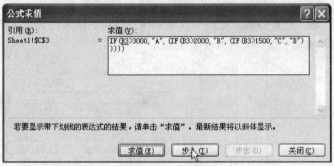

图 7-95 步入值

⑩ **步出公式**。如果用户需要查看公式，则单击"步出"按钮，如图7-96所示。

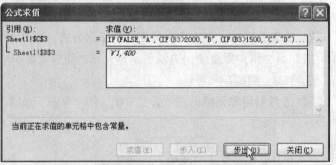

图 7-96 步出公式

提示

用户可以使用错误检查功能检查公式中常见的错误。

⑪ **查看求值过程**。如果用户需要查看详细的公式求值过程，则单击"求值"按钮，如图7-97所示。

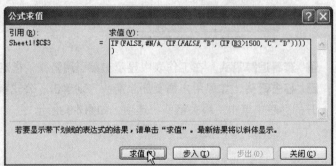

图 7-97 查看求值过程

⑫ **关闭对话框**。使用求值按钮查看详细的求值过程，并显示最终求值结果，查看完毕单击"关闭"按钮，关闭该对话框，如图7-98所示。

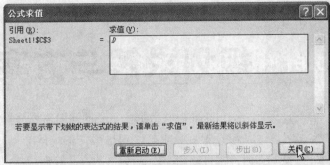

图 7-98 关闭对话框

公式错误检查规则

在应用公式和函数时，Excel能够使用一定的规则来检查其中出错的错误。一般出现错误时，会有一个三角显示在单元格的左上角，单击该单元格，会弹出"选项"按钮，单击该按钮，在展开的列表中用户可以根据提示进行相应的操作。

对于一些错误检查规则，用户可以根据需要自定义设置规则，打开"Excel选项"对话框，切换到"公式"选项卡下，在"错误检查规则"组中提供了多项规则可供用户添加与删除，其各自的含义分别如下。

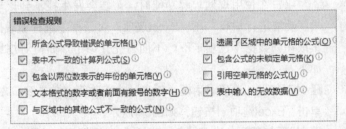

- 所含公式导致错误的单元格：选中时，Excel自动对计算错误的单元格进行错误处理，并显示警告。
- 表中不一致的计算列公式：选中时，Excel自动将表中含有不一致计算列公式的单元格进行错误处理，并显示警告。
- 包含以两位数表示的年份的单元格：选中时，Excel将把包含两位数表示年份日期的单元格格式文本的公式视为错误，并显示警告。
- 文本格式的数字或前面有撇号的数字：选中时，Excel将设置为文本格式的数字或前面显示有撇号的数字视为错误，并显示警告。
- 与区域中的其他公式不一致的公式：选中时，Excel将把工作表中同一区域内与其他公式不同的公式视为错误，并显示警告。
- 遗漏了区域中的单元格的公式：选中时，Excel将把省略了区域中某些单元格的公式视为错误，并显示警告。
- 包含公式的未锁定单元格：选中时，Excel在含有锁定公式对其进行保护时，将其中包含公式的未锁定单元格视为错误，并显示警告。
- 引用空单元格的公式：选中时，Excel将引用空单元格的公式视为错误，并显示警告。
- 表中输入的无效数据：选中时，Excel将超出有效性范围的单元格视为错误，同时显示警告。

规划求解与方案管理

08

当企业面临数据决策类的问题需要分析解决时，可以使用规划求解功能，从而设置规划求解，得出最佳的求解结果。当企业需要分析比较若干个方案时，则可以利用Excel提供的方案管理功能，添加不同的方案内容，生成相应的报表或数据透视报表，在其中分析比较合适的方案，从而进行选择。

8.1 加载规划求解工具

使用规划求解可以计算工作表中某个单元格中公式的最佳值。规划求解将与目标单元格中公式相关联的一组单元格中的数值进行调整，最终在目标单元格中计算出期望的结果。

用户在使用规划求解功能时，可能会发生找不到该功能的情况。此时用户则需要将规划求解功能进行加载，在"Excel选项"对话框中进行加载操作设置，加载后的规划求解功能将集成在"数据"选项卡下，下面首先介绍用户如何对规划求解工具进行加载，具体操作步骤如下。

🔊 **提示**

在"Excel选项"对话框中，用户可以对多项工作簿及工作表常用功能进行设置，从而使工作表的使用更加符合用户的操作习惯。

1 **打开Excel选项对话框。**新建一个工作簿，单击窗口左上角的Office按钮，在打开的菜单中单击"Excel选项"按钮，如图8-1所示。

2 **设置加载项。**打开"Excel选项"对话框，切换到"加载项"选项面板下，如图8-2所示。

图 8-1 打开 Excel 选项对话框

图 8-2 设置加载项

3 **打开"加载宏"对话框。**在"加载项"选项面板中，设置"管理"为"Excel加载项"，并单击"转到"按钮，如图8-3所示。

4 **加载规划求解工具。**打开"加载宏"对话框，在"可用加载宏"列表中勾选"规划求解加载项"复选框，再单击"确定"按钮，如图8-4所示。

提示

如果用户需要删除
规划求解工具，则
打开"加载宏"对
话框，在"可用加载
宏"列表中取消勾
选该选项即可。

图 8-3 转到加载宏

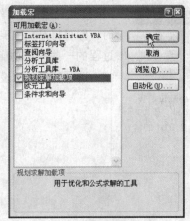

图 8-4 加载规则求解工具

5 **使用规划求解工具。** 加载完成后返回到工作簿中，切换到"数据"选项卡下，在"分析"组中添加了"规划求解"按钮，单击"规划求解"按钮，如图8-5所示。

提示

加载的规划求解功
能集成在"数据"选
项卡下的"分析"组
中，用户需要使用
该功能时，可以在
"数据"选项卡下
进行操作设置。

6 **打开规划求解参数对话框。** 打开"规划求解参数"对话框，用户可以在该对话框中设置规划求解参数内容，完成数据的求解运算，如图8-6所示。

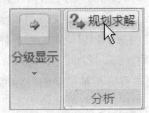

图 8-5 使用规划求解工具

图 8-6 打开规划求解参数对话框

关于"规划求解参数"对话框，其中各项设置含义如下。

- 设置目标单元格：指定要设置为特定数值、最大值或最小值的目标单元格。需要注意的是该单元格必须包含公式。
- 等于：指定是否希望目标单元格为最大值、最小值或某一特定数值。如果需要则单击选中相应数值对应的单选按钮，并在后方的文本框中输入该值。
- 可变单元格：设置目标单元格为可变单元格。求解时其中的数值不断调整，直到满足约束条件和"设置目标单元格"框中指定的单元格达到目标值。可变单元格必须直接或间接地与目标单元格相关联。
- 推测：单击此按钮，自动推测"设置目标单元格"框中的公式所引用的所有非公式单元格，并将这些引用放在"可变单元格"框中。
- 约束：列出规划求解的所有约束条件。
- 添加：打开"添加约束"对话框，用于添加约束条件。
- 更改：打开"更改约束"对话框，用于修改约束条件。
- 删除：删除选定的约束。
- 求解：对定义好的问题开始求解。
- 关闭：关闭对话框，不对问题进行求解，但保留通过"选项"、"添加"、"更改"或"删除"按钮所做的更改。
- 选项：显示"规划求解选项"对话框。在其中可加载或保存规划求解模型，并对求解过程的高级功能进行控制。
- 全部重设：清除规划求解中的当前设置，将所有的设置恢复为初始值。

7 **打开"规划求解选项"对话框。**当用户在"规划求解参数"对话框中单击"选项"按钮时,即可打开如图8-7所示的"规划求解选项"对话框,在该对话框中用户可以设定规划求解过程的一些高级功能、加载或保存规划求解定义,以及为线性和非线性规划求解定义参数。每一选项都有默认设置,可以满足大多数情况下的要求。

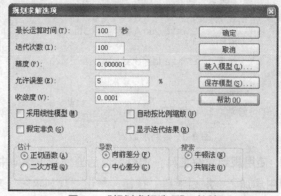

图 8-7 "规划求解选项"对话框

- 最长运算时间:限制求解过程花费的最长时间。默认值 100(秒)便可以满足大多数小型问题求解的时间要求。
- 迭代次数:通过限制中间计算的次数来限制求解过程花费的时间。可输入的最大值为32767,默认值 100 次便可满足大多数小型规划求解要求。
- 精度:输入用于控制求解精度的数字,以确定约束条件单元格中的数值是否满足目标值或上下限。精度值必须为小数(0 和 1 之间),输入数字的小数位越多,精度越高。
- 允许误差:输入满足整数约束条件并可被接受的目标单元格求解结果与真实的最佳结果间的百分偏差。这个选项只应用于具有整数约束条件的问题。设置的允许误差值越大,求解过程就越快。

- 收敛度:输入收敛度数值,当最近五次迭代后目标单元格中数值的相对差别小于"收敛度"框中的数值时,"规划求解"停止运行。收敛度只应用于非线性规划求解问题,并且必须表示为小数(0 和 1 之间)。输入数字的小数位数越多,收敛度就越小。
- 采用线性模型:当模型中的所有关系都是线性的,并且希望解决线性优化问题时,选中此复选框可加速求解进程。
- 假定非负:如果选中此复选框,则对于在"添加约束"对话框的"约束"框中没有设置下限的所有可变单元格"规划求解"均假定其下限为 0。
- 自动按比例缩放:如果选中此复选框,当输入和输出值差别很大时,可自动按比例缩放数值。
- 显示迭代结果:如果选中此复选框,每进行一次迭代后都将中断"规划求解",并显示当前的迭代结果。
- 估计:指定在每个一维搜索中用来得到基本变量初始估计值的逼近方案。

正切函数是使用正切向量线性外推法,提高计算精度。

二次方程是使用二次方程外推法,提高非线性规划问题的计算精度。

- 导数:指定用于估计目标函数和约束函数偏导数的差分方案。

向前差分,用于大多数约束条件数值变化相对缓慢的问题。

中心差分,用于约束条件变化迅速,特别是接近限定值的问题。虽然此选项要求更多的计算,但在"规划求解"不能返回有效解时会有帮助。

- 搜索:指定每次迭代使用的算法,以确定搜索方向。

牛顿法是用牛顿法迭代需要的内存比共轭法多,但所需的迭代次数少。

共轭法比牛顿法需要的内存少，但要达到指定精度需要较多次的迭代运算。当问题较大而内存有限，或步进迭代进程缓慢时，可用此选项。

- 装入模型：显示“装入模型”对话框，可以在此对话框中指定对要加载模型的引用。
- 保存模型：显示“保存模型”对话框，在其中可指定保存模型的位置。只有当需要在工作表上保存多个模型时，才单击此命令。

8.2 规划求解最大值

在使用规划求解功能时，用户可以对需要分析的数据进行最大值、最小值及指定值的分析，求解在满足假定条件下时，可变单元格中的具体数值。在了解了规划求解功能后，本节将为用户介绍如何使用规划求解功能求解销售利润最大化时，不同销售部门应销售产品的数量。在假定规划求解参数时，用户需要注意的是设置求解目标值为最大值，下面为用户介绍详细的求解方法。

8.2.1 创建销售利润规划求解模型

光盘路径

原始文件：
源文件\第8章\原始文件\销售利润最大化分析.xlsx
最终文件：
源文件\第8章\最终文件\销售利润最大化分析.xlsx

企业在销售不同产品时，需要计算不同产品的销售成本与销售利润，假定每项产品的单个成本与销售利润是固定的，在企业可用金额有限的情况下，计算如何分配不同部门的销售数量，从而使整体销售利润达到最高。用户首先需要创建相关规划求解模型。

1 创建模型。打开源文件\第8章\原始文件\销售利润最大化分析.xlsx，可以看到表格中记录了不同销售部门销售不同产品的销售成本及销售利润，选中E7单元格，如图8-8所示。

E7

	A	B	C	D	E
1	销售利润最大化问题求解				
2		销售成本			
3	销售部门	A产品	B产品	C产品	销售利润
4	销售一部	¥500	¥400	¥600	¥900
5	销售二部	¥300	¥300	¥400	¥600
6	销售三部	¥400	¥400	¥500	¥800
7	可用金额	¥1,600	¥1,800	¥2,100	
8	销售一部销售数量		200		
9	销售二部销售数量		300		
10	销售三部销售数量		400		

图 8-8 创建模型

提示

在创建规划求解模型时，其方法与平时编辑数据表格的方法相同，用户还可以根据需要对表格进行单元格格式效果的设置，从而使表格更加实用。

2 计算销售利润。在E7单元格中输入公式“=E4*C8+E5*C9+E6*C10”，计算按原销售数量情况下的销售总利润，如图8-9所示。

=E4*C8+E5*C9+E6*C10

A	B	C	D	E
销售利润最大化问题求解				
	销售成本			
销售部门	A产品	B产品	C产品	销售利润
销售一部	¥300	¥500	¥200	¥700
销售二部	¥500	¥400	¥500	¥900
销售三部	¥300	¥400	¥600	¥800
可用金额	¥15,000	¥18,000	¥20,000	¥730,000

图 8-9 计算销售利润

提示

当用户需要调整公式中运算符的计算顺序时，可以在编辑栏中为公式添加括号，括号内的运算优先进行。

8.2.2 设置约束条件

在设置规划求解方案时，最重要的一步便是设置求解参数相关内容，用户只有在指定了目标单元格、可变单元格及约束条件等相关参数内容时，才能使表格中的数据按指定的方案进行分析求解。

1 使用规划求解功能。 切换到"数据"选项卡下，单击"分析"组中的"规划求解"按钮，如图8-10所示。

2 设置目标单元格。 打开"规划求解参数"对话框，设置目标单元格为E7，如图8-11所示。

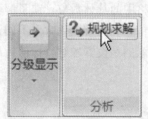

图8-10 使用规划求解功能

图8-11 设置目标单元格

提示

在"规划求解结果"对话框中单击"帮助"按钮，打开帮助窗口，用户可以查看相关帮助信息，用户也可以使用快捷键F1打开帮助窗口。

3 设置最大值。 单击选中"最大值"单选按钮，再单击"可变单元格"文本框后的折叠按钮，如图8-12所示。

4 选定可变单元格。 拖动鼠标选定C8:C10单元格，如图8-13所示，再单击折叠按钮。

图8-12 设置最大值

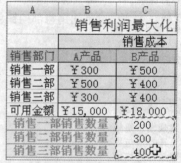

图8-13 选定可变单元格

5 打开"添加约束"对话框。 返回到"规划求解参数"对话框，完成可变单元格的引用后，单击"约束"区域中的"添加"按钮，如图8-14所示。

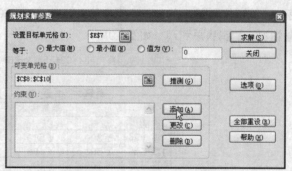

图8-14 打开"添加约束"对话框

6 添加约束。 打开"添加约束"对话框，设置单元格引用位置及约束值条件为"$B$7>=$B$4*$C$8+$B$5*$C$9+$B$6*$C$10"，再单击"添加"按钮，如图8-15所示。

提示

如果用户需要设置规划求解约束条件为单元格取整数,则在"添加约束"对话框中设置单元格为"int 整数"。

图 8-15 添加约束

7 添加约束。在"添加约束"对话框中,设置单元格引用位置及约束值条件为"$C$7>=$C$4*$C$8+$C$5*$C$9+$C$6*$C$10",再单击"添加"按钮,如图8-16所示。

提示

如果用户需要设置规划求解约束条件为二进制数值,则在"添加约束"对话框中设置单元格为"bin 二进制"。

图 8-16 添加约束

8 添加约束。在"添加约束"对话框中,设置单元格引用位置及约束值条件为"$D$7>=$D$4*$C$8+$D$5*$C$9+$D$6*$C$10",再单击"添加"按钮,如图8-17所示,完成约束条件的添加后,单击"取消"按钮。

图 8-17 添加约束

提示

在"规划求解参数"对话框中选中需要删除的约束条件,再单击"删除"按钮可以进行快速的删除操作。

9 设置选项。返回到"规划求解参数"对话框,在"约束"列表中可以看到添加的约束条件内容,单击"选项"按钮,如图8-18所示。

图 8-18 设置选项

提示

如果用户需要设置规划求解计算显示迭代结果,则打开"规划求解选项"对话框,勾选"显示迭代结果"复选框。

10 设置规划求解选项。打开"规划求解选项"对话框,设置运算时间和迭代次数均为"100",其余设置保持默认参数,再单击"确定"按钮,如图8-19所示。

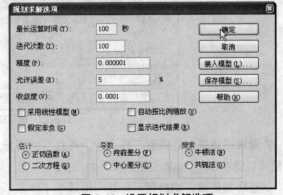

图 8-19 设置规划求解选项

8.2.3 保存规划求解方案

完成求解参数的设置后，用户可以保存求解结果并选择合适的报告方式，下面为用户介绍如何对求解方案进行保存。

1 求解方案。 完成规划求解参数的设置后，在该对话框中单击"求解"按钮，如图8-20所示。

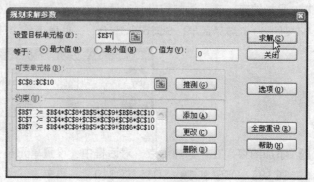

图 8-20　求解方案

2 保存方案。 打开"规划求解结果"对话框，单击选中"保存规划求解结果"单选按钮，在"报告"列表中单击"运算结果报告"选项，再单击"保存方案"按钮，如图8-21所示。

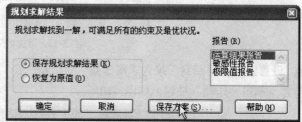

图 8-21　保存方案

3 保存方案。 打开"保存方案"对话框，在"方案名称"文本框中输入保存的方案名称，再单击"确定"按钮，如图8-22所示。

图 8-22　保存方案

4 确定保存。 返回到"规划求解结果"对话框中，完成方案保存后，单击"确定"按钮，如图8-23所示。

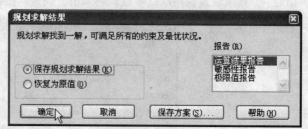

图 8-23　确定保存

5 查看求解结果。 返回到工作表中，在指定的目标单元格和可变单元格中可以看到求解的数据结果，选中C8:C10单元格区域，如图8-24所示。

6 调整小数位数。 切换到"开始"选项卡下，在"数字"组中单击三次"减少小数位数"按钮，调整小数位数，如图8-25所示。

交叉参考

关于数字格式的设置，用户可以参见第3章第3.1小节。

A	B	C	D	E
	销售利润最大化问题求解			
	销售成本			
销售部门	A产品	B产品	C产品	销售利润
销售一部	￥300	￥500	￥200	￥700
销售二部	￥500	￥400	￥500	￥900
销售三部	￥300	￥400	￥600	￥800
可用金额	￥15,000	￥18,000	￥20,000	￥33,957
销售一部销售数量	10.638			
销售二部销售数量	11.489			
销售三部销售数量	20.213			

图 8-24 查看求解结果

图 8-25 调整小数位数

7 查看结果。将选定单元格数据调整到无小数位数效果，如图8-26所示。

	销售利润最大化问题求解			
	销售成本			
销售部门	A产品	B产品	C产品	销售利润
销售一部	￥300	￥500	￥200	￥700
销售二部	￥500	￥400	￥500	￥900
销售三部	￥300	￥400	￥600	￥800
可用金额	￥15,000	￥18,000	￥20,000	￥33,957
销售一部销售数量	11			
销售二部销售数量	11			
销售三部销售数量	20			

图 8-26 查看结果

提示

在运算结果报告工作表中，用户可以查看目标单元格、可变单元格及相应的约束条件，并根据报告了解最佳求解方案。

8 查看运算结果报告。切换到运算结果报告工作表中，查看保存的求解方案，如图8-27所示。

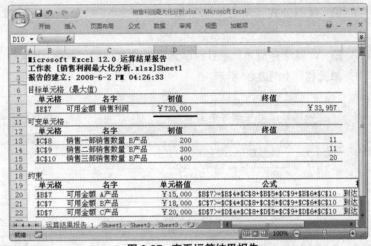

图 8-27 查看运算结果报告

8.3 规划求解最小值

光盘路径

原始文件：
源文件＼第8章＼原始文件＼最优订货批量决策分析.xlsx

最终文件：
源文件＼第8章＼最终文件＼最优订货批量决策分析.xlsx

　　用户除了可以使用规划求解功能分析目标单元格取最大值时可变单元格中的数值外，还可以指定在最小值情况下对可变单元格进行求值计算。本节将为用户介绍如何使用规划求解功能计算最小值，具体的规划求解参数设置方法与求最大值方法相同，用户可以根据上节所学知识，灵活对本节最小值问题进行分析求解。

8.3.1 创建批量订货规划求解模型

企业在对材料进行采购时，需要采用最为优惠的采购方案，因此用户在确定材料需要量、订货成本等多项数据信息后，可假定在综合成本最低的情况下，不同材料应订购的最优订货数量。首先在工作表中创建规划求解模型，其具体方法如下。

1 **查看表格。** 打开源文件\第8章\原始文件\最优订货批量决策分析.xlsx，查看表格中已有的数据条件内容，如图8-28所示。

2 **计算采购成本。** 在B11单元格中输入公式"=B3*B9*(1-B8)"，并计算公式结果，如图8-29所示。

图 8-28　查看表格

图 8-29　计算采购成本

3 **复制公式。** 向右拖动鼠标复制公式到E11单元格，计算不同材料的采购成本，如图8-30所示。

4 **计算储存成本。** 在B12单元格中输入公式"=(B10/2)*(1-B7/B6)*B5"，并复制公式到E12单元格，如图8-31所示。

图 8-30　复制公式

图 8-31　计算储存成本

5 **计算订货成本。** 在B13单元格中输入公式"=B3/B10*B4"，并向右复制公式到E13单元格，如图8-32所示。

6 **计算总成本。** 在B14单元格中输入公式"=B11+B12+B13"，并复制公式到E14单元格，如图8-33所示。

图 8-32　计算订货成本

图 8-33　计算总成本

7 **计算综合成本。** 在B15单元格中输入公式"=B14+C14+D14+E14"，如图8-34所示。

8 **计算最佳订货次数。** 在B16单元格中输入公式"=B3/B10"，并复制公式到E16单元格，如图8-35所示。

	A	B	C
	B15 ▼	*fx* =B14+C14+D14+E14	
1		最优订货批量决策模型	
2	存货名称	甲材料	乙材料
3	材料年需要量	18000	20000
4	一次订货成本	¥ 25	¥ 25
5	单位储存成本	¥ 2	¥ 3
6	每日送货量	100	200
7	每日耗用量	20	30
8	数量折扣	2%	2%
9	单价	¥10	¥20
10	最优订货批量	700	200
11	采购成本	¥176,400	¥392,000
12	储存成本	¥560	¥255
13	订货成本	¥643	¥2,500
14	总成本	¥177,603	¥394,755
15	综合成本	¥2,072,366	

图 8-34 计算综合成本

B	C	D	E
	fx =B3/B10		
最优订货批量决策模型			
甲材料	乙材料	丙材料	丁材料
18000	20000	30000	25000
¥ 25	¥ 25	¥ 25	¥ 25
¥ 2	¥ 3	¥ 4	¥ 3
100	200	300	250
20	30	40	25
2%	2%	2%	2%
¥10	¥20	¥30	¥25
700	200	300	300
¥176,400	¥392,000	¥882,000	¥612,500
¥560	¥255	¥520	¥405
¥643	¥2,500	¥2,500	¥2,083
¥177,603	¥394,755	¥885,020	¥614,988
¥2,072,366			
25.7	100.0	100.0	83.3

图 8-35 计算最佳订货次数

9 **计算最佳订货周期。** 在B17单元格中输入公式"12/B16"，并复制公式到E17单元格，如图8-36所示。

	A	B	C	D	E
	B17 ▼	*fx* =12/B16			
1		最优订货批量决策模型			
2	存货名称	甲材料	乙材料	丙材料	丁材料
3	材料年需要量	18000	20000	30000	25000
4	一次订货成本	¥ 25	¥ 25	¥ 25	¥ 25
5	单位储存成本	¥ 2	¥ 3	¥ 4	¥ 3
6	每日送货量	100	200	300	250
7	每日耗用量	20	30	40	25
8	数量折扣	2%	2%	2%	2%
9	单价	¥10	¥20	¥30	¥25
10	最优订货批量	700	200	300	300
11	采购成本	¥176,400	¥392,000	¥882,000	¥612,500
12	储存成本	¥560	¥255	¥520	¥405
13	订货成本	¥643	¥2,500	¥2,500	¥2,083
14	总成本	¥177,603	¥394,755	¥885,020	¥614,988
15	综合成本	¥2,072,366			
16	最佳订货次数	25.7	100.0	100.0	83.3
17	最佳订货周期（月）	0.5	0.1	0.1	0.1
18	经济订货量占用资金	¥700	¥300	¥600	¥450

图 8-36 计算最佳订货周期

8.3.2 求解方案结果

完成规划求解模型的创建后，根据创建的模型用户需要设置规划求解参数内容，从而使求解按指定的方式进行，用户可以在"规划求解参数"对话框中设置不同的参数内容，再对方案进行求解与保存。

1 **使用规划求解功能。** 切换到"数据"选项卡下，在"分析"组中单击"规划求解"按钮，如图8-37所示。

2 **设置目标单元格。** 打开"规划求解参数"对话框，设置目标单元格为B15，单击选中"最小值"按钮，如图8-38所示。

图 8-37 使用规划求解功能

图 8-38 设置目标单元格

提示

在"规划求解参数"
对话框中，单击"全
部重设"按钮，可
清除所有的参数内
容，重新进行设置。

3 **设置可变单元格。** 在该对话框中设置可变单元格为B10:E10，再单击"约束"区域中的"添加"按钮，如图8-39所示。

图 8-39　设置可变单元格

4 **添加约束。** 打开"添加约束"对话框，设置约束条件为B10>=400，再单击"添加"按钮，如图8-40所示。

图 8-40　添加约束

5 **添加约束。** 在"添加约束"对话框中设置约束条件为C10>=450，再单击"添加"按钮，如图8-41所示。

图 8-41　添加约束

提示

在"添加约束"对
话框中，完成约束
条件的设置后单击
"确定"按钮进行添
加，添加完成后需
要单击"取消"按钮
返回到"规划求解参
数"对话框中。

6 **添加约束。** 在"添加约束"对话框中设置约束条件为D10>=500，再单击"添加"按钮，如图8-42所示。

图 8-42　添加约束

7 **添加约束。** 在"添加约束"对话框中设置约束条件为E10>=500，再单击"添加"按钮，如图8-43所示，添加完成后单击"取消"按钮。

图 8-43　添加约束

8 **求解方案。** 返回到"规划求解参数"对话框中，完成参数内容的设置后，单击"求解"按钮，如图8-44所示。

提示

单击选中"规划求解
参数"对话框中的
"值为"单选按钮,并
输入指定的值,可
设置规划求解在指
定数值的情况下,可
变单元格返回的最
佳数值结果。

图 8-44 求解方案

9 **保存方案**。打开"规划求解结果"对话框,单击选中"保存规划求解结果"单选按钮,在
"报告"列表中单击"敏感性报告"选项,再单击"保存方案"按钮,如图8-45所示。

图 8-45 保存方案

提示

单击"规划求解结果"
对话框中的"取
消"按钮,可取消
对规划求解方案进
行计算,返回原值。

10 **设置方案名称**。打开"保存方案"对话框,在"方案名称"文本框中输入需要保存的方案
名称,再单击"确定"按钮,如图8-46所示。

图 8-46 设置方案名称

11 **确定保存**。返回到"规划求解结果"对话框中,单击"确定"按钮,如图8-47所示。

图 8-47 确定保存

12 **查看求解结果**。返回到工作表中,查看规划求解分析结果,得出最优订货批量数额,如图
8-48所示。

	A	B	C	D	E
1	最优订货批量决策模型				
2	存货名称	甲材料	乙材料	丙材料	丁材料
3	材料年需要量	18000	20000	30000	25000
4	一次订货成本	¥ 25	¥ 25	¥ 25	¥ 25
5	单位储存成本	¥ 2	¥ 3	¥ 4	¥ 3
6	每日送货量	100	200	300	250
7	每日耗用量	20	30	40	25
8	数量折扣	2%	2%	2%	2%
9	单价	¥10	¥20	¥30	¥25
10	最优订货批量	750	626	658	680
11	采购成本	¥176,400	¥392,000	¥882,000	¥612,500
12	储存成本	¥600	¥798	¥1,140	¥919
13	订货成本	¥600	¥798	¥1,140	¥919
14	总成本	¥177,600	¥393,597	¥884,280	¥614,337
15	综合成本	¥2,069,814			
16	最佳订货次数	24.0	31.9	45.6	36.7
17	最佳订货周期(月)	0.5	0.4	0.3	0.3
18	经济订货量占用资金	¥750	¥939	¥1,316	¥1,021

图 8-48 查看求解结果

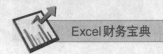
13 **查看分析报告。** 切换到敏感性报告工作表中，查看规划求解分析报告结果，如图8-49所示。

	A	B	C	D	E
1	**Microsoft Excel 12.0 敏感性报告**				
2	**工作表 [最优订货批量决策分析.xlsx]Sheet1**				
3	**报告的建立：2008-6-2 22:30:57**				
6	可变单元格				
7				终	递减
8		单元格	名字	值	梯度
9		$B$10	最优订货批量 甲材料	750	-
10		$C$10	最优订货批量 乙材料	626	-
11		$D$10	最优订货批量 丙材料	658	-
12		$E$10	最优订货批量 丁材料	680	-
13					
14	约束				
15		无			

敏感性报告 1 / Sheet1 / Sheet2 / Sheet3 /

图 8-49 查看分析报告

技术扩展　　**规划求解结果的保存与设置**

在完成规划求解后，用户需要对求解结果进行保存，打开"规划求解结果"对话框，其中各项的设置含义如下。

- 保存规划求解结果：单击此选项，接受求解结果，并将其放置到可变单元格中。
- 恢复为原值：单击此选项可在可变单元格中恢复初始值。
- 报告：创建指定类型的报告，将每份报告放置于工作簿中一张单独的工作表上，然后单击"确定"。

❶ 运算结果：列出目标单元格和可变单元格及其初始值和最终结果、约束条件以及有关约束条件的信息。

❷ 敏感性：提供有关求解结果对"规划求解参数"对话框中，"设置目标单元格"框中所指定的公式的微小变化和约束条件的微小变化的敏感程度的信息。含有整数约束条件的模型不能生成该报告。对于非线性模型，该报告提供递减梯度和拉格朗日乘数；对于线性模型，该报告中将包含递减成本、阴影价格、目标式系数（允许的增量和允许的减量）以及约束右侧的区域。

❸ 极限值：列出目标单元格和可变单元格及其各自的数值、上下限和目标值。含有整数约束条件的模型不能生成该报告。下限是在保持其他可变单元格数值不变并满足约束条件的情况下，某个可变单元格可以取到的最小值。上限是在这种情况下可以取到的最大值。

- 保存方案：打开"保存方案"对话框，在其中可保存用于 Microsoft Office Excel 方案管理器的单元格数值。

8.4 规划求解方案管理

提示

当用户首次添加方案时，在"方案管理器"对话框中的"方案"列表中提示用户未创建方案，单击"添加"按钮进行方案的创建与添加。

在Excel中，使用方案管理器可以将不同结果的数据值集合，作为一个方案保存。方案是一组可变单元格的输入数值，并保存为一个集合。

在Excel 2007中，用户可以切换到"数据"选项卡下，在"数据分析"组中单击"假设分析"按钮，在展开的列表中选择"方案管理器"功能，如图8-50所示。即可打开"方案管理器"对话框，用户可以在该对话框中添加方案，并对已有的方案进行编辑、删除、合并等操作设置，如图8-51所示。

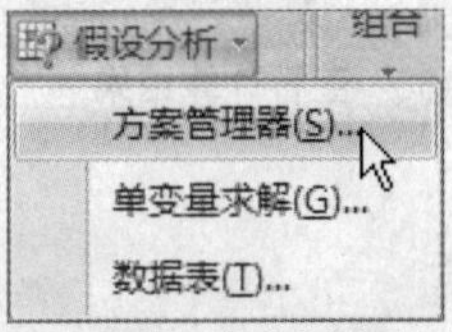

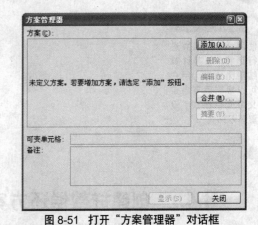

图 8-50 使用规划求解功能

图 8-51 打开“方案管理器”对话框

光盘路径

原始文件： 源文件\第 8 章\原始文件\贷款偿还方案.xlsx

最终文件： 源文件\第 8 章\最终文件\贷款偿还方案.xlsx

在了解了方案管理器的使用后，用户便可以灵活地使用方案管理功能对表格中的数据进行分析与管理了。本节将以制作贷款偿还方案分析为例，为用户介绍如何创建多个不同的方案，并根据方案生成报表，选择最优方案。

8.4.1 创建贷款偿还表

在创建方案报表之前，用户首先应该在工作表中创建合适的数据表。以贷款偿还为例，首先在表格中创建贷款偿还表，编辑公式计算贷款的月还款额。

1 查看表格数据。 打开源文件\第8章\原始文件\贷款偿还方案.xlsx，并选中需要输入公式的B6单元格，如图8-52所示。

2 插入函数。 切换到“公式”选项卡下，在“函数库”组中单击“财务”按钮，在展开的列表中单击“PMT”选项，如图8-53所示。

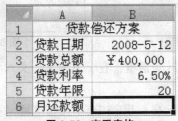

图 8-52 查看表格

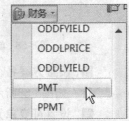

图 8-53 插入函数

交叉参考

关于财务函数的使用，用户可以参见第 7 章第 7.2 小节。

3 设置函数参数。 打开“函数参数”对话框，分别设置不同的参数内容，再单击“确定”按钮，如图8-54所示。

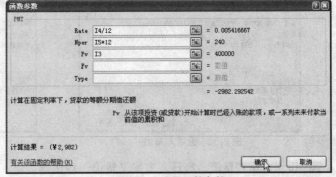

图 8-54 设置函数参数

4 查看计算结果。 完成公式的编辑后，返回到工作表中，查看计算结果，并在编辑栏中查看公式内容，如图8-55所示。

f_x =PMT(I4/12,I5*12,I3)

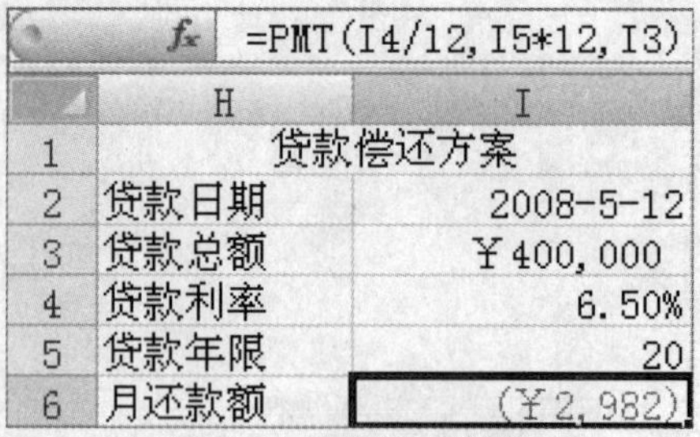

	H	I
1	贷款偿还方案	
2	贷款日期	2008-5-12
3	贷款总额	￥400,000
4	贷款利率	6.50%
5	贷款年限	20
6	月还款额	(￥2,982)

图 8-55 查看计算结果

8.4.2 创建贷款偿还方案

完成贷款偿还表的制作后,用户可以使用方案管理器添加不同的方案,具体的操作与设置方法如下。

1 **打开"方案管理器"对话框**。切换到"数据"选项卡下,在"数据工具"组中单击"假设分析"按钮,在展开的列表中单击"方案管理器"选项,如图8-56所示。

2 **添加方案**。在打开的"方案管理器"对话框中,单击"添加"按钮,如图8-57所示。

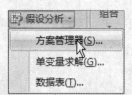

图 8-56 单击"方案管理器"按钮

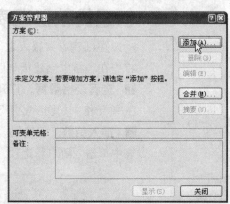

图 8-57 添加方案

3 **设置方案名**。打开"编辑方案"对话框,在"方案名"文本框中输入需要添加方案的名称,如图8-58所示。

4 **设置可变单元格**。设置可变单元格引用B3:B5单元格区域,再单击"确定"按钮,如图8-59所示。

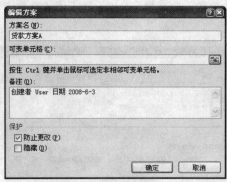

图 8-58 设置方案名

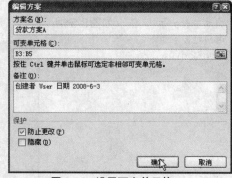

图 8-59 设置可变单元格

5 **设置方案变量值**。打开"方案变量值"对话框,输入可变单元格的值,再单击"添加"按钮,如图8-60所示。

6 **添加方案**。打开"添加方案"对话框,在"方案名"文本框中输入需要添加的方案名称,并设置可变单元格区域为B3:B5,再单击"确定"按钮,如图8-61所示。

图 8-60 设置方案变量值

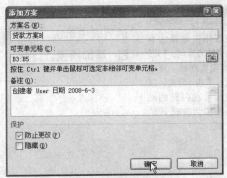

图 8-61 添加方案

7 设置方案变量值。打开"方案变量值"对话框，分别设置不同可变单元格的值，再单击"添加"按钮，如图8-62所示。

8 添加方案。打开"添加方案"对话框，在"方案名"文本框中输入需要添加的方案名称，并设置可变单元格区域为B3:B5，再单击"确定"按钮，如图8-63所示。

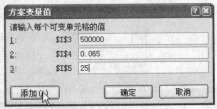

图 8-62 设置方案变量值

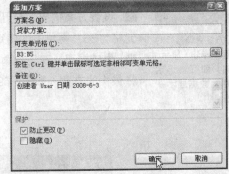

图 8-63 添加方案

9 设置方案变量值。打开"方案变量值"对话框，分别设置不同可变单元格的值，再单击"确定"按钮，如图8-64所示。

10 关闭对话框。完成方案的添加后，在"方案"列表中显示添加的方案，再单击"关闭"按钮，如图8-65所示。

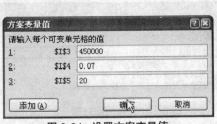

图 8-64 设置方案变量值

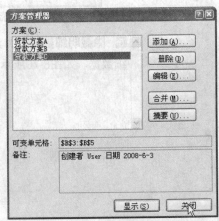

图 8-65 关闭"方案管理器"对话框

8.4.3 选择已创建方案

通过方案管理器添加不同方案内容后，用户可以根据已创建的方案生成相应的报表或数据透视表，在报表中可以很方便地选择最佳的方案，并分析比较不同方案的数据计算结果。

1 打开"方案管理器"对话框。切换到"数据"选项卡下,单击"假设分析"按钮,在展开
的列表中单击"方案管理器"选项,如图8-66所示。

2 添加摘要。打开"方案管理器"对话框,单击"摘要"按钮,如图8-67所示。

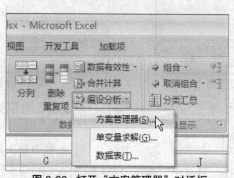

图 8-66 打开"方案管理器"对话框

图 8-67 添加摘要

3 设置方案摘要。打开"方案摘要"对话框,单击选中"方案摘要"单选按钮,设置结果单
元格为B6,再单击"确定"按钮,如图8-68所示。

4 生成报表。在工作簿中插入一个新的工作表,显示方案生成的摘要内容,用户可以在此选
择最优的方案,如图8-69所示。

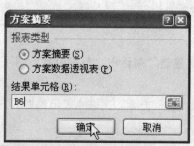

图 8-68 设置方案摘要

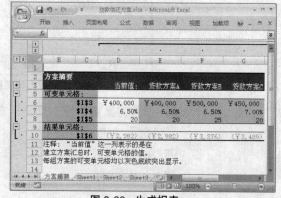

图 8-69 生成报表

5 隐藏明细数据。用户可以在方案报表中单击左侧的折叠按钮,设置隐藏或显示报表中的明
细数据,如图8-70所示。

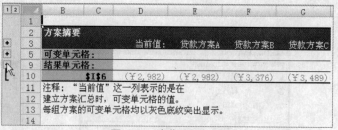

图 8-70 隐藏明细数据

6 选择报表类型。再次打开"方案摘要"对话框,单击选中"方案数据透视表"单选按钮,
设置结果单元格为B6,再单击"确定"按钮,如图8-71所示。

7 生成数据透视表。在工作簿中插入新的工作表,生成数据透视报表相关内容,用户可以在
此查看方案信息,如图8-72所示。

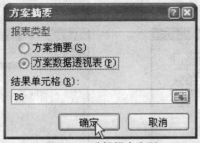

图 8-71 选择报表类型

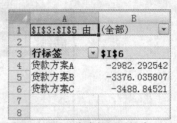

图 8-72 生成数据透视表

8.4.4 管理已有方案

当已有的方案在实际工作中已没有意义时，用户可以将其删除，或根据需要对其进行编辑修改，下面介绍对已有方案进行管理的具体操作方法。

1 **打开方案管理器**。切换到"数据"选项卡下，单击"假设分析"按钮，在展开的列表中单击"方案管理器"选项，如图8-73所示。

2 **选择方案**。打开"方案管理器"对话框，在"方案"列表中选择"贷款方案A"选项，再单击"编辑"按钮，如图8-74所示。

图 8-73 打开方案管理器

图 8-74 选择方案

 提示

在编辑方案时，打开"编辑方案"对话框，单击"可变单元格"右侧的折叠按钮，可在工作表中快速引用需要选定的单元格或单元格区域。

3 **编辑方案**。打开"编辑方案"对话框，用户可以更改方案名称与可变单元格，再单击"确定"按钮，如图8-75所示。

4 **修改方案变量值**。打开"方案变量值"对话框，修改可变单元格的值，再单击"确定"按钮，如图8-76所示。

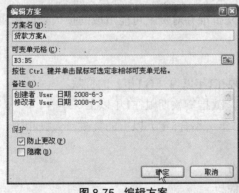

图 8-75 编辑方案

图 8-76 修改方案变量值

5 **删除方案**。返回到"方案管理器"对话框中，选中需要删除的方案，再单击"删除"按钮，如图8-77所示。

6 **添加摘要。** 删除方案后，单击"摘要"按钮，如图8-78所示。

图 8-77　删除方案　　　　　　图 8-78　添加摘要

提示

在"方案摘要"对话框中单击选中"方案数据透视表"单选按钮，即可在工作簿中插入一个修改方案后的数据透视表。

7 **选择报表类型。** 打开"方案摘要"对话框，单击选中"方案摘要"单选按钮，设置结果单元格为B6单元格，再单击"确定"按钮，如图8-79所示。

8 **生成报表。** 在工作簿中生成修改方案后的报表内容，如图8-80所示。

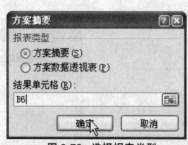 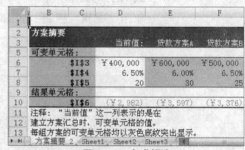

图 8-79　选择报表类型　　　　　　图 8-80　生成报表

相关行业知识 | **贷款种类**

一．现行贷款种类的划分标准如下：

❶ 按贷款经营属性划分

（1）自营贷款。指贷款人以合法方式筹集资金自主发放的贷款，其风险由贷款人承担，并由贷款人收回本金和利息。

（2）委托贷款。指由政府部门、企事业单位及个人等委托人提供资金，由贷款人（即受托人）根据委托人确定的贷款对象、用途、金额、期限、利率等代为发放、监督使用并协助收回的贷款。贷款人（受托人）只收取手续费，不承担贷款风险。

（3）特定贷款。指经国务院批准并对贷款可能造成的损失采取相应补救措施后责成国有独资商业银行发放的贷款。

❷ 按贷款使用期限划分

（1）短期贷款。指贷款期限在1年以内（含1年）的贷款。

（2）中、长期贷款。中期贷款指贷款期限在1年以上（不含1年）5年以下（含5年）的贷款。长期贷款，指贷款期限在5年（不含5年）以上的贷款。人民币中、长期贷款包括固定资产贷款和专项贷款。

❸ 按贷款主体经济性质划分

（1）国有及国家控股企业贷款。

（2）集体企业贷款。

（3）私营企业贷款。

（4）个体工商业者贷款。

❹ 按贷款信用程度划分

（1）信用贷款。指以借款人的信誉发放的贷款。

（2）担保贷款。指保证贷款、抵押贷款、质押贷款。

保证贷款，指按规定的保证方式以第三人承诺在借款人不能偿还贷款时，按约定承担一般保证责任或者连带责任而发放的贷款。抵押贷款，指按规定的抵押方式以借款人或第三人的财产作为抵押物发放的贷款。质押贷款，指按规定的质押方式以借款人或第三人的动产或权利作为质物发放的贷款。

（3）票据贴现。指贷款人以购买借款人未到期商业票据的方式发放的贷款。

❺ 按贷款在社会再生产中占用形态划分

（1）流动资金贷款。

（2）固定资金贷款。

❻ 按贷款的使用质量划分

（1）正常贷款。指预计贷款正常周转，在贷款期限内能够按时足额偿还的贷款。

（2）不良贷款。不良贷款包括呆账贷款、呆滞贷款和逾期贷款。

呆账贷款，指按财政部有关规定列为呆账的贷款。呆滞贷款，指按财政部有关规定，逾期（含展期后到期）并超过规定年限以上仍未归还的贷款，包括虽未逾期或逾期不满规定年限但生产经营已终止、项目已停建的贷款（不含呆账贷款）。逾期贷款，指借款合同约定到期（含展期后到期）未归还的贷款（不含呆滞贷款和呆账贷款）。

❼ 按国际惯例（风险度）对贷款质量的划分

将银行贷款划分为正常、关注、次级、可疑、损失五个等级，后三类贷款称为"不良贷款"或"有问题贷款"。

二．贷款方式

❶ 贷款方式的含义

贷款方式是指贷款的发放形式，它体现银行贷款发放的经济保证程度，反映贷款的风险程度。

❷ 贷款方式的选择依据

贷款方式的选择主要依据借款人的信用和贷款的风险程度，对不同信用等级的企业不同风险程度的贷款应选择不同的贷款方式，以防范贷款风险。

❸ 具体贷款方式

我国商业银行采用的贷款方式有信用放款、保证贷款、票据贴现，除此之外还包括卖方信贷和买方信贷。

（1）信用贷款方式

信用贷款方式是指单凭借款人的信用，无需提供担保而发放贷款的贷款方式。这种贷款方式没有现实的经济保证，贷款的偿还保证建立在借款人信用承诺的基础上，因而贷款风险较大。

（2）担保贷款方式

担保贷款方式是指借款人或保证人以一定财产作抵押（质押），或凭保证人的信用承诺而发放的贷款的贷款方式。这种贷款方式具有现实的经济保证，贷款的偿还建立在抵押（质押）物及保证人信用承诺的基础上。

（3）贴现贷款方式

贴现贷款方式是指借款人在急需资金时，以未到期的票据向银行融通资金的一种贷款方式。这种贷款方式，银行直接贷款给持票人，间接贷款给付款人，贷款的偿还保证建立在票据到期付款人能够足额付款的基础上。

单、双变量模拟运算

09

模拟运算表是工作表中的一个单元格区域，利用它可以显示公式中某些值的变化对计算结果的影响。模拟运算表通过一步操作可以求出多种情况下的计算结果，因此它为同时求解某一运算中所有可能的变化值组合提供了方便。它还可以将所有不同的计算结果同时显示在工作表中，以便用户进行查看比较。

9.1 单、双变量模拟运算

在工作表中使用公式进行计算时，如果用户需要测试公式中一些变量值对公式计算的影响，则可以使用模拟运算功能。模拟运算是用于对一个单元格区域进行计算，显示一个或多个公式中改变不同值时的结果，常见的模拟运算有两种类型：单变量模拟运算和双变量模拟运算。

当用户需要使用模拟运算功能时，切换到"数据"选项卡下，在"数据工具"组中单击"假设分析"按钮，在展开的列表中单击"数据表"选项，如图9-1所示。打开"数据表"对话框，同时设置引用行与引用列单元格，使用双变量模拟运算进行求解。仅设置引用行或引用列单元格，则使用单变量模拟运算进行求解，如图9-2所示。

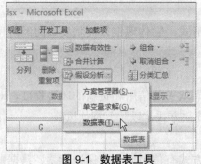

图 9-1　数据表工具

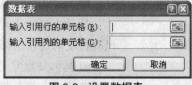

图 9-2　设置数据表

在了解了单、双变量模拟运算相关功能与操作方法后，用户便可以使用该功能对变量对应的数据结果进行分析求解。本节将以计算单、双变量下的贷款月还款额为例，为用户介绍如何灵活地使用单变量与双变量模拟运算法。

9.1.1 单变量求解不同利率下的月还款额

单变量模拟运算是使用同一个公式对整个单元格区域依次进行求解，再将这些结果依次输入到相应的单元格中，下面为用户介绍如何使用单变量模拟运算计算不同利率下贷款的月还款额。

1 查看表格数据。打开源文件\第9章\原始文件\变量分析月还款额.xlsx，切换到"单变量模拟运算"工作表中，如图9-3所示。

2 插入函数。在B5单元格中输入"=PMT（"，并单击"插入函数"按钮，如图9-4所示。

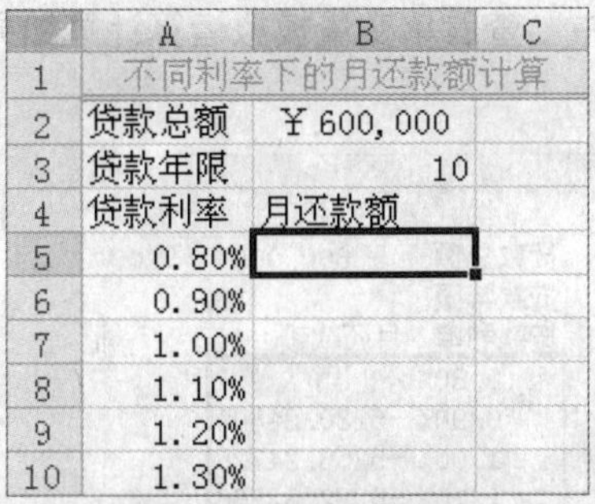

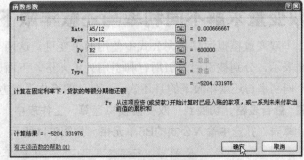

图 9-3 查看表格数据

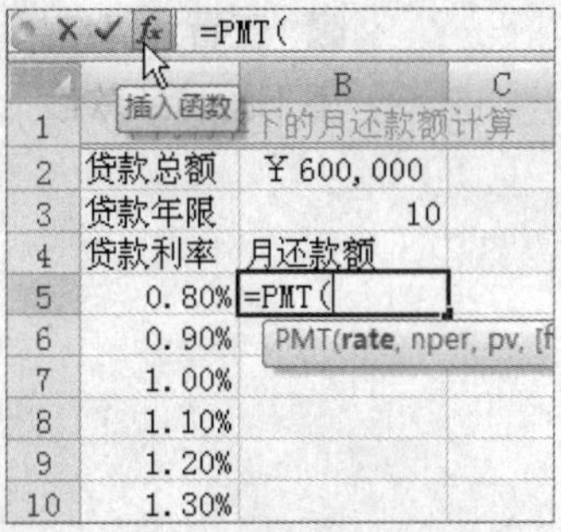

图 9-4 插入函数

> **提示**
> 在“函数参数”对话框中设置参数引用单元格时，用户同样可以使用F4快捷键快速设置单元格地址的引用方式。

3 设置函数参数。打开“函数参数”对话框，分别设置不同的参数内容，再单击“确定”按钮，如图9-5所示。

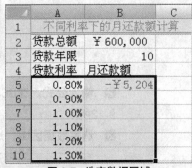

图 9-5 设置函数参数

4 查看计算结果。在B5单元格中显示公式计算结果，并在编辑栏中查看详细的公式内容，如图9-6所示。

5 选定数据区域。选定数据区域A5:B10，如图9-7所示。

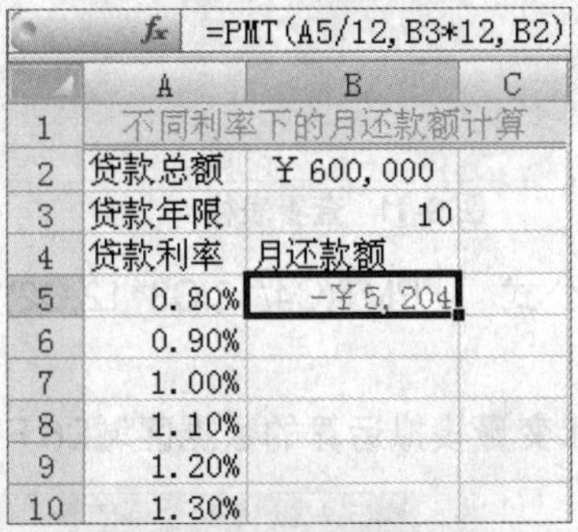

图 9-6 查看计算结果

图 9-7 选定数据区域

> **提示**
> 在使用单变量模拟运算功能时，用户首先需要选定计算的单元格区域，并设置引用行或引用列单元格，在数据区域中显示分析的计算结果。

6 使用数据表。切换到“数据”选项卡下，在“数据工具”组中单击“假设分析”按钮，在展开的列表中单击“数据表”选项，如图9-8所示。

7 设置引用列单元格。打开“数据表”对话框，设置“输入引用列的单元格”为“A5”，再单击“确定”按钮，如图9-9所示。

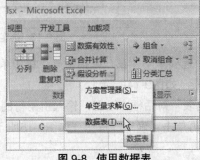

图 9-8 使用数据表

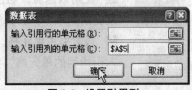

图 9-9 设置引用列

8 查看计算结果。返回到工作表中，查看单变量模拟运算计算结果，用户可以看到在不同利率下的月还款额，如图9-10所示。

	A	B	C
1	不同利率下的月还款额计算		
2	贷款总额	￥600,000	
3	贷款年限	10	
4	贷款利率	月还款额	
5	0.80%	－￥5,204	
6	0.90%	－5230.24805	
7	1.00%	－5256.24728	
8	1.10%	－5282.32966	
9	1.20%	－5308.49515	
10	1.30%	－5334.74372	

图9-10 查看计算结果

9.1.2 双变量求解不同利率与还款年限下的月还款额

双变量模拟运算是在公式中使用两个变量，这两个变量在公式中可使用两个空白单元格来表示，分别被引用为引用行和引用列单元格。下面介绍如何使用双变量模拟运算表来计算不同利率与还款年限下的月还款额，具体的操作设置方法如下。

1 查看表格。切换到"双变量模拟运算"工作表中，查看不同利率和贷款年限下的月还款额计算表，并选中输入公式的B6单元格，如图9-11所示。

	A	B	C	D	E	F
1		不同利率和贷款年限下的月还款额计算				
2		贷款总额	￥600,000			
3		贷款年限	10			
4		利率	0.80%			
5					贷款年限	
6			10	12	15	20
7		0.80%				
8		0.90%				
9	利	1.00%				
10	率	1.10%				
11		1.20%				
12		1.30%				

图9-11 查看表格

2 输入公式。在B6单元格中输入公式"=PMT(C4/12,C3*12,C2)"，并计算公式结果，如图9-12所示。

3 选定数据区域。选定需要进行双变量模拟运算的数据区域B6:F12，如图9-13所示。

图9-12 输入公式　　　　　图9-13 选定数据区域

提示

计算结果显示负数，用户可以更改单元格的格式效果，设置负数的显示方法。

4 使用数据表。切换到"数据"选项卡下，在"数据工具"组中单击"假设分析"按钮，在展开的列表中单击"数据表"选项，如图9-14所示。

5 设置引用单元格。打开"数据表"对话框，设置"输入引用行的单元格"为"C3"，"输入引用列的单元格"为"C4"，再单击"确定"按钮，如图9-15所示。

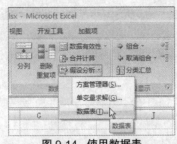

图 9-14 使用数据表

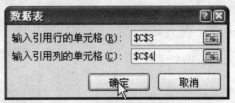

图 9-15 设置引用单元格

⑥ **查看计算结果。** 完成双变量模拟运算后，在选定的数据区域中查看计算结果，如图9-16所示。

	A	B	C	D	E	F
1		不同利率和贷款年限下的月还款额计算				
2		贷款总额	￥600,000			
3		贷款年限	10			
4		利率	0.80%			
5				贷款年限		
6		-￥5,204	10	12	15	20
7		0.80%	-￥5,204	-4371.254	-3538.442	-2706.163
8		0.90%	-5230.24805	-4397.297	-3564.662	-2732.681
9	利	1.00%	-5256.24728	-4423.399	-3590.967	-2759.366
10	率	1.10%	-5282.32966	-4449.622	-3617.416	-2786.216
11		1.20%	-5308.49515	-4475.944	-3643.99	-2813.232
12		1.30%	-5334.74372	-4502.365	-3670.689	-2840.414

图 9-16 查看计算结果

9.2 求解模拟运算与分析计算结果

用户可以使用模拟运算功能求解多种不同类型的数据分析问题。上例中为用户介绍了在不同变量下贷款偿还额的计算，本节将为用户介绍如何使用模拟运算功能计算不同折旧年限与资产残值下，固定资产的年折旧额。分别使用不同的模拟运算方式，并对求解结果使用图表进行更好地分析表达。

📄 **交叉参考**

用户需要了解财务函数的使用方法，可参见第7章第7.2小节。

9.2.1 单变量求解不同折旧年限下的年折旧额

◎ **光盘路径**

原始文件：
源文件\第9章\原始文件\固定资产折旧计算.xlsx

最终文件：
源文件\第9章\最终文件\固定资产折旧计算.xlsx

在已知资产原值、估计资产残值的情况下，用户需要根据不同的折旧年限来分析固定资产的年折旧额，从而选择最佳的固定资产使用年限。由于模拟运算的计算结果是存放在数组中的，因此在清除计算结果时，用户需要对整体结果统一清除，否则将提示不能被清除。

① **查看表格。** 打开源文件\第9章\原始文件\固定资产折旧计算.xlsx，查看表格中已有的单变量模拟运算表格，如图9-17所示，并选定B5单元格。

② **插入函数。** 切换到"公式"选项卡下，在"函数库"组中单击"财务"按钮，在展开的列表中单击"SLN"选项，如图9-18所示。

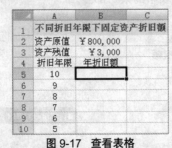

图 9-17 查看表格

图 9-18 插入函数

📄 **交叉参考**

关于固定资产折旧额的计算方法有多种，用户可以参见第7章第7.2小节。

③ **设置函数参数。** 打开"函数参数"对话框，分别设置不同的参数内容，再单击"确定"按钮，如图9-19所示。

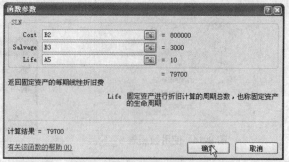

图 9-19 设置函数参数

④ **选定数据区域**。选定表格中A5:B10单元格区域，如图9-20所示。

⑤ **使用数据表**。切换到"数据"选项卡下，在"数据工具"组中单击"假设分析"按钮，在展开的列表中单击"数据表"选项，如图9-21所示。

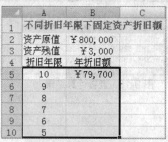

图 9-20 选定数据区域

图 9-21 单击"数据表"选项

⑥ **设置引用列单元格**。打开"数据表"对话框，设置引用列单元格为A5，再单击"确定"按钮，如图9-22所示。

⑦ **查看计算结果**。设置完成后返回到工作表中，查看单变量求解结果，如图9-23所示。

图 9-22 设置引用列单元格

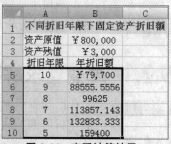

图 9-23 查看计算结果

⑧ **查看结果存放方式**。选中计算结果所在单元格区域中的任意单元格，可以看到模拟运算表的计算结果是存放在数组中的，如图9-24所示。

⑨ **提示不能更改**。当用户对数据表中的某一部分单元格进行修改时，会弹出如图9-25所示的提示对话框，提示用户不能更改数据表中的某一部分。

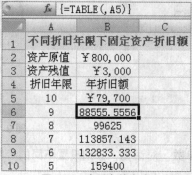

图 9-24 查看存放方式

图 9-25 提示不能更改

提示

选定使用模拟运算
计算的数据结果所
在的单元格区域，
按键盘中的 Delete
键同样可以清除整
个数据结果。

⑩ **选定整个数据区域**。如果需要清除模拟运算表的计算结果只能对其整个区域进行完全清除，而无法清除个别结果。选定计算结果所在的单元格区域B5:B10，如图9-26所示。

⑪ **全部清除**。切换到"开始"选项卡下，在"编辑"组中单击"清除"按钮，在展开的列表中单击"全部清除"选项，如图9-27所示。

△	A	B	C
1	不同折旧年限下固定资产折旧额		
2	资产原值	￥800,000	
3	资产残值	￥3,000	
4	折旧年限	年折旧额	
5	10	￥79,700	
6	9	88555.5556	
7	8	99625	
8	7	113857.143	
9	6	132833.333	
10	5	159400	

图 9-26 选定整个数据区域

图 9-27 全部清除

9.2.2 双变量求解不同折旧年限与残值的折旧

提示

在创建双变量模拟
运算模型时，需要
注意要将两个不同
的变量同时放置在
需要引用的数据区
域中。

当模拟运算中含有两个变量时，用户可以使用双变量模拟运算进行求解，编辑公式并假定两个变量内容，在选定的数据区域中显示求解结果。在完成双变量模拟运算后，用户可以使用图表对数据结果进行分析，从而使数据的比较与分析更为形象具体化，下面为用户介绍如何求解双变量下的固定资产折旧额，并使用图表分析求解结果。

① **查看表格**。切换到"双变量模拟运算"表格中，查看已有的变量分析表格，如图9-28所示。

△	A	B	C	D	E	F
1		不同折旧年限下固定资产折旧额				
2		资产原值	￥800,000			
3		资产残值	￥3,000			
4		折旧年限	10			
5		年折旧额		资产残值		
6			￥3,000	￥4,000	￥5,000	￥6,000
7	折	10				
8		9				
9	旧	8				
10	年	7				
11	限	6				
12		5				

图 9-28 查看表格

② **编辑公式**。在B6单元格中输入公式"=SLN（C2,C3,C4）"，并计算公式结果，如图9-29所示。

③ **选定数据区域**。选定表格中B6:F12单元格区域，如图9-30所示。

提示

设置双变量模拟运
算数据表时，引用
的行列单元格需要
与数据区域中变量
相对应的行列单元
格相符合，才能进
行正确的求解。

fx		=SLN(C2,C3,C4)	
△	A	B	
1		不同折旧年限	
2		资产原值	￥800,000
3		资产残值	￥3,000
4		折旧年限	10
5		年折旧额	
6		￥79,700	￥3,000
7		10	
8	折	9	
9	旧	8	

图 9-29 编辑公式

△	A	B	C	D	E	F
1		不同折旧年限下固定资产折旧额				
2		资产原值	￥800,000			
3		资产残值	￥3,000			
4		折旧年限	10			
5		年折旧额		资产残值		
6		￥79,700	￥3,000	￥4,000	￥5,000	￥6,000
7		10				
8	折	9				
9	旧	8				
10	年	7				
11	限	6				
12		5				
13						

图 9-30 选定数据区域

④ **使用数据表**。切换到"数据"选项卡下，在"数据工具"组中单击"假设分析"按钮，在展开的列表中单击"数据表"选项，如图9-31所示。

⑤ **设置数据表**。打开"数据表"对话框，设置引用行单元格为C3，引用列单元格为C4，再单击"确定"按钮，如图9-32所示。

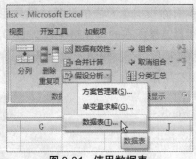

图 9-31　使用数据表

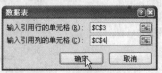

图 9-32　设置数据表

6 **查看计算结果**。返回到工作表中，查看双变量模拟运算表计算结果，即在不同折旧年限和不同资产残值情况下的年折旧额，如图9-33所示。

	A	B	C	D	E	F
1		不同折旧年限下固定资产折旧额				
2	资产原值	￥800,000				
3	资产残值	￥3,000				
4	折旧年限	10				
5	年折旧额		资产残值			
6		￥79,700	￥3,000	￥4,000	￥5,000	￥6,000
7		10	￥79,700	79600	79500	79400
8	折	9	88555.5556	88444.44	88333.33	88222.22
9	旧	8	99625	99500	99375	99250
10	年	7	113857.143	113714.3	113571.4	113428.6
11	限	6	132833.333	132666.7	132500	132333.3
12		5	159400	159200	159000	158800

图 9-33　查看计算结果

7 **选定图表源数据**。用户可以使用图表来分析折旧额，选定C7:F12单元格区域，如图9-34所示。

8 **插入图表**。切换到"插入"选项卡下，在"图表"组中单击"折线图"按钮，在展开的列表中单击"堆积折线图"选项，如图9-35所示。

图 9-34　选定图表源数据

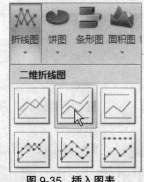

图 9-35　插入图表

9 **生成图表**。在工作表中生成堆积折线图，并显示默认的图表效果，如图9-36所示。

10 **选择数据**。切换到图表工具"设计"选项卡下，在"数据"组中单击"选择数据"按钮，如图9-37所示。

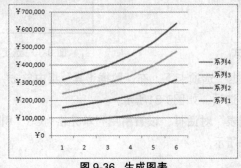

图 9-36　生成图表

图 9-37　选择数据

提示

在“选择数据源”对话框中，用户可以在“图表数据区域”文本框中查看引用的图表源数据区域。

⑪ **编辑水平轴标签。**打开“选择数据源”对话框，单击“水平（分类）轴标签”区域中的“编辑”按钮，如图9-38所示。

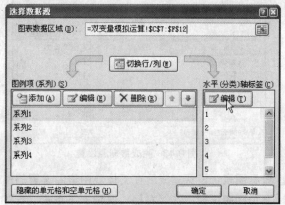

图 9-38　编辑水平轴标签

⑫ **引用单元格区域。**在工作表中拖动鼠标选定B7:B12单元格区域，如图9-39所示。

⑬ **设置轴标签。**在“轴标签区域”中显示选定的单元格，再单击“确定”按钮，如图9-40所示。

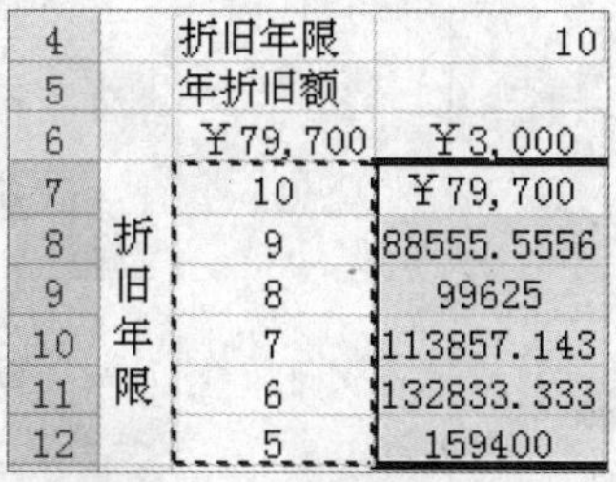

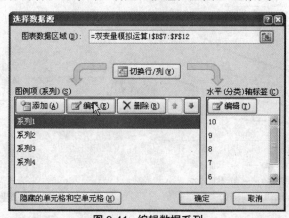

图 9-39　引用单元格区域

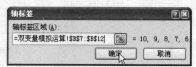

图 9-40　设置轴标签

⑭ **编辑数据系列。**返回到“选择数据源”对话框中，选中“系列1”选项，单击“编辑”按钮，如图9-41所示。

提示

设置完成轴标签内容后，返回到“选择数据源”对话框中，在“水平（分类）轴标签”列表中可以看到设置的标签内容。

⑮ **设置系列名称。**打开“编辑数据系列”对话框，在“系列名称”文本框中输入需要设置的名称内容，再单击“确定”按钮，如图9-42所示。

图 9-41　编辑数据系列

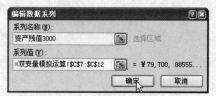

图 9-42　设置系列名称

⑯ **完成数据源设置。**使用相同的方法分别对不同的系列进行名称的定义，在“选择数据源”对话框中的“图例项”列表中可查看系列名称，设置完成后单击“确定”按钮，如图9-43所示。

⑰ **快速布局。**在“设计”选项卡下单击“快速布局”按钮，在展开的列表中单击“布局4”选项，如图9-44所示。

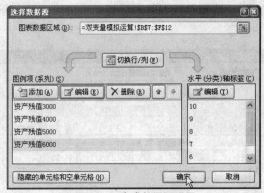

图 9-43 完成数据源设置

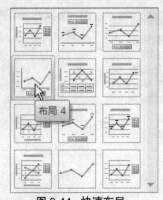

图 9-44 快速布局

⑱ **查看图表**。设置完成后在工作表中查看设置的图表效果，如图9-45所示。

⑲ **添加图表标题**。在"布局"选项卡下单击"标签"组中的"图表标题"按钮，在展开的列表中单击"图表上方"选项，如图9-46所示。

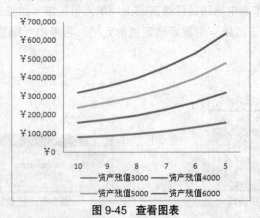

图 9-45 查看图表

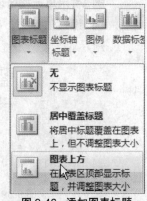

图 9-46 添加图表标题

⑳ **编辑图表标题**。在图表标题文本框中输入需要添加的标题文本内容，如图9-47所示。

㉑ **添加坐标轴标题**。单击"标签"组中的"坐标轴标题"按钮，在展开的列表中单击"主要横坐标轴标题"选项，并单击"坐标轴下方标题"选项，如图9-48所示。

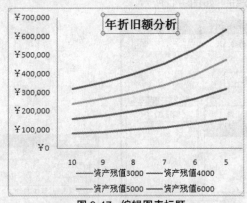

图 9-47 编辑图表标题

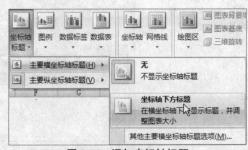

图 9-48 添加坐标轴标题

㉒ **编辑横坐标轴标题**。在图表中添加横坐标轴，在文本框中输入需要添加的标题文本内容，如图9-49所示。

㉓ **添加纵坐标轴标题**。再次单击"坐标轴标题"按钮，在展开的列表中单击"主要纵坐标轴标题"选项，在级联列表中单击"竖排标题"选项，如图9-50所示。

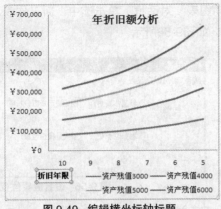

图 9-49　编辑横坐标轴标题

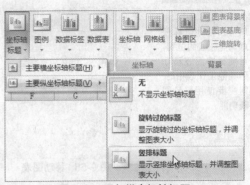

图 9-50　添加纵坐标轴标题

24 **编辑纵坐标标题。**在图表中添加纵坐标轴，在文本框中输入需要添加的标题文本内容，如图9-51所示。

25 **快速样式。**在"设计"选项卡下单击"快速样式"按钮，在展开的列表中单击"样式42"选项，如图9-52所示。

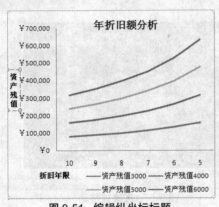

图 9-51　编辑纵坐标标题

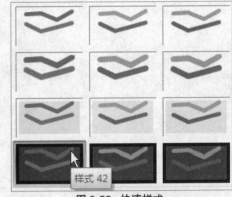

图 9-52　快速样式

26 **设置艺术字样式。**选中图表切换到"格式"选项卡下，单击"艺术字样式"组中的"快速样式"按钮，在展开的列表中单击选中"填充-白色，轮廓-强调文字颜色1"选项，如图9-53所示。

27 **查看图表效果。**设置完图表样式及艺术字样式效果后，查看设置完成后的图表效果，如图9-54所示。

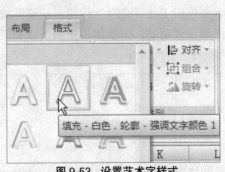

图 9-53　设置艺术字样式

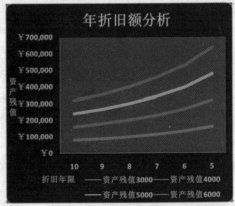

图 9-54　查看图表

28 **移动图表。**切换到图表工具"设计"选项卡下，单击"位置"组中的"移动图表"按钮，如图9-55所示。

提示

在当前工作表中，用户可以拖动鼠标任意调整图表的位置，当需要将图表移动到其他工作表中时，则需要使用移动图表功能。

㉙ **设置放置位置。** 打开"移动图表"对话框，单击选中"新工作表"单选按钮，并输入工作表名称，再单击"确定"按钮，如图9-56所示。

图9-55 移动图表

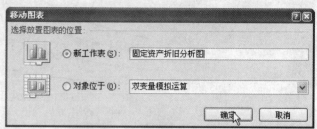

图9-56 设置放置位置

㉚ **图表被移动。** 此时可以看到图表被移动到新插入的工作表中，工作表显示定义的名称，如图9-57所示。

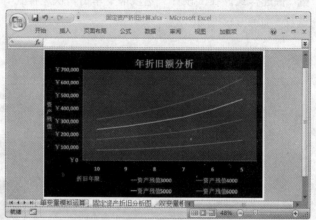

图9-57 图表被移动

技术扩展 | **提高工作表的运算速度**

使用Excel 2007创建好工作表后，如果工作表中的数据发生变化，则需要将工作表进行重新计算。每当工作表被重新计算过一次后，工作表中包含的模拟运算表无论其数据是否被修改，都会被计算一次。这样就导致了整个工作表重新计算后速度下降，如果数据更新频繁，这个问题就尤显突出。

在Excel 2007环境中，用户可以通过设置来加快包含模拟运算表的工作表的计算速度，减少重新计算的时间，大大提高工作效率。

用户可以在"公式"选项卡下单击"计算选项"按钮，从展开的下拉列表中勾选"除数据表外，自动重算"选项，应用该设置功能，下次如果更新不涉及模拟运算表的数据时，这个设置就会发生作用，从而大大提高工作的效率。

9.3 单变量求解

模拟运算功能是在已知变量的情况下，对目标单元格进行求值。如果知道要从公式获得的结果，但不知道公式获取该结果所需的输入值，即已知目标单元格，需要计算可变单元格的取值，那么可以使用"单变量求解"功能。

提示

在使用单变量分析功能时，需要特别注意的是目标单元格必须含有公式内容，且与可变单元格相关联。

"单变量求解"是一组命令的组成部分，这些命令有时也称作假设分析工具。如果已知单个公式的预期结果，而用于确定此公式结果的输入值未知，则可使用"单变量求解"功能，当进行单变量求解时，Microsoft Excel 会不断改变特定单元格中的值，直到依赖于此单元格的公式返回所需的结果为止。

当用户需要使用单变量求解功能时，切换到"数据"选项卡下，单击"数据工具"组中的"假设分析"按钮，在展开的列表中单击"单变量求解"选项，如图9-58所示。

打开"单变量求解"对话框，在"目标单元格"文本框中，输入要求解公式所在单元格的引用。在"目标值"文本框中，键入所需的结果。在"可变单元格"文本框中，输入要调整的值所在单元格的引用，设置完成后单击"确定"按钮进行求解，如图9-59所示。

光盘路径

原始文件：
源文件\第9章\原始文件\单变量求解月存款额.xlsx
最终文件：
源文件\第9章\最终文件\单变量求解月存款额.xlsx

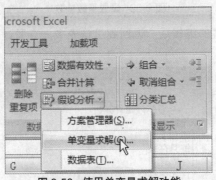
图9-58 使用单变量求解功能

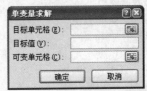
图9-59 设置单变量求解参数

在了解了单变量求解的功能与用法后，用户便可以使用该功能对表格中的变量进行求解了。本节以计算存款终值为例，为用户介绍如何计算在指定终值的情况下，每月应存入银行的存款金额。

9.3.1 创建存款单变量求解模型

在使用单变量求解功能进行数据分析时，首先需要创建数据表模型，在目标单元格中需要输入与可变单元格相关的公式内容，使该单元格与可变单元格之间建立联系，下面为用户介绍如何创建存款单变量求解模型。

1 查看表格数据。 打开源文件\第9章\原始文件\单变量求解月存款额.xlsx，选中B6单元格，如图9-60所示。

2 插入函数。 切换到"公式"选项卡下，在"函数库"组中单击"财务"按钮，在展开的列表中单击"FV"选项，如图9-61所示。

	A	B
1	存款终值计算	
2	先期存款	10000
3	年利率	5.50%
4	每月存款	
5	存款时间	10
6	10年后存款	

图9-60 查看表格数据

财务
DOLLARDE
DOLLARFR
DURATION
EFFECT
FV
FVSCHEDULE

图9-61 插入函数

提示

FV() 函数用于计算在固定利率和等额分期付款方式下，返回投资的未来值。

3 设置函数参数。 打开"函数参数"对话框，分别设置不同的参数内容，再单击"确定"按钮，如图9-62所示。

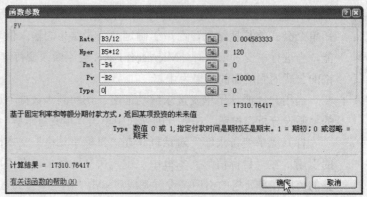

图 9-62　设置函数参数

4 **查看计算结果。** 完成公式的编辑后，返回到工作表中，查看计算结果，并在编辑栏中查看公式内容，如图9-63所示。

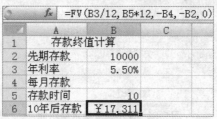

图 9-63　查看计算结果

9.3.2　求解可变单元格值

完成单变量求解模型的创建后，用户可以在"单变量求解"对话框中设置相关参数内容，对满足目标单元格的可变单元格进行计算求解，下面介绍具体的操作与设置方法。

1 **使用单变量求解功能。** 切换到"数据"选项卡下，在"数据工具"组中单击"假设分析"按钮，在展开的列表中单击"单变量求解"选项，如图9-64所示。

2 **设置单变量求解参数。** 打开"单变量求解"对话框，设置目标单元格为"B6"，目标值为"200000"，可变单元格为"B4"，再单击"确定"按钮，如图9-65所示。

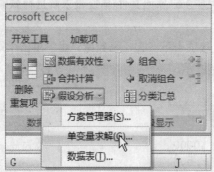

图 9-64　使用单变量求解功能

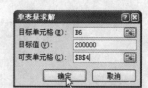

图 9-65　设置单变量求解参数

3 **单变量求解状态。** 打开"单变量求解状态"对话框，用户可以在此看到满足目标值时，单变量求得一个解，单击"确定"按钮即可，如图9-66所示。

4 **查看结果。** 返回到工作表中，在B6单元格中显示指定的目标值，在B4单元格中显示可变单元格计算结果，如图9-67所示。

在"单变量求解状态"对话框中，提示是否求得可变单元格的解，单击"取消"按钮可取消单变量求解过程。

图 9-66　单变量求解状态

	A	B
1	存款终值计算	
2	先期存款	10000
3	年利率	5.50%
4	每月存款	1145.333
5	存款时间	10
6	10年后存款	￥200,000

图 9-67　查看求解结果

相关行业知识　常见贷款利率类型

贴息贷款利率

在一些银行提供贷款时，要求借款人在期初支付利息，由于借款人得到贷款之初银行将利息扣除，其所得的实际资金数额少于贷款面值，这种贷款叫贴息贷款。在贴息贷款中，由于借款人实际能够使用的资金数额少于银行的贷款面值，贷款的实际成本将发生变化。此时贷款的实际利率为贷款利息除以贷款面值减去贷款利息的值。

分期等额偿还贷款额利率

分期等额偿还贷款是指银行要求借款人在贷款期内分期偿还贷款，在贷款时把贷款利息加到贷款额中，计算每期应偿还的资金数额。由于借款人在整个贷款期间，随着时间的推移，可使用的贷款按等额递减，而利息却是按贷款初期的余额计算的，贷款的实际利率将发生很大的变化，其实际利率为[2（360/每期还款天数）×贷款利息]/贷款面值（贷款期内的还款次数+1）。

数据分析工具分析企业资金

10

数据分析工具在Excel中是较为重要的分析处理工具，用户可以使用其对表格数据进行分析与处理。从而更好地对数据进行收集、整理、计算和分析。数据分析工具为用户提供了多种不同的分析工具类型，在进行数据分析操作时，用户可以选择合适的工具进行操作，从而达到更好的分析说明效果。

10.1 安装数据分析工具

默认情况下Excel窗口中并未提供数据分析工具，因此用户首先需要安装该工具，才可以在后面的操作处理中使用。数据分析工具的安装方法较为简单，在"Excel选项"选项卡下进行安装即可。

> **提示**
>
> 数据分析工具库提供了多种不同的分析工具，如方差分析、相关系数、协方差、指数平滑等，常用于统计工作中，用户可以使用这些分析工具简化数据的分析与处理。

1 **设置Excel选项。** 在工作簿窗口中单击左上角的Office按钮，在打开的菜单中单击"Excel选项"按钮，如图10-1所示。

2 **设置加载项。** 打开"Excel选项"对话框，切换到"加载项"选项卡下，并单击"转到"按钮，如图10-2所示。

图 10-1　设置 Excel 选项

图 10-2　设置加载项

> **提示**
>
> 如果用户需要删除分析工具，则在"加载宏"对话框中取消勾选"分析工具库"复选框即可。

3 **添加加载宏。** 打开"加载宏"对话框，在"可用加载宏"列表中勾选"分析工具库"复选框，再单击"确定"按钮，如图10-3所示。

4 **使用数据分析工具。** 返回到工作表中，在"数据"选项卡下的"分析"组中单击"数据分析"按钮，如图10-4所示。

图 10-3　添加加载宏

图 10-4　使用数据分析工具

5 选择分析工具。打开"数据分析"对话框，在"分析工具"列表中用户可以选择需要使用的分析工具，再单击"确定"按钮即可，如图10-5所示。

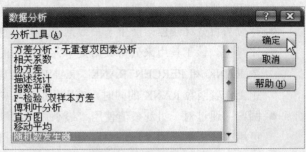

图 10-5　选择数据分析工具

提示

在数据分析中计算平均数又称为算术平均数，是最常见的反映数据趋势中型分布的指标，采用算术平均数统计数据组，可以大致掌握数据组的分布趋势。

- 方差分析：对两个或更多样本的数据执行简单的方差分析。用于提供一种假设测试，该假设的内容是：每个样本都取自相同的基础概率分布，如果只有两个样本，可使用工作表函数 TTEST。如果有两个以上的样本，可改为调用"单因素方差分析"模型。

- 相关系数：相关系数分析工具特别适合于 N 个对象中的每个对象都有两个以上的测量值变量的情况。提供一张输出表（相关矩阵），其中显示了应用于每个可能的测量值变量对的 CORREL（或 PEARSON）值。与协方差一样，相关系数是描述两个测量值变量之间的离散程度的指标。与协方差的不同之处在于，相关系数是成比例的，因此它的值与这两个测量值变量的表示单位无关（例如，如果两个测量值变量为重量和高度，当重量单位从磅换算成千克时，相关系数的值并不改变）。任何相关系数的值都必须介于 −1 和 +1 之间（包括 −1 和 +1）。可以使用相关系数分析工具来检验每对测量值变量，以便确定两个测量值变量是否趋向于同时变动，即一个变量的较大值是否趋向于与另一个变量的较大值相关联（正相关）；或者一个变量的较小值是否趋向于与另一个变量的较大值相关联（负相关）；或者两个变量的值趋向于互不关联（相关系数近似于零）。

- 协方差：协方差工具为每对测量值变量计算工作表函数 COVAR 的值。在"协方差"工具的输出表中的第 i 行、第 i 列的对角线上的输入值是第 i 个测量值变量与其自身的协方差，这正好是用工作表函数 VARP 计算得出的变量的总体方差。可以使用"协方差"工具来检验每对测量值变量，以便确定两个测量值变量是否趋向于同时变动，即一个变量的较大值是否趋向于与另一个变量的较大值相关联（正相关）；或者一个变量的较小值是否趋向于与另一个变量的较大值相关联（负相关）；或者两个变量中的值趋向于互不关联（协方差近似于零）。

- 描述统计：用于生成数据源区域中数据的单变量统计分析报表，提供有关数据趋中性和易变性的信息。

提示

标准差简单地说就是方差的平方根的值，由于该指标是在方差的基础上得到的，自然就成为描述离散趋势中最常用的指标，标准差越大，则数据组离散趋势越大，反之亦然。

- 指数平滑：基于前期预测值导出相应的新预测值，并修正前期预测值的误差。此工具将使用平滑常数 a，其大小决定了本次预测对前期预测误差的修正程度。

- F-检验 双样本方差：通过双样本 F-检验对两个样本总体的方差进行比较。

- 傅立叶分析：解决线性系统问题，并能通过快速傅立叶变换 (FFT) 进行数据变换来分析周期性的数据。此工具也支持逆变换，即通过对变换后的数据的逆变换返回初始数据。

- 直方图：可计算数据单元格区域和数据接收区间的单个和累积频率。此工具可用于统计数据集中某个数值出现的次数。

- 移动平均：基于特定的过去某段时期中变量的平均值，对未来值进行预测。移动平均值提供了由所有历史数据的简单平均值所代表的趋势信息。使用此工具可以预测销售量、库存或其他趋势。

- 随机数发生器：用几个分布之一产生的独立随机数来填充某个区域。可以通过概率分布来表示总体的主体特征。例如，可以使用正态分布来表示人身高的总体特征，或者使用双值输出的伯努利分布来表示掷币实验结果的总体特征。

- 排位与百分比排位：产生一个数据表，其中包含数据集中各个数值的顺序排位和百分比排位。该工具用来分析数据集中各数值间的相对位置关系。该工具作用于工作表函数 RANK 和 PERCENTRANK。RANK 不考虑重复值，如果希望考虑重复值，请在使用工作表函数 RANK 的同时，使用帮助文件中所建议的函数 RANK 的修正因素。

- 回归：通过对一组观察值使用"最小二乘法"直线拟合来执行线性回归分析。本工具可用来分析单个因变量是如何受一个或几个自变量的值影响的。例如，观察某个运动员的运动成绩与一系列统计因素（如年龄、身高和体重等）的关系，可以基于一组已知的成绩统计数据，确定这三个因素分别在运动成绩测试中所占的比重，然后使用该结果对尚未进行过测试的运动员的表现进行预测。

- 抽样：以数据源区域为总体，从而为其创建一个样本。当总体太大而不能进行处理或绘制时，可以选用具有代表性的样本。如果确认数据源区域中的数据是周期性的，还可以仅对一个周期中特定时间段中的数值进行取样。例如，如果数据源区域包含季度销售量数据，则以四为周期进行取样，将在输出区域中生成与数据源区域中相同季度的数值。

- 双样本 t-检验：基于每个样本检验样本总体平均值是否相等。这三个工具分别使用不同的假设：样本总体方差相等；样本总体方差不相等；两个样本代表处理前后同一对象上的观察值。

- z-检验：双样本平均值：可对具有已知方差的平均值进行双样本 z-检验。此工具用于检验两个总体平均值之间不存在差异的空值假设，而不是单方或双方的其他假设。如果方差未知，则应使用工作表函数 ZTEST。

10.2 相关系数分析工具

相关系数是用来描述数据组之间关联程度和关联方式的指标，相关系数的值介于-1和1之间，一般用r表示。当r=1时，两组数据完全正相关；当r=-1时，两组数据完全负相关；当r=0时，两组数据无相关性。因此，根据求得的r值，就可以得到两组数据之间的相互关系，当结果接近于1，则表示两组数据之间有很好的正相关性。本节将为用户介绍如何使用相关系数分析工具进行分析求解。

10.2.1 培训费用与销售业绩相关系数分析

◎ 光盘路径

原始文件：
源文件\第10章\原始文件\培训费用与销售业绩相关性.xlsx

最终文件：
源文件\第10章\最终文件\培训费用与销售业绩相关性.xlsx

用户可以使用数据分析工具来分析变量之间的相互关系，并分析其变化的比例关系。本节将以统计企业的培训费用与销售业绩数据为例，为用户介绍如何使用相关系数分析工具来分析培训费用与销售业绩两者之间的关系，从而根据相关系数值了解管理与运营企业应投入的培训费用金额。

1 查看表格数据。打开源文件\第10章\原始文件\培训费用与销售业绩相关性.xlsx，用户需要分析表格中培训费用与销售业绩之间的相互关系，如图10-6所示。

2 使用数据分析工具。切换到"数据"选项卡下，在"分析"组中单击"数据分析"按钮，如图10-7所示。

图 10-6　查看表格数据

图 10-7　使用数据分析工具

3 **选择分析工具**。打开"数据分析"对话框，在"分析工具"列表中单击"相关系数"选项，再单击"确定"按钮，如图10-8所示。

图 10-8　选择分析工具

4 **设置输入区域**。打开"相关系数"对话框，在"输入区域"文本框中设置引用"A1:B9"单元格区域，并单击选中"逐列"单选按钮，如图10-9所示。

5 **设置标志位置**。勾选"相关系数"对话框中的"标志位于第一行"，如图10-10所示。

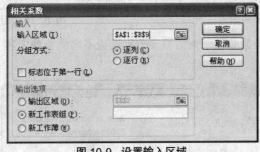

图 10-9　设置输入区域

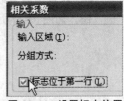

图 10-10　设置标志位置

6 **设置输出选项**。单击选中"输出区域"单选按钮，并设置引用"D2"单元格，再单击"确定"按钮，如图10-11所示。

7 **查看分析结果**。相关系数分析结果显示在指定的输出区域，如图10-12所示，从分析结果可以看到相关系数为0.97046，结果接近于1，说明这两组数据之间有很好的正相关性。

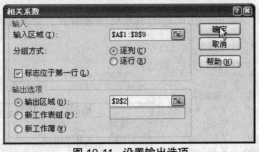

图 10-11　设置输出选项

图 10-12　查看分析结果

8 **创建分析表格**。用户还可以使用函数来直接计算相关系数值，首先在D6单元格中输入"函数分析相关性结果："，并选中F6单元格，如图10-13所示。

9 **插入函数**。切换到"公式"选项卡下，在"函数库"组中单击"插入函数"按钮，如图 10-14所示。

图 10-13 创建分析表格

图 10-14 插入函数

10 **选择函数类别**。打开"插入函数"对话框，单击"或选择类别"下拉按钮，在展开的列表中单击"统计"选项，如图10-15所示。

11 **选择函数**。在"选择函数"列表中单击"CORREL"选项，再单击"确定"按钮，如图 10-16所示。

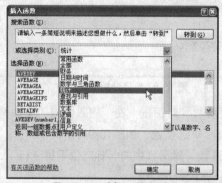

图 10-15 选择函数类别

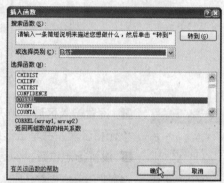

图 10-16 选择函数

12 **设置函数参数**。打开"函数参数"对话框，分别设置不同的参数内容，再单击"确定"按钮，如图10-17所示。

图 10-17 设置函数参数

13 **查看计算结果**。返回到工作表中，在指定的单元格中查看公式计算结果，并在编辑栏中查看公式内容，如图10-18所示。

	A	B	C	D	E	F
	fx	=CORREL(A2:A9,B2:B9)				
1	培训费用	销售业绩				
2	￥2,100	￥50,000			培训费用	销售业绩
3	￥1,800	￥45,000		培训费用	1	
4	￥2,500	￥60,000		销售业绩	0.9704616	1
5	￥1,500	￥43,000				
6	￥2,600	￥65,000		函数分析相关性结果:		0.970462
7	￥3,200	￥80,000				
8	￥2,000	￥45,000				
9	￥1,800	￥52,000				

图 10-18 查看计算结果

10.2.2　外币存款与汇率相关系数分析

　　当用户需要办理外币存款时，需要按现金流量发生日的汇率将外币折算为人民币。汇率是一个变动数据，每天都可能发生变化，对于同样数目的存款金额，用户也需要计算在不同汇率下的折换金额。本节首先为用户介绍如何将外币存款进行折抵计算，再根据计算结果使用数据分析工具分析汇率与存款本金、利息、本息和之间的关系。

　　❶　查看表格数据。打开源文件\第10章\原始文件\存款与汇率相关性分析.xlsx，查看表格中记录的外币汇率及存款金额、利率等相关数据信息，如图10-19所示。

　　❷　计算第一个月本金。在C7单元格中输入公式"=B2*B7"，计算第一个月的存款本金，如图10-20所示。

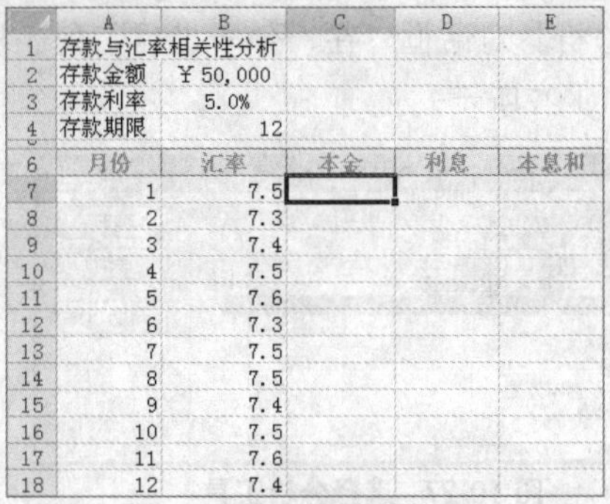

图 10-19　查看表格数据 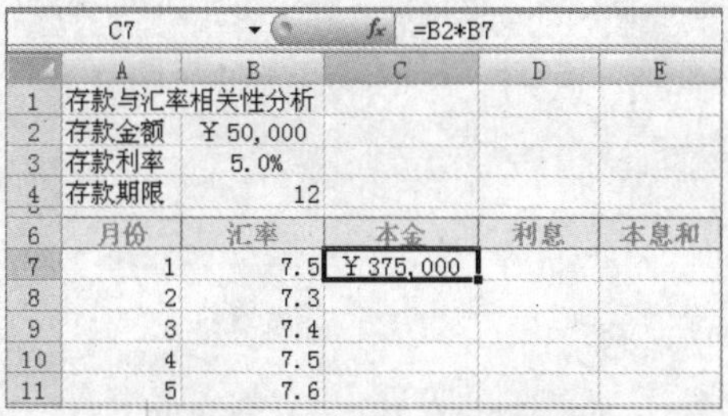　　　　图 10-20　计算第一个月本金

交叉参考

关于外汇存款的本金、利息、本息和计算，用户可以参见第17章第17.2小节。

　　❸　计算利息。在D7单元格中输入公式"=C7*($B$3/12)"，计算公式结果，如图10-21所示。

　　❹　计算本息和。在E7单元格中输入公式"=C7+D7"，并计算公式结果，如图10-22所示。

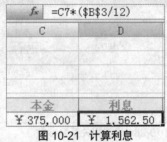

图 10-21　计算利息

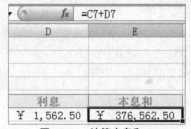

图 10-22　计算本息和

交叉参考

在编辑计算公式时，用户需要注意参数的单元格地址引用方式，以方便对公式进行复制操作，单元格地址的引用设置可参见第7章第7.1.3小节。

　　❺　计算第二个月本金。在C8单元格中输入公式"=$B$2*B8+D7"，并计算公式结果，如图10-23所示。

　　❻　计算本金。将C8单元格公式向下复制，计算不同月份的本金，由于各月的利息与本息和未计算，因此计算的每月本金暂时相同，如图10-24所示。

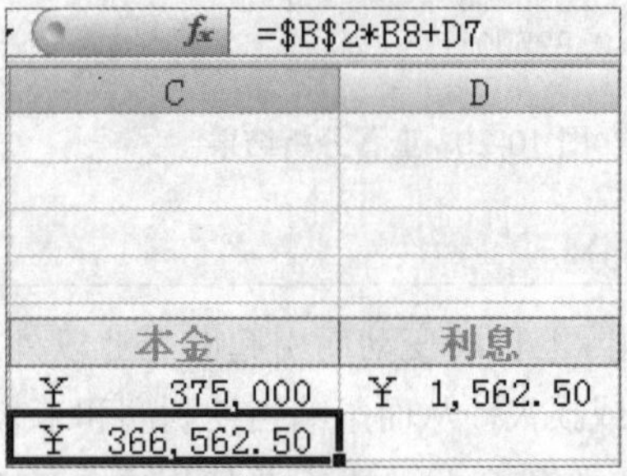

图 10-23　计算第二个月本金 　　　　图 10-24　计算本金

　　❼　复制公式。同时选定D8和D9单元格，并向下拖动鼠标复制公式，计算不同月份的利息与本息和，此时可以看到本金列中各月的数据重新计算，并显示计算后的结果，如图10-25所示。

8 **使用数据分析工具。**切换到"数据"选项卡下,在"分析"组中单击"数据分析"按钮,如图10-26所示。

本金	利息	本息和
￥ 375,000	￥ 1,562.50	￥ 376,562.50
￥ 366,562.50	￥ 1,527.34	￥ 368,089.84
￥ 371,527.34	￥ 1,548.03	￥ 373,075.37
￥ 376,548.03	￥ 1,568.95	￥ 378,116.98
￥ 381,568.95	￥ 1,589.87	￥ 383,158.82
￥ 366,589.87	￥ 1,527.46	￥ 368,117.33
￥ 376,527.46	￥ 1,568.86	￥ 378,096.32
￥ 376,568.86	￥ 1,569.04	￥ 378,137.90
￥ 371,569.04	￥ 1,548.20	￥ 373,117.24
￥ 376,548.20	￥ 1,568.95	￥ 378,117.16
￥ 381,568.95	￥ 1,589.87	￥ 383,158.82
￥ 371,589.87	￥ 1,548.29	￥ 373,138.16

图 10-25 复制公式

图 10-26 使用数据分析工具

9 **选择分析工具。**打开"数据分析"对话框,在"分析工具"列表框中单击"相关系数"选项,再单击"确定"按钮,如图10-27所示。

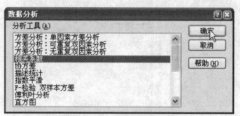

图 10-27 选择分析工具

提示

用户设置分组方式为"逐行"时,标志将自动位于第一列。

10 **设置相关系数参数。**打开"相关系数"对话框,设置输入区域为B6:E18,单击选中"逐列"单选按钮,再选中"新工作表组"单选按钮,最后单击"确定"按钮,如图10-28所示。

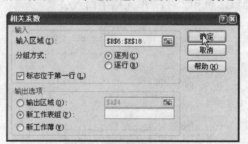

图 10-28 设置相关系数参数

提示

计算结果中相关系数结果为1,表示所有数据均为正相关。

11 **查看分析结果。**在工作簿中插入一个新的工作表,并显示数据分析结果,如图10-29所示。

	A	B	C	D	E
1		汇率	本金	利息	本息和
2	汇率	1			
3	本金	0.995903	1		
4	利息	0.995903	1	1	
5	本息和	0.995903	1	1	1
6					

图 10-29 查看分析结果

相关行业知识 | **外汇风险形态分析**

外汇风险是指由于各国货币国际汇价的变动而引起的企业以外币表示的资产、负债、收入、费用的增加或减少,产生收益或损失,从而影响当期利润和未来现金流量的风险。

在国际工程承包中,我国对外承包企业一般需要使用大量的自由外汇,用于购置施工的机械设备、永久性设备、进口材料、办公用品,支付国内员工工资、国际差旅费、管理费用、利润等。由于对外承包企业对自由外汇的需求是必不可少的,而最终的资金来源只有工程结算款,大量外汇兑换业务的存在,产生了外汇风险。

外汇风险种类较多，通常可划分为交易风险、经济风险和折算风险。

❶ 交易风险。是指企业在以外币计价的跨国交易中，由于汇率的变动而造成未结算的外币交易发生损益的可能性。

❷ 经济风险。是指企业所处的经济环境由于外汇汇率变动而引起的企业未来收益变化的风险。经济风险是一种潜在的风险，它直接影响到对外承包工程企业在海外的经济效益和投资的经济价值。就国际工程承包来说，经济风险的大小主要依据合同的支付条件来决定。

❸ 折算风险。是指在企业的母公司与海外子公司合并财务报告在不同币别货币的相互折算中，因汇率变动，致使企业蒙受账面经济损失的可能性。折算风险是企业母公司因对海外子公司的财务报告做不同币别货币的相互折算的会计处理而承受的汇率风险。

10.3 回归分析工具

用户除了可以使用数据分析工具中的相关系数进行分析外，还可以使用回归分析工具来分析表格中不同数据之间的相互关系。本节将以针对不同价位的产品，对客户进行满意度调查的数据为例，为用户介绍如何使用回归分析工具找出价位与满意度之间的关系，具体的数据分析方法如下。

10.3.1 产品满意度回归分析

使用回归分析能够全方位地对数据组建立回归方程，拟合回归曲线，对参数进行检验和统计，并且对预测值进行精度检验和置信区间的估计等操作，下面为用户介绍如何使用回归分析工具进行数据分析，具体的操作方法如下。

1 查看表格数据。打开源文件\第10章\原始文件\市场满意度回归分析.xlsx，如图10-30所示，用户需要统计分析产品在不同价格下的客户满意度情况。

2 使用数据分析工具。切换到"数据"选项卡下，在"分析"组中单击"数据分析"按钮，如图10-31所示。

A	B
市场满意度调查	
产品价格	满意度
¥1,500	3
¥1,400	4
¥1,800	2
¥1,630	5
¥2,300	4
¥2,000	3
¥1,560	3
¥3,000	5
¥2,500	4
¥1,900	3
¥2,200	5

图 10-30 查看表格数据

图 10-31 单击"数据分析"按钮

3 选择分析工具。打开"数据分析"对话框，在"分析工具"列表中单击"回归"选项，再单击"确定"按钮，如图10-32所示。

4 设置Y值输入区域。打开"回归"对话框，设置Y值输入区域引用B2:B13单元格区域，如图10-33所示。

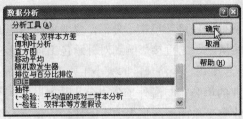

图 10-32　选择分析工具

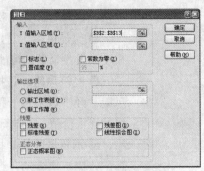

图 10-33　设置输入区域

5 **设置X值输入区域。** 在"回归"对话框中设置X值输入区域为A2:A13，如图10-34所示。

6 **设置输入选项。** 在"输入"区域中勾选"标志"和"置信度"复选框，并设置置信度为 "95%"，如图10-35所示。

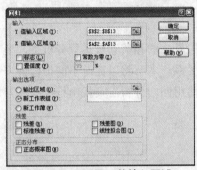

图 10-34　设置 X 值输入区域

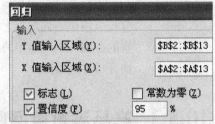

图 10-35　设置输入选项

7 **设置输出区域。** 单击选中"输出区域"单选按钮，并设置引用A15单元格区域，如图10-36所示。

8 **设置残差。** 在"残差"区域中勾选"残差"、"残差图"、"标准残差"、"线性拟合图"复选框，在"正态分布"区域中勾选"正态概率图"复选框，再单击"确定"按钮，如图10-37所示。

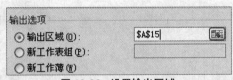

图 10-36　设置输出区域

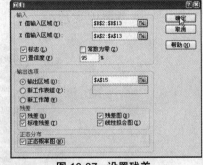

图 10-37　设置残差

9 **查看分析结果。** 在工作表中将回归分析数据结果显示在指定的输出区域，如图10-38所示。

	A	B	C	D	E	F	G	H	I
15	SUMMARY OUTPUT								
16									
17	回归统计								
18	Multiple R	0.4507781							
19	R Square	0.2032009							
20	Adjusted R	0.1146677							
21	标准误差	0.9494363							
22	观测值	11							
23									
24	方差分析								
25		df	SS	MS	F	gnificance F			
26	回归分析	1	2.068954	2.068954	2.295193	0.164077			
27	残差	9	8.112864	0.901429					
28	总计	10	10.18182						
29									
30		Coefficient	标准误差	t Stat	P-value	Lower 95%	Upper 95%	下限 95.0%	上限 95.0%
31	Intercept	1.8750739	1.255649	1.49331	0.169559	-0.9654	4.715549	-0.9654	4.715549
32	产品价格	0.000935	0.000617	1.51499	0.169559	-0.00046	0.002331	-0.00046	0.002331

图 10-38　查看分析结果

10.3.2 查看回归分析结论

当用户使用数据分析工具对表格数据进行回归分析后，在工作表中将同时生成多张数据分析结果表及分析图表，用户可以使用生成的分析结果表对分析结果进行评定，从而了解原始数据表中相关数据信息之间的相互关系，下面介绍不同分析表格与图表的作用。

> **提示**
> 一般来说，复相关系数、决定系数和修正系数越大，回归分析建立的回归模型就越好。

1 查看回归统计结果。 在回归统计输出表中，主要反映回归分析的拟合状况，其中的Multiple R为复相关系数，数值上等于Pearson系数的绝对值，R Square为决定系数，Adjusted R Square为修正系数，如图10-39所示。

SUMMARY OUTPUT	
回归统计	
Multiple R	0.4507781
R Square	0.2032009
Adjusted R	0.1146677
标准误差	0.9494363
观测值	11

图 10-39　回归统计分析表

> **提示**
> 在回归统计结果分析表中，可以得出回归方程式为 Y=0.000935X+1.8750739，其余为回归方程的检验指标数值，比如回归系数的95%置信区间上下限的值。

2 查看方差分析表。 在方差分析输出表中，将分析过程分解为回归分析和残差，从而对回归方程进行检验。本例中只有一个自变量，在这种情况下，方差的分析结果与t检验等价，F=t2，本例中F=2.295193，如图10-40所示。

方差分析								
	df	SS	MS	F	gnificance F			
回归分析	1	2.068954	2.068954	2.295193	0.164077			
残差	9	8.112864	0.901429					
总计	10	10.18182						
	Coefficient	标准误差	t Stat	P-value	Lower 95%	Upper 95%	下限 95.0%	上限 95.0%
Intercept	1.8750739	1.255649	1.49331	0.169559	-0.9654	4.715549	-0.9654	4.715549
产品价格	0.000935	0.000617	1.51499	0.164077	-0.00046	0.002331	-0.00046	0.002331

图 10-40　分析方差分析结果

3 分析RESIDUAL OUTPUT结果。 在RESIDUAL　OUTPUT输出表中，用户可以查看残差及标准残差值，如图10-41所示。

4 分析PROBABILITY OUTPUT结果。 在PROBABILITY OUTPUT输出表中用户可以查看不同满意度的百分比排位情况，如图10-42所示。

RESIDUAL OUTPUT			
观测值	预测 满意度	残差	标准残差
1	3.2776109	-0.27761	-0.30821
2	3.1841084	0.815892	0.905827
3	3.5581183	-1.55812	-1.72987
4	3.3991641	1.600836	1.777296
5	4.0256306	-0.02563	-0.02846
6	3.7451232	-0.74512	-0.82726
7	3.3337124	-0.33371	-0.3705
8	4.6801478	0.319852	0.355109
9	4.2126355	-0.21264	-0.23607
10	3.6516207	-0.65162	-0.72345
11	3.9321281	1.067872	1.185583

图 10-41　分析 RESIDUAL OUTPUT 结果

PROBABILITY OUTPUT	
百分比排位	满意度
4.545454545	2
13.63636364	3
22.72727273	3
31.81818182	3
40.90909091	3
50	4
59.09090909	4
68.18181818	4
77.27272727	5
86.36363636	5
95.45454545	5

图 10-42　分析 PROBABILITY OUTPUT 结果

5 查看输出回归分析图表。 在工作表中查看线性拟合图表，其中蓝色系列表示不同价位对应市场的满意度实际值，红色系列表示根据回归方程得到的预测值，如图10-43所示。

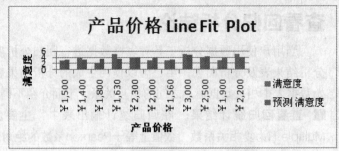

图 10-43　查看输出回归分析图表

6 查看残差图。如图10-44所示，残差图用于判断回归方程的拟合程序，一般来说，残差散点随机分布在0值附近，则说明回归模型可以接受，否则就要通过其他的方式去得到该模型。本例中的残差散点虽然是随机的，但有的值离0值太远，因此回归方程的误差比较大。

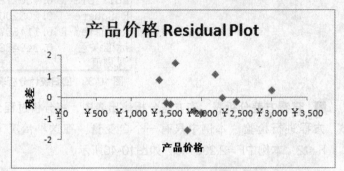

图 10-44　查看残差图表

7 分析正态概率图表。如图10-45所示为正态概率图表，用于判断因变量Y是否为正态分布，如果是，则图中的散点应该成一条直线。本例中的正态概率数据点不呈一条直线，因此Y值不呈正态分布。

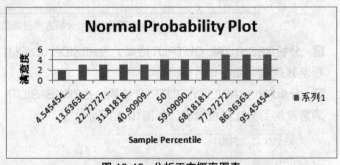

图 10-45　分析正态概率图表

10.4 抽样数据分析工具

　　当用户需要对大量的数据进行分析时，则可以使用抽样分析的方法。将大量的数据进行抽样，从而简化分析的过程。本节将为用户介绍如何使用周期抽样对各个区间段的固定资产折旧额进行计算，最后运用平均值函数得到通过抽样方法计算所得的平均折旧额，从而对固定资产的折旧额有所了解。

10.4.1 固定资产折旧周期抽样分析

当企业对固定资产金额进行分析时，可以使用周期性抽样分析的方法，分析企业固定资产的折旧额。折旧数据在总体上呈现线性递减的趋势，并有一定的起伏变化，因此用户可以指定在固定的折旧年限中对资产折旧额进行析，以保证分析的准确性，下面介绍其具体的操作方法。

> **提示**
>
> 使用抽样数据分析工具，从众多的繁杂数据中抽取一定比例的数据进行分析比较，使数据的分析更为方便快捷。

1 **查看表格数据**。打开源文件\第10章\原始文件\固定资产折旧抽样分析.xlsx，查看表格中记录的企业固定资产期间折旧数据，如图10-46所示。

2 **使用数据分析工具**。切换到"数据"选项卡下，在"分析"组中单击"数据分析"按钮，如图10-47所示。

图 10-46 查看表格数据

图 10-47 单击"数据分析"按钮

3 **选择分析工具**。打开"数据分析"对话框，在"分析工具"列表中单击"抽样"选项，再单击"确定"按钮，如图 10-48 所示。

4 **设置输入区域**。打开"抽样"对话框，设置输入区域为B3:B15，如图10-49所示。

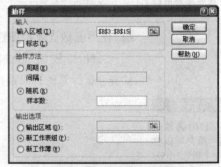

图 10-49 设置输入区域

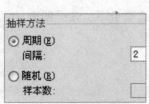

图 10-48 选择分析工具

5 **选择抽样方法**。在"抽样方法"区域中单击选中"周期"单选按钮，并设置间隔为"2"，如图10-50所示。

6 **设置输出选项**。在"输出选项"区域中单击选中"输出区域"单选按钮，并引用D3单元格，设置完成后单击"确定"按钮，如图10-51所示。

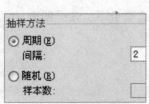

图 10-50 设置周期

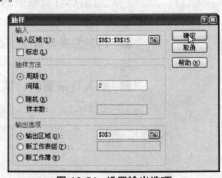

图 10-51 设置输出选项

提示

在使用抽样分析工具时，置信区间的计算公式通常为：置信区间 = 样本均值 +(-) 标准误差 ×t 值。

7 **显示抽样结果。**在指定的输出区域显示抽样数据结果，用户在D2单元格中自行添加数据标题内容，如图10-52所示。

8 **计算折旧递减。**在E2单元格中输入"折旧递减"，并在E4单元格中输入公式"=(D3-D4)/2"，如图10-53所示。

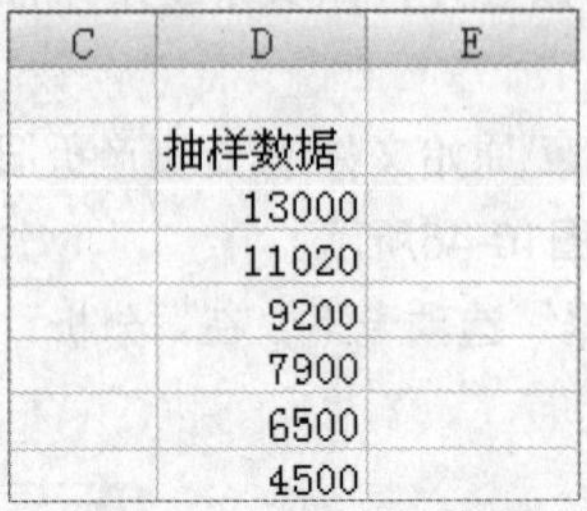

图 10-52 显示抽样结果

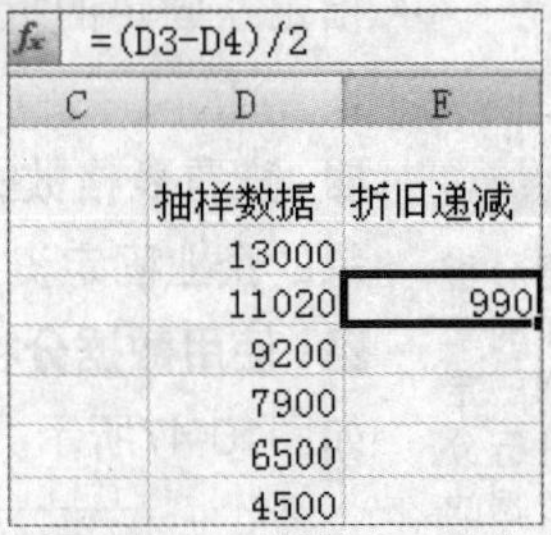

图 10-53 计算折旧递减

提示

在设置"样本数"时，通常样本个数是预先就设定好的已知值，用户也可以根据需要自行输入，但在 Excel 中，为了使各相关单元格中的数据能动态变动，则一般通过公式输入方式得到数据，这样当其他数据发生变化时，通过公式得到的各数据就可以相应产生变化而不需要用户自行修改。

9 **复制公式。**向下复制公式到E8单元格，计算抽样数据的递减数值，如图10-54所示。

10 **计算平均折旧额。**在E10单元格中输入公式"=AVERAGE(E4:E8)"，并计算公式结果，如图10-55所示。

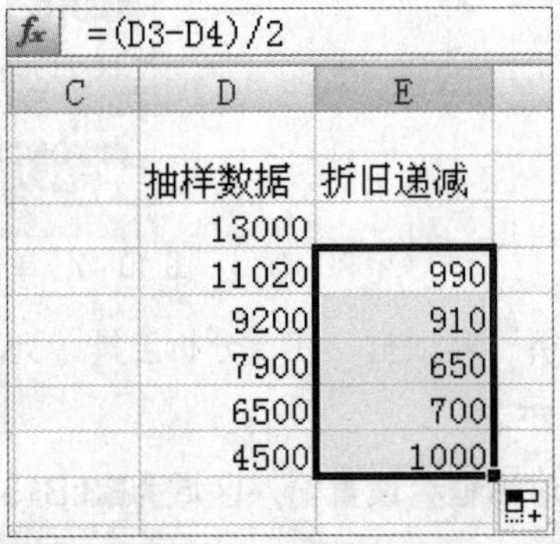

图 10-54 复制公式

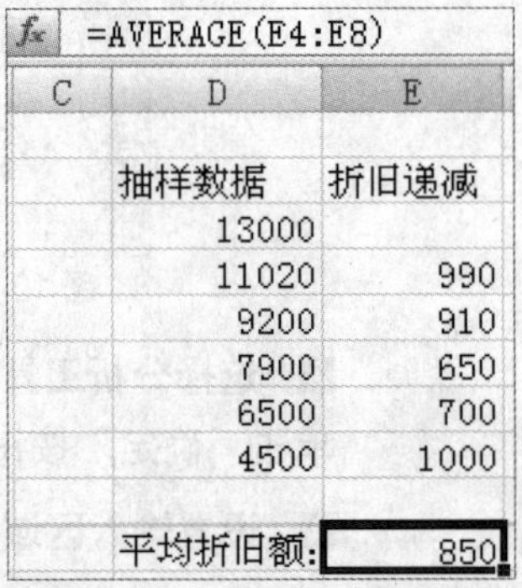

图 10-55 计算平均折旧额

11 **使用函数计算折旧额。**用户还可以使用SLN()函数计算折旧额，在E11单元格中输入公式"=SLN(B3,B15,COUNT(B3:B15))"，并计算公式结果，可以看出由公式计算的结果与使用抽样分析计算的折旧额相近，如图10-56所示。

交叉参考

关于 SLN() 函数的使用，用户可以参见第 7 章第 7.2 小节。

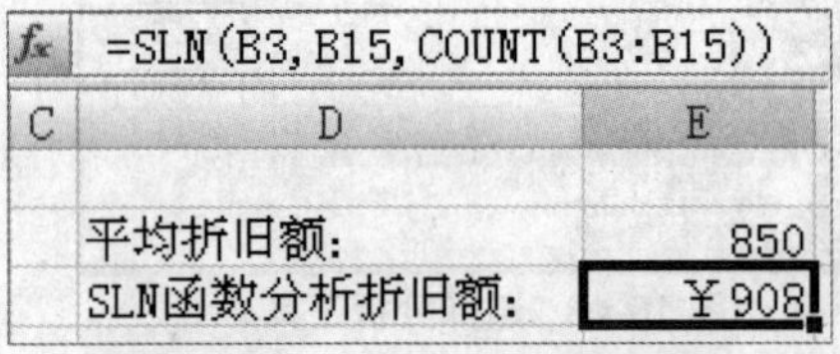

图 10-56 使用公式计算折旧额

10.4.2 图表分析抽样数据信息

当用户对表格中的数据进行分析后，为了达到更好的分析说明效果，还可以使用图表功能进一步的数据分析。

1 **选定图表源数据。**选定图表中的D2:D8单元格区域，作为创建图表的源数据，如图10-57所示。

2 **插入折线图。**切换到"插入"选项卡下，在"图表"组中单击"折线图"选项，如图10-58所示。

图 10-57   选定图表源数据　　　　　　图 10-58   插入折线图

3 **选择折线图。** 在展开的列表中单击"带数据标记的折线图"选项，如图10-59所示。

4 **生成图表。** 在工作表中生成由选定数据创建的折线图，如图10-60所示。

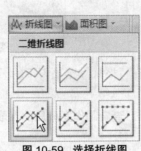

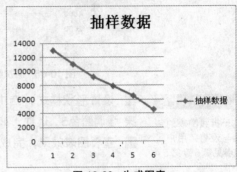

图 10-59   选择折线图　　　　　　图 10-60   生成图表

5 **快速布局。** 在"设计"选项卡下单击"快速布局"按钮，在展开的列表中单击"布局9"选项，如图10-61所示。

6 **删除图例。** 图表更改为指定的图表类型，选中图表中的图例，按Delete键进行删除，如图10-62所示。

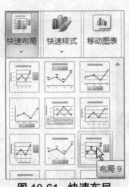

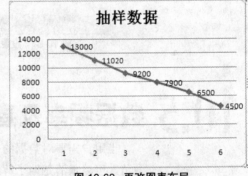

图 10-61   快速布局　　　　　　图 10-62   更改图表布局

7 **添加坐标轴标题。** 单击"布局"选项卡下的"坐标轴标题"按钮，在展开的列表中单击"主要横坐标轴标题"选项，再单击"坐标轴下方标题"选项，如图10-63所示。

8 **编辑坐标轴标题。** 在添加的横坐标轴标题文本框中输入需要添加的标题内容，如图10-64所示。

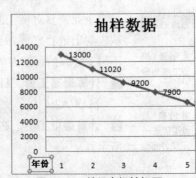

图 10-63   添加坐标轴标题　　　　　　图 10-64   编辑坐标轴标题

⑨ **添加纵坐标轴标题。**使用相同的方法在图表中添加纵坐标轴标题，并输入需要添加的标题文本内容，如图10-65所示。

⑩ **快速样式。**在"设计"选项卡下单击"快速样式"按钮，在展开的列表中单击"样式26"选项，如图10-66所示。

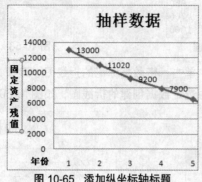

图 10-65　添加纵坐标轴标题

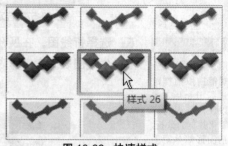

图 10-66　快速样式

交叉参考

关于折线图表的创建与设置，用户可以参见第5章第5.4小节。

⑪ **设置形状样式。**选中整个图表，在"格式"选项卡下的"形状样式"组中单击"细微效果-强调颜色5"选项，如图10-67所示。

⑫ **查看图表效果。**完成图表的设置后，查看制作完成后的图表效果，如图10-68所示。

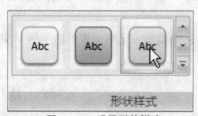

图 10-67　设置形状样式

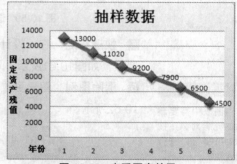

图 10-68　查看图表效果

10.5 数据频率及直方图分析

当用户需要对数据的分布状况有所了解时，可以使用数据频率分布来进行分析。通过频数值，可以很清楚地了解到数据的分布趋势，并计算累计的频率数。如果用户需要将统计的数据频数分布以图形的方式更加直观地表示出来，则可以使用数据分析工具中的直方图工具进行分析，并对图表进行格式化效果的设置，从而使图形更加明了地描述分析后的数据。

10.5.1 员工工资数据频率分析

光盘路径

原始文件：
源文件\第10章\原始文件\员工工资分析.xlsx

最终文件：
源文件\第10章\最终文件\员工工资分析.xlsx、工资分布直方图.xlsx

企业需要对员工的工资水平进行分析，需要了解不同工资水平段的员工人数，从而便于从宏观上进行掌握。当企业人数过多，工资参差不齐时，则可以使用频数统计的方法，计算不同工资段的员工人数，从而了解员工工资数据的频率分布情况。

❶ **计算最高工资。**打开源文件\第10章\原始文件\员工工资分析.xlsx，在D1单元格中输入公式"=MAX(A2:A12)"，计算最高工资额，如图10-69所示。

❷ **计算最低工资。**在D2单元格中输入公式"=MIN(A2:A12)"，计算最低工资额，如图10-70所示。

D1 ▾		f_x	=MAX(A2:A12)
	A	B	C	D
1	员工工资		最高工资:	￥4,800
2	￥2,500			
3	￥3,200			
4	￥1,600			
5	￥2,000			
6	￥4,800			
7	￥1,800			
8	￥1,800			
9	￥2,500			
10	￥1,600			
11	￥2,000			
12	￥1,500			

图 10-69　计算最高工资

D2 ▾		f_x	=MIN(A2:A12)
	A	B	C	D
1	员工工资		最高工资:	￥4,800
2	￥2,500		最低工资:	￥1,500
3	￥3,200			
4	￥1,600			
5	￥2,000			
6	￥4,800			
7	￥1,800			
8	￥1,800			
9	￥2,500			
10	￥1,600			
11	￥2,000			
12	￥1,500			

图 10-70　计算最低工资

3 计算全距值。在D3单元格中输入公式"=D1-D2"，如图10-71所示。

4 制作员工工资频数表。根据计算的最高工资、最低工资及全距值，在表格中编辑员工工资频数表，用于对工资频数进行分析，如图10-72所示。

=D1-D2

B	C	D
	最高工资:	￥4,800
	最低工资:	￥1,500
	全距:	￥3,300

图 10-71　计算全距

F	G	H	I
员工工资频数表			
工资水平分组	上限值	频数	累计频数
1500以下	1500		
1500-1999	1999		
2000-2499	2499		
2500-2999	2999		
3000-3499	3499		
3500-3900	3900		
5000以下	5000		

图 10-72　制作员工工资频数表

5 计算频数。选中H3:H9单元格区域，并输入数组公式"=FREQUENCY(A2:A12,G3:G9)"，如图10-73所示。

6 计算数组公式。完成数组公式的输入后，按下键盘中的Ctrl＋Enter＋Shift键，完成公式的计算，如图10-74所示。

✕ ✓	f_x	=FREQUENCY(A2:A12,G3:G9)
F	G	H	I
员工工资频数表			
工资水平分组	上限值	频数	累计频数
1500以下	1500	3:G9)	
1500-1999	1999		
2000-2499	2499		
2500-2999	2999		
3000-3499	3499		
3500-3900	3900		
5000以下	5000		

图 10-73　计算频数

	f_x	{=FREQUENCY(A2:A12,G3:G9)}
F	G	H	I
员工工资频数表			
工资水平分组	上限值	频数	累计频数
1500以下	1500	1	
1500-1999	1999	4	
2000-2499	2499	2	
2500-2999	2999	2	
3000-3499	3499	1	
3500-3900	3900	0	
5000以下	5000	1	

图 10-74　计算数组公式

7 计算累计频数。在I3单元格中输入公式"=H3"，如图10-75所示。

8 计算累计频数并复制公式。在I4单元格中输入公式"=I3+H4"，并复制公式到I9单元格，如图10-76所示。

	f_x	=H3
G	H	I
工工资频数表		
上限值	频数	累计频数
1500	1	1
1999	4	
2499	2	
2999	2	

图 10-75　计算累计频数

▾		f_x	=I3+H4
F	G	H	I
员工工资频数表			
工资水平分组	上限值	频数	累计频数
1500以下	1500	1	1
1500-1999	1999	4	5
2000-2499	2499	2	7
2500-2999	2999	2	9
3000-3499	3499	1	10
3500-3900	3900	0	10
5000以下	5000	1	11

图 10-76　计算累计频数并复制公式

10.5.2 员工工资分布直方图分析

当用户使用数据组频率分析法计算出不同工资段的员工人数情况后，还可以使用直方图来对企业员工工资表进行分析，并根据需要对创建的图表进行格式化效果的设置，从而使图表达到更好的分析说明效果，其具体的操作方法如下。

1 **查看表格数据。**用户需要根据计算的员工工资频数相关数据来进行工资分布情况的分析，如图10-77所示，查看表格中的相关数据。

2 **使用数据分析工具。**切换到"数据"选项卡下，在"分析"组中单击"数据分析"按钮，如图10-78所示。

工资水平分组	上限值	频数	累计频数
员工工资频数表			
1500以下	1500	1	1
1500-1999	1999	4	5
2000-2499	2499	2	7
2500-2999	2999	2	9
3000-3499	3499	1	10
3500-3900	3900	0	10
5000以下	5000	1	11

图 10-77　查看表格数据

图 10-78　使用数据分析工具

3 **选择分析工具。**打开"数据分析"对话框，在"分析工具"列表中单击"直方图"选项，再单击"确定"按钮，如图10-79所示。

4 **设置输入区域。**打开"直方图"对话框，设置输入区域引用A2:A12单元格区域，如图10-80所示。

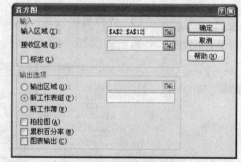

图 10-79　选择分析工具

图 10-80　设置输入区域

5 **设置接收区域。**在接收区域文本框中设置引用G3:G9单元格区域，如图10-81所示。

6 **设置输出选项。**在"输出选项"区域中单击选中"新工作簿"单选按钮，并勾选"图表输出"复选框，再单击"确定"按钮，如图10-82所示。

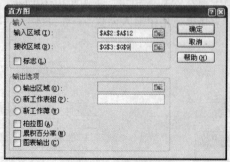

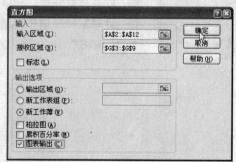

图 10-81　设置接收区域

图 10-82　设置输出选项

7 **查看直方图。**在新工作表中显示数据分析结果，用户可以根据直方图查看相关数据信息，如图10-83所示。

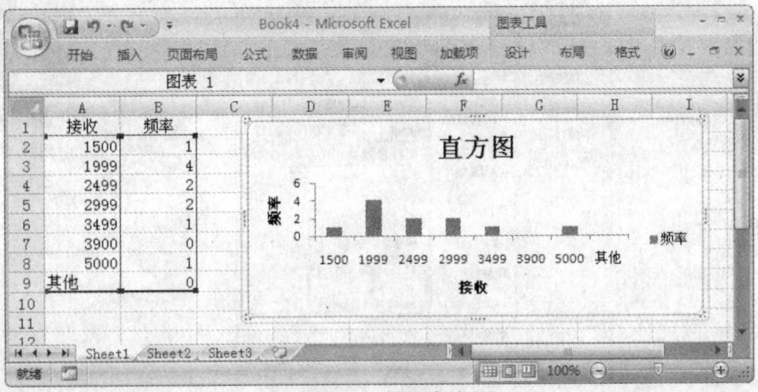

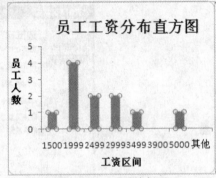

图 10-83 查看直方图

> **提示**
>
> 当用户创建直方图后，可以看到新生成的两列数据，即接收和频率。接受数据就是数据频率分布表中的"上限值"，频率数据就是数据频率分布表中的"频数"。

8 **调整绘图区大小**。选中图表中的绘图区，并拖动鼠标调整该区域大小，如图10-84所示。

9 **设置图表标题**。分别为图表标题、坐标轴标题等编辑合适的标题内容，如图10-85所示。

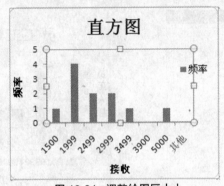

图 10-84 调整绘图区大小

图 10-85 设置图表标题

> **提示**
>
> 在图表中，图表标题、坐标轴标题等文本对象，只能通过调整字号大小来调整其效果。

10 **设置绘图区选项**。单击"布局"选项卡下"背景"组中的"绘图区"按钮，在展开的列表中单击"其他绘图区选项"选项，如图10-86所示。

11 **设置填充效果**。打开"设置绘图区格式"对话框，在"填充"选项面板下单击选中"图片或纹理填充"单选按钮，单击"纹理"右侧的下拉按钮，在展开的列表中单击"纸莎草纸"选项，如10-87所示。

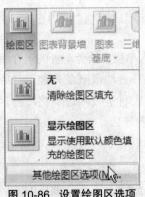

图 10-86 设置绘图区选项

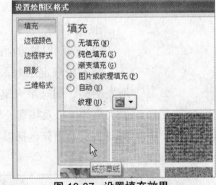

图 10-87 设置填充效果

12 **设置三维格式**。切换到"三维格式"选项面板下，单击"顶端"右侧的下拉按钮，在展开的列表中单击"圆"选项，如图10-88所示。

13 **设置图表区格式**。选中图表区，在"设置图表区格式"对话框中切换到"填充"选项面板下，单击选中"纯色填充"单选按钮，并单击"颜色"按钮，在展开的列表中单击"白色，背景1，深色15%"选项，如图10-89所示。

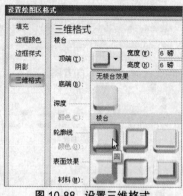

图 10-88　设置三维格式

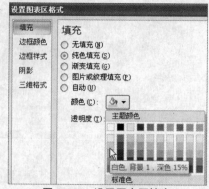

图 10-89　设置图表区填充

14 设置边框样式。切换到"边框样式"选项卡下，勾选"圆角"复选框，如图 10-90 所示。

15 查看图表效果。完成图表的设置后，查看设计完成后的直方图效果，如图 10-91 所示。

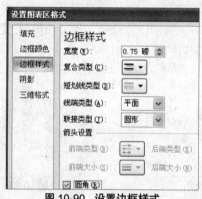

图 10-90　设置边框样式

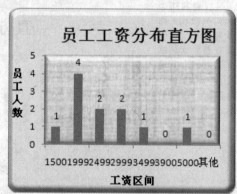

图 10-91　查看图表效果

相关行业知识 | **工资的含义及等级划分**

工资，是指用人单位依据国家有关规定或劳动合同的约定，以货币形式直接支付给本单位劳动者的劳动报酬。工资一般包括计时工资、计件工资、奖金、津贴和补贴、延长工作时间的工资报酬以及特殊情况下支付的工资等。以下劳动收入不属于工资范围：

（1）单位支付给劳动者个人的社会保险福利费用，如丧葬抚恤救济费、生活困难补助费、计划生育补贴等；

（2）劳动保护方面的费用，如用人单位发给劳动者的工作服、解毒剂、清凉饮料费用等；

（3）按规定未列入工资总额的各种劳动报酬及其他劳动收入，如根据国家规定发放的创造发明奖、国家星火奖、自然科学奖、科学技术进步奖、合理化建议和技术改进奖、中华技能大奖等，以及稿费、讲课费、翻译费等。

工资的划分包括以下两个方面。

岗位等级表

岗位名称	岗位等级	岗位名称	岗位等级
总经理	1-3级	副总经理	2-7级
技术总监	2-7级	技术开发部部长	4-9级
高级工程师	6-11级	企业发展部部长	4-9级
工程师	8-12级	企业发展部经理	6-11级
技术员	10-13级	企业发展部主管	8-12级
财务总监	2-7级	企业发展部文员	10-13级
财务部长	4-9级	行政总监	2-7级
财务主管会计	6-11级	人力资源部部长	4-9级
财务会计	8-12级	人力资源部经理	6-11级

（续表）

岗位名称	岗位等级	岗位名称	岗位等级
出纳	10-13级	人力资源部主管	8-12级
司机、勤杂	14级	人力资源部文员	9-13级
试用期	13级	实习生	15级

基本工资级别档次表

	一档	二档	三档	四档	五档
一级	6000	5900	5800	5700	5600
二级	5500	5400	5300	5200	5100
三级	5000	4900	4800	4700	4600
四级	4500	4400	4300	4200	4100
五级	4000	3900	3800	3700	3600
六级	3500	3400	3300	3200	3100
七级	3000	2900	2800	2700	2600
八级	2500	2400	2300	2200	2100
九级	2000	1900	1800	1700	1600
十级	1550	1500	1450	1400	1300
十一级	1350	1250	1200	1150	1050
十二级	1100	1000	950	900	850
十三级	800	750	700	650	600
十四级	550	500			
十五级	450	400	300		

宏与VBA的自动化功能

运用前面各章所介绍的知识点，可以使用Excel解决大多数关于财务的问题，但如果进行大量重复性的工作时会造成工作效率低，在使用Excel进行商业系统开发时，如何让Excel启动时自动显示系统的窗体管理菜单，再根据窗体菜单上的项目对系统进行控制。这些都可以通过Excel宏的录制或VBA来处理。

11.1 最简单的VBA程序 —— 宏

宏的英文名称为Macro，意思是由用户定义好的操作。它是指能完成某项任务的一组键盘和鼠标的操作结果或一系列的命令和函数，宏的作用在于可以使频繁执行的动作自动化。

11.1.1 录制保护销售业绩工作表的宏

◎ 光盘路径

最终文件：
源文件\第11章\终文件\销售业绩表.xlsm

使用宏制作表格需要首先对宏进行录制，而在录制之前需进行一些准备工作，如定义名称、设置保存位置等。将这些准备工作完成后，即可开始录制宏了。下面以录制销售业绩工作表为例为读者介绍如何录制宏。

1 **打开"Excel选项"对话框。**新建一个工作簿，单击Office按钮，从弹出的菜单中单击"Excel选项"按钮，如图11-1所示。

2 **在功能区显示"开发工具"。**弹出"Excel选项"对话框，在"常规"选项卡的"使用Excel时采用的首选项"选项组中勾选"在功能区显示'开发工具'选项卡"复选框，如图11-2所示，然后单击"确定"按钮。

◎ 提示

宏名不能随意设置，他也有自己的规范，具体如下：
● 宏名的首字符必须是英文字母。
● 宏名的其他字符可以是英文字母、数字或下划线。
● 宏名中不允许出现空格。
● 宏名中可以用下划线作为分词符。
● 宏名不允许与单元格引用重名，否则会出现错误信息，显示宏名无效。

图11-1 单击"Excel选项"按钮

图11-2 在功能区显示"开发工具"

3 **录制宏。**返回工作表中，先将Sheet1工作表标签重命名为"1月"，然后单击"开发工具"标签，切换至"开发工具"选项卡下，在"代码"组中单击"录制宏"按钮，如图11-3所示。

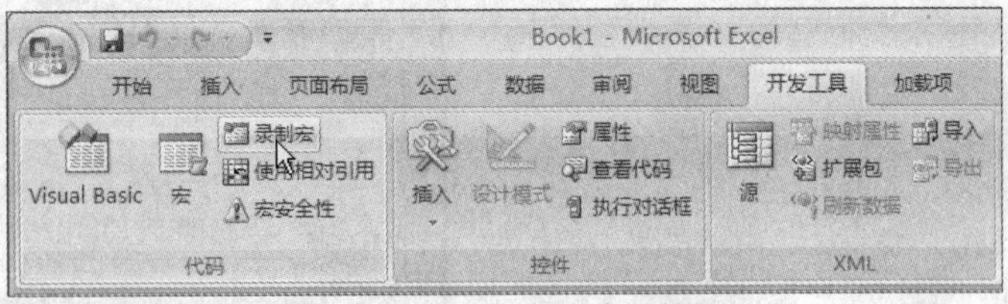

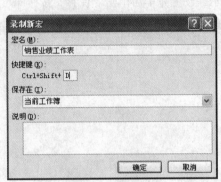

图 11-3　单击“录制宏”按钮

4 设置新宏。此时，在屏幕上弹出“录制新宏”对话框，首先可以在“宏名”文本框中输入即将录制的新宏名称“销售业绩工作表”，然后再设置执行宏的快捷键为Ctrl+Shift+D，保持默认的保存在“当前工作簿”，如图11-4所示。

5 制作销售业绩工作表。单击“确定”按钮，返回工作表中，用户便可以按照一般的程序制作工作表，制作完毕后的销售业绩表格如图11-5所示。

图 11-4　设置新宏

	A	B	C	D	E
1	李发公司员工销售业绩统计表				
2	员工编号	姓名	签单金额	到账金额	到账比例
3	dy001	张萍			
4	dy002	郭小东			
5	dy003	邓大勇			
6	dy004	赵科			
7	dy005	陈贤			
8	dy006	马小军			
9	dy007	李静			
10	dy008	王婷			
11	dy009	谭军			
12	dy010	李兴明			
13	dy011	赵磊			
14	dy012	王小萍			
15	dy013	张艳			

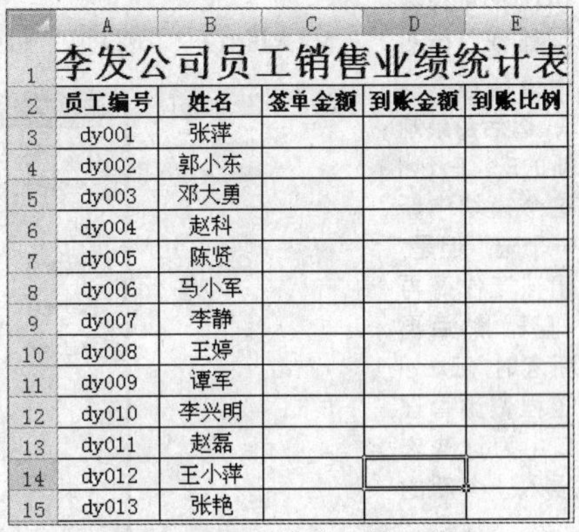

图 11-5　制作销售业绩工作表

提示

用户在录制宏的过程中尽量不要进行其他不相干的操作，否则Excel会视为宏命令的部分，从而在执行宏时会增加执行时间以及系统负载。

6 停止录制。销售业绩工作表制作完毕后，用户即可停止录制宏了。在“开发工具”选项卡下单击“代码”组中的“停止录制”按钮即可，如图11-6所示。

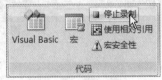

图 11-6　停止录制

11.1.2 保存与执行宏

光盘路径

最终文件：
源文件\第11章\最终文件\销售业绩表1.xlsm

录制完毕宏后，接下来的工作就是保存宏，宏的保存也就是录制宏的保存，在前面的“录制新宏”对话框中选择保存的选项。保存完毕后即可执行宏了。本节将为读者介绍几种执行宏的方法。

1. 宏的保存

在“录制新宏”的对话框中单击“保存在”右侧的下三角按钮，展开的下拉列表中有三种保存方式，如图11-7所示，这三种方法的含义如下。

- 如果选择“个人宏工作簿”选项，此时系统会将宏单独保存在一个名为“Personal.XLSX”的工作簿中，每当打开Excel程序时，会自动打开此文件并加以隐藏，用户能够在所有打开的工作簿中使用此宏。
- 如果选择“新工作簿”选项，此时系统会将宏单独保存在一个新工作簿中，此后需要使用此宏时，必须同时打开存有宏的工作簿文件，否则无法使用此宏。
- 如果选择“当前工作簿”选项，这是系统默认的设置方式，数据内容与宏均保存在当前工作簿中，用户可以在此工作簿中的任意一个工作表中使用此宏。

提示

不要将所有宏都放在个人宏工作簿中，如果个人宏工作簿中保存的宏过多，就很可能难以区分。如果能够确定一个宏只能在一个工作簿中执行，就把宏保存在那个工作簿中。

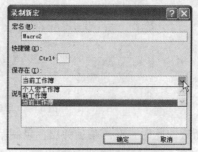

图 11-7　宏的三种保存方式

录制完毕宏后，用户可单击 Office 按钮，从弹出的菜单中单击"保存"命令，弹出"另存为"对话框，首先从"保存位置"下拉列表中选择需要保存的位置，然后在"文件名"文本框中输入"销售业绩表"，最后需要将"保存类型"更改为"Excel 启用宏的工作簿（*.xlsm）"选项，如图 11-8 所示。设置完毕后单击"保存"按钮即可。

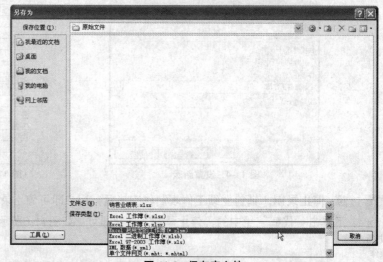

图 11-8　保存宏文件

2. 执行宏

在执行宏之前，用户需要将系统的安全等级设置为"禁用所有宏，并发出通知"或更低的等级，否则宏便无法执行。所以首先来为读者介绍如何设置系统的安全等级。

1　打开"Excel 选项"对话框。 启动 Excel 程序后，单击 Office 按钮，从弹出的菜单中单击"Excel 选项"按钮，如图 11-9 所示。

2　打开"信任中心"对话框。 弹出"Excel 选项"对话框，单击"信任中心"选项，切换至该选项面板下，然后单击"信任中心设置"按钮，如图 11-10 所示。

图 11-9　单击"Excel 选项"按钮

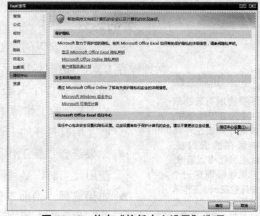

图 11-10　单击"信任中心设置"选项

3 **宏安全等级**。弹出"信任中心"对话框,在"宏设置"选项卡下可以看到宏安全等级共分为四级,如图11-11所示。下面分别为读者介绍这四个等级的适用范围。

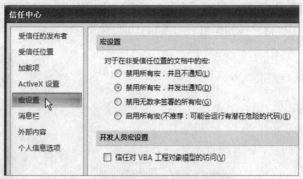

图11-11　宏安全等级

- 禁用所有宏,并且不通知:如果用户不信任宏,可使用此设置。文档中的所有宏以及有关宏的安全警报都将被禁用。如果文档具有用户所信任的未签名的宏,则可以将这些文档放在受信任位置。受信任位置的文档可直接运行,不会由信任中心安全系统进行检查。

- 禁用所有宏,并发出通知:这是默认设置。如果用户想禁用宏,但又希望在存在宏的时候收到安全警报,则应使用此选项。这样,用户可以根据具体情况选择何时启用这些宏。

- 禁用无数字签署的所有宏:此设置与"禁用所有宏,并发出通知"选项相同,但下面这种情况除外:在宏已由受信任的发行者进行了数字签名时,如果用户信任发行者,则可以运行宏;如果用户不信任发行者,将收到通知。这样,用户可以选择启用那些签名的宏或信任发行者的宏。所有未签名的宏都被禁用,且不发出通知。

- 启用所有宏(不推荐,可能会运行有潜在危险的代码):用户可以暂时使用此设置,以便允许运行所有宏。因为此设置会使用户的计算机容易受到可能是恶意的代码的攻击,所以建议用户不要使用此设置。

介绍了宏的安全等级后,下面就来教读者如何执行宏。下面分别介绍利用命令按钮执行、利用快捷键执行和利用Visual Basic编辑器执行。

🖉 方法一　利用命令按钮执行

1 **启动安全警告**。打开源文件\第11章\最终文件\销售业绩表.xlsm工作簿,此时由于该工作簿中含有宏,所以在功能区的下方将出现一个安全警告,单击"选项"按钮,如图11-12所示。

2 **启用宏**。此时在屏幕上弹出"Microsoft Office 安全选项"对话框,单击"启用此内容"单选按钮即可,然后单击"确定"按钮,如图11-13所示。

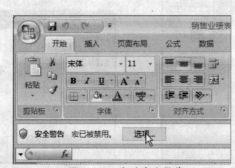

图11-12　启动安全警告

图11-13　启用宏

> 🔊 **提示**
>
> 后面采用方法二和方法三时打开的业绩管理表1.xlsx工作簿时,都需要启用宏,后面为了节省篇幅,不再重复介绍。

3 打开"宏"对话框。切换至Sheet2工作表中，将其工作表标签重命名为"2月"，然后在"开发工具"选项卡下单击"宏"按钮，如图11-14所示。

4 执行宏。弹出"宏"对话框，在"宏名"列表框中显示出了需要执行的宏，用户只需单击"执行"按钮即可，如图11-15所示。

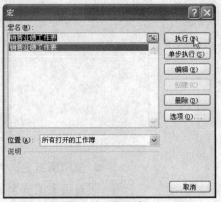

图 11-14 单击"宏"按钮   图 11-15 执行宏

5 执行完毕后效果。此时便按照用户制作销售业绩表格的过程，在"2月"表格中自动制作出相同的一份销售业绩统计表，宏执行完毕后，结果如图11-16所示。

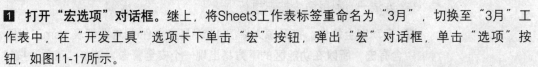

图 11-16 执行完毕后效果

方法二 利用快捷键执行

1 打开"宏选项"对话框。继上，将Sheet3工作表标签重命名为"3月"，切换至"3月"工作表中，在"开发工具"选项卡下单击"宏"按钮，弹出"宏"对话框，单击"选项"按钮，如图11-17所示。

2 查看快捷键。弹出"宏选项"对话框，用户可以在该对话框中查看到执行此宏的快捷键为Ctrl+Shift+D，如图11-18所示。查看完毕后单击"确定"按钮。

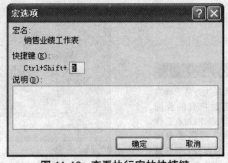

图 11-17 单击"选项"按钮   图 11-18 查看执行宏的快捷键

3　利用快捷键执行宏。 在"3月"工作表中按下快捷键Ctrl+Shift+D组合键，同样系统按照制作销售业绩表的过程再次将该表制作出来，结果如图11-19所示。

图 11-19　利用快捷键执行宏

方法三　利用Visual Basic编辑器执行

1　进入VBA编程环境。 继上，新增加一个工作表，将该表标签重命名为"4月"，然后切换至该工作表中，在"开发工具"选项卡下单击"代码"组中的"Visual Basic"按钮，如图11-20所示。

2　执行代码。 进入VBA编程环境，在代码窗口中显示该宏所对应的代码，用户单击菜单栏中的"运行"命令，从弹出的菜单中单击"运行子程序/用户窗体"命令，如图11-21所示。

提示

如果想要在 Visual Basic 编辑器中执行宏，可以直接按 F5 键即可。

图 11-20　单击"Visual Basic"按钮　　　　图 11-21　执行代码

3　执行代码后结果。 返回工作表中，在"4月"工作表中此时已经自动制作出了一份销售业绩表，结果如图11-22所示。

图 11-22　执行代码后结果

11.1.3 编辑与修改宏

　　Excel会将录制的宏转化为VBA代码。为了修改录制的宏或者扩展宏的功能，经常需要查看和编辑已录制宏的代码。编辑宏的具体操作步骤如下。

1 **打开"宏"对话框。**打开源文件\第11章\最终文件\销售业绩报表.xlsm工作簿，启用宏后，在"开发工具"选项卡下单击"宏"按钮，如图11-23所示。

2 **编辑宏。**弹出"宏"对话框，单击"编辑"按钮，如图11-24所示。

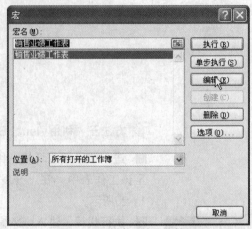

图 11-23 单击"宏"按钮　　　　　　　图 11-24 单击"编辑"按钮

3 **查看代码。**进入VBA编程环境，在右侧代码窗口中可以查看到该宏的代码，如图11-25所示。

4 **修改宏代码。**用户可以在代码窗口中将代码进行更改，以达到修改宏的效果。这里将A2:E2单元格区域的字体设置为"华文楷体"，将其底纹颜色设置为绿色。即在代码段"Range("A2:E2").Select"的下面添加两段代码。

```
"With Selection.Font
.Name = "华文楷体""
```

并将代码".Color = 65535"更改为".Color = vbGreen"，如图11-26所示。

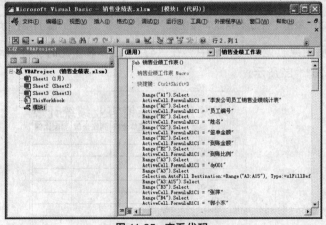

```
Range("A2:E2").Select
With Selection.Font
.Name = "华文楷体"
End With
With Selection.Interior|
.Pattern = xlSolid
.PatternColorIndex = xlAutomatic
.Color = vbGreen
.TintAndShade = 0
.PatternTintAndShade = 0
End With
```

图 11-25 查看代码　　　　　　　图 11-26 修改宏代码

5 **修改代码后宏执行结果。**代码修改完毕后，在菜单栏中单击"运行"命令，从弹出的菜单中单击"运行子程序/用户窗体"命令，代码执行完毕后返回工作表中，此时可以看到在Sheet2工作表中所创建的工作表的变化，如图11-27所示。

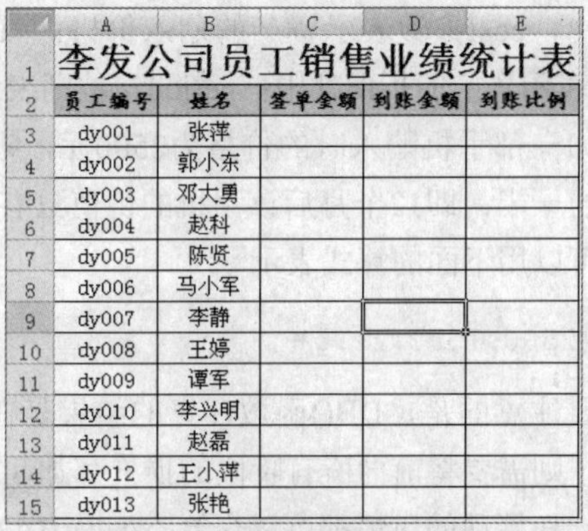

	A	B	C	D	E
1	李发公司员工销售业绩统计表				
2	员工编号	姓名	签单金额	到账金额	到账比例
3	dy001	张萍			
4	dy002	郭小东			
5	dy003	邓大勇			
6	dy004	赵科			
7	dy005	陈贤			
8	dy006	马小军			
9	dy007	李静			
10	dy008	王婷			
11	dy009	谭军			
12	dy010	李兴明			
13	dy011	赵磊			
14	dy012	王小萍			
15	dy013	张艳			

图 11-27 修改代码后宏执行结果

技术扩展 关于宏病毒

很多用户都听说过“宏病毒”，但却很少有人了解。那么到底什么是“宏病毒”呢？其实“宏病毒”就是某些不良用户利用宏的特性以及VBA程序，在Excel的文件簿中建立的病毒。这些病毒一般保存在工作簿或者加载宏程序中，一旦用户打开一个含有宏病毒的工作簿文件，或者执行一个带有宏病毒的操作时，宏病毒即可发作，可能会造成用户文件的损坏，删除数据，甚至“传染”给其他正在打开的工作簿文件。

Excel不会像杀毒软件一样扫描硬盘中的文件夹、文件或者磁盘驱动器，但是每当用户打开Excel工作簿文件时，Excel便会主动检查此文件中是否含有宏，由于宏病毒只有在执行时才具有病毒特性，因此将宏功能暂时关闭便可安全地打开工作簿文件从而避免宏病毒的发作。

11.2 VBA程序查询与统计功能

本节主要介绍如何利用VBA来实现对工作表数据的查询和统计。本节通过两个实例介绍如何使用VBA调用Excel内置函数进行数据的统计和查询。

11.2.1 使用VBA调用函数计算资产折旧

手机是一种更新换代非常快的设备，无论多么先进的手机，在购买后1～3年内就将逐渐被淘汰。随着手机的普及，很多用户的手机都面临更新换代的问题。如果经常购买新手机，则旧手机的价值就会被彻底浪费。如果始终不购入新手机，则终将有被淘汰的一天，到时候也只能当作垃圾处理。

针对这样的问题，最根本的解决方法就是改变购买手机的策略。为了适应手机更新换代快速的特点，应该在每次购买时选购中等偏上的机型，然后不断追踪手机的市场行情，在最适合的时候将旧手机处理掉，尽可能地保存旧手机的价值。

人们都知道手机从购入起就开始贬值，也就是说购入后的每个时段，旧手机的价值到底如何，只有知道了这些数据才能最终决定是保留旧手机还是购入新手机。这就是本节将为读者介绍的资产折旧问题。

Excel为用户提供了多种用于计算折旧的财务函数，其中Db()函数，是比较常用的一种，该函数使用固定余额递减法，计算一笔资产在给定期间内的折旧值，该函数的语法如下。

```
DB(cost,salvage,life,period,month)
```

其中，cost参数表示资产的购入价格；salvage参数表示资产在期限到达时剩余的价值；life参数表示资产的折旧期限；period参数则表示估计折旧的时间。

例如一部手机购入时的价格为2500元，根据经验总结，手机的价值每一年内会下降到原来价格的一半，即12个月后该手机的价值只有1250元了，则用DB()函数估计购入后第5个月的折旧值可以用下面的算式表示。

```
DB(2500,1250,12,5)
```

需要注意的是，DB()函数计算的结果是在本月内该资产的损失，如果要计算该资产当前的价值，则需要将前面所有阶段的损失都加起来，然后从购入价格中除去即可。

这一切繁琐的事情都可以交给Excel VBA来完成。下面就利用VBA代码的方式调用系统内置的DB()函数，以完成资产折旧的运算。

1 查看原始表格。 打开源文件\第11章\原始文件\手机折旧.xlsx工作簿，该表包含有编号、手机型号、购入价格、购入时间和当前价值等。其中最后一列"当前价值"不输入内容，用来存储运算的结果。如图11-28所示。

2 插入模块。 进入VBA编程环境后，在工程资源管理器窗口中右击"VBAProject(手机折旧.xlsx)"选项，从弹出的快捷菜单中单击"插入"命令，在其弹出的级联菜单中单击"模块"命令，如图11-29所示。

光盘路径

原始文件：
源文件\第11章\原始文件\手机折旧.xlsx

最终文件：
源文件\第11章\最终文件\手机折旧1.xlsm

图 11-28 查看原始表格

图 11-29 插入模块

3 输入代码段。 在模块1所对应的代码窗口中输入如下代码。

代码解析

右侧正文中代码段第5行 CurrentRegion.Rows.Count 表示计算当前表格的行数。

代码解析

代码段中第8行中的 Date 是用于返回当前的日期。

```
1  Sub 手机折旧 ()
   '定义两个变量用于存储购入的价格和折旧经过的月份
2  Dim cost As Single
3  Dim months As Integer
   '计算表格的行数
4  Dim rownum As Integer
5  rownum = Range("A1").CurrentRegion.Rows.Count
6  For i = 2 To rownum
   '从第2行开始进行循环
7  cost = Cells(i, 3)
   '计算购买了多少时间
8  months = distance(Cells(i, 4), Date)
   '计算当前手机的价格
9  temp = cost - last(cost, months)
   '调用系统函数对结果保留小数后两位
10 With Application.WorksheetFunction
11 Cells(i, 5) = .Fixed(temp, 2)
12 End With
13 Next i
14 End Sub
```

4 **插入过程。**上面一段为主体代码，下面需要插入两个函数。在菜单栏上单击"插入"命令，从弹出的菜单中单击"过程"命令，如图11-30所示。

5 **定义插入的distance函数。**弹出"添加过程"对话框，在"名称"文本框中输入"distance"，然后在"类型"选项组中单击"函数"单选按钮，在"范围"选项组中单击"公共的"单选按钮，设置完毕后单击"确定"按钮即可，如图11-31所示。

图 11-30 插入过程

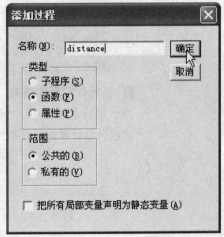

图 11-31 定义插入的函数

🔒 **代码解析**

代码段中第18行中的 Year(over) 是用到了函数 year()，这里是用于返回当前日期的年份，相对应的 Year(begin) 是用于返回购入手机时的年份。同理，下方的 Month() 用于返回某个日期的月份。

6 **输入代码设置distance函数。**接着在代码窗口中继续输入如下代码，用于设置插入的函数distance。

```
15 Public Function distance(begin As Date, over As Date) As Integer
     '定义两个变量用于存储年份差额和月份差额
16 Dim years As Integer
17 Dim months As Integer
     '计算年份差额和月份差额
18 years = Year(over) - Year(begin)
19 months = Month(over) - Month(begin)
20 distance = years * 12 + months
     '将结果换算为月数并赋给 distance
21 End Function
```

7 **定义插入的last函数。**按照前面的方法打开"添加过程"对话框，在"名称"文本框中输入"last"，然后在"类型"选项组中单击"函数"单选按钮，在"范围"选项组中单击"公共的"单选按钮，设置完毕后单击"确定"按钮即可，如图11-32所示。

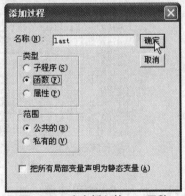

图 11-32 定义插入的 last 函数

8 **输入代码设置last函数。**接着在代码窗口中继续输入第三段代码，用于设置插入的函数last。

```
     '计算多个时间段折旧值的和
```

```
22 Public Function last(cost As Single, months As Integer) As Single
   '定义初始变量 sum, 并赋值为 0
23 Dim sum As Single
24 sum = 0
   '针对每个时间段调用 Db() 函数计算折旧值并相加
25 For i = 1 To months
26 zp = Application.WorksheetFunction.Db(cost, cost / 4, 48, i)
27 sum = sum + zp
28 Next i
29 last = sum
   '返回手机的当前价值
30 End Function
```

9 运行代码后的结果。代码输入完毕后,在菜单栏上单击"运行"命令,从弹出的菜单中单击"运行子过程/用户窗体"命令,代码运行完毕后,返回工作表中,可以看到此时在E列中已经自动计算出了手机的当前价值。如图11-33所示。

	A	B	C	D	E
1	编号	手机型号	购入价格	购入时间	当前价值
2	001	三星E848	¥2,600	2006年5月	¥1,242.50
3	002	索爱W380	¥2,400	2007年2月	¥1,480.94
4	003	诺基亚N78	¥6,500	2004年8月	¥1,710.91
5	004	诺基亚3230	¥2,000	2007年5月	¥1,343.87
6	005	三星F40	¥5,000	2004年12月	¥1,474.41
7	006	CECTW520	¥1,500	2007年9月	¥1,129.16
8	007	诺基亚N95	¥7,500	2005年10月	¥2,937.98
9	008	诺基亚8800	¥9,999	2005年8月	¥3,700.63
10	009	联想I910	¥1,500	2008年1月	¥1,265.00
11	010	联想P809	¥1,300	2007年11月	¥1,035.79
12	011	摩托罗拉A1200	¥2,100	2007年5月	¥1,411.06
13	012	诺基亚N73	¥2,500	2007年8月	¥1,264.53
14	013	诺基亚6300	¥1,500	2008年2月	¥1,301.44

图 11-33 运行代码后的结果

11.2.2 调整内置函数进行销售统计

◎ 光盘路径

原始文件:
源文件\第11章\原始文件\销售统计.xlsx

最终文件:
源文件\第11章\最终文件\销售统计1.xlsm

1 查看原始表格。打开源文件\第11章\原始文件\销售统计.xlsx工作簿,在该工作表中水平表头字段分布的是各月份,垂直字段分布的是关于老鸭脚掌分布在全国的分店,中间的数据表示各个分店对应月份的销售额,单位为万元,如图11-34所示。

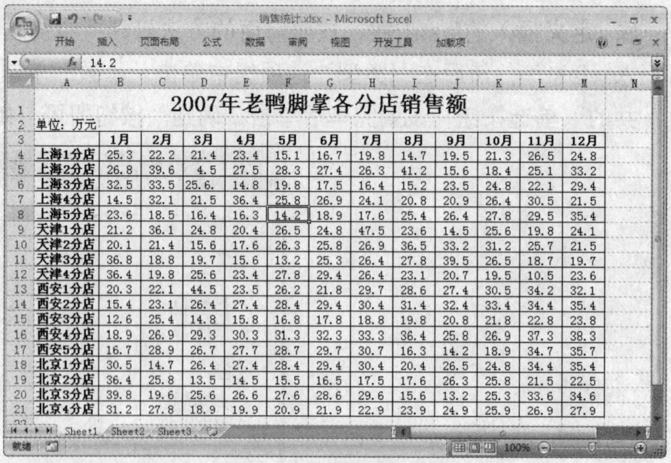

图 11-34 查看原始表格

2 输入代码。进入VBA编程环境,在工程资源管理器窗口中右击"VBAProject(手机折旧.xlsx)"选项,从弹出的快捷菜单中单击"插入"命令,在其弹出的级联菜单中单击"模块"命令,然后在对应的代码窗口中输入如下代码。

```
1 Sub 销售统计()
2 Dim myrange As Range
```

```
 3  Set myrange = Worksheets(1).Range("B4:M21")
    '将单元格区域B4:M21单元格区域赋值给变量myrange
 4  Dim myshop(2) As String
 5  Dim num(2)
 6  Dim myrow(2) As Integer
 7  Dim i As Integer
    'num(1)用于存储较大值，num(2)用于存储较小值
 8  num(1) = 0
 9  num(2) = 100
    '在单元格区域B4:M21中的所有单元格执行循环
10  For Each cell In myrange
    '存储较大值，并记录该单元格所在的行号
11  If cell.Value > num(1) Then
12  num(1) = cell.Value
13  myrow(1) = cell.Row
14  End If
    '存储较小值，并记录该单元格所在的行号
15  If cell.Value < num(2) Then
16  num(2) = cell.Value
17  myrow(2) = cell.Row
18  End If
19  Next cell
20  Dim mon(216)
21  Dim m As Integer
22  Dim avg, sum As Integer
23  avg = 0
24  sum = 0
25  m = 0
    '将单元格区域B4:M21中的所有单元格的值都存入数组mon(216)中
26  For Each cell In myrange
27  mon(m) = cell.Value
28  m = m + 1
29  Next cell
    '调用Excel内置的求和和求平均值的函数
30  avg = Application.WorksheetFunction.Average(mon())
31  sum = Application.WorksheetFunction.sum(mon())
    '计算全年月销售最高和最低店名
32  myshop(1) = Worksheets(1).Cells(myrow(1), 1).Value
33  myshop(2) = Worksheets(1).Cells(myrow(2), 1).Value
34  i = 分店数统计()
    '在对话框中显示统计结果
35  MsgBox ("共有销售分店数目为：" & i & Chr(13) & "全年最高销售额为：" &
    myshop(1) & num(1) & "万" & Chr(13) & "全年最低销售额为：" & myshop(2) &
    num(2) & "万" & Chr(13) & "全年的总销售额为：" & sum & "万" & Chr(13) & "
    全年的平均销售额为：" & avg & "万")
36  End Sub
    '统计该销售表中所包含的分店数目
37  Public Function 分店数统计() As Integer
38  totalnum = 0
39  For Each cell In Range("A1").CurrentRegion
40  If cell.Value Like "*#分店" Then
41  totalnum = totalnum + 1
42  End If
43  Next cell
44  分店数统计 = totalnum
45  End Function
```

③ **运行代码。**代码输入完毕后，在菜单栏上单击"运行"命令，在其弹出的菜单中单击"运行子程序/用户窗体"命令，此时将在屏幕上弹出如图11-35所示的对话框，该对话框中显示了销售分店的数目、全年最高销售额、全年最低销售额、全年总销售额、全年的平均销售额。

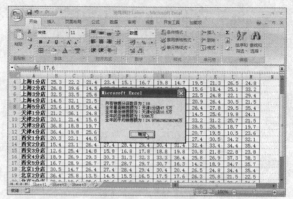

图 11-35　运行代码

11.3 使用用户窗体

本节将为读者介绍如何利用用户窗体来改善工作表的外观及增强用户与Excel程序之间的交互，设计出一个更为专业的外观。

11.3.1 设计用户窗体

在Excel VBA中，用户窗体与模块、类模块一样，都是Excel VBA工程的组成部分。每个窗体都包含有若干的控件，这些控件可以实现特定的基本功能。在对用户窗体进行使用之前，首先需要添加一个用户窗体，具体操作步骤如下。

1️⃣ **插入用户窗体。** 进入VBA编程环境，在工程资源管理器中右击"VBAProject(Books)"选项，从弹出的快捷菜单中单击"插入"命令，在其弹出的级联菜单中单击"用户窗体"命令，如图11-36所示。

2️⃣ **添加的空白窗体。** 一个空白的用户窗体就添加到了工作簿中，并自动弹出了"工具箱"窗口，如图11-37所示。

图 11-36　插入用户窗体

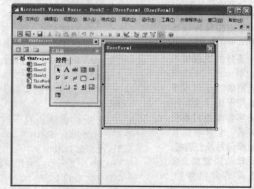

图 11-37　添加的空白窗体

3️⃣ **工具箱。** 如果添加用户窗体后，工具箱没有打开，可通过单击"标准工具栏"中的"工具箱"按钮将其打开。该工具箱中列出了所有能够添加到用户窗体中的控件，如图11-38所示。

4️⃣ **属性窗口。** 如果添加用户窗体后，属性窗口没有打开，可通过单击"标准工具栏"中的"属性窗口"按钮将其打开。该窗口包括了两个标签，用于对用户窗体进行设置，如图11-39所示。如果用户对属性列表中某个属性不太清楚，可以选中该属性再按F1键就能打开该属性的帮助文档。

图 11-38　工具箱

图 11-39　属性窗口

5 **设置用户窗体的名称**。在"属性"窗口的"按字母序"选项卡下将"（名称）"更改为
"myform"，将"Caption"更改为"实例窗口"，如图11-40所示。

6 **为用户窗体添加图片**。单击"按分类序"标签，切换至该选项卡下，然后将"图片"选项
组中的"Picture"属性值右侧的展开按钮，如图11-41所示。

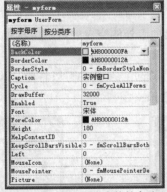

图 11-40　设置用户窗体的名称

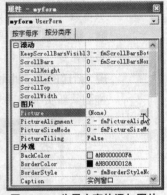

图 11-41　为用户窗体添加图片

7 **选择需要加载的图片**。弹出"加载图片"对话框，首先从"查找范围"下拉列表中选择需
要加载图片的路径，这里选择"09.jpg"图片，选定之后，单击"打开"按钮，如图11-42
所示。

8 **运行用户窗体**。前面已经成功添加了一个用户窗体，并对其进行了简单的设置，下面单击
菜单栏上的"运行"命令，在其弹出的菜单中单击"运行子程序/用户窗体"命令，如图11-43
所示。

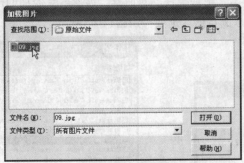

图 11-42　选择需要加载的图片

图 11-43　运行用户窗体

9 **运行结果**。此时，在屏幕上弹出如图11-44所示的对话框，如果用户需要关闭执行中的用
户窗体，可直接单击用户窗体中的"关闭"按钮即可。

图 11-44 运行结果

11.3.2 向用户窗体添加控件

在VBA的用户窗体中可以添加各种控件，包括"标签"、"按钮"、"复选框"等。本节将详细为读者介绍这些控件。首先为读者介绍在工具箱中为常用的控件创建一个新的标签页，具体操作步骤如下。

1 新建页。在工具箱的"控件"选项卡外的空白处右击，从弹出的快捷菜单中单击"新建页"命令，如图11-45所示。

2 新建的页。此时多了一个选项卡"新页"，用户可以将自己常用的那些控件从用户窗体中拖到"新页"选项卡中，如图11-46所示。

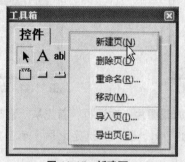

图 11-45 新建页

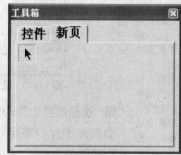

图 11-46 新建的页

3 添加附加控件。在工具箱的"新页"选项卡中的空白部分右击，从弹出的快捷菜单中单击"附加控件"命令，如图11-47所示。

4 选择需要添加的控件。弹出"附加控件"对话框，选择需要添加的控件后单击"确定"按钮，这里单击"Microsoft Web 浏览器"选项，如图11-48所示。

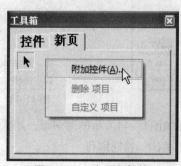

图 11-47 添加附加控件

图 11-48 选择需要添加的控件

5 **添加的附加控件。** 此时在工具箱的"新页"选项卡下可以看到新添加的附加控件按钮，如图11-49所示。

图 11-49 添加的附加控件

下面将详细介绍工具箱中的各种控件。

1. 标签控件

在用户窗体中，标签用于显示说明或者注释的文字，一般在设计窗体中用标签来为一些没有标题的控件添加标题，标签默认的属性是Caption，默认的事件为单位时间Click，即鼠标单击的动作，但是一般情况下，标签控件只用于显示不接受用户的输入。

单击"工具箱"中的"标签"控件，如图11-50所示。在用户窗体中进行拖动，在属性窗口中，修改标签中的Caption属性值为"筛选结果"，如图11-51所示。如果需要调整标签的大小可拖动标签周围的尺寸控制点改变其大小，最终效果如图11-52所示。

图 11-50 选择标签控件

图 11-51 设置标签中 Caption 属性值

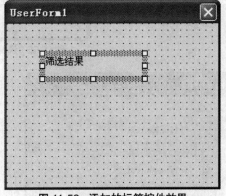

图 11-52 添加的标签控件效果

2. 文字框控件

文字框控件用于输入文本、数字、公式，如果文字框绑定了数据源，那么当文字框中的内容修改后数据源的值也随之改变。

如图11-53所示，单击"工具箱"中的"文字框"控件，在用户窗体中进行拖动，如图11-54所示，由于文字框没有Caption属性，可以用标签作为显示标题的信息。在文字框中输入的文字多于一行时就要进行换行设置，此时需要将属性中的MultiLine设置为True，当输入多行文字需要换行时需按下Ctrl+Enter键进行操作，如果需要自动换行，则将WordWrap属性值设置为True。

图 11-53　选择文字框控件

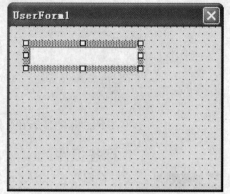

图 11-54　添加的文字框控件效果

3. 选项按钮控件

选项按钮可以用于接受在一组选项中的一个选项，选择其中的一个，选中后其圆形按钮中出现黑点。

如图11-55所示，单击"工具箱"中的"选项按钮"控件。然后在用户窗体中进行拖动，接着再在用户窗体中添加一个选项按钮，如图11-56所示。运行用户窗体后，即可单击选中其中一个选项按钮，如图11-57所示。

图 11-55　选择选项按钮控件

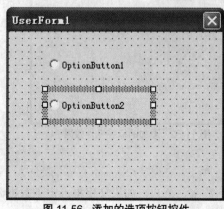

图 11-56　添加的选项按钮控件

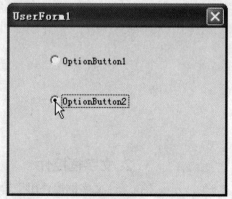

图 11-57　运行后选择其中一个选项按钮

4. 复选框控件

复选框控件可以在一组选项中选择一个或多个选项，在每个选项前面都有一个小正方形，勾选复选框后将会在其前面出现"√"标记。与选项按钮控件不同的是，复选框不出现互斥现象。

如图11-58所示，单击"工具箱"中的"复选框"控件，然后在用户窗体中进行拖动，接着继续添加三个复选框控件，修改复选框的Caption属性值，分别更改为"答案A"、"答案B"、"答案C"和"答案D"，如图11-59所示。运行用户窗体，用鼠标勾选其中的两个选项，效果如图11-60所示。

图 11-58　选择复选框控件

图 11-59　添加的复选框

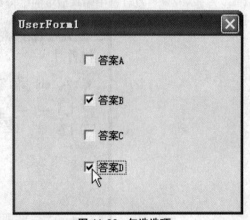

图 11-60　勾选选项

5. 列表框控件

列表框控件是用来显示一些值的列表，常常用来显示多条信息。例如，显示工作表区域，显示部分表格数据，可以用来接收用户的选择输入，列表框默认的事件是单击事件Click，用户可以从列表中选择一个或多个值。

单击"工具箱"中的"列表框"控件，如图11-61所示。在用户窗体中进行拖动，即可在用户窗体中添加一个列表框控件，如图11-62所示。用鼠标拖动列表框周围的控制点，可以更改列表框的大小。列表框控件的属性中，RowSource用来指定显示列表框中的数据源，用AddItem的方法也同样可以添加列表框中的数据，注意列表框同样没有Caption属性，如果需要标题可以使用标签控件。

图 11-61　选择列表框控件

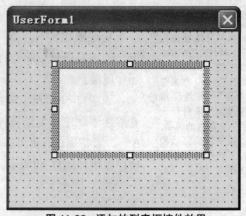

图 11-62　添加的列表框控件效果

6. 复合框控件

复合框控件结合了列表框控件和文字框控件的特点，用下拉列表给出可能的选择，用文字框部分接受用户的输入，一般复合框控件不采用多列的下拉列表，因为多列下拉列表会与文字框产生冲突。

单击"工具箱"中的"复选框"按钮，如图11-63所示。在用户窗体中进行拖动即可添加一个复合框控件，如图11-64所示。用鼠标拖动复合框周围的控制点，可以更改复合框的大小。复合框控件的ListRows属性用来设置复合框中显示的选项数目，MaxLength属性用来设置复合框中输入最多的字符数目，ListStyle属性用来设置复合框中列表的外观。

图 11-63　选择复合框控件

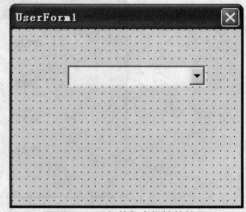

图 11-64　添加的复合框控件效果

7. 命令按钮控件

命令按钮控件的默认事件是单击事件Click，命令按钮是最常见的控件之一，使用命令按钮控制一些操作，例如，"确定"、"取消"等对按钮指定宏或者事件过程。在应用程序中命令按钮控件是必不可少的，和具体的功能有关。

如图11-65所示，单击"工具箱"中的"命令按钮"控件，然后在用户窗体中进行拖动，即可在用户窗体中添加一个命令按钮控件，用鼠标拖动命令按钮周围的控制点，可以修改命令按钮的大小，默认的按钮名称为CommandButton1，修改Caption属性可以更改按钮名称，例如这里将其更改为"确定"，如图11-66所示。按添加的按钮顺序依次默认名称为CommandButton2、CommandButton3。

图 11-65 选择命令按钮控件

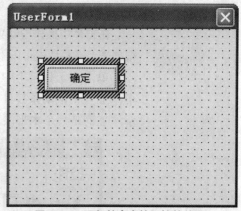

图 11-66 添加的命令按钮控件效果

8. 多页控件

多页控件可以在窗体中显示出一组不同的页面,多页控件一般用于将大量的信息按类别放置于不同的页面中。

单击"工具箱"中的"多页"控件,如图11-67所示。在用户窗体中进行拖动,即可在用户窗体中添加一个多页控件,在默认情况下多页控件的窗体上显示两页,如图11-68所示,用鼠标拖动多页控件周围的控制点,可以修改多页控件的大小。

图 11-67 选择多页控件

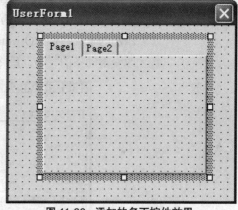

图 11-68 添加的多页控件效果

在多页控件的空白处右击,从弹出的快捷菜单中单击"新建页"命令,如图11-69所示。在代码中用Add的方法也可以新建页,新建页默认的页面名称为Page3,如图11-70所示。

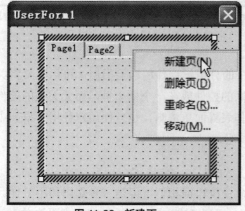

图 11-69 新建页

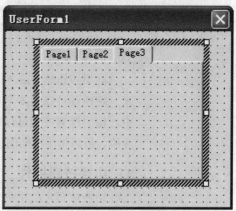

图 11-70 新建页后效果

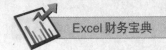
9. 滚动条控件

在窗体中操作滚动条可以控制页面的变化，滚动条控件分为水平滚动条和垂直滚动条，根据需要在窗体中可以添加任意一种或者两种滚动条。

单击"工具箱"中的"滚动条"控件，如图11-71所示。在用户窗体中进行拖动，即可添加一个滚动条控件，用户可以根据自己的需要添加垂直或水平滚动条，如图11-72所示添加的是一个水平滚动条。

图 11-71　选择滚动条控件

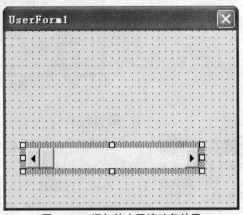

图 11-72　添加的水平滚动条效果

在滚动条属性中Orientation有三个选项，fmOrientationAuto是滚动条的默认值，fmOrientationVertical值设定为垂直滚动条，fmOrientationHorizontal值设定为水平滚动条。例如刚才添加的水平控件的Orientation属性更改为fmOrientationHorizontal，如图11-73所示。设置后适当改变滚动条的大小，最终效果如图11-74所示。

图 11-73　更改 Orientation 属性

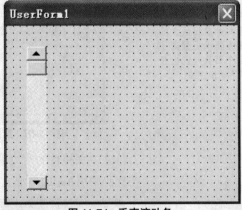

图 11-74　垂直滚动条

10. 框架按钮

框架按钮与窗体控件中的分组框控件的功能类似，可用框架将关系密切的控件组合起来。这样就可以把多个相关联的控件放在一个框架里，而无关联的控件将出现在不同的框架中，使用框架控件可以使工作表界面更清晰，也方便用户使用。框架中的所有选项按钮是互斥的，所以可用框架创建选项组。

11. 切换按钮控件

切换按钮在外观上和命令按钮很相似，但是二者作用却不一样。当用户单击切换按钮时，该按钮就会呈现按下状态，且其Value属性值为True。当再次单击该按钮时，按钮就会恢复原样，且Value属性值为False。

这种控件在实际应用中并不常见，VBA程序经常用其他的控件，例如复选框或者命令按钮来替代它的功能。如果遇到非要使用本控件不可的情况，则应该尽量将其与命令按钮控件分开来使用，避免相互之间的混淆。除此以外，使用清晰的按钮提示文字往往可以有效地避免出现混淆。

12. TabStrip控件

TabStrip控件的样子和多页控件十分相似，但是它们的作用不同。该控件允许使用相同控件来显示多套相同的数据。例如，使用一个窗体来显示各员工的销售业绩，每个月份可以放在一个单独的页上，将每张标签的标题都设置为月份的名称。而且，每页中都包含相同的控件来采集员工的销售额及销售排名等信息。

单击"工具箱"中的"TabStrip"控件，然后在用户窗体中进行拖动，即可添加一个"TabStrip"控件，如图11-75所示。拖动该控件周末的控制点即可改变其大小，单击Tab2标签即可切换至Tab2页。

图 11-75　添加的 TabStrip 控件效果

13. 旋转按钮控件

旋转按钮控件的作用和滚动条控件相似，也是一种数值选择控件，通过单击控件的向上、向下按钮来选择数值。

同样，旋转按钮控件的Max属性用于设置旋转按钮中能够显示的最大值，而Min属性用于设置旋转按钮中能够显示的最小值，SmallChange属性设置了当用户单击旋转按钮的滚动箭头发生的位移量。

在实际应用中，可以将旋转按钮和文本框一起使用，这样用户既可以在文本框中输入数据也可以通过旋转按钮来选择一个数值。旋转按钮控件与滚动条控件的不同之处在于，滚动条控件的输入是连续的，因此适合数值范围较大但要求并不十分精确的场合，旋转按钮控件的输入是微调的，因此适合数值范围较小但要求较为精确的场合。

14. RefEdit控件

　提示

通过使用 RefEdit 控件，Excel 工作表的区域就可以简单地输入到用户窗体中。当需要选择指定的工作表区域时，该控件可以说是唯一的、也是最好的选择。

RefEdit控件是专门在Excel中创建的窗体控件。在用户窗体上，本控件显示了在一张或多张工作表中输入或选定的单元格区域的地址。若要选定某个区域，单击"RefEdit"控件右边的按钮暂时隐藏对话框，然后选定工作表中某区域，再单击控件右边的按钮打开用户窗体。

单击"工具箱"中的"RefEdit"控件，然后在用户窗体中进行拖动即可添加一个"RefEdit"控件，如图11-76所示。拖动控件周围的控制点可改变其大小。若要进行单元格区域的选取，可单击"RefEdit"控件右侧的按钮。

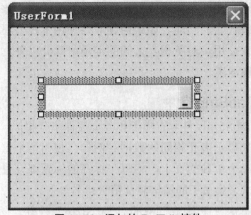

图 11-76　添加的 RefEdit 控件

15. 图像控件

使用图像控件▣可以在窗体上显示图像，该控件支持.bmp,.cur,.gif,.ico,.jpg,.wmg的文件格式。设置PictureTilling属性的值为True则允许图片在背景上平铺，否则图片不在背景上平铺，该属性的默认值为False。通过设置PictureAlignment属性的值可以指定一个背景图片的位置。当属性值为0（fmPictureAlignmentTopLeft）表示左上角；1（fmPictureAlignmentToRight）表示右上角；2（fmPictureAlignmentCenter）表示中心；3（fmPictureAlignmentBottomLeft）表示左下角；4（fmPictureAlignmentBottomRight）表示右下角。

图像控件是丰富用户窗体界面的主要手段，合理运用该控件可以为用户窗体起到锦上添花的作用。图像控件的图片源可以在属性窗口中静态指定，也可以在VBA代码中动态指定。

11.3.3　用户窗体友好设置

用户窗体的设计就好像在画布上绘画一样，是一项艺术与技巧相结合的工作。虽说控件只要出现在用户窗体中就可以发挥其功能，但是控件的选择、控件的大小、摆放的位置对于用户窗体设计来说都是很重要的。实际上，对于一般的VBA程序来说，好的用户窗体就是遵循一般的用户窗体设计约定的那些用户窗体，这些约定被称之为用户窗体友好设置。

设计出友好的界面应该从下面三个方面着手。

（1）用户窗。体的整体格局

从整体的角度出发，用户窗体应该按照用户平时使用的窗体设计习惯，对于不同类型的用户需要也不相同，例如专业人士需要的是一目了然的整洁界面，阅读顺序按照常规应该是从上到下，从左到右。

一般来说，经常用到的控件应该放置在窗体中靠前的位置或者窗体的左侧，不常用到的控件放置在窗体中靠后的位置或者是窗体靠右的位置，这样使用方便，易于阅读。

（2）控件的显示

空间的大小、位置以及显示的文字是友好界面设计的一个重要组成部分。相同类型的控件大小要一致，并且均匀地排列在用户窗体中，这是设计的基本准则。很难想象控件大小不一，摆放凌乱的用户界面如何能让用户很舒服地使用。

字体的显示最好使用常用的字体，让用户感到很亲切，容易接受，生僻的字体或者符号尽量避免使用，如果有特殊的符号代表特殊的意义应有特别说明。在同一用户窗体中的文字应尽可能使用同一种字体。

（3）默认控件次序

在Windows应用程序中使用Tab键可以在各个输入选项间进行切换，在VBA中的各个控件中TabIndex属性用来设置在按下Tab键后控件激活的顺序。

例如，按钮1的TabIndex属性为0，按钮2的TabIndex属性为1，按钮3的TabIndex属性为2，运行用户窗体时，按钮1默认激活，按下Tab键一次则按钮2激活，再次按下Tab键按钮3按顺序激活。如图11-77~图11-80所示。

图 11-77　设置按钮 1 的 TabIndex 属性

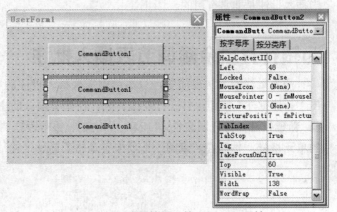

图 11-78　设置按钮 2 的 TabIndex 属性

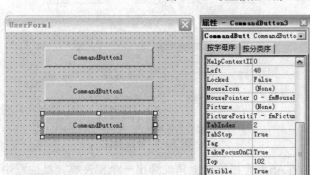

图 11-79　设置按钮 3 的 TabIndex 属性

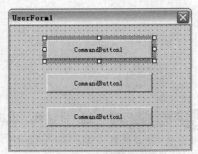

图 11-80　按钮 1 默认激活

在添加控件时，VBA会为每个控件指定一个默认的TabIndex值，当整个用户窗体设计完成后，如果需要可以重新设定TabIndex属性，调整控件的Tab键顺序，方便用户使用。

审阅与打印财务表格

对于Excel来说，共享工作簿可以大大地提高工作效率，使更多的用户可以同时编辑和审阅一个文件。但由此带来的安全隐患却随之增加，为了防止陌生人对文件进行修改以及泄漏，可以对文件加密。当一切完毕后，用户还可以对表格的页边距、页面方向和纸张大小等进行设置，再对表格打印输出。

12.1 添加与设置批注信息

批注是对表格中的某项数据进行补充说明时使用的一种方法，当鼠标光标移至插入了批注的单元格上时，该批注才会显示出来，默认情况下会遮挡表格中的其余数据。在表格中适当插入批注是非常有用的。

12.1.1 为银行存款余额调节表插入批注

光盘路径

原始文件：
源文件\第12章\原始文件\银行存款调节表.xlsx

最终文件：
源文件\第12章\最终文件\银行存款调节表1.xlsx

插入批注的方法很简单，只需选中需要插入批注的单元格，然后在"审阅"选项卡下单击"新建批注"按钮，打开批注编辑框，在其中输入批注文本。

1 新建批注。 打开源文件\第12章\原始文件\银行存款调节表.xlsx工作簿，选中需要添加批注的单元格A5，然后在"审阅"选项卡下单击"新建批注"按钮，如图12-1所示。

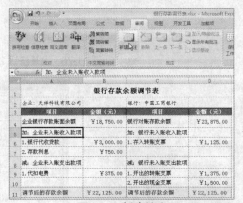

图 12-1 新建批注

提示

批注框中出现的文本与安装Office2007时所设置的用户信息中的用户名有关。用户可以打开"Excel选项"对话框，在"常规"选项卡下重新设置用户信息。

2 批注框。 此时，在A5单元格的右上角处弹出一个批注框，批注框中出现的内容为用户信息，如图12-2所示。

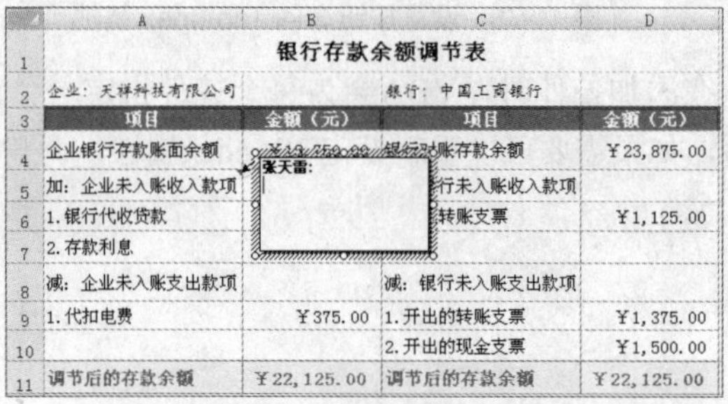

图 12-2 批注框

> **提示**
> 无论当前单元格位于工作表的什么位置，按下Ctrl+Shift+O组合键即可快速选取所有插入了批注的单元格。

3 输入批注内容。在批注框中输入用户需要对此单元格进行批注的内容，例如这里输入“为银行已收，企业未收款项”，如图12-3所示。

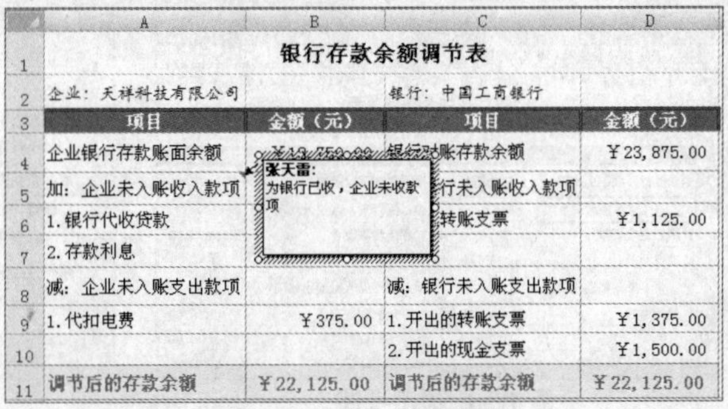

	A	B	C	D
1	银行存款余额调节表			
2	企业：天祥科技有限公司		银行：中国工商银行	
3	项目	金额（元）	项目	金额（元）
4	企业银行存款账面余额		银行对账存款余额	¥23,875.00
5	加：企业未入账收入款项	张天雷：为银行已收，企业未收款项	行未入账收入款项	
6	1.银行代收货款		转账支票	¥1,125.00
7	2.存款利息			
8	减：企业未入账支出款项		减：银行未入账支出款项	
9	1.代扣电费	¥375.00	1.开出的转账支票	¥1,375.00
10			2.开出的现金支票	¥1,500.00
11	调节后的存款余额	¥22,125.00	调节后的存款余额	¥22,125.00

图 12-3 输入批注内容

4 完成批注内容输入。在批注编辑框之外的位置单击任意单元格完成批注的输入，相同的方法可以为A8、C5和C8单元格添加相同的批注内容，如图12-4所示。

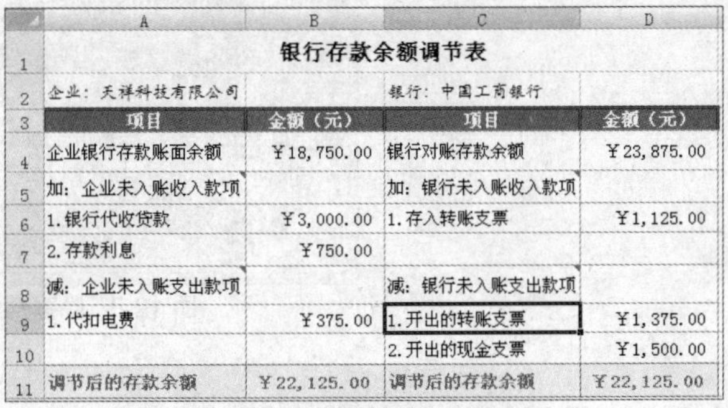

	A	B	C	D
1	银行存款余额调节表			
2	企业：天祥科技有限公司		银行：中国工商银行	
3	项目	金额（元）	项目	金额（元）
4	企业银行存款账面余额	¥18,750.00	银行对账存款余额	¥23,875.00
5	加：企业未入账收入款项		加：银行未入账收入款项	
6	1.银行代收货款	¥3,000.00	1.存入转账支票	¥1,125.00
7	2.存款利息	¥750.00		
8	减：企业未入账支出款项		减：银行未入账支出款项	
9	1.代扣电费	¥375.00	1.开出的转账支票	¥1,375.00
10			2.开出的现金支票	¥1,500.00
11	调节后的存款余额	¥22,125.00	调节后的存款余额	¥22,125.00

图 12-4 完成批注内容输入

> **提示**
> 用户还可以通过右击需要插入批注的单元格，然后从弹出的快捷菜单中单击“插入批注”命令，同样也可以插入批注框。

5 查看批注内容。如果用户需要查看某个单元格的批注内容，可将鼠标指针移至添加了批注的单元格上，例如这里将鼠标指针移至A8单元格上，此时即可查看到相应批注框中的内容，如图12-5所示。

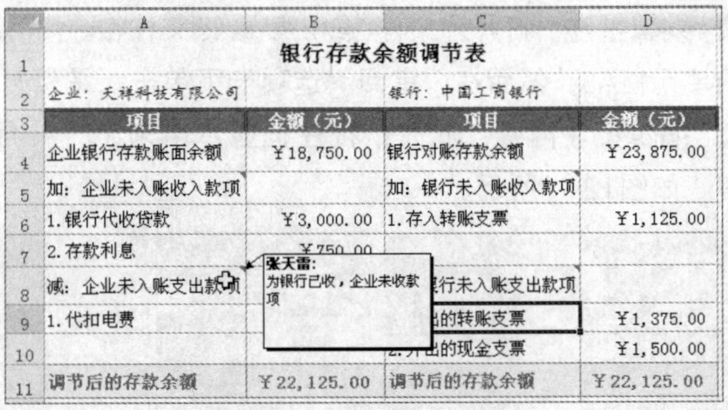

	A	B	C	D
1	银行存款余额调节表			
2	企业：天祥科技有限公司		银行：中国工商银行	
3	项目	金额（元）	项目	金额（元）
4	企业银行存款账面余额	¥18,750.00	银行对账存款余额	¥23,875.00
5	加：企业未入账收入款项		加：银行未入账收入款项	
6	1.银行代收货款	¥3,000.00	1.存入转账支票	¥1,125.00
7	2.存款利息			
8	减：企业未入账支出款项	张天雷：为银行已收，企业未收款项	行未入账支出款项	
9	1.代扣电费		出的转账支票	¥1,375.00
10			出的现金支票	¥1,500.00
11	调节后的存款余额	¥22,125.00	调节后的存款余额	¥22,125.00

图 12-5 查看批注内容

12.1.2 隐藏与显示批注

默认插入的批注是隐藏的，也就是说当鼠标光标移至插入了批注的单元格上时，该批注才会显示出来，当然也可自己设置批注的隐藏或显示。具体操作步骤如下。

1 显示批注。打开第12章\最终文件\银行存款调节表1.xlsx工作簿，此时可以看到该工作表中的批注是隐藏的，选中需要显示批注的单元格A5，然后在“审阅”选项卡下单击“显示/隐藏批注”按钮，如图12-6所示。

2 批注框显示出来。此时，可以看到A5单元格中的批注框显示出来了，如图12-7所示。

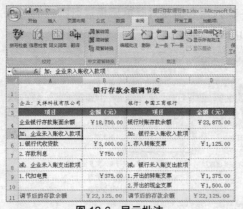

图 12-6 显示批注

图 12-7 批注框显示出来

3 隐藏批注。如果用户需要隐藏A5单元格中的批注，同样选中A5单元格后，在"审阅"选项卡中单击"显示/隐藏批注"按钮即可，如图12-8所示。

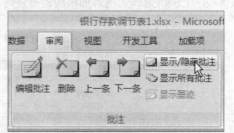

图 12-8 隐藏批注

12.1.3 修改与删除批注

如果对于已添加的批注，需要修改其批注框的内容，此时就需要将光标插入到批注框中，然后再修改批注框内的内容。如果某个批注不想使用了，就可以将其删除。修改与删除批注的具体操作步骤如下。

1 编辑批注。打开源文件\第12章\最终文件\银行存款调节表1.xlsx工作簿，选择需要编辑批注的单元格A5，然后在"审阅"选项卡下单击"编辑批注"按钮，如图12-9所示。

2 编辑批注内容。此时，批注框显示出来了，并且光标定位在批注框中，然后修改批注内容，如图12-10所示。

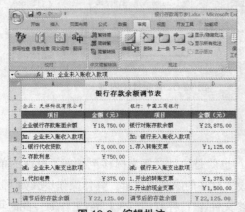

图 12-9 编辑批注

图 12-10 编辑批注内容

3 确认修改。单击该编辑框以外的任意位置，完成批注的修改。如图12-11所示。

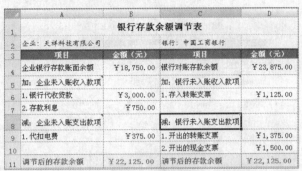

	A	B	C	D
1	银行存款余额调节表			
2	企业：天祥科技有限公司		银行：中国工商银行	
3	项目	金额（元）	项目	金额（元）
4	企业银行存款账面余额	￥18,750.00	银行对账存款余额	￥23,875.00
5	加：企业未入账收入款项		加：银行未入账收入款项	
6	1.银行代收货款	￥3,000.00	1.存入转账支票	￥1,125.00
7	2.存款利息	￥750.00		
8	减：企业未入账支出款项		减：银行未入账支出款项	
9	1.代扣电费	￥375.00	1.开出的转账支票	￥1,375.00
10			2.开出的现金支票	￥1,500.00
11	调节后的存款余额	￥22,125.00	调节后的存款余额	￥22,125.00

图 12-11 确认修改

提示

用户还可以通过右击需要删除批注的单元格，从弹出的快捷菜单中单击"删除批注"命令，同样可以删除批注。

4 删除批注。如果用户不再使用该批注，即可将其删除，首先选中需要删除批注的单元格，例如这里选中A8，然后在"审阅"选项卡下单击"删除"按钮，如图12-12所示。

	A	B	C	D
1	银行存款余额调节表			
2	企业：天祥科技有限公司		银行：中国工商银行	
3	项目	金额（元）	项目	金额（元）
4	企业银行存款账面余额	￥18,750.00	银行对账存款余额	￥23,875.00
5	加：企业未入账收入款项		加：银行未入账收入款项	
6	1.银行代收货款	￥3,000.00	1.存入转账支票	￥1,125.00
7	2.存款利息	￥750.00		
8	减：企业未入账支出款项		减：银行未入账支出款项	
9	1.代扣电费	￥375.00	1.开出的转账支票	￥1,375.00
10			2.开出的现金支票	￥1,500.00
11	调节后的存款余额	￥22,125.00	调节后的存款余额	￥22,125.00

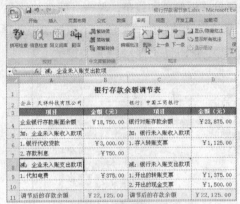

图 12-12 删除批注

5 删除批注后效果。相同的方法，可以将C5单元格中的批注删除，删除批注后相应单元格右上角的红色倒三角形将消失，如图12-13所示。

	A	B	C	D
1	银行存款余额调节表			
2	企业：天祥科技有限公司		银行：中国工商银行	
3	项目	金额（元）	项目	金额（元）
4	企业银行存款账面余额	￥18,750.00	银行对账存款余额	￥23,875.00
5	加：企业未入账收入款项		加：银行未入账收入款项	
6	1.银行代收货款	￥3,000.00	1.存入转账支票	￥1,125.00
7	2.存款利息	￥750.00		
8	减：企业未入账支出款项		减：银行未入账支出款项	
9	1.代扣电费	￥375.00	1.开出的转账支票	￥1,375.00
10			2.开出的现金支票	￥1,500.00
11	调节后的存款余额	￥22,125.00	调节后的存款余额	￥22,125.00

图 12-13 删除批注后效果

12.1.4 设置批注的格式

光盘路径

最终文件：
源文件\第 12 章\最终文件\银行存款调节表 3.xlsx

通过"设置批注格式"对话框可以设置批注的字体、对齐方式、边框颜色和属性等，但首先必须用显示批注的方法将其显示出来。

1 显示出来设置格式的批注。打开源文件\第12章\最终文件\银行存款调节表1.xlsx工作簿，右击需要设置格式的批注所在的单元格A5，然后从弹出的快捷菜单中单击"显示/隐藏批注"命令，如图12-14所示。

2 启动设置批注格式。此时，A5单元格中的批注框被显示了出来，接着右击批注框，从弹出的快捷菜单中单击"设置批注格式"命令，如图12-15所示。

图 12-14 设置格式的批注显示出来

图 12-15 启动设置批注格式

③ 设置批注框内字体格式。 弹出"设置批注格式"对话框，在"字体"选项卡下设置批注框内字体格式为黑体、加粗、10号、橙色，如图12-16所示。

④ 设置批注框颜色和线条。 单击"颜色与线条"标签，切换至"颜色与线条"选项卡下，然后从"填充"选项组的"颜色"下拉列表中选择"浅绿"色，如图12-17所示。

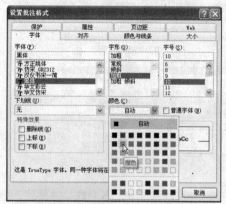

图 12-16 设置批注框内字体格式

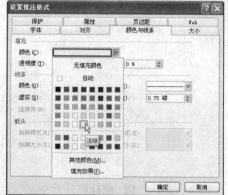

图 12-17 设置批注框颜色和线条

⑤ 设置批注格式后效果。 单击"确定"按钮返回工作表中，此时设置了批注格式的批注内容，效果如图12-18所示。

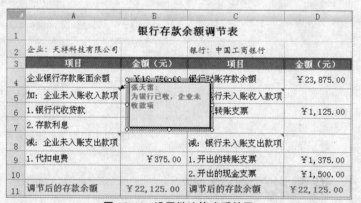

图 12-18 设置批注格式后效果

12.2 保护金额统计表

Excel提供了多种有效的方式来保护工作簿和工作表数据，下面将以金额统计表为例为读者介绍设置用户编辑区域和设置保护密码。

12.2.1 设置允许用户编辑区域

光盘路径

原始文件：
源文件\第12章\原始文件\金额统计表.xlsx

最终文件：
源文件\第12章\最终文件\金额统计表1.xlsx

为了避免多个用户同时编辑工作表的同一区域，可以在工作表中设置允许用户编辑区域，避免修订冲突的发生，具体操作步骤如下。

1 **允许用户编辑区域。** 打开源文件\第12章\原始文件\金额统计表.xlsx工作簿，在"审阅"选项卡下单击"允许用户编辑区域"按钮，如图12-19所示。

2 **新建允许用户编辑区域。** 弹出"允许用户编辑区域"对话框，首先勾选"将权限信息粘贴到一个新的工作簿中"复选框，然后单击"新建"按钮，如图12-20所示。

提示

这里所添加的允许用户编辑的区域是指允许所设定的某些用户可以编辑该区域，而不是所有的用户都可以编辑所引用的区域。

图 12-19 允许用户编辑区域

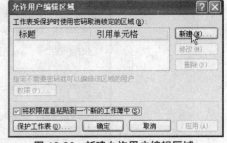

图 12-20 新建允许用户编辑区域

3 **设置新区域标题。** 弹出"新区域"对话框，首先在"标题"文本框中输入"可编辑区域1"，然后单击"引用单元格"文本框右侧的折叠按钮，如图12-21所示，准备选择引用单元格。

4 **选择引用单元格。** 返回工作表中拖动鼠标指针选择F6:H14单元格区域，如图12-22所示。

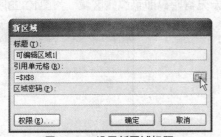

图 12-21 设置新区域标题

图 12-22 选择引用单元格

5 **设置区域密码。** 再次单击折叠按钮，返回"新区域"对话框中，接着在该对话框中的"区域密码"文本框中设置密码"111"，如图12-23所示。

6 **重新输入区域密码。** 单击"确定"按钮，弹出"确认密码"对话框，在"重新输入密码"文本框中再次输入密码"111"，如图12-24所示。

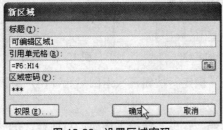

图 12-23 设置区域密码

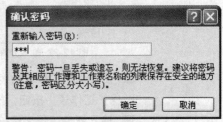

图 12-24 重新输入区域密码

7 **启动设置权限。** 单击"确定"按钮，返回"允许用户编辑区域"对话框中，单击"权限"按钮，如图12-25所示。

Excel 财务宝典

🔊 提示

如果用户需要修改
设置的编辑区域,
可在图 12-25 中单
击"修改"按钮,重
新修改其标题和引
用单元格,当然如
果需要将该设置在
编辑区域删除,单击
"删除"按钮即可。

8 **添加组或用户名称。** 弹出"可编辑区域1的权限"对话框,在该对话框中需要添加允许哪些用户可编辑刚才选择的单元格区域,这里首先单击"添加"按钮,如图12-26所示。

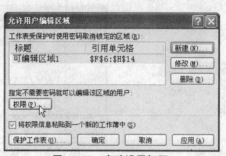

图 12-25　启动设置权限

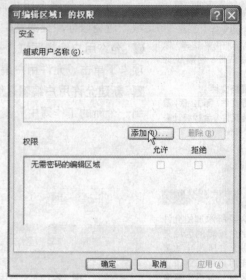

图 12-26　添加组或用户名称

9 **输入允许组或用户的名称。** 弹出"选择用户或组"对话框,在"输入对象名称来选择"文本框中输入允许编辑所设置区域的用户名称或组名称,这里输入"Administrator",然后单击"确定"按钮,如图12-27所示。

🔊 提示

在图 12-27 中所输
入的用户或组的名
称一定是存在的,用
户在"输入对象名称
来选择"文本框中
输入用户或组名称
后可单击"检查名称"
按钮,检查该用户
或组是否存在。

10 **设置Administrator用户权限。** 返回"可编辑区域1的权限"对话框中,此时可以在"组或用户名称"列表框中查看到刚才添加的用户名称,接着在下面的"Administrator的权限"列表框中保存默认的"允许"状态,表示无需密码即可编辑区域,如图12-28所示。

图 12-28　设置 Administrator 用户权限

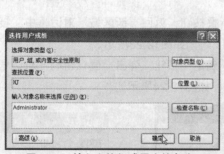

图 12-27　输入允许组或用户的名称

11 **启动保护工作表功能。** 单击"确定"按钮再次返回"允许用户编辑区域"对话框中,单击"保护工作表"按钮,如图12-29所示。

12 **输入取消工作表保护时的密码。** 弹出"保护工作表"对话框,在"允许此工作表的所有用户进行"列表框中可以选择允许用户不需要密码的情况下可实行的操作,这里保持默认设置,直接在"取消工作表保护时使用的密码"文本框中输入密码"222",如图12-30所示。

交叉参考

下面一节中还将更加具体地为读者介绍如何保护工作表，用户可参考下一节内容。

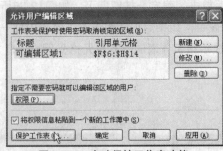

图 12-29　启动保护工作表功能

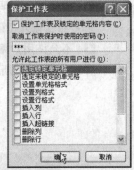

图 12-30　输入取消工作表保护时的密码

13 重新确认密码。弹出"确认密码"对话框，在"重新输入密码"文本框中再次输入密码"222"，如图12-31所示。输入完毕后单击"确定"按钮。

14 编辑允许用户编辑区域。返回工作表中，只要用户在单元格区域F6:H14单元格区域的任一单元格中双击，或试图更改其数据，此时都将弹出"取消锁定区域"对话框，要求用户输入密码以更改此单元格，如图12-32所示。这是因为该用户不是Administrator，所以不允许对其进行编辑。

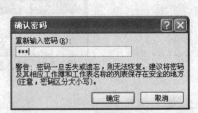

图 12-31　重新确认密码

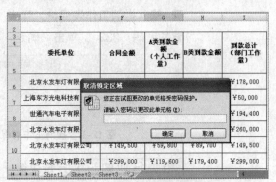

图 12-32　编辑允许用户编辑区域

12.2.2 设置保护密码

光盘路径

原始文件：
源文件\第12章\原始文件\金额统计表.xlsx

在上一节中简单地为读者介绍了保护工作表，其实保护工作表的目的是为了防止陌生人在用户不知情的情况下任意更改用户的Excel表格内容，所以此时就需要对工作表设置密码。设置和取消工作表密码的具体操作步骤如下。

1 启动保护工作表功能。打开源文件\第12章\原始文件\金额统计表.xlsx工作簿，在"审阅"选项卡下单击"保护工作表"按钮，如图12-33所示。

2 输入保护工作表密码。弹出"保护工作表"对话框，首先用户可以在"允许此工作表的所有用户进行"列表框中选择所有用户可以进行的操作，这里保持默认设置，直接在"取消工作表保护时使用的密码"文本框中输入密码"333"，如图12-34所示。

图 12-33　启动保护工作表功能

图 12-34　输入保护工作表密码

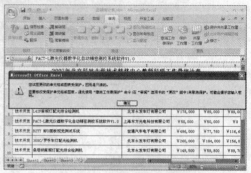

提示

当用户在退出或关闭 Excel 时，如果对关闭的工作簿未进行保存，则会弹出提示对话框，询问用户是否保存后再执行关闭操作，用户根据需要进行操作设置即可。

3 重新输入密码。 单击"确定"按钮，弹出"确认密码"对话框，在"重新输入密码"文本框中再次输入密码"333"，然后单击"确定"按钮即可，如图12-35所示。

4 不允许用户编辑。 返回工作表中，如果用户试图更改工作表中任一单元格的内容，此时将弹出如图12-36所示的提示框，提示该工作表的所有单元格受保护，是只读文件。

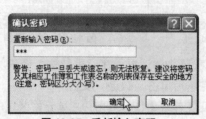

图 12-35 重新输入密码

图 12-36 不允许用户编辑

5 撤消工作表保护。 如果用户不再需要保护工作表了，需要对密码进行撤消，即可在"审阅"选项卡下单击"撤消工作表保护"按钮，如图12-37所示。

6 输入撤消工作表保护。 弹出"撤消工作表保护"对话框，在"密码"文本框中输入刚才设置的密码"333"，单击"确定"按钮即可，如图12-38所示。

图 12-37 撤消工作表保护

图 12-38 输入撤消工作表保护

相关行业知识｜定价决策

定价决策是指企业为实现其定价目标而科学合理地确定商品最合适的价格。定价决策应考虑的因素，侧重从成本因素与供求规律因素（价格弹性系数）分析入手。定价基础，一是以成本为基础制定可行价格，弄清在完全成本，变动成本，边际成本及临界成本条件下的价格制定方法和优缺点；二是以供求规律为基础制定的最优价格，在价格与销量具备连续函数的条件下，运用极值法原理通过求导确定最优价格，在价格与销量不具备连续函数的条件下，运用边际收入等于或接近于边际成本时利润最大来确定最优价格。其决策方法有：

❶ 当企业以增加盈利作为其定价目标时，应采用最大盈利定价法，此时应以最大盈利作为其决策的目标函数。

❷ 当企业以扩大销售额及提高市场占有率为目标时，应采取较低价格定价法，此时应以销售额或市场占有率作为其决策的目标函数。

12.3 保护与共享资产负债表

为了能使工作组的用户都能查看到负债表，并能够同时对其进行编辑，可以将资产负债表进行共享；另外，为了防止网络上的其他用户对该工作簿进行编辑，需要将工作簿设置密码进行保护。

12.3.1 共享负债表工作簿

◎ 光盘路径

原始文件：
源文件\第12章\原始文件\资产负债表.xlsx

最终文件：
源文件\第12章\最终文件\资产负债表1.xlsx

共享Excel工作表包括在局域网或在Internet上共享两种方式，无论哪种方式，目的都是为了提高办公效率。本节将分别为读者介绍这两种方式。

1. 在局域网上共享工作簿

1 启动共享工作簿功能。打开源文件\第12章\原始文件\资产负债表.xlsx工作簿，在"审阅"选项卡下单击"共享工作簿"按钮，如图12-39所示。

2 允许多用户进行编辑。弹出"共享工作簿"对话框，首先在"编辑"选项卡下勾选"允许多用户同时编辑，同时允许工作簿合并"复选框，在下方的"正在使用本工作簿的用户"列表框中罗列了当前正在对工作簿进行操作的用户名单，如图12-40所示。

提示

在"共享工作簿"对话框的"编辑"选项卡下，选择"正在使用本工作簿的用户"列表框中除自己以外的某个用户选项，然后单击"删除"按钮可将该用户的使用权限撤消。

图 12-39 启动共享工作簿功能

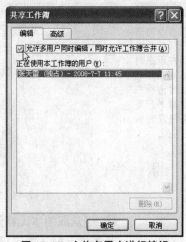

图 12-40 允许多用户进行编辑

3 设置高级选项。单击"高级"标签，切换至"高级"选项卡下，在"更新"选项组中可以设置多少分钟保存并查看其他用户的更改，单击"自动更新间隔 分钟"单选按钮，然后将其值设置为"8"分钟，如图12-41所示，设置完毕后单击"确定"按钮即可。

4 保存文档。返回工作表中，此时将在屏幕上弹出如图12-42所示的提示框，提示用户此操作将导致保存文档，是否继续？单击"确定"按钮。

提示

在"共享工作簿"对话框的"高级"选项卡下，单击"自动更新间隔分钟"单选按钮后，将激活其下两个单选项，在其中可设置对其他人更改工作簿的处理方法。

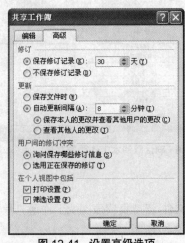

图 12-41 设置高级选项

图 12-42 保存文档

5 显示工作簿为共享。保存工作簿后，此时可以看到在其标题上出现了"[共享]"字样，表示该工作簿为共享工作簿，如图12-43所示。

图 12-43　显示工作簿为共享

6 **撤消共享工作簿**。如果用户需要撤消工作簿的共享，可在"审阅"选项卡下单击"共享工作簿"按钮，如图12-44所示。

7 **取消允许多用户同时编辑**。弹出"共享工作簿"对话框，在"编辑"选项卡下取消勾选"允许多用户同时编辑，同时允许工作簿合并"复选框，如图12-45所示。

图 12-44　撤消共享工作簿

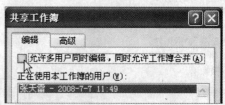

图 12-45　取消允许多用户同时编辑

8 **确认取消本工作簿的共享**。单击"确定"按钮，返回工作簿中，此时将弹出如图12-46所示的提示框，提示用户此操作将取消工作簿的共享，是否取消工作簿的共享？单击"是"按钮即可。

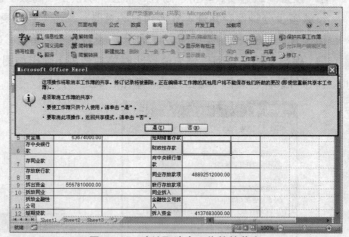

图 12-46　确认取消本工作簿的共享

2. 在Internet中共享工作表

1 **另存为工作簿**。打开第12章\原始文件\资产负债表.xlsx工作簿，单击Office按钮，从弹出的菜单中单击"另存为"命令，如图12-47所示。

2 **添加FTP站点**。弹出"另存为"对话框，从"保存位置"下拉列表中选择"添加/更改FTP位置"选项，如图12-48所示。

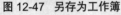

图 12-47 另存为工作簿

图 12-48 添加 FTP 站点

③ **输入FTP站点名称。** 弹出"添加/更改FTP位置"对话框，首先在"FTP站点名称"文本框中输入添加的站点"219.238.235.35"，然后在"登录为"选项组中单击"用户"单选按钮，并在其后的文本框中输入用户名称，这里输入"张天雷"，添加完毕后单击"添加"按钮即可，如图12-49所示。

④ **查看添加的FTP站点。** 此时可以看到所添加的FTP站点名称已经显示在了"FTP站点"列表框中，如图12-50所示。

图 12-49 输入 FTP 站点名称

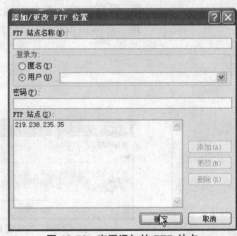

图 12-50 查看添加的 FTP 站点

⑤ **保存到FTP服务器。** 单击"确定"按钮，返回"另存为"对话框中，选中刚才添加的FTP站点，然后单击"打开"按钮即可将该工作簿共享到Internet网上，如图12-51所示。

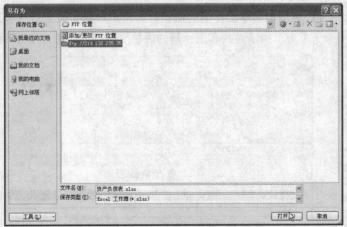

图 12-51 保存到 FTP 服务器

12.3.2 保护并共享资产负债表工作簿

光盘路径

原始文件：
源文件\第12章\原始文件\资产负债表.xlsx

当将工作簿共享到局域网或Internet网上时，此时所有在局域网上或Internet网上的用户都可能对表格进行修改，此时就需要对共享的工作簿进行保护，设置密码，将密码只让修改的人员得知即可，具体操作步骤如下。

1 启动保护并共享工作簿功能。 打开源文件\第12章\原始文件\资产负债表.xlsx工作簿，在"审阅"选项卡下单击"保护并共享工作簿"按钮，如图12-52所示。

2 共享并设置密码保护。 弹出"保护共享工作簿"对话框，首先勾选"以跟踪修订方式共享"复选框，然后在"密码"文本框中输入"444"，如图12-53所示。

图 12-52 启动保护并共享工作簿功能

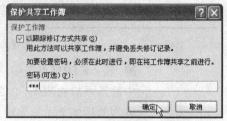

图 12-53 共享并设置密码保护

3 确认密码。 单击"确定"按钮，弹出"确认密码"对话框，在"重新输入密码"文本框中输入"444"，如图12-54所示。

4 保存文档。 单击"确定"按钮，返回工作表中，此时在屏幕上弹出如图12-55所示的提示框，提示用户此操作将导致保存文档，是否继续？单击"确定"按钮。

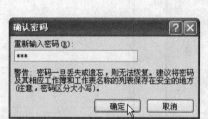

图 12-54 确认密码

图 12-55 保存文档

提示

共享工作簿并非支持所有功能。如果要包括以下任何功能，应在将工作簿保存为共享工作簿之前添加这些功能：合并单元格、条件格式、数据有效性、图表、图片、包含图形对象的对象超链接、方案、分级显示、分类汇总、数据表、数据透视表、工作簿和工作表保护以及宏。在工作簿共享之后，不能更改这些功能。

5 查看共享并设置了密码的工作簿。 此时可以看到资产负债表.xlsx的标题栏出现了"[共享]"字样，如图12-56所示。并且一旦其他用户对该工作簿进行编辑时，将会需要密码方能进行操作。

6 撤消对共享工作簿的保护。 如果用户需要撤消对共享工作簿的保护，可在"审阅"选项卡下单击"撤消对共享工作簿的保护"按钮，如图12-57所示。

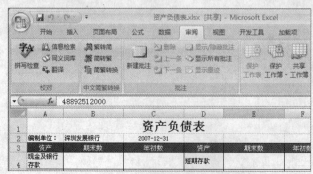

图 12-56 查看共享并设置了密码的工作簿

图 12-57 撤消对共享工作簿的保护

7 **输入密码取消共享保护。**弹出"取消共享保护"对话框,在"密码"文本框中输入取消共享保护的密码"444",然后单击"确定"按钮,如图12-58所示。

8 **提示是否需要撤消。**返回工作表中,此时将弹出如图12-59所示的提示框,提示用户将取消对该工作簿的共享和保护,单击"是"按钮即可。

图 12-58　输入密码取消共享保护　　　图 12-59　提示是否需要撤消

12.3.3　保护负债表工作簿

　　保护负债表工作簿的方法有两种,一种是对整个文档进行加密,使其他用户在不知道密码的情况下就不能访问该工作簿;另外一种是对负债表窗口和结构进行保护。具体操作方法如下。

1. 加密文档

1 **启动加密文档功能。**打开源文件\第12章\原始文件\资产负债表.xlsx工作簿,单击Office按钮,从弹出的菜单中将鼠标指针指向"准备"命令,在其弹出的级联菜单中单击"加密文档"命令,如图12-60所示。

2 **输入密码加密文档。**弹出"加密文档"对话框,在"密码"文本框中输入密码"555",如图12-61所示。设置完毕后单击"确定"按钮。

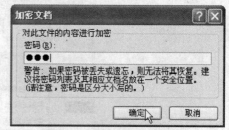

图 12-60　启动加密文档功能　　　图 12-61　输入密码加密文档

3 **重新输入密码。**弹出"确认密码"对话框,在"重新输入密码"文本框中再次输入密码"555",如图12-62所示。输入完毕后单击"确定"按钮。

4 **打开加密后的负债表。**保存加密后的负债表,如果用户想重新打开该工作簿,此时将弹出如图12-63所示的"密码"对话框,需要用户输入密码方能打开该工作簿。

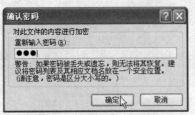

图 12-62　重新输入密码　　　　　　　　　　图 12-63　打开加密后的负债表

5 **撤消加密文档**。如果用户需要撤消对工作簿的加密，可在知道密码的情况下打开负债表，再次打开"加密文档"对话框，如图12-64所示。

6 **删除密码**。然后直接将所设置的密码删除后单击"确定"按钮即可，如图12-65所示。

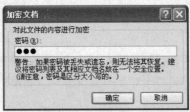

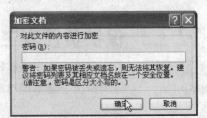

图 12-64　撤消加密文档　　　　　　　　　　图 12-65　删除密码

2. 对工作簿进行保护

1 **启动保护工作簿功能**。打开第12章\原始文件\资产负债表.xlsx工作簿，在"审阅"选项卡下单击"保护工作簿"按钮，从展开的下拉列表中单击"保护结构和窗口"选项，如图12-66所示。

2 **选择保护对象**。弹出"保护结构和窗口"对话框，在"保护工作簿"选项组中选择需要保护的对象，这里勾选"结构"和"窗口"复选框，然后在"密码"文本框中输入设置的密码"666"，如图12-67所示。

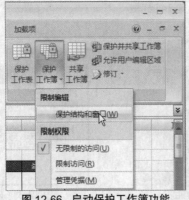

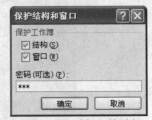

图 12-66　启动保护工作簿功能　　　　　　　图 12-67　选择保护对象

3 **确认密码**。单击"确定"按钮，弹出"确认密码"对话框，在"重新输入密码"文本框中再次输入密码"666"，如图12-68所示。最后再单击"确定"按钮即可。

4 **打开保护了工作簿的负债表**。将设置了密码的负债表进行保存后，再次打开该工作簿，此时用户可以看到资产负债表效果如图12-69所示。

提示

还有一种为工作簿设置密码的方法：首先单击 Office 按钮，从弹出的菜单中单击"另存为"命令，弹出"另存为"对话框，单击"工具"按钮右侧的下三角按钮，从展开的下拉列表中单击"常规选项"选项，最后如果用户希望审阅者必须输入密码方可查看工作簿，可在"打开权限密码"文本框中输入密码；如果希望审阅者必须输入密码方可保存对工作簿的更改，可在"修改权限密码"文本框中输入密码。

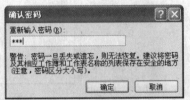

图 12-68　确认密码

图 12-69　打开保护了工作簿的负债表

5 **取消保护工作簿。** 如果用户需要撤消对工作簿的保护，可在"审阅"选项卡下单击"保护工作簿"按钮，从展开的下拉列表中单击"保护结构和窗口"选项，如图12-70所示。此时可以看到该选项是呈现选中状态。

6 **输入撤消工作簿保护的密码。** 弹出"撤消工作簿保护"对话框，在"密码"文本框中输入"666"，单击"确定"按钮即可，如图12-71所示。

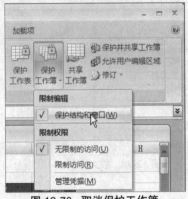

图 12-70　取消保护工作簿

图 12-71　输入撤消工作簿保护的密码

12.4 打印现金流量表

　　将制作完毕的现金流量表打印出来可供企业里更多的员工进行查看。在打印现金流量表之前首先需要预览工作表，如果发觉预览效果不佳，则需要及时更改其页面设置，将其调整到满意的状态，最后再根据实际情况设置打印的份数等。

12.4.1 预览流量表打印效果

光盘路径

原始文件：
源文件\第12章\原始文件\现金流量表.xlsx

　　在打印现金流量表之前，需要将该表进行预览，如果预览不佳，则可调整页面设置。预览现金流量表方法如下。

1 **启动打印预览功能。** 打开源文件\第12章\原始文件\现金流量表.xlsx工作簿，单击Office按钮，从弹出的菜单中将鼠标指针指向"打印"命令，在其弹出的级联菜单中单击"打印预览"命令，如图12-72所示。

2 **打印预览效果。** 进入预览窗口，在该窗口中显示了打印预览的效果，如图12-73所示。

Excel 财务宝典

提示

在预览多页表格时，单击预览窗口中的"下一页"或"上一页"按钮，可切换当前预览的表格，单击"页面设置"按钮，可打开"页面设置"对话框。

提示

将鼠标指针放置在预览窗口的界面上，当其变为 Q 形状时，单击鼠标左键可放大表格；当变为 k 形状时，单击鼠标左键可缩小表格。

图 12-72　启动打印预览功能

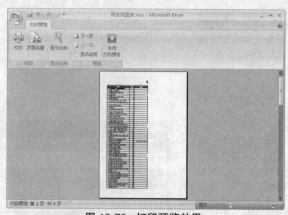

图 12-73　打印预览效果

3 **放大比例**。如果用户对预览的效果不是很清楚，可以放大其显示比例，单击"显示比例"按钮，放大后的预览效果如图12-74所示，从图中可以明显地看出没有将现金流量表打印完整，所以下面就需要其页面调整。

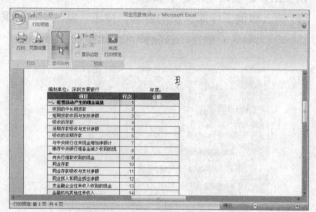

图 12-74　放大比例

12.4.2　设置打印流量表页面

光盘路径

原始文件：
源文件\第12章\原始文件\现金流量表.xlsx
最终文件：
源文件\第12章\最终文件\现金流量表1.xlsx

由于上一小节中预览出来的现金流量表只能部分打印，所以需要调整其页面，下面就来设置现金流量表的页面。

1 **打开"页面设置"对话框**。打开源文件\第12章\原始文件\现金流量表.xlsx工作簿，在"页面布局"选项卡下单击"页面设置"组中的对话框启动器，如图12-75所示。

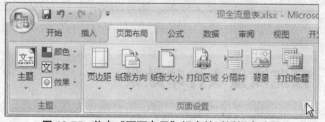

图 12-75　单击"页面布局"组中的对话框启动器

2 **设置打印方向**。弹出"页面设置"对话框，首先在"页面"选项卡下的"方向"选项组中选择页面打印的方向，由于现金流量表格过宽，所以选择"横向"打印，如图12-76所示。

3 **设置页边距**。单击"页边距"标签，切换至"页边距"选项卡下，用户可以改变默认的上、下、左、右的边距值，例如这里将上、下、左、右的边距都更改为"1.5"，接着勾选"水平"和"垂直"复选框，如图12-77所示。

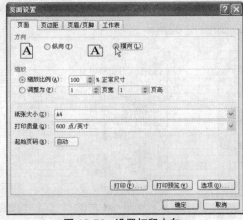

图 12-76 设置打印方向

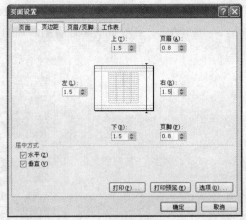

图 12-77 设置页边距

4 设置页眉/页脚。单击"页眉/页脚"标签，切换至该选项卡下，在该选项卡下可以选择系统内置的页眉和页脚，也可以自定义页眉和页脚，在此单击"自定义页脚"按钮，如图12-78所示。

5 自定义页脚。弹出"页脚"对话框，将光标定位在"中"文本框中，然后单击"插入日期"按钮，如图12-79所示。

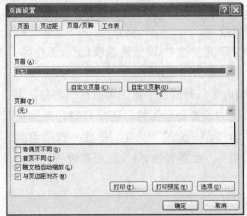

图 12-78 设置页眉 / 页脚

图 12-79 自定义页脚

6 查看自定义的页脚。单击"确定"按钮，返回"页面设置"对话框，可以在该对话框中查看到此时的页脚效果，设置完毕后即可查看预览效果。单击"打印预览"按钮即可，如图12-80所示。

7 预览效果。进入预览窗口，此时可以看到经过页面设置后的打印预览效果，现金流量表可以被完整地打印出来。如图12-81所示。

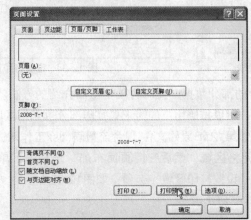

图 12-80 查看自定义的页脚

图 12-81 预览效果

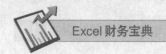

8 查看页脚。单击"显示比例"按钮，将打印预览效果放大，然后拖动垂直滚动条至最底部，此时可以看到添加的页脚，如图12-82所示。

图 12-82　查看页脚

12.4.3　设置打印选项

所有准备工作都完成后，下面就可以打印现金流量表了。在打印时用户还可以根据实际情况设置打印的范围和打印的份数等。

1 打印现金流量表。打开第12章\最终文件\现金流量表1.xlsx工作簿，单击Office按钮，从弹出的菜单中单击"打印"命令，如图12-83所示。

2 设置打印选项。弹出"打印内容"对话框，首先可以在"名称"下拉列表中选择打印机名称，然后在"打印范围"选项组中设置是全部打印还是只打印某些页面，由于现金流量表只有一页，所以这里采用默认设置打印"全部"，在"份数"选项组的"打印份数"文本框中输入打印的份数，这里输入"20"，如图12-84所示。所有设置完毕后单击"确定"按钮即可开始打印。

图 12-83　打印现金流量表

图 12-84　设置打印选项

如果用户只打印一个页面的部分数据，此时再采用上面介绍的方法就不可行了，下面为读者介绍一种部分打印的方法，可以按照用户的需求只打印部分单元格区域。

1 选择打印区域。打开源文件\第12章\原始文件\现金流量表.xlsx工作簿，首先选择需要打印的区域，这里选择A3:C15单元格区域，然后在"页面布局"选项卡下单击"打印区域"按钮，从展开的下拉列表中单击"设置打印区域"选项，如图12-85所示。

图 12-85 选择打印区域

2 **设置的打印区域。**此时可以看到设置的打印区域A3:C15单元格周围出现了虚线框，表示该区域为打印区域，如图12-86所示。

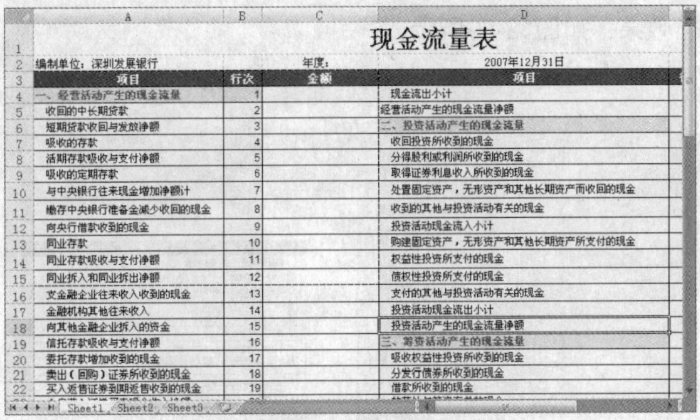

图 12-86 设置的打印区域

3 **添加打印区域。**如果用户还需要打印其他区域，可以继续添加打印区域，选择需要打印的区域D3:F12，然后在"页面布局"选项卡下单击"打印区域"按钮，从展开的下拉列表中单击"添加到打印区域"选项，如图12-87所示。

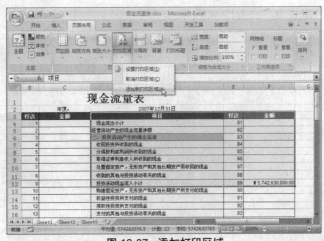

图 12-87 添加打印区域

4 **打印预览。**设置完打印区域后，下面来预览打印的效果。单击Office按钮 ，从弹出的菜单中将鼠标指针指向"打印"命令，在其弹出的级联菜单中单击"打印预览"命令，如图12-88所示。

图 12-88　打印预览

5 **查看打印区域 1 预览效果。** 进入预览窗口，此时可以看到设置的单元格区域 A3:C15 的预览效果，如图 12-89 所示。

图 12-89　查看打印区域 1 预览效果

6 **查看打印区域 2 预览效果。** 单击"下一页"按钮，可以看到设置的单元格区域 D3:F12 的预览效果，如图 12-90 所示。

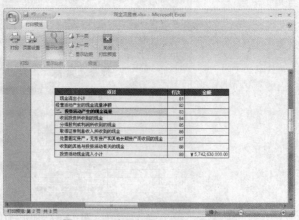

图 12-90　查看打印区域 2 预览效果

Part

03

企业综合实例

前面学习了关于Excel 2007基础操作和知识点，最后一部分安排了综合实例的讲解。分别由浅入深地介绍了八个财务综合实例，本篇以财务管理办公中的实例为主线，以全新的角度向读者详细地介绍了Excel 2007在财务管理中的应用。这些实例都是在日常财务管理办公中一定会涉及到的，从日记账和总账开始讲起，之后引出利用日记账和总账进行处理的财务表格，例如负债表、损益表等，最后还为读者介绍了企业的筹资管理和财务预算。

企业日记账和总账表

账簿按其性质和用途，可分为日记账、分类账和备查账。本章主要为读者介绍如何创建日记账和分类账。日记账主要为读者介绍的是特种日记账，即现金日记账和银行存款日记录账，用来序时记录某种经济业务；而这里所讲的分类账即总账，它可以提供各种资产、负债、费用、成本、收入等总括核算资料。

13.1 创建会计科目表

◎ 光盘路径

最终文件：
源文件\第13章\最终文件\会计科目表.xlsx

会计科目表就是根据科目名称编号和类别所列示的会计科目体系表。在会计科目表中，会计科目分为资产类、负债类、共同类、所有者权益类、成本类和损益类六类。为了便于编制凭证、登记账簿、查阅科目、提高记账效率，对于每一个会计科目除了文字名称外，通常还需要一个代用符号，该代用符号称为科目的编号。一般情况下，会计科目编号采用"数字编号"，即用有规律和系统的数字作为账户代号。本节为读者介绍创建会计科目表的全过程。

13.1.1 建立会计科目和会计科目代码

◎ 提示

会计科目是记账、算账的工具，是编制会计报表进行报账的基础。会计科目在会计核算中占有很重要的地位。

通常，企业在开展具体的会计业务之前，首先需要根据其经济业务设置会计科目表，通常有总账科目和明细科目。会计科目表包含的基本内容有：科目代码、科目名称、科目级次和借贷方向。财务部门设定好了科目以后，就可以创建Excel格式的科目表了。具体操作步骤如下。

1 输入科目表字段。新建一个工作簿，在工作表Sheet1中输入会计科目表中要包含的项目，并设置其为相应的格式，如图13-1所示。

	A	B	C	D	E	F
1						
2						
3	科目代码	科目名称	明细科目	余额方向	期初余额（借）	期初余额（贷）
4						
5						
6						

图 13-1　输入科目表字段

◎ 提示

在"数据有效性"对话框中的"来源"文本框中所输入的文本与文本之间需要用间隔符分开，并且间隔符需必须是在英文状态下输入的逗号。

2 启动设置数据有效性功能。由于"余额方向"只有两种选择，非"借"即"贷"，所以下面以数据有效性来进行设置。选择E3:E163单元格区域，然后在"数据"选项卡下单击"数据有效性"按钮右侧的下拉按钮，从展开的下拉列表中单击"数据有效性"选项，如图13-2所示。

3 输入序列中的项目。弹出"数据有效性"对话框，首先在"允许"下拉列表中选择"序列"选项，然后在"来源"文本框中输入"借,贷"，如图13-3所示。

图 13-2　启动设置数据有效性功能

图 13-3　输入序列中的项目

4 **设置输入信息。**单击"输入信息"标签,切换至"输入信息"选项卡下,在"标题"文本框中输入"请选择该科目的余额方向",然后继续在"输入信息"文本框中输入"只有两种选择'借'或'贷'",如图13-4所示。

5 **设置出错警告。**单击"出错警告"标签,切换至"出错警告"选项卡下,在"标题"文本框中输入"只能从下拉列表中选择!",如图13-5所示。

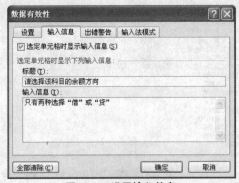

图 13-4　设置输入信息

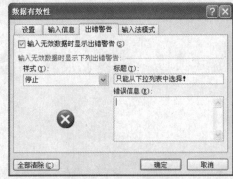

图 13-5　设置出错警告

6 **提示出错。**当在设置了有效性的单元格中键入其他值时,系统会弹出如图13-6所示的对话框,并且阻止无效数据的输入。

7 **键入部分数据。**利用数据有效性将"余额方向"列数据填充完整,然后再输入"科目代码"、"科目名称"和"明细科目"列数据,效果如图13-7所示。

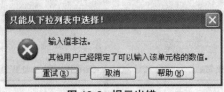

图 13-6　提示出错

图 13-7　键入部分数据

8 **插入科目级次。**在"余额方向"列后面插入一列,输入列标题"科目级次",然后将对应科目的科目级次输入到该列的单元格中,如图13-8所示。

9 **添加底纹。**选择A7:E12单元格区域,在"开始"选项卡下单击"填充颜色"按钮右侧的下拉按钮,从展开的下拉列表中选择如图13-9所示的底纹颜色。

图 13-8　插入科目级次

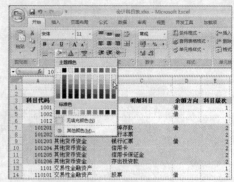

图 13-9　添加底纹

10 为其他科目级次为2的添加底纹。相同的方法，为科目级次为2的单元格区域添加上相同的底纹，如图13-10所示。

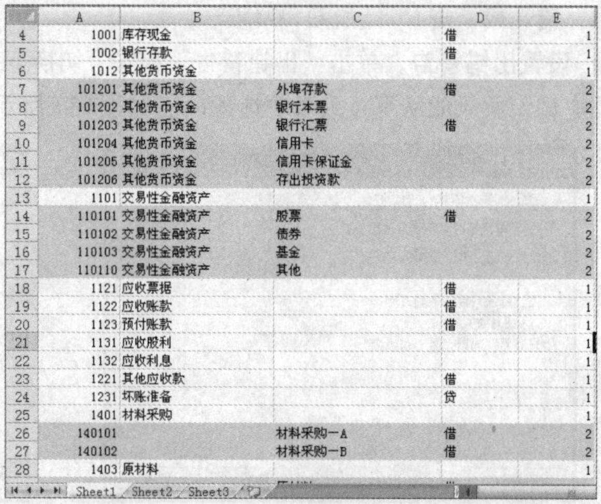

图 13-10　为其他科目级次为 2 的添加底纹

13.1.2　设置工作簿窗口冻结

由于会计科目表中内容较多，经常需要上下左右移动单元格，如果看不见字段，操作起来将非常不方便，所以当工作表中数据较多时，通常可以将需要始终显示的行和列冻结。

1 拆分单元格。继上，首先选择列标题下方的一行，即第4行，然后在"视图"选项卡下单击"拆分"按钮，如图13-11所示。

图 13-11　拆分单元格

提示

若表格的列数过多，还可以冻结首列。

2 拆分后的单元格。拆分后的单元格，在列标题下方出现了一条蓝色的线条，如图13-12所示。

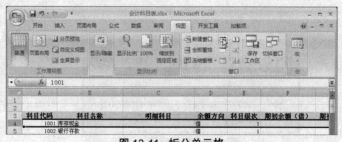

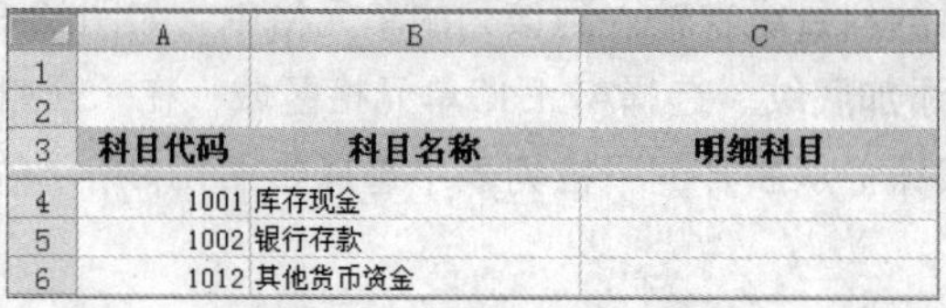

图 13-12　拆分后的单元格

3 冻结拆分后的单元格。 在"视图"选项卡下单击"冻结窗格"按钮，从展开的下拉列表中单击"冻结拆分窗格"选项，如图13-13所示。

4 查看冻结后的表格。 冻结了列标题后，在列标题下方出现一条黑色的线条，无论用户如何拖动垂直滚动条，列标题都不会随之变动，如图13-14所示。

图 13-13 冻结拆分后的单元格

图 13-14 查看冻结后的表格

13.1.3 设置期初余额及余额平衡试算

设置好会计科目表中的项目并完成内容的输入后，接下来向科目表中添加期初余额。由于科目表中既有明细科目，也有总账科目，所以需要将所有的明细科目进行叠加，这样总账科目的余额就可以得到了。

1 设置数字为货币格式。 继上，首先选择F4:G163单元格区域，然后在"开始"选项卡下单击"数字"组中的对话框启动器，弹出"设置单元格格式"对话框，在"分类"列表框中选择"货币"选项，然后在右侧的"小数位数"文本框中输入"2"，如图13-15所示。

2 输入借贷金额。 按照实际情况，在F4:G162单元格区域中输入借贷的金额，如图13-16所示。

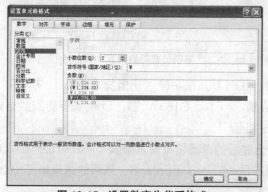

图 13-15 设置数字为货币格式

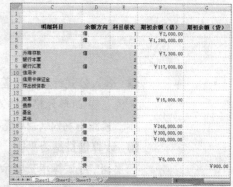

图 13-16 输入借贷金额

3 输入求和公式。 接下来根据输入的明细科目余额计算总账余额，在F6单元格中输入公式"=SUM(F7:F12)"，如图13-17所示。按下Enter键，即可得到货币资金的期初余额（借）。相同的方法，可以计算其他借方明细科目的合计值。

图 13-17 输入求和公式

4 **输入公式求贷方总账余额。** 各明细科目的贷方期初余额也可使用SUM()函数进行求和。例如在G75单元格中输入公式 "=SUM(G76:79)"，如图13-18所示。按下Enter键，即可得结果值。相同的方法，可以计算其他贷方明细科目的合计值。

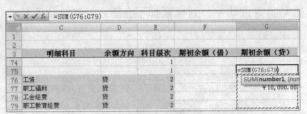

图 13-18　输入公式求贷方总账余额

图 13-19 中所使用的 SUMIF() 函数用于按给定条件对指定单元格求和。语法：SUMIF(range,criteria,sum_range)，其中参数 range 是要根据条件计算的单元格区域；参数 criteria 为确定对哪些单元格相加的条件，其形式可以为数字、表达式或文本；参数 sum_range 表示要相加的实际单元格。

5 **输入公式计算借方余额合计。** 在F163单元格中输入公式 "=SUMIF($E$4:$E$162,"=1",F4:F162)"，如图13-19所示。

图 13-19　输入公式计算借方余额合计

6 **复制公式得到贷方余额合计。** 按下Enter键，得出计算结果，然后拖动F163单元格右下角的填充柄向右复制公式，如图13-20所示。

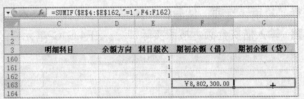

图 13-20　复制公式得到贷方余额合计

7 **输入公式计算借贷差额。** 在F1单元格中输入 "借贷方差额"，并将F1:G1设置为突出显示颜色，在G1单元格中输入公式 "=F163-G163"，按下Enter键，得到的结果为0，如图13-21所示，紧跟着将F2:G2单元格进行合并。

8 **计算借贷是否平衡。** 在合并后的单元格中输入公式 "=IF(F163=G163,"经试算借贷方余额已平衡","经试算借贷方余额不平衡")"，按下Enter键，返回的结果如图13-22所示。

图 13-21　输入公式计算借贷差额

图 13-22　计算借贷是否平衡

13.2 处理日记账

日记账又叫序时账，它是以会计分录的形式序时记录经济业务的簿籍，可以作为分类账的依据。本节主要为读者介绍如何处理现金日记账和银行日记账。

13.2.1　建立日记账表单

现金日记账是一种特种日记账，专为现金账户设置的，专门用以序时记录现金收付业务，反映现金增减变化及其结果的一种日记账。在实际工作中，现金日记账多采用三栏式，设有借、贷、余三栏，"对应账户"栏记录与现金相对应的账户。在登记现金日记账时，首先应登记期初余额金额和方向，然后逐笔登记本期发生额，月末结算出本期借贷方发生额合计及期末余额。

1 **创建日记账工作表。**打开源文件\第13章\原始文件\日记帐和总账1.xlsx工作簿，已知某公司"本月会计凭证"，将Sheet2工作表标签重命名为"现金日记账"，然后在表格中创建如图13-23所示的现金日记账。

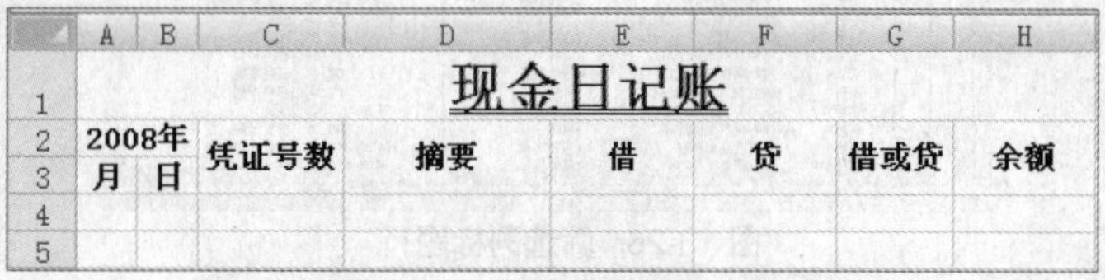

提示

现金日记账是用来核算和监督库存现金每天的收入、支出和结存情况的账簿，其格式有三栏式和多栏式两种。无论采用三栏式还是多栏式现金日记账，都必须使用订本账。

	现金日记账						
2008年 月 日	凭证号数	摘要	借	贷	借或贷	余额	

图 13-23　创建日记账工作表

2 **插入行。**切换至"本月会计凭证"工作表中，在C列后插入两列，然后分别输入列标题"编号"和"凭证类别及编号"，如图13-24所示。

3 **输入公式返回编号。**在E5单元格中输入公式"=COUNTIF($D$5:D5,D5)"，按下Enter键，返回编号为1，如图13-25所示。

提示

图13-24中所使用的公式COUNTIF()函数的功能是统计区域中满足给定条件的单元格的个数，其语法规则为：COUNTIF(range, criteria)，range 为要统计的单元格区域中满足条件的单元格数目；参数 criteria 为确定哪些单元格将被计算在内的条件。

图 13-24　插入行

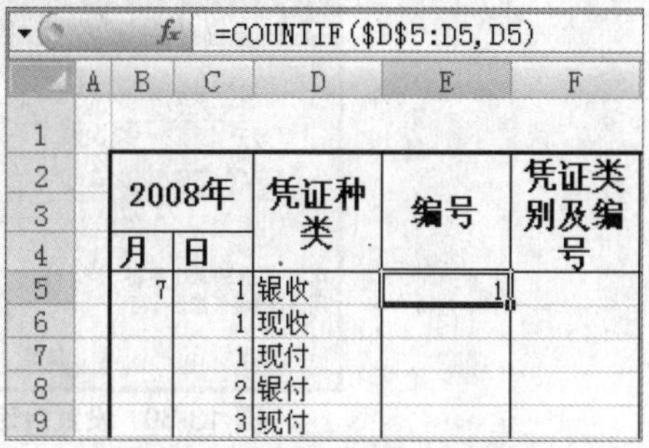

=COUNTIF($D$5:D5,D5)

图 13-25　输入公式返回编号

4 **输入公式返回凭证类别及编号。**在F5单元格中输入公式"=D5&E5"，按下Enter键，返回结果"银收1"，如图13-26所示。

5 **隐藏列。**选择E5:F5单元格区域，然后拖动F5单元格右下角的填充柄向下复制公式，接着选中D列和E列，右击，从弹出的快捷菜单中单击"隐藏"命令，如图13-27所示。

提示

如果要取消隐藏列，只需选定隐藏列两边的列并右击，从弹出的快捷菜单中单击"取消隐藏"命令即可。

图 13-26　输入公式返回凭证类别及编号

图 13-27　隐藏列

6 **筛选列标题行。**选择第2行～第4行，然后在"数据"选项卡下单击"筛选"按钮，如图13-28所示。

7 **启动自定义筛选。**单击字段名"凭证类别及编号"右侧的下拉按钮，从展开的下拉列表中将鼠标指针指向"文本筛选"选项，在其展开的级联列表中单击"自定义筛选"选项，如图13-29所示。

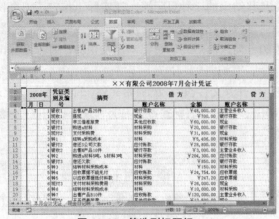

图 13-28　筛选列标题行

图 13-29　启动自定义筛选

提示

在图13-30所示的图中输入的"现*"，其中"*"代表任意多个字符。

8 **设置自定义筛选。**弹出"自定义自动筛选方式"对话框，设置"凭证类别及编号"为"等于""现*"，如图13-30所示。

9 **筛选结果。**单击"确定"按钮，返回工作表中，可以看到只筛选出了凭证号中含有"现"字的记录，如图13-31所示。

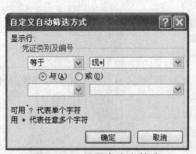

图 13-30　设置自定义筛选

图 13-31　筛选结果

提示

这里之所以设置为选择性粘贴值和数字格式，是因为在图13-31的筛选结果中直接将凭证类别及编号复制过来，那么会将所有的凭证类别及编号粘贴过来。

10 **启动选择性粘贴。**在"本月会计凭证"工作表中，选择筛选后的"凭证类别及编号"列数据，按下Ctrl+C复制，切换至"现金日记账"工作表中，选中C5单元格，在"开始"选项卡下单击"粘贴"按钮，从展开的下拉列表中单击"选择性粘贴"选项，如图13-32所示。

11 **粘贴值和数字格式。**弹出"选择性粘贴"对话框，在"粘贴"选项组中单击"值和数字格式"单选按钮，如图13-33所示。

图 13-32　启动选择性粘贴

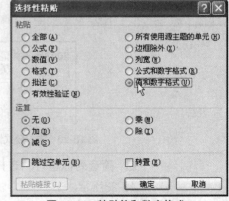

图 13-33　粘贴值和数字格式

⓬　**粘贴后效果**。单击"确定"按钮，返回工作表中，相同的方法，将筛选后的"凭证号数"列数据复制到"现金日记账"工作表中，粘贴完毕后效果，如图13-34所示。

⓭　**输入公式返回摘要**。在D4单元格中输入公式"=VLOOKUP(C5,本月会计凭证!$F$6:$G$67,2,0)"，按下Enter键，向下复制公式，返回摘要列数据，如图13-35所示。

图 13-34　粘贴后效果　　　　　图 13-35　输入公式返回摘要

⓮　**输入公式返回借方金额**。在E4单元格中输入公式"=IF(LEFT(C5,2)="现收",VLOOKUP(C5,本月会计凭证!$F$6:$K$67,4,0),"")"，按下Enter键，返回结果，如图13-36所示。

图 13-36　输入公式返回借方金额

⓯　**输入公式返回贷方金额**。在F4单元格中输入公式"=IF(LEFT(C5,2)="现付",VLOOKUP(C5,本月会计凭证!$F$6:$K$67,6,0),"")"，按下Enter键，返回结果，如图13-37所示。

图 13-37　输入公式返回贷方金额

⓰　**复制公式**。选择E4:F4单元格区域，拖动F4单元格右下角的填充柄向下复制公式，得到的结果如图13-38所示。

图 13-38　复制公式

17 计算余额。在列标题行下方插入一行，输入期初余额、"2000"、然后使用SUM()函数分别计算出本月借方和贷方的发生额，然后在H27单元格中输入公式"＝H4＋E27-F27"，按下Enter键，得到的结果如图13-39所示。

	C	D	E	F	G	H
1			现金日记账			
2	凭证号数	摘要	借	贷	借或贷	余额
3						
4		期初余额				￥2,000.00
23	现付13	现金存入		￥49,800.00		
24	现收7	收到罚款	￥6,250.00			
25	现付14	支付保险费		￥3,750.00		
26	现付15	支付职工住院费		￥3,750.00		
27		本月发生额及余额	￥947,660.00	￥921,530.50	贷	￥28,129.50

图 13-39　计算余额

13.2.2 银行存款日记账

银行存款日记账是为了银行存款账户设置的专门用以序时记录银行存款收付业务，反映银行存款增减变化及其结果的一种日记账。银行存款日记账可以采用三栏式，这同上一节中介绍的现金日记账格式类似，也可以采用多栏式，本节主要介绍多栏式银行存款日记账。

提示

银行存款日记账是用来核算和监督银行存款每日的收入、支出和结余情况的账簿。银行存款日记账应按企业在银行开立的账户和币种分别设置，每个银行账户设置一本日记账。银行存款日记账的格式，也有三栏式和多栏式两种。

1 创建日记账表格。将Sheet3工作表标签重命名为"银行日记账"，并在其中创建如图13-40所示的表格。多栏式银行存款日记账包含的项目有：年月日、摘要、银行存款科目对应的贷方科目等。

图 13-40　创建日记账表格

2 自定义筛选方式。切换至"本月会计凭证"工作表，打开"凭证类别及编号"列的"自定义自动筛选方式"对话框，要求筛选出"凭证类别及编号"为"等于""银*"，如图13-41所示，设置完毕后单击"确定"按钮。

3 清除筛选。将筛选出来的会计凭证的年月日、凭证号及摘要复制到"银行存款日记账"相应的表格中。单击字段"凭证类别及编号"右侧的下拉按钮，从展开的下拉列表中单击"从'凭证类别及编号'中清除筛选"选项，如图13-42所示。

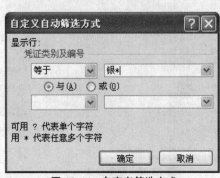

图 13-41　自定义筛选方式

图 13-42　清除筛选

4 **自定义筛选摘要。** 单击"摘要"字段右侧的下拉按钮，从展开的下拉列表中将鼠标指针指向"文本筛选"选项，在其展开的下拉列表中单击"自定义筛选"选项，如图13-43所示。

5 **设置自定义筛选。** 弹出"自定义自动筛选方式"对话框，设置"摘要"为"等于""提现"，如图13-44所示。

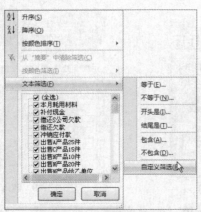

图 13-43 自定义筛选摘要

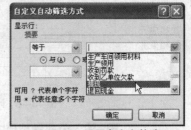

图 13-44 设置自定义筛选

6 **筛选结果。** 单击"确定"按钮，返回工作表中，此时可以看到筛选出来两条记录，如图13-45所示。

图 13-45 筛选结果

7 **复制筛选结果。** 将此次筛选结果按照业务发生的日期为序，复制到"银行存款日记账"工作表中，如图13-46所示。

8 **输入公式获取贷方发生额。** 在E4单元格中输入公式"=SUMPRODUCT((本月会计凭证!\$F\$5:\$F\$78=银行日记帐!\$C5)*(本月会计凭证!\$J\$5:\$J\$78=银行日记帐!\$E\$3)*(本月会计凭证!\$K\$5:\$K\$78))"，按下Enter键后，拖动E4单元格右下角的填充柄向右复制公式至H4，然后再向下复制公式，得到如图13-47所示。

图 13-46 复制筛选结果

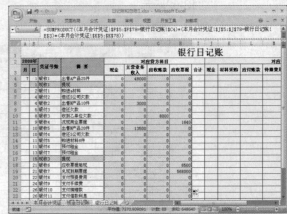

图 13-47 输入公式获取贷方发生额

9 **计算贷方各摘要合计值。** 在I4单元格中输入公式"=SUM(E4:H4)"，按下Enter键，拖动填充柄向下复制公式，得到结果如图13-48所示。

10 **输入公式获取借方发生额。** 在J4单元格中输入公式 "=SUMPRODUCT((本月会计凭证!$F$5:$F$78=银行日记帐!$C5)*(本月会计凭证!$H$5:$H$78=银行日记帐!J$3)*(本月会计凭证!$I$5:$I$78))"，按下Enter键后，拖动E4单元格右下角的填充柄向右复制公式至P4，然后再向下复制公式，得到如图13-49所示的结果。

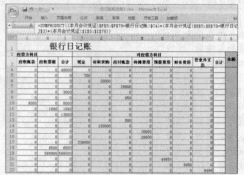

图 13-48　计算贷方合计值　　　　　图 13-49　输入公式获取借方发生额

11 **输入公式计算借方各摘要合计值。** 在Q4单元格中输入公式 "=SUM(J4:P4)"，按下Enter键，向下复制公式，得到结果如图13-50所示。

12 **隐藏零值。** 选择E4:Q25单元格区域，打开 "Excel选项" 对话框，单击 "高级" 选项，切换至 "高级" 选项面板下，在 "此工作簿的显示选项 银行日记账" 选项组中取消勾选 "在具有零值的单元格中显示零" 复选框，如图13-51所示。

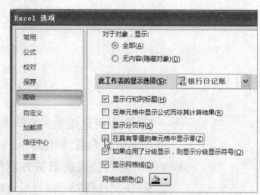

图 13-50　输入公式计算借方各摘要合计值　　　　图 13-51　隐藏零值

13 **隐藏零值后效果。** 单击 "确定" 按钮，返回工作表中，可以看到所有的零值被隐藏，如图13-52所示。

图 13-52　隐藏零值后效果

> **提示**
> 在步骤14中所输入的期初余额1280000元不是任意输入的，是上一节中制作出来的会计科目表中期初的余额。

14 计算本月合计。在单元格F27中输入公式“=SUM(F5:F26)”，按下Enter键，向右复制公式至Q27单元格，如图13-53所示。在列标题行下方插入一行，在R4单元格中输入期初余额1280000元。

15 计算期末余额。在单元格R27中输入公式“=R4+I27-Q27”，按下Enter键，计算结果如图13-54所示。

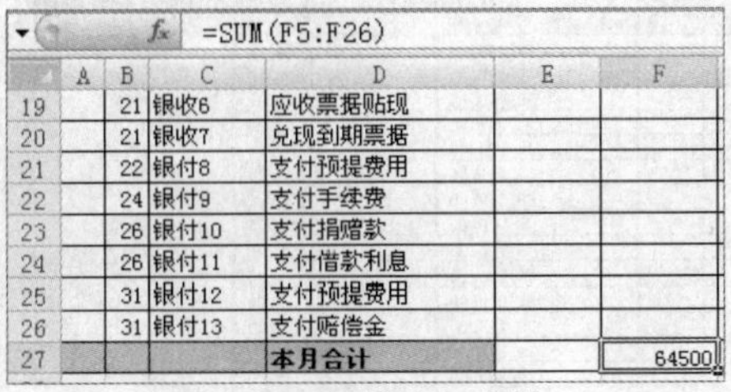

=SUM(F5:F26)

	A	B	C	D	E	F
19		21	银收6	应收票据贴现		
20		21	银收7	兑现到期票据		
21		22	银付8	支付预提费用		
22		24	银付9	支付手续费		
23		26	银付10	支付捐赠款		
24		26	银付11	支付借款利息		
25		31	银付12	支付预提费用		
26		31	银付13	支付赔偿金		
27				本月合计		64500

图 13-53　计算本月合计

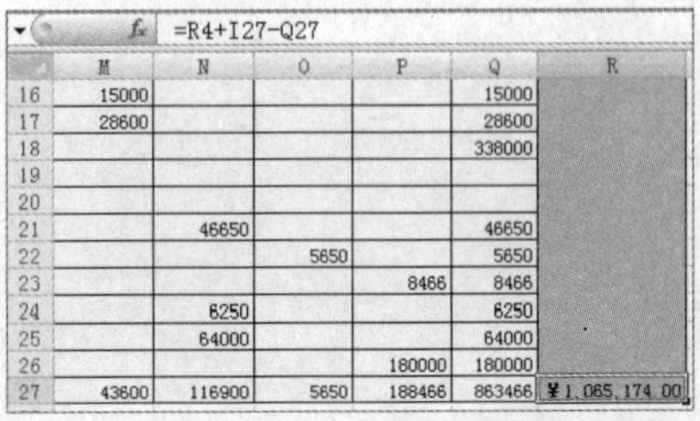

=R4+I27-Q27

	M	N	O	P	Q	R
16	15000				15000	
17	28600				28600	
18					338000	
19						
20						
21		46650			46650	
22			5650		5650	
23				8466	8466	
24		6250			6250	
25		64000			64000	
26				180000	180000	
27	43600	116900	5650	188466	863466	¥1,065,174.00

图 13-54　计算期末余额

13.3 处理总账

总账也称作分类账簿，是按照总分类账户开设的账页，是对经济业务进行分类登记的账簿。每个单位必须设置总账以提供资产、负债，所有者权益等会计要素的总结资料。按照会计科目的编号顺序，为每个一级会计科目开设账户，并预留账页。本节将为读者介绍如何创建并登记总账。

13.3.1 创建科目汇总表

> **提示**
> 总分类账是按照总分类账户分类登记以提供总括会计信息的账簿。在总分类账中，因按照会计科目的编码顺序分别开设账户，由于总分类账一般采用订本式账簿，所以事先应为每个账户预留若干账页。

科目汇总表实际上也就是汇总记账凭证，在科目汇总表账务处理过程中，需要根据记账凭证定期编制科目汇总表，然后根据科目汇总表定期登记总账。通过编制科目汇总表不仅可以简化登记总账的工作量，而且还可以起到入账前的试算平衡作用。

在实际工作中，科目汇总表可以一周汇总一次，也可以十天汇总一次，这里为了便于讲解，假设企业一月汇总一次。

1 创建科目汇总表。继上，新建一个工作表，将工作表标签重命名为“科目汇总表”，然后在该表中创建如图13-55所示的科目汇总表表格。

2 输入公式计算借方本期发生额。在C5单元格中输入公式“=SUMIF(本月会计凭证!$H$5:$H$78，科目汇总表!A5，本月会计凭证!$I$5:$I$78)”，按下Enter键，向下复制公式，得到的结果如图13-56所示。

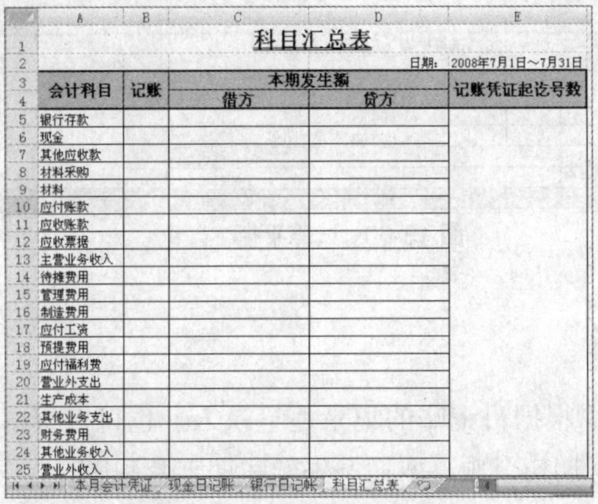

科目汇总表

日期：2008年7月1日～7月31日

会计科目	记账	本期发生额		记账凭证起讫号数
		借方	贷方	
银行存款				
现金				
其他应收款				
材料采购				
材料				
应付账款				
应收账款				
应收票据				
主营业务收入				
待摊费用				
管理费用				
制造费用				
应付工资				
预提费用				
应付福利费				
营业外支出				
生产成本				
其他业务支出				
财务费用				
其他业务收入				
营业外收入				

本月会计凭证　现金日记账　银行日记账　科目汇总表

图 13-55　创建科目汇总表

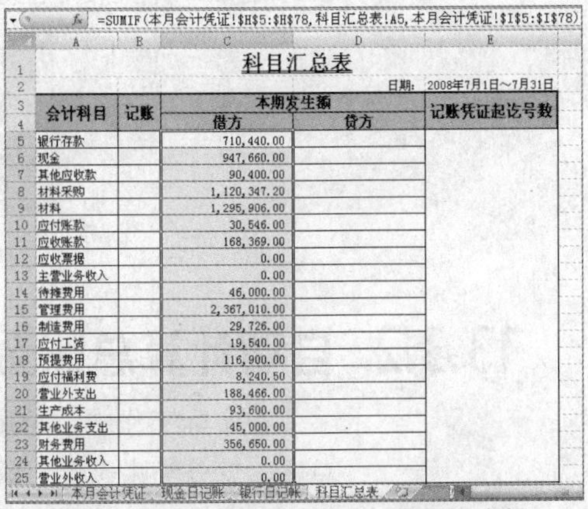

=SUMIF(本月会计凭证!$H$5:$H$78,科目汇总表!A5,本月会计凭证!$I$5:$I$78)

科目汇总表

日期：2008年7月1日～7月31日

会计科目	记账	本期发生额		记账凭证起讫号数
		借方	贷方	
银行存款		710,440.00		
现金		947,660.00		
其他应收款		90,400.00		
材料采购		1,120,347.20		
材料		1,295,906.00		
应付账款		30,546.00		
应收账款		168,369.00		
应收票据		0.00		
主营业务收入		0.00		
待摊费用		46,000.00		
管理费用		2,367,010.00		
制造费用		29,726.00		
应付工资		19,540.00		
预提费用		116,900.00		
应付福利费		8,240.50		
营业外支出		188,466.00		
生产成本		93,600.00		
其他业务支出		45,000.00		
财务费用		356,650.00		
其他业务收入		0.00		
营业外收入		0.00		

本月会计凭证　现金日记账　银行日记账　科目汇总表

图 13-56　输入公式计算借方本期发生额

3 输入公式计算贷方本期发生额。在D5单元格中输入公式“=SUMIF(本月会计凭证!$J$5:$J$78，科目汇总表!A5，本月会计凭证!$K$5:$K$78)”，按下Enter键，向下复制公式，得到的结果如图13-57所示。

=SUMIF(本月会计凭证!$J$5:$J$78,科目汇总表!A5,本月会计凭证!$K$5:$K$78)

	A	B	C	D	E
1	科目汇总表				
2				日期：	2008年7月1日～7月31日
3	会计科目	记账	本期发生额		记账凭证起讫号数
4			借方	贷方	
5	银行存款		710,440.00	863,466.00	
6	现金		947,660.00	921,530.50	
7	其他应收款		90,400.00	1,095,790.00	
8	材料采购		1,120,347.20	1,295,906.00	
9	材料		1,295,906.00	60,650.00	
10	应付账款		30,546.00	258,300.00	
11	应收账款		168,369.00	8,000.00	
12	应收票据		0.00	952,141.20	
13	主营业务收入		0.00	215,115.00	
14	待摊费用		46,000.00	0.00	
15	管理费用		2,367,010.00	0.00	
16	制造费用		29,726.00	0.00	
17	应付工资		19,540.00	949,776.00	
18	预提费用		116,900.00	0.00	
19	应付福利费		8,240.50	443,480.00	
20	营业外支出		188,466.00	396.00	
21	生产成本		93,600.00	0.00	
22	其他业务支出		45,000.00	0.00	
23	财务费用		356,650.00	0.00	
24	其他业务收入		0.00	564,000.00	
25	营业外收入		0.00	6,250.00	

本月会计凭证 现金日记账 银行日记帐 科目汇总表

图 13-57 输入公式计算贷方本期发生额

4 输入公式计算借贷合计值。在C26单元格中输入公式“=SUM(C5:C25)”，按下Enter键，向右复制公式，得到借方和贷方的本期发生额合计值，如图13-58所示。

=SUM(C5:C25)

	A	B	C	D
21	生产成本		93,600.00	0.00
22	其他业务支出		45,000.00	0.00
23	财务费用		356,650.00	0.00
24	其他业务收入		0.00	564,000.00
25	营业外收入		0.00	6,250.00
26	合计		7,634,800.70	7,634,800.70

图 13-58 输入公式计算借贷合计值

5 输入记账凭证起讫号数。在合并后的单元格E5中输入此次科目汇总表的记账凭证的编号，如图13-59所示。

（1）现金收款凭证第1号至第7号；（2）现金付款凭证第1号至15号；（3）银行收款凭证第1号至7号；（4）银行付款凭第1号至7号；（5）转账凭证第1号至26号

	A	B	C	D	E	F	G
11	应收账款		168,369.00	8,000.00	（1）现金收款凭证第1号至第7号；（2）现金付款凭证第1号至15号；（3）银行收款凭证第1号至7号；（4）银行付款凭第1号至7号；（5）转账凭证第1号至26号		
12	应收票据		0.00	952,141.20			
13	主营业务收入		0.00	215,115.00			
14	待摊费用		46,000.00	0.00			
15	管理费用		2,367,010.00	0.00			
16	制造费用		29,726.00	0.00			
17	应付工资		19,540.00	949,776.00			
18	预提费用		116,900.00	0.00			
19	应付福利费		8,240.50	443,480.00			
20	营业外支出		188,466.00	396.00			

图 13-59 输入记账凭证起讫号数

6 试算平衡。在单元格E26中输入公式“=IF(C26=D26，"试算平衡"，"试算不平衡")”，按下Enter键后，单元格中显示“试算平衡”，如图13-60所示。

=IF(C26=D26,"试算平衡","试算不平衡")

	A	B	C	D	E
21	生产成本		93,600.00	0.00	
22	其他业务支出		45,000.00	0.00	
23	财务费用		356,650.00	0.00	
24	其他业务收入		0.00	564,000.00	
25	营业外收入		0.00	6,250.00	
26	合计		7,634,800.70	7,634,800.70	试算平衡

图 13-60 试算平衡

13.3.2 自动计算总账金额

在实际工作中，总账可以根据日记账的记录逐笔录入，也可以根据科目汇总表直接登记总账，总分类账包含的项目有期初余额，本期发生额和期末余额等。

1 创建总分类账表格。继上，新插入一个工作表，将工作表标签更改为“总账”，然后在该工作表中创建如图13-61所示的总账表格，并设置表格格式。

由于总分类账能够全面、总括地反映经济活动情况，并为编制会计报表提供资料，因而任何单位都要设立总分类账。尽管总分类账的格式不尽相同，但通常采用三栏式，设置借方、贷方和余额三个基本金额栏目。

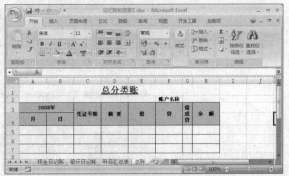

图 13-61　创建总分类账表格

2 **移动并复制会计科目表。**打开第13章\最终文件\会计科目表.xlsx工作簿，右击工作表标签"会计科目表"，从弹出的快捷菜单中单击"移动或复制工作表"命令，如图13-62所示。

图 13-62　移动并复制会计科目表

3 **选择要移至的工作簿。**弹出"移动或复制工作表"对话框，从"将选定工作表移至工作簿"下拉列表中选择"日记账和总账1.xlsx"工作簿，如图13-63所示。

4 **选择要移动到的具体位置。**在"下列选定工作表之前"显示了日记账和总账1.xlsx工作簿中的所有工作表，这里选择将工作表移至"总账"工作表之前，然后勾选"建立副本"复选框，如图13-64所示。

在图13-64中如果用户忘记了勾选"建立副本"复选框，那么就会将"会计科目表"移动到"日记账和总账1.xlsx"工作簿中，但原始工作簿"会计科目表.xlsx"中并不保存该工作表。

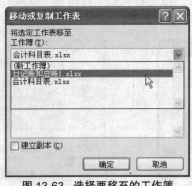

图 13-63　选择要移至的工作簿

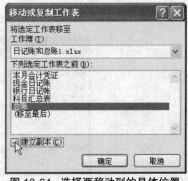

图 13-64　选择要移动到的具体位置

5 **更改会计科目表部分内容。**单击"确定"按钮，此时在日记账和总账1.xlsx工作簿的"总账"工作表之前插入了会计科目表，为了接下来的计算，这里将"科目名称"列中的"库存现金"更改为"现金"，然后将"余额方向"列数据添加完整，如图13-65所示。

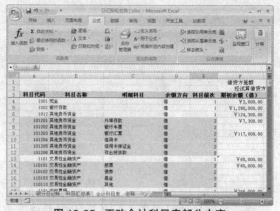

图 13-65　更改会计科目表部分内容

6 **定义名称**。切换至"科目汇总表"中，在"公式"选项卡下单击"定义名称"右侧的下拉按钮，从展开的下拉列表中单击"定义名称"选项，如图13-66所示。

图 13-66　定义名称

7 **新建名称**。弹出"新建名称"对话框，在"名称"文本框中输入"yy"，然后单击"引用位置"文本框右侧的折叠按钮，返回工作表中选择A5:A25单元格区域，如图13-67所示。添加完毕后单击"确定"按钮。

8 **设置数据有效性**。切换至"总账"工作表中，选中并合并G2:H2单元格区域，然后在"数据"选项卡中单击"数据有效性"按钮右侧的下拉按钮，从展开的下拉列表中单击"数据有效性"选项，如图13-68所示。

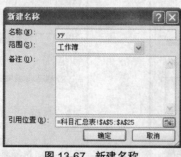

图 13-67　新建名称

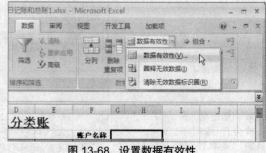

图 13-68　设置数据有效性

9 **设置有效性条件**。弹出"数据有效性"对话框，在"允许"下拉列表中选择"序列"选项，然后在"来源"文本框中输入"=yy"，如图13-69所示。完毕后单击"确定"按钮。

10 **从下拉列表中选择账户名称**。返回工作表中，单击合并单元格右侧的下拉按钮，从展开的下拉列表中选择账户的名称，这里选择"银行存款"选项，如图13-70所示。

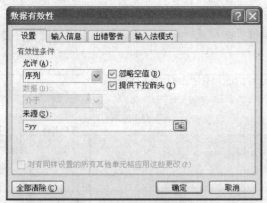

图 13-69　设置有效性条件

图 13-70　从下拉列表中选择账户名称

Ⅲ **输入公式引用借贷方向**。输入日期，然后在"摘要"栏中输入"期初余额"，然后在单元格G5中输入公式"=VLOOKUP($G$2，会计科目表!$B$4:$F$162,3,0)"，按下Enter键，即可根据账户名称从"会计科目表"中引用账户余额的方向，如图13-71所示。

f_x	=VLOOKUP($G$2，会计科目表!$B$4:$F$162, 3, 0)						
	A	B	C	D	E	F	G	H
1				总分类账				
2						账户名称	银行存款	
3	2008年		凭证号数	摘 要	借	贷	借或贷	余 额
4	月	日						
5	7	1		期初余额			借	
6								
7								

图 13-71　输入公式引用借贷方向

Ⅻ **输入公式计算期初余额**。在H5单元格中输入公式"=VLOOKUP($G$2，会计科目表!$B$4:$F$162,5,0)"，按下Enter键，即可根据账户名称，从"会计科目表"中引用期初余额，结果如图13-72所示。

f_x	=VLOOKUP($G$2，会计科目表!$B$4:$F$162, 5, 0)						
	A	B	C	D	E	F	G	H
1				总分类账				
2						账户名称	银行存款	
3	2008年		凭证号数	摘 要	借	贷	借或贷	余 额
4	月	日						
5	7	1		期初余额			借	1,280,000.00
6								
7								

图 13-72　输入公式计算期初余额

ⅩⅢ **输入公式引用借方发生额**。输入日期、凭证号和摘要后，在E6单元格中输入公式"=VLOOKUP($G$2，科目汇总表!$A$5:$D$25,3,0)"，按下Enter键，即可从"科目汇总表"中引用当前账户借方发生额，结果如图13-73所示。

f_x	=VLOOKUP($G$2，科目汇总表!$A$5:$D$25, 3, 0)						
	A	B	C	D	E	F	G	H
1				总分类账				
2						账户名称	银行存款	
3	2008年		凭证号数	摘 要	借	贷	借或贷	余 额
4	月	日						
5	7	1		期初余额			借	1,280,000.00
6	7	31		本期发生额	710,440.00			
7								

图 13-73　输入公式引用借方发生额

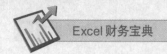

14 **输入公式引用贷方发生额。** 在F6单元格中输入公式 "=VLOOKUP($G$2, 科目汇总表!$A-$5:$D$25,4,0)", 按下Enter键, 即可从 "科目汇总表" 中引用当前账户贷方发生额, 结果如图13-74所示。

	fx	=VLOOKUP($G$2,科目汇总表!$A$5:$D$25,4,0)						
	A	B	C	D	E	F	G	H
1				总分类账				
2						账户名称		银行存款
3	2008年		凭证号数	摘 要	借	贷	借或贷	余 额
4	月	日						
5	7	1		期初余额			借	1,280,000.00
6	7	31		本期发生额	710,440.00	863,466.00		
7								

图 13-74 输入公式引用贷方发生额

15 **计算期末余额。** 在单元格H7中输入公式 "=H5+E6-F6", 按下Enter键, 得到账户的期末余额, 如图13-75所示。

	fx	=H5+E6-F6						
	A	B	C	D	E	F	G	H
1				总分类账				
2						账户名称		银行存款
3	2008年		凭证号数	摘 要	借	贷	借或贷	余 额
4	月	日						
5	7	1		期初余额			借	1,280,000.00
6	7	31	科目汇总表1	本期发生额	710,440.00	863,466.00		
7	7	31		期末余额			借	1,126,974.00

图 13-75 计算期末余额

16 **更改账户查看。** 选定G2:H2合并单元格右侧的下拉按钮, 从展开的下拉列表中选择其他的账户名称, 例如这里选择 "现金", 用户可以发现其下方的数据也会发生相应的变化, 如图13-76所示。

	A	B	C	D	E	F	G	H
1				总分类账				
2						账户名称		现金
3	2008年		凭证号数	摘 要	借	贷	借或贷	余 额
4	月	日						
5	7	1		期初余额			借	2,000.00
6	7	31	科目汇总表1	本期发生额	947,660.00	921,530.50		
7	7	31		期末余额			借	28,129.50

图 13-76 更改账户查看

13.3.3 设置账务核对与平衡检验

为了确保账簿的正确性, 应当定期进行对账工作, 对账是会计人员对账簿记录进行核对。由于客观和主观的原因常会造成账簿记录差错和账实不符的情况, 为了保证账簿记录的正确性, 必须对账簿进行核对。

1 **创建账务核对与平衡检验表格。** 新建一个工作表, 将工作表标签重命名为 "账务核对", 并在该工作表中创建如图13-77所示的表格。

账务核对与平衡检验						
现金账务核对	比较账簿	期初余额	本期借方发生额	本期贷方发生额	期末余额	结论
	现金日记账					
	现金总账					
	是否平衡					
银行存款账务核对	比较账簿	期初余额	本期借方发生额	本期贷方发生额	期末余额	结论
	银行存款日记账					
	银行存款总账					
	是否平衡					

科目汇总表 / 会计科目表 / 总账 / 账务核对

图 13-77 创建账务核对与平衡检验表格

2 引用现金日记账数据。在C3、D3和E3单元格中分别输入下列公式：

=现金日记账!H4

=现金日记账!E27

=现金日记账!F27

按下Enter键，分别引用现金日记账中的期初余额、本期借方发生额和本期贷方发生额，结果如图13-78所示。

=现金日记账!H4

账务核对与平衡检验			
比较账簿	期初余额	本期借方发生额	本期贷方发生额
现金日记账	2,000.00	947,660.00	921,530.50
现金总账			
是否平衡			

图 13-78 引用现金日记账数据

3 引用总账数据。在C4、D4和E4单元格中分别输入下列公式：

=总账!H5

=总账!E6

=总账!F6

按下Enter键，分别引用总账中的期初余额、本期借方发生额和本期贷方发生额，结果如图13-79所示。

> **提示**
> 在步骤2中设置公式之前，应确保"总账"工作表中单元格G2中的账户名称为"现金"，如果不是，请先将该账户名称更改为现金。

=总账!H5

账务核对与平衡检验			
比较账簿	期初余额	本期借方发生额	本期贷方发生额
现金日记账	2,000.00	947,660.00	921,530.50
现金总账	2,000.00	947,660.00	921,530.50
是否平衡			

图 13-79 引用总账数据

4 将公式转化为数字。由于总账是动态的，当账户名称变化时，数据也会发生相应的变化，所以这里需要将C4:E4单元格中的数据转化为数值。选择C4:E4单元格区域，按下Ctrl+C键复制，然后选中C4单元格，在"开始"选项卡下单击"粘贴"按钮，从其展开的下拉列表中单击"选择性粘贴"选项，如图13-80所示。

5 选择性粘贴值和数字格式。弹出"选择性粘贴"对话框，单击"值和数字格式"单选按钮即可，如图13-81所示。

图 13-80　将公式转化为数字

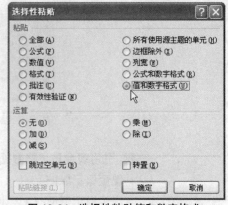
图 13-81　选择性粘贴值和数字格式

6 **将公式转化为数值结果。** 粘贴结果如图13-82所示,当再次选中单元格C4时,编辑栏中显示为具体数字,不再是公式。

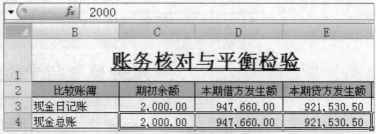
图 13-82　将公式转化为数值结果

7 **输入公式计算期末余额。** 首先来计算引用现金日记账的期末余额,在F3单元格中输入公式"=C3+D3-E3",按下Enter键,向下复制公式,可得到引用总账数据计算出来的期末余额,结果如图13-83所示。

	B	C	D	E	F

账务核对与平衡检验

	比较账簿	期初余额	本期借方发生额	本期贷方发生额	期末余额
3	现金日记账	2,000.00	947,660.00	921,530.50	28,129.50
4	现金总账	2,000.00	947,660.00	921,530.50	28,129.50

图 13-83　输入公式计算期末余额

8 **判断是否平衡。** 在C5单元格中输入公式"=IF(C3=C4,"相符","不相符")",按下Enter键,向右复制公式至F5单元格,结果如图13-84所示。

	B	C	D	E	F
2	比较账簿	期初余额	本期借方发生额	本期贷方发生额	期末余额
3	现金日记账	2,000.00	947,660.00	921,530.50	28,129.50
4	现金总账	2,000.00	947,660.00	921,530.50	28,129.50
5	是否平衡	相符	相符	相符	相符

图 13-84　判断是否平衡

9 **更改总账账户名称。** 切换至"总账"工作表中,从"账户名称"下拉列表中选择"银行存款",如图13-85所示。

图 13-85　更改总账账户名称

10 **引用银行日记账和总账数据。** 采用同样类似的方法，分别设置公式引用银行日记账和总账的期初余额、本期借方和贷方发生额，结果如图13-86所示。

	B	C	D	E
			fx	=银行日记帐!R4
2	比较账簿	期初余额	本期借方发生额	本期贷方发生额
3	现金日记账	2,000.00	947,660.00	921,530.50
4	现金总账	2,000.00	947,660.00	921,530.50
5	是否平衡	相符	相符	相符
6	比较账簿	期初余额	本期借方发生额	本期贷方发生额
7	银行存款日记账	1,280,000.00	648,640.00	863,466.00
8	银行存款总账	1,280,000.00	710,440.00	863,466.00
9	是否平衡			

图 13-86　引用银行日记账和总账数据

11 **将公式转化为数值。** 采用前面介绍的选择性粘贴的方法，将单元格C8:E8中的公式结果转化为数值，如图13-87所示。

	B	C	D	E
		fx	1280000	
2	比较账簿	期初余额	本期借方发生额	本期贷方发生额
3	现金日记账	2,000.00	947,660.00	921,530.50
4	现金总账	2,000.00	947,660.00	921,530.50
5	是否平衡	相符	相符	相符
6	比较账簿	期初余额	本期借方发生额	本期贷方发生额
7	银行存款日记账	1,280,000.00	648,640.00	863,466.00
8	银行存款总账	1,280,000.00	710,440.00	863,466.00
9	是否平衡			

图 13-87　将公式转化为数值

12 **计算期末余额。** 在F7单元格中输入公式"=C7+D7-E7"，按下Enter键，向下复制公式至F8单元格，分别得到引用银行日记账和总账数据计算出来的期末余额，如图13-88所示。

	B	C	D	E	F
		fx	=C7+D7-E7		
2	比较账簿	期初余额	本期借方发生额	本期贷方发生额	期末余额
3	现金日记账	2,000.00	947,660.00	921,530.50	28,129.50
4	现金总账	2,000.00	947,660.00	921,530.50	28,129.50
5	是否平衡	相符	相符	相符	相符
6	比较账簿	期初余额	本期借方发生额	本期贷方发生额	期末余额
7	银行存款日记账	1,280,000.00	648,640.00	863,466.00	1,065,174.00
8	银行存款总账	1,280,000.00	710,440.00	863,466.00	1,126,974.00

图 13-88　计算期末余额

13 **检验是否平衡。** 在C9单元格中输入公式"=IF(C7=C8,"相符","不相符")"，按下Enter键，向右复制公式，得到的结果如图13-89所示。

Excel 财务宝典

提示

在图13-89中检验是否平衡时还可以采用一种更为简单的方法输入公式，即选定单元格C5，然后按下Ctrl+C组合键，然后选中单元格C9，按下Ctrl+V组合键粘贴公式即可。此时可以发现在C9单元格中自动调整了参数。

	B	C	D	E	F
			fx	=IF(C7=C8,"相符","不相符")	
2	比较账簿	期初余额	本期借方发生额	本期贷方发生额	期末余额
3	现金日记账	2,000.00	947,660.00	921,530.50	28,129.50
4	现金总账	2,000.00	947,660.00	921,530.50	28,129.50
5	是否平衡	相符	相符	相符	相符
6	比较账簿	期初余额	本期借方发生额	本期贷方发生额	期末余额
7	银行存款日记账	1,280,000.00	648,640.00	863,466.00	1,065,174.00
8	银行存款总账	1,280,000.00	710,440.00	863,466.00	1,126,974.00
9	是否平衡	相符	不相符	相符	不相符

图 13-89　检验是否平衡

14 **现金账务核对结论**。在G3单元格中输入公式"=IF(C5="相符",IF(D5="相符",IF(E5="相符",IF(F5="相符","正确","错误"),"错误"),"错误"))"，按下Enter键后，单元格G3中显示"正确"，如图13-90所示，说明现金总账与现金日记账相符。

	B	C	D	E	F	G
		fx	=IF(C5="相符",IF(D5="相符",IF(E5="相符",IF(F5="相符","正确","错误"),"错误"),"错误"))			
2	比较账簿	期初余额	本期借方发生额	本期贷方发生额	期末余额	结论
3	现金日记账	2,000.00	947,660.00	921,530.50	28,129.50	
4	现金总账	2,000.00	947,660.00	921,530.50	28,129.50	正确
5	是否平衡	相符	相符	相符	相符	
6	比较账簿	期初余额	本期借方发生额	本期贷方发生额	期末余额	结论
7	银行存款日记账	1,280,000.00	648,640.00	863,466.00	1,065,174.00	
8	银行存款总账	1,280,000.00	710,440.00	863,466.00	1,126,974.00	
9	是否平衡	相符	不相符	相符	不相符	

图 13-90　现金账务核对结论

15 **银行日记账务核对结论**。在G7单元格中输入公式"=IF(C9="相符",IF(D9="相符",IF(E9="相符",IF(F9="相符","正确","错误"),"错误"),"错误"))"，按下Enter键后，单元格G7中显示"错误"，如图13-91所示。说明银行日记账与总账不相符。

	B	C	D	E	F	G
		fx	=IF(C9="相符",IF(D9="相符",IF(E9="相符",IF(F9="相符","正确","错误"),"错误"),"错误"))			
2	比较账簿	期初余额	本期借方发生额	本期贷方发生额	期末余额	结论
3	现金日记账	2,000.00	947,660.00	921,530.50	28,129.50	
4	现金总账	2,000.00	947,660.00	921,530.50	28,129.50	正确
5	是否平衡	相符	相符	相符	相符	
6	比较账簿	期初余额	本期借方发生额	本期贷方发生额	期末余额	结论
7	银行存款日记账	1,280,000.00	648,640.00	863,466.00	1,065,174.00	
8	银行存款总账	1,280,000.00	710,440.00	863,466.00	1,126,974.00	错误
9	是否平衡	相符	不相符	相符	不相符	

图 13-91　银行日记账务核对结论

相关行业知识 | **记账凭证的填制要求与方法**

填制记账凭证，是会计核算工作的重要环节，是对原始凭证的整理和分类，并按照复式记账的要求，运用会计科目，确定会计分录，作为登记账簿的依据。填制记账凭证能使记账更为条理化，保证记账工作的质量，简化记账工作，提高核算效率，都具有十分重要作用。

如果说，会计人员对原始凭证主要注重审核，那么，对记账凭证则主要注重填制，填制记账凭证的具体要求如下。

❶ 填制记账凭证的依据，必须是经审核无误的原始凭证或汇总原始凭证。

❷ 正确填写摘要。一级科目、二级科目和明细科目，账户的对应关系、金额等都应正确无误。

❸ 记账凭证的日期。收付款业务因为要登入当天的日记账，记账凭证的日期应是货币资金收付的实际日期，所以与原始凭证所记的日期不一定一致。转账凭证以收到原始凭证的日期为日期，但在摘要栏要注明经济业务发生的实际日期。

❹ 记账凭证的编号，要根据不同的情况采用不同的编号方法。如果企业的各种经济业务的记账凭证，采用统一的一种格式（通用格式），凭证的编号可采用顺序编号法，即按月编顺

序号。业务极少的单位可按年编顺序号。如果是按照经济业务的内容加以分类，采用三种格式的记账凭证，记账凭证的编号应采用字号编号法，即把不同类型的记账凭证用字加以区别，再把同类记账凭证顺序号加以连续。三种格式的记账凭证，采用字号编号法时，具体地编为"收字第**号"，"付字第**号"，"转字第**号"。例如，5月12日收到一笔现金，是该月第30笔收款业务，记录该笔经济业务记账凭证的编号为"收字第30号"。如果一笔经济业务需要填制一张以上的记账凭证时，记账凭证的编号可采用分数编号法。

❺ 记账凭证上应注明所附的原始凭证张数，以便查核。如果根据同一原始凭证填制数张记账凭证时，则应在未附原始凭证的记账凭证上注明"附件**张，见第**号记账凭证"。如果原始凭证需要另行保管时，则应在附件栏目内加以注明，但更正错账和结账的记账凭证可以不附原始凭证。

❻ 必须按照会计制度统一规定的会计科目，根据经济业务的性质，编制会计分录，以保证核算的口径一致，便于综合汇总。应用借贷记账法编制分录时，只编制简单分录或复合分录，以便从账户对应关系中反映经济业务的情况。

❼ 在采用"收款凭证"、"付款凭证"和"转账凭证"等复式凭证的情况下，凡涉及到现金和银行存款的收款业务要填制收款凭证；凡涉及到现金和银行存款的付款业务，填制付款凭证；涉及转账业务，填制转账凭证。但涉及现金和银行存款之间的划转业务，按规定只填制付款凭证，以免重复记账。如现金存入银行只填制一张"现金"付款凭证。

❽ 记账凭证填写完毕，应进行复核与检查，并按所使用的记账方法进行试算平衡。有关人员，均要签名盖章，出纳人员根据收款凭证收款，或根据付款凭证付款时，均要在凭证上加盖"收讫"、"付讫"的戳记，以免重收重付、防止差错。

企业资产负债表

资产负债表是反映企业某一特定日期（月末、季末、半年末、年末）财务状况的报表，又称财务状况表。所谓财务状况，是指一个企业资产、负债、所有者权益及其相互关系。因此，资产负债表列示了企业在特定日期的资产、负债、所有者权益及其相互关系的信息。

14.1 创建资产负债表

本节将带领读者来创建资产负债表，首先需要创建资产负债表的格式，然后再使用日期函数对其添加日期，最后设置公式计算资产负债表中各个项目的值。

14.1.1 复制总账工作表

◎ 光盘路径

原始文件：
源文件\第14章\原始文件\总账.xlsx

要创建资产负债表，首先需要一个总账表格，因为资产负债表中的数据都是由总账表格而来，所以首先需要将总账工作表复制到资产负债表中。

1 复制与移动总账。 新建一个工作簿，将其保存命名为"资产负债表.xlsx"。打开源文件\第14章\原始文件\总账.xlsx工作簿，右击"总账"工作表标签，从弹出的快捷菜单中单击"移动或复制工作表"命令，如图14-1所示。

2 选择要移动的工作簿。 弹出"移动或复制工作表"对话框，首先从"将选定工作表移至工作簿"下拉列表中选择"资产负债表.xlsx"工作簿，如图14-2所示。

🔊 提示

由于编制资产负债表需要用到各账户的期初和期末数，所以这里需要将总账工作表复制到新工作簿中。

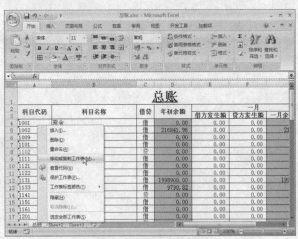

图 14-1　复制与移动总账

图 14-2　选择要移动的工作簿

3 选择需要移至的工作表之前。 接着从"下列选定工作表之前"列表框中选择"Sheet1"工作表，然后勾选"建立副本"复选框，如图14-3所示。

4 移动到资产负债表。 单击"确定"按钮，此时打开"资产负债表.xlsx"，可以看到"总账"工作表已经移动到了该工作簿中，如图14-4所示。

交叉参考

在第13章中也曾为读者介绍过移动或复制工作表的方法。

图 14-3 选择需要移至的工作表之前

图 14-4 移动到资产负债表

14.1.2 创建资产负债表基本表格

资产负债表的基本项目主要包括流动资产、固定资产、流动负债、所有者权益等，各个项目下面还含有大量的子项目，下面就为读者介绍如何设计资产负债表的格式，具体操作步骤如下。

1 **输入资产负债表基本内容。** 在资产负债表中双击Sheet1工作表标签，将其重命名为"资产负债表"，然后在该表格中创建如图14-5所示的资产负债表。

2 **设置表格边框 1。** 将所有文本都设置为蓝色，并将字段文本和各项目文本加粗。选择A4:H4单元格区域，在"开始"选项卡下单击"字体"组中的对话框启动器，弹出"设置单元格格式"对话框，切换至"边框"选项卡下，选择双线条样式，将其颜色设置为红色，接着在"边框"选项组中单击上和下图标，如图14-6所示。

提示

资产负债表反映的是企业在一定会计期末财务状况的一个静态报表。表内各项目"年初数"应根据上年末的"期末数"填列，"期末数"主要应根据有关账户的期末余额填列。

图 14-5 输入资产负债表基本内容

图 14-6 设置表格边框 1

3 **查看效果。** 单击"确定"按钮。返回工作表中，选择A26:H43单元格区域，相同的方法设置其表格边框，设置完毕后效果如图14-7所示。

4 **设置表格边框 2。** 选择A4:D43单元格区域，然后打开"设置单元格格式"对话框，在"边框"选项卡下按照图14-8所示的预览效果设置其边框。设置完毕后单击"确定"按钮即可。

提示

用户在添加表格边框的时候一定要注意，首先需要先选中表格的样式和颜色，方能选择表格的边框，否则所选择的表格边框将不能应用其设置的颜色和样式。

图 14-7 查看效果

图 14-8 设置表格边框 2

5 设置表格边框 3。选择E4:H43单元格区域，打开"设置单元格格式"对话框，在"边框"选项卡下按照图14-9所示的预览效果设置其边框。

6 边框添加完毕后效果。单击"确定"按钮，返回工作表中，边框设置完毕后资产负债表效果如图14-10所示。

图 14-9 设置表格边框 3

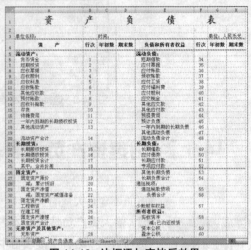

图 14-10 边框添加完毕后效果

7 为合计值添加底纹。选中A20:H20单元格区域，然后在"开始"选项卡下单击"填充颜色"按钮右侧的下拉按钮，从展开的下拉列表中选择"黄色"，如图14-11所示。

8 设计的资产负债表最终效果。相同的方法，为所有项目的最终合计值行都添加上黄色的底纹以示突出，如图14-12所示，为设计的资产负债表的最终效果。

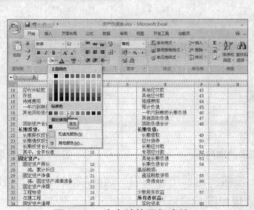

图 14-11 为合计值添加底纹

图 14-12 设计的资产负债表最终效果

14.1.3 使用公式计算当前日期

从前面的介绍已经知道企业资产负债表是针对企业经营过程中的某个时间点的财务状况进行分析，所以在企业资产负债表中应有标注明显的对资产负债表分析的时间。本节就为读者介绍如何为资产负债表添加日期。

1 输入一年的月份。继上，在资产负债表的J7:J16单元格中输入本年的1月至12月，并将格式设置为"×年×月"，如图14-13所示。

2 新建名称。选择J7:J16单元格区域，在"公式"选项卡下单击"定义名称"按钮，弹出"新建名称"对话框，在"名称"文本框中输入"month_2008"，然后单击"确定"按钮，如图14-14所示。

图 14-13　输入一年的月份

图 14-14　新建名称

交叉参考

在第13章第13.3.2节中也为读者介绍过使用先定义名称，然后再来设置数据有效性的方法。用户可参阅此节。

3 隐藏日期列。选择J列并右击，从弹出的快捷菜单中单击"隐藏"命令，如图14-15所示。

4 启动数据有效性功能。合并G2:H2单元格区域，然后选中合并后的G2单元格，在"数据"选项卡下单击"数据有效性"按钮，如图14-16所示。

图 14-15　隐藏日期列

图 14-16　启动数据有效性功能

5 设置有效性条件。弹出"数据有效性"对话框，首先从"允许"下拉列表中选择"序列"选项，然后在"来源"文本框中输入"=month_2008"，如图14-17所示。

6 从下拉列表中选择日期。单击"确定"按钮，返回工作表中，此时在G2单元格右侧出现一个下拉按钮，单击该按钮，从展开的下拉列表中选择该资产负债表分析的月份，这里选择"2008年1月"，如图14-18所示。

图 14-17　设置有效性条件

图 14-18　从下拉列表中选择日期

7 显示选择日期。如图14-19所示，显示所选定的日期，显然格式不正确，这里还需要将其进行更改。

8 更改日期格式。选择G2单元格，在"开始"选项卡下单击"数字"组中的对话框启动器，弹出"设置单元格格式"对话框，在"分类"列表框中选中"日期"选项，然后在"类型"列表框中选择"2001年3月"样式，如图14-20所示。

提示

Excel 支持两种日期系统。1900 年日期系统和 1904 年日期系统，在工作表中使用不同的日期系统将导致使用不同的日期作为参照基础。想要在两种日期系统中切换，打开"Excel 选项"，在"高级"选项卡下勾选"使用 1904 年日期系统"复选框，单击"确定"按钮即可。

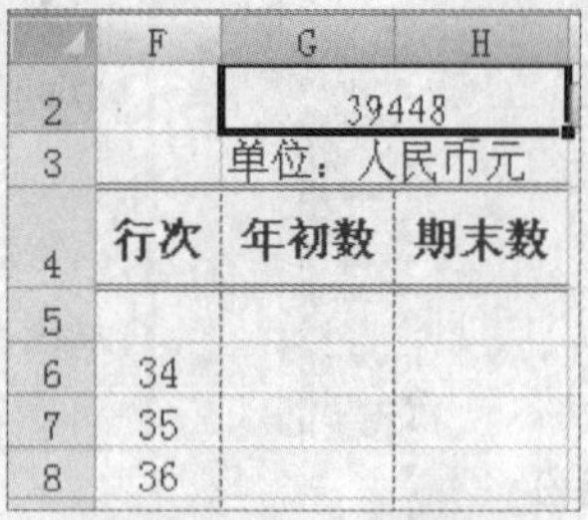

图 14-19　显示选择日期

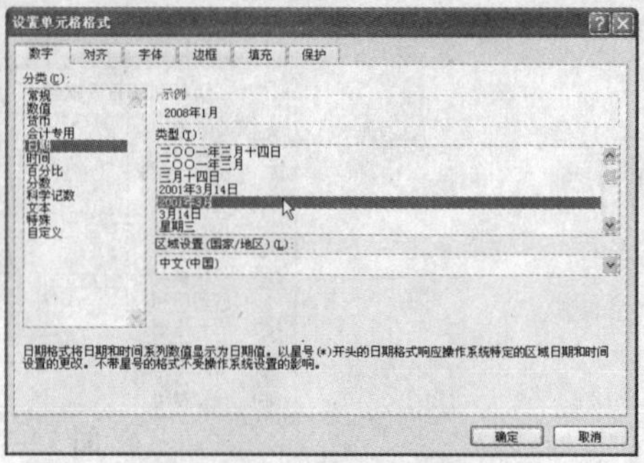

图 14-20　更改日期格式

9　输入公式返回资产负债表分析日期。在D3单元格中输入公式"=DATE(YEAR(G2),MONTH(G2)+1,0)"，按下Enter键，结果如图14-21所示。

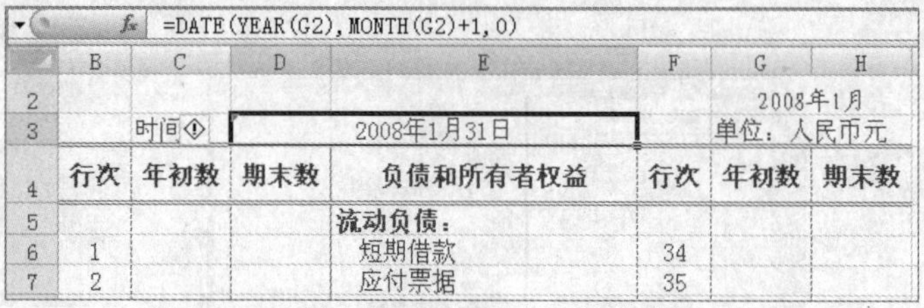

图 14-21　输入公式返回资产负债表分析日期

14.1.4　编辑公式计算资产情况

光盘路径

最终文件：
源文件\第14章\最终文件\资产负债表.xlsx

　　资产负债表反映了某一个特定日期资产的总额，即流动资产、长期投资、固定投资、无形资产、其他资产的总额，以及各资产内部的构成情况，是分析企业生产经营能力、偿债能力的重要资料。下面将为读者介绍如何利用公式计算资产负债表中的资产情况。

1　复制科目代码。继上，切换至"总账"工作表中，在 A 列后面插入一列，然后复制 A 列的所有内容，如图14-22所示。

2　将文本转换为数字。选择插入的 B 列中的科目代码，单击其旁出现的按钮，从展开的下拉列表中单击"转换为数字"选项，如图14-23所示。

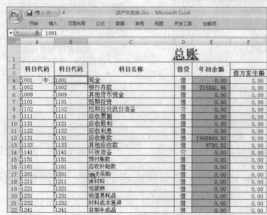

图 14-22　复制科目代码

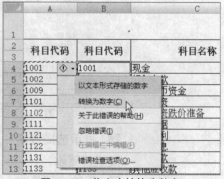

图 14-23　将文本转换为数字

3　转换为数字后效果。如图14-24所示为将 B 列数据转换为数字后效果。

4　隐藏 A 列。选中 A 列右击，从弹出的快捷菜单中单击"隐藏"命令，如图14-25所示，将 A 列隐藏起来。

这里之所以将"科目代码"列数据复制一列，主要是为后面计算资产负债表的项目使用公式时提供原始数据。

图 14-24　转换为数字后效果

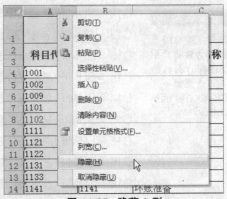

图 14-25　隐藏 A 列

由于"货币资金"包括"现金"和"银行存款"，它们分别对应的科目代码是"1001"和"1002"，所以"货币资金"的年初数应该是总账中的"现金"和"银行存款"年初数的合计。所以这里用了条件"<1010"来搜索需要的数据。

5 输入公式计算货币资金年初数。切换至"资产负债表"中，在C6单元格中输入公式"=SUMIF(总账!\$B:\$B,"<1010",总账!E:E)"，按下Enter键，得到结果如图14-26所示。

6 输入公式计算货币资金期末数。在D6单元格中输入公式"=SUMIF(总账!\$B:\$B,"<1010",总账!H:H)"，按下Enter键，得到结果如图14-27所示。

图 14-26　输入公式计算货币资金年初数　　　图 14-27　输入公式计算货币资金期末数

7 计算短期投资年初数和期末数。在C7和D7单元格中分别输入以下公式：

C7=SUMIF(总账!\$C:\$C,"短期投资",总账!E:E)

D7=SUMIF(总账!\$C:\$C,"短期投资",总账!H:H)

按下Enter键后，得到"短期投资"的年初数和期末数，如图14-28所示。

8 计算应收票据年初数和期末数。在C8和D8单元格中分别输入以下公式：

C8=SUMIF(总账!\$C:\$C,"应收票据",总账!E:E)

D8=SUMIF(总账!\$C:\$C,"应收票据",总账!H:H)

按下Enter键后，得到"应收票据"的年初数和期末数。如图14-29所示。

图 14-28　计算短期投资年初数和期末数

图 14-29　计算应收票据年初数和期末数

9 计算流动资产其他项目年初数和期末数。在C9:D18单元格中分别输入以下公式：

C9 =SUMIF(总账!\$C:\$C,"应收股利",总账!E:E)

D9 =SUMIF(总账!\$C:\$C,"应收股利",总账!H:H)

C10 =SUMIF(总账!\$C:\$C,"应收利息",总账!E:E)

D10 =SUMIF(总账!\$C:\$C,"应收利息",总账!H:H)

C11 =SUMIF(总账!\$C:\$C,"应收账款",总账!E:E)

D11 =SUMIF(总账!\$C:\$C,"应收账款",总账!H:H)

C12 =SUMIF(总账!\$C:\$C,"其他应收款",总账!E:E)

交叉参考

在第13章第13.1.3节中详细为读者介绍过 SUMIF() 函数的使用，这里就不过多的介绍，用户可参阅此节。

D12 =SUMIF(总账!$C:$C,"其他应收款",总账!H:H)

C13 =SUMIF(总账!$C:$C,"预付账款",总账!E:E)

D13 =SUMIF(总账!$C:$C,"预付账款",总账!H:H)

C14 =SUMIF(总账!$C:$C,"应收补贴款",总账!E:E)

D14 =SUMIF(总账!$C:$C,"应收补贴款",总账!H:H)

C15 =SUMIF(总账!$C:$C,"存货",总账!E:E)

D15 =SUMIF(总账!$C:$C,"存货",总账!H:H)

C16 =SUMIF(总账!$C:$C,"待摊费用",总账!E:E)

D16 =SUMIF(总账!$C:$C,"待摊费用",总账!H:H)

C17 =SUMIF(总账!$C:$C,"一年内到期的长期债券投资",总账!E:E)

D17 =SUMIF(总账!$C:$C,"一年内到期的长期债券投资",总账!H:H)

C18 =SUMIF(总账!$C:$C,"其他流动资产",总账!E:E)

D18 =SUMIF(总账!$C:$C,"其他流动资产",总账!H:H)

按下Enter键，计算结果如图14-30所示。

⑩ 计算流动资产合计值。 在C20和D20单元格中分别输入以下公式：

C20 =SUM(C6:C18)

D20 =SUM(D6:D18)

按下Enter键，计算结果如图14-31所示。

图 14-30 计算流动资产其他项目年初数和期末数   图 14-31 计算流动资产合计值

⑪ 计算长期投资各项目年初数和期末数。 在C22:D24单元格区域中分别输入以下公式：

C22 =SUMIF(总账!$C:$C," 长期股权投资",总账!E:E)

D22 =SUMIF(总账!$C:$C," 长期股权投资",总账!H:H)

C23 =SUMIF(总账!$C:$C,"长期债权投资",总账!E:E)

D23 =SUMIF(总账!$C:$C,"长期债权投资",总账!H:H)

C24 =SUM(C22:C23)

D24 =SUM(D22:D23)

按下Enter键，计算结果如图14-32所示。

提示

在图 14-32 所使用的公式中 "$C:$C" 表示整个 C 列的数据，而 "E:E" 表示将符合条件的 E 列数据进行求和。

图 14-32 计算长期投资各项目年初数和期末数

12 计算固定资产年初数和期末数。在C27和D27单元格中分别输入以下公式：

C27 =SUMIF(总账!$C:$C,"固定资产",总账!E:E)

D27 =SUMIF(总账!$C:$C,"固定资产",总账!H:H)

按下Enter键，得到固定资产的年初数和期末数，计算结果如图14-33所示。

	A	B	C	D
			=SUMIF(总账!$C:$C,"固定资产",总账!E:E)	
22	长期股权投资	15	–	–
23	长期债权投资	16	–	–
24	长期投资合计	17	–	–
25	其中：合并价差	18		
26	固定资产：			
27	固定资产原价	19	521,295.37	521,295.37

图 14-33　计算固定资产年初数和期末数

13 计算固定资产净值年初数和期末数。在C28和D28单元格中输入公式：

C28 =SUMIF(总账!$C:$C,"累计折旧",总账!E:E)

D28 =SUMIF(总账!$C:$C,"累计折旧",总账!H:H)

按下Enter键，因为固定资产原价－累计折旧＝固定资产净值，所以在C29和D29单元格中输入公式：

C29=C27-C28

D29=D27-D28

按下Enter键，得到固定资产净值的年初数和期末数，计算结果如图14-34所示。

	A	B	C	D
			=C27-C28	
25	其中：合并价差	18		
26	固定资产：			
27	固定资产原价	19	521,295.37	521,295.37
28	减：累计折旧	20	–	–
29	固定资产净值	21	521,295.37	521,295.37

图 14-34　计算固定资产净值年初数和期末数

14 计算固定资产净额年初数和期末数。在C30和D30单元格中输入公式：

C30 =SUMIF(总账!$C:$C,"固定资产减值准备",总账!E:E)

D30 =SUMIF(总账!$C:$C,"固定资产减值准备",总账!H:H)

按下Enter键，因为固定资产净值－固定资产减值准备＝固定资产净额，所以在C31和D31单元格中输入公式：

C31＝C29-C30

D31＝D29-D30

按下Enter键，得到固定资产净额的年初数和期末数，计算结果如图14-35所示。

	A	B	C	D
			=C29-C30	
26	固定资产：			
27	固定资产原价	19	521,295.37	521,295.37
28	减：累计折旧	20	–	–
29	固定资产净值	21	521,295.37	521,295.37
30	减：固定资产减值准备	22		
31	固定资产净额	23	521,295.37	521,295.37

图 14-35　计算固定资产净额年初数和期末数

15 计算固定资产合计。在C32:D35单元格中分别输入以下公式：

C32=SUMIF(总账!$C:$C,"无形资产",总账!E:E)

D32=SUMIF(总账!$C:$C,"无形资产",总账!H:H)

C33=SUMIF(总账!$C:$C,"长期待摊费用",总账!E:E)

D33=SUMIF(总账!$C:$C,"长期待摊费用",总账!H:H)

C34=SUMIF(总账!$C:$C,"其他长期资产",总账!E:E)

D34＝SUMIF(总账!$C:$C,"其他长期资产",总账!H:H)

C35＝SUM(C37:C39)

D35＝SUM(D37:D39)

按下Enter键，计算结果如图14-36所示。

	fx	=SUMIF(总账!$C:$C,"工程物资",总账!E:E)	
	A	B	C	D
31	固定资产净额	23	521,295.37	521,295.37
32	工程物资	24	–	–
33	在建工程	25	–	–
34	固定资产清理	26	–	–
35	固定资产合计	27	521,295.37	521,295.37

图14-36　计算固定资产合计年初数和期末数

16　**计算无形资产及其他资产项目年初数和期末数。** 在C37:D40单元格区域中输入如下公式：

C37＝SUMIF(总账!$C:$C,"无形资产",总账!E:E)

D37＝SUMIF(总账!$C:$C,"无形资产",总账!H:H)

C38＝SUMIF(总账!$C:$C,"长期待摊费用",总账!E:E)

D38＝SUMIF(总账!$C:$C,"长期待摊费用",总账!H:H)

C39＝SUMIF(总账!$C:$C,"其他长期资产",总账!E:E)

D39＝SUMIF(总账!$C:$C,"其他长期资产",总账!H:H)

C40＝SUM(C37:C39)

D40＝SUM(D37:D39)

按下Enter键，计算结果如图14-37所示。

	fx	=SUMIF(总账!$C:$C,"无形资产",总账!E:E)	
	A	B	C	D
35	固定资产合计	27	521,295.37	521,295.37
36	**无形资产及其他资产：**			
37	无形资产	28	–	–
38	长期待摊费用	29	–	–
39	其他长期资产	30	–	–
40	无形资产及其他资产合计	31	–	–

图14-37　计算无形资产及其他资产项目年初数和期末数

17　**计算资产总计。** 首先在C42和D42单元格中分别输入以下公式：

C42＝SUMIF(总账!$C:$C,"递延税款借项",总账!E:E)

D42＝SUMIF(总账!$C:$C,"递延税款借项",总账!H:H)

按下Enter键后，下面来计算资产总计，在C43和D43单元格中分别输入以下公式：

C43＝SUM(C20,C24,C35,C40,C42)

D43＝SUM(D20,D24,D35,D40,D42)

按下Enter键后，即可得到资产总计的年初数和期末数，结果如图14-38所示。

	fx	=SUM(C20,C24,C35,C40,C42)	
	A	B	C	D
40	无形资产及其他资产合计	31	–	–
41	**递延税项：**			
42	递延税款借项	32	–	–
43	资产总计	33	2,766,828.15	2,766,828.15

图14-38　计算资产总计

18　**计算流动负债各项目年初数和期末数。** 在G6:H19单元格中分别输入以下公式：

G6＝SUMIF(总账!$C:$C,"短期借款",总账!E:E)

H6＝SUMIF(总账!$C:$C,"短期借款",总账!H:H)

G7＝SUMIF(总账!$C:$C,"应付票据",总账!E:E)

H7＝SUMIF(总账!$C:$C,"应付票据",总账!H:H)

G8＝SUMIF(总账!$C:$C,"应付账款",总账!E:E)

H8=SUMIF(总账!$C:$C,"应付账款",总账!H:H)
G9=SUMIF(总账!$C:$C,"预收账款",总账!E:E)
H9=SUMIF(总账!$C:$C,"预收账款",总账!H:H)
G10=SUMIF(总账!$C:$C,"应付工资",总账!E:E)
H10=SUMIF(总账!$C:$C,"应付工资",总账!H:H)
G11=SUMIF(总账!$C:$C,"应付福利费",总账!E:E)
H11=SUMIF(总账!$C:$C,"应付福利费",总账!H:H)
G12=SUMIF(总账!$C:$C,"应付股利",总账!E:E)
H12=SUMIF(总账!$C:$C,"应付股利",总账!H:H)
G13=SUMIF(总账!$C:$C,"应交税金",总账!E:E)
H13=SUMIF(总账!$C:$C,"应交税金",总账!H:H)
G14=SUMIF(总账!$C:$C,"其他应交款",总账!E:E)
H14=SUMIF(总账!$C:$C,"其他应交款",总账!H:H)
G15=SUMIF(总账!$C:$C,"其他应付款",总账!E:E)
H15=SUMIF(总账!$C:$C,"其他应付款",总账!H:H)
G16=SUMIF(总账!$C:$C,"预提费用",总账!E:E)
H16=SUMIF(总账!$C:$C,"预提费用",总账!H:H)
G17=SUMIF(总账!$C:$C,"预计负债",总账!E:E)
H17=SUMIF(总账!$C:$C,"预计负债",总账!H:H)
G18=SUMIF(总账!$C:$C,"一年内到期的长期负债",总账!E:E)
H18=SUMIF(总账!$C:$C,"一年内到期的长期负债",总账!H:H)
G19=SUMIF(总账!$C:$C,"其他流动负债",总账!E:E)
H19=SUMIF(总账!$C:$C,"其他流动负债",总账!H:H)

按下Enter键后，计算结果如图14-39所示。

提示

用户在计算流动负债各项目值时，只需要求出第一个项目"短期借款"的年初数和期末数，然后向下复制公式，并把公式中的参数更改为相应的各项目即可。

=SUMIF(总账!$C:$C,"短期借款",总账!E:E)

	E	F	G	H
4	负债和所有者权益	行次	年初数	期末数
5	流动负债：			
6	短期借款	34	20,000.00	20,000.00
7	应付票据	35	-	-
8	应付账款	36	2,443,000.00	2,443,000.00
9	预收账款	37	-	-
10	应付工资	38	-	-
11	应付福利费	39	6,433.00	6,433.00
12	应付股利	40	-	-
13	应交税金	41	-	-
14	其他应交款	42	-	-
15	其他应付款	43	-	-
16	预提费用	44	-	-
17	预计负债	45	-	-
18	一年内到期的长期负债	46	-	-
19	其他流动负债	47	-	-

图 14-39 计算流动负债各项目年初数和期末数

19 计算流动负债合计值。在G20单元格中输入公式"=SUM(G6:G19)"，按下Enter键后，拖动填充柄向右复制公式，得到流动负债合计的年初数和期末数，结果如图14-40所示。

=SUM(G6:G19)

	E	F	G	H
17	预计负债	45	-	-
18	一年内到期的长期负债	46	-	-
19	其他流动负债	47	-	-
20	流动负债合计	48	2,469,433.00	2,469,433.00

图 14-40 计算流动负债合计值

20 计算长期负债各项目年初数和期末数。在G22:H27单元格中分别输入如下公式：

G22 =SUMIF(总账!$C:$C,"长期借款",总账!E:E)

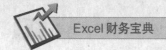

H22＝SUMIF(总账!$C:$C,"长期借款",总账!H:H)

G23＝SUMIF(总账!$C:$C,"应付债券",总账!E:E)

H23＝SUMIF(总账!$C:$C,"应付债券",总账!H:H)

G24＝SUMIF(总账!$C:$C,"长期应付款",总账!E:E)

H24＝SUMIF(总账!$C:$C,"长期应付款",总账!H:H)

G25＝SUMIF(总账!$C:$C,"专项应付款",总账!E:E)

H25＝SUMIF(总账!$C:$C,"专项应付款",总账!H:H)

G27＝SUM(G22:G26)

H27＝SUM(H22:H26)

按下Enter键后，计算结果如图14-41所示。

提示

图14-41中长期负债
合计值＝长期借款＋
应付债券＋长期应
付款＋专项应付款＋
其他长期负债。

	E	F	G	H
			=SUMIF(总账!$C:$C,"长期借款",总账!E:E)	
21	长期负债：			
22	长期借款	49	－	－
23	应付债券	50	－	－
24	长期应付款	51	－	－
25	专项应付款	52	－	－
26	其他长期负债	53		
27	长期负债合计	54	－	－

图 14-41 计算长期负债各项目年初数和期末数

21 **计算负债合计值。** 首先在G29和H29单元格中分别输入如下公式：

G29＝SUMIF(总账!$C:$C,"递延税款贷项",总账!E:E)

H29＝SUMIF(总账!$C:$C,"递延税款贷项",总账!H:H)

按下Enter键后，继续计算负债合计值。在G30单元格中输入公式"＝SUM(G20,G27,G29)"，
按下Enter键后，得到负债合计值的年初数和期末数，结果如图14-42所示。

	E	F	G	H
			=SUM(G20,G27,G29)	
27	长期负债合计	54	－	－
28	递延税项：			
29	递延税款贷项	55	－	－
30	负债合计	56	2,469,433.00	2,469,433.00

图 14-42 计算负债合计值

22 **计算所有者权益各项目年初数和期末数。** 在G34:H40单元格区域中分别输入如下公式：

G34＝SUMIF(总账!$C:$C,"实收资本",总账!E:E)

H34＝SUMIF(总账!$C:$C,"实收资本",总账!H:H)

G35＝SUMIF(总账!$C:$C,"已归还投资",总账!E:E)

H35＝SUMIF(总账!$C:$C,"已归还投资",总账!H:H)

G36＝SUMIF(总账!$C:$C,"资本公积",总账!E:E)

H36＝SUMIF(总账!$C:$C,"资本公积",总账!H:H)

G37＝SUMIF(总账!$C:$C,"盈余公积",总账!E:E)

H37＝SUMIF(总账!$C:$C,"盈余公积",总账!H:H)

G38＝SUMIF(总账!$C:$C,"法定公益金",总账!E:E)

H38＝SUMIF(总账!$C:$C,"法定公益金",总账!H:H)

G39＝SUMIF(总账!$C:$C,"未确认的投资损失",总账!E:E)

H39＝SUMIF(总账!$C:$C,"未确认的投资损失",总账!H:H)

G40＝SUMIF(总账!$C:$C,"利润分配",总账!E:E)

H40＝SUMIF(总账!$C:$C,"利润分配",总账!H:H)

按下Enter键，得到的结果如图14-43所示。

	E	F	G	H
	fx		=SUMIF(总账!$C:$C,"实收资本",总账!E:E)	
33	所有者权益：			
34	实收资本	58	303,300.00	303,300.00
35	减：已归还投资		–	–
36	资本公积	59	–	–
37	盈余公积	60	–	–
38	其中：法定公益金	61	–	–
39	未确认的投资损失	62	–	–
40	未分配利润	63	–5,904.85	–5,904.85
41	外币报表折算差额	64		

图 14-43 计算所有者权益各项目年初数和期末数

23 计算负债和所有权益总计。在G42和G43单元格中分别输入以下公式：

G42=SUM(G34:G37,G39:G41)

G43=SUM(G30,G32,G42)

按下Enter键，分别向右复制公式，得到计算结果如图14-44所示。

> **提示**
>
> 在图 14-44 中负债和所有者权益总计值＝负债合计＋少数股东权益＋所有者权益合计。

	E	F	G	H
	fx		=SUM(G34:G37,G39:G41)	
39	未确认的投资损失	62	–	–
40	未分配利润	63	–5,904.85	–5,904.85
41	外币报表折算差额	64		
42	所有者权益合计	65	297,395.15	297,395.15
43	负债和所有者权益总计	66	2,766,828.15	2,766,828.15

图 14-44 计算负债和所有权益总计

相关行业知识 | 资产负债表编制总体流程

资产负债表编制的流程如图14-45所示。

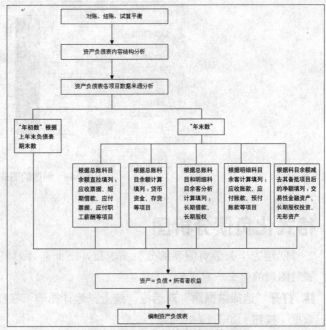

图 14-45 资产负债表编制的流程

14.2 使用图表分析资产负债

可以使用图表对资产负债表中的数据进行特定目的分析，本节将为读者介绍使用柱形图来分析资产流动项目中各子项目的年初和期末数情况。

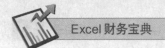

14.2.1 创建负债分析柱形图

首先选择流动资产需要分析的项目，然后利用三维簇状柱形图创建其图表。具体操作步骤如下：

1 选择要创建图表的数据区域。 打开第14章\最终文件\资产负债表.xlsx工作簿，切换至"资产负债表"工作表中，按住Ctrl键同时选择C6:D7和C11:D12单元格区域，在"插入"选项卡下单击"图表"组中的对话框启动器，如图14-46所示。

2 选择图表类型。 弹出"插入图表"对话框，选择"柱形图"子集中的"簇状三维柱形图"，如图14-47所示。

 提示

如果用户选择的数据源区域为 A6:D7 和 A11:D12 单元格区域，那么创建出来的图表将有四个系列，分别为资产、行次、年初数和期末数。

图 14-46　选择要创建图表的数据区域

图 14-47　选择图表类型

3 创建的图表。 如图14-48所示，为创建的选定区域的图表效果。

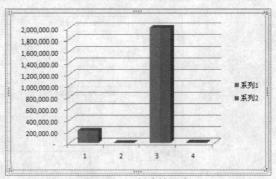

图 14-48　创建的图表

14.2.2 格式化负债分析图

创建完毕关于负债表的分析图表后，下面需要对其进行相应的格式化设置，使阅读者能够对图表的含义一目了然。

1 打开"选择数据源"对话框。 继上，选择图表，在图表工具"设计"选项卡下单击"选择数据"按钮，如图14-49所示。

2 切换行/列。 弹出"选择数据源"对话框，单击"切换行/列"按钮，如图14-50所示。

 提示

因为这里主要是用于比较四个项目的年初数和期末数，所以需要将其行列进行切换。

图 14-49　单击"选择数据"按钮

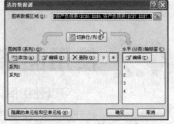

图 14-50　切换行 / 列

3 **选择轴标签区域**。在"水平（分类）轴标签"选择组中单击"编辑"按钮，弹出"轴标签"对话框，单击"轴标签区域"文本框右侧的折叠按钮，返回工作表中选择C4:D4单元格区域，如图14-51所示。

4 **启动编辑系列1**。单击"确定"按钮，返回"选择数据源"对话框，在"图例项（系列）"选项组中选择需要编辑的系列"系列1"，然后单击"编辑"按钮，如图14-52所示。

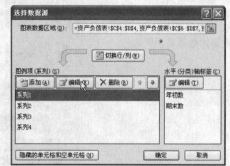

📢 **提示**

将默认的系列1和系列2更改为单元格区域 C4:D4，即年初数和期末数。

图 14-51 选择轴标签区域

图 14-52 编辑系列 1

5 **输入系列 1 名称**。弹出"编辑数据系列"对话框，单击"系列名称"文本框右侧的折叠按钮，返回工作表中单击A6单元格，如图14-53所示。

6 **输入系列 2 名称**。相同的方法，设置系列 2 的名称为A7单元格，如图14-54所示。

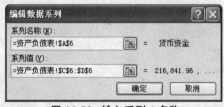

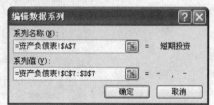

图 14-53 输入系列 1 名称

图 14-54 输入系列 2 名称

7 **输入系列 3 名称**。相同的方法，设置系列 3 的名称为A11单元格，如图14-55所示。

8 **输入系列 4 名称**。相同的方法，设置系列 4 的名称为A12单元格，如图14-56所示。

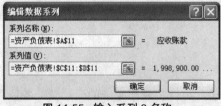

图 14-55 输入系列 3 名称

图 14-56 输入系列 4 名称

9 **图表效果**。连续单击"确定"按钮，返回工作表中，经过以上的设置，得到的图表效果如图14-57所示。

10 **选择图表样式**。选择图表，在图表工具"设计"选项卡下单击"图表样式"组中的快翻按钮，从展开的库中选择"样式34"，如图14-58所示。

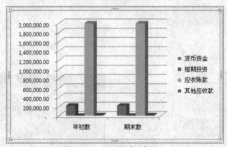

图 14-57 图表效果

图 14-58 选择图表样式

11 设置图表标题。在图表工具"布局"选项卡下单击"图表标题"按钮，从展开的库中单击"图表上方"选项，如图14-59所示。

12 设置图例位置。在图表工具"布局"选项卡下单击"图例"按钮，从展开的库中单击"在顶部显示图例"选项，如图14-60所示。

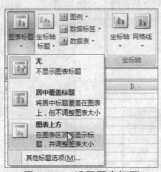

图 14-59 设置图表标题

图 14-60 设置图例位置

13 显示数据表。在图表工具"布局"选项卡下单击"数据表"按钮，从展开的库中单击"显示数据表"选项，如图14-61所示。

14 设置图表布局和样式后效果。输入图表标题"流动资产"，如图14-62所示为经过以上对图表布局和样式设置完毕后的效果。

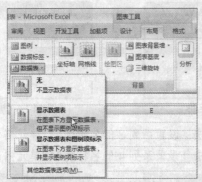

图 14-61 显示数据表

图 14-62 设置图表布局和样式后效果

14.2.3 移动图表

为了区分图表和资产负债表，可以将制作完毕的流动资产各项目图表移动到其他工作表中，具体方法如下。

1 打开"移动图表"对话框。继上，选中制作完毕的图表，在图表工具"设计"选项卡下单击"移动图表"按钮，如图14-63所示。

2 选择放置图表的位置。弹出"移动图表"对话框，单击"新工作表"单选按钮，然后在其后的文本框中输入"资产流动图表"，如图14-64所示。

图 14-63 单击"移动图表"按钮

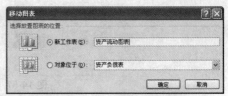

图 14-64 选择放置图表的位置

③ **移动图表后效果**。单击"确定"按钮，返回工作簿中，可以看到在工作簿中插入了一个新的工作表"资产流动图表"，在该工作表中放置了制作完毕的图表，如图14-65所示。

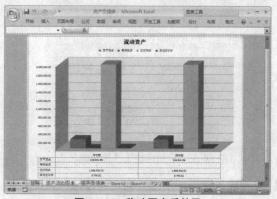

图 14-65　移动图表后效果

相关行业知识	资产负债表的主要作用

　　资产负债表作为企业主要财务报表之一，对企业财务报告的使用者分析、评价企业的财务状况具有以下作用。

❶ 通过资产负债表可以了解企业所掌握的经济资源及这些资源的分布与结构。资产负债表反映了某一特定日期资产的总额，即流动资产、长期投资、固定资产、无形资产、其他资产的总额，以及各资产内部的构成情况，是分析企业生产经营能力、偿债能力的重要资料。

❷ 通过资产负债表可以了解企业资金来源的构成和企业的偿债能力，企业的资金来源股东权益中投入资本和留存利润等的相对比例。负债与所有者权益的比重越大，债权人所冒的风险越大，企业的长期偿债能力越小。另外，将企业的流动资产与流动负债进行比较可以计算出企业的流动比率，帮助分析企业的短期偿债能力。

❸ 通过资产负债表可以了解企业未来账务状况的发展趋势。通过对若干历史时期资产负债表项目进行比较分析，可以反映企业财务状况的变动情况，预测企业未来财务状况的发展趋势，从而为报表使用者进行决策提供预测信息。

14.3　保护资产负债表

　　保护工作表是为了防止与编辑工作表无关的人员更改工作表中的数据内容，也防止财务工作人员由于操作失误而损坏其中的公式。对于从事财务工作的人员来说，保护数据是一项非常重要的工作，可以避免给企业带来不必要的损失。

14.3.1　保护单个工作表

　　保护工作表时可以只选择部分单元格进行保护，也可以保护整个工作表中的所有单元格，还可以保护整个工作簿。如果要保护单个工作表，具体操作步骤如下。

❶ **启动保护工作表功能**。打开第14章\最终文件\资产负债表1.xlsx工作簿，切换至需要保护的工作表"资产负债表"中，在"审阅"选项卡下单击"保护工作表"按钮，如图14-66所示。

❷ **输入保护工作表密码**。弹出"保护工作表"对话框，在"取消工作表保护时使用的密码"文本框中输入密码，如输入"123"，如图14-67所示。

提示

在图 14-67 中所输入的密码"123"，显示的时候却以"***"显示，这是为防止陌生人查看到设置的密码。

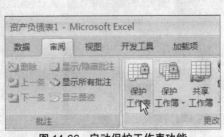

图 14-66　启动保护工作表功能

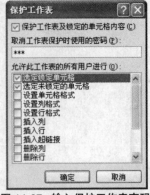

图 14-67　输入保护工作表密码

③ 重新输入密码。单击"确定"按钮，弹出"确认密码"对话框，在重新输入密码文本框中再次输入"123"，如图14-68所示，设置完毕后单击"确定"按钮即可。

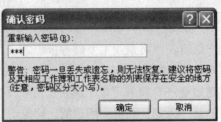

图 14-68　重新输入密码

提示

在图 14-68 中不输入密码，也可以设置保护工作表，但这几乎没有任何意义，因为没有密码的保护，谁都会再次在"审阅"选项卡下单击"撤消工作表保护"按钮撤消工作表保护。

④ 提示框。当用户设置完密码后，如果试图对正在保护的工作表中的单元格进行修改时，Excel将阻止修改操作，同时屏幕上弹出如图14-69所示的提示框。

图 14-69　提示框

⑤ 撤消保护工作表。如果要撤消对单个工作表的保护，只需要在"审阅"选项卡下单击"撤消工作表保护"按钮，如图14-70所示。

⑥ 输入撤消保护的密码。弹出"撤消工作表保护"对话框，在"密码"文本框中输入撤消工作表保护的密码"123"，单击"确定"按钮即可撤消保护，如图14-71所示。

图 14-70　撤消保护工作表

图 14-71　输入撤消保护的密码

14.3.2　保护部分单元格区域

有时并不是工作表中的所有数据都需要保护，这时设置单元格保护就可以了，具体操作步骤如下。

① 锁定工作表。打开第14章\最终文件\资产负债表1.xlsx工作簿，切换至"资产负债表"中，选择需要保护的单元格区域A5:D20，右击，从弹出的快捷菜单中单击"设置单元格格式"命令，弹出"设置单元格格式"对话框，切换至"保护"选项卡下，勾选"锁定"复选框，然

后单击"确定"按钮，如图14-72所示。

在第12章的第12.3节中为读者详细介绍了如何保护部分单元格，用户可参阅此处。

交叉参考

2 允许用户编辑区域。 返回工作表中，在"审阅"选项卡下单击"允许用户编辑区域"按钮，如图14-73所示。

图14-72 锁定工作表

图14-73 允许用户编辑区域

3 新建允许用户编辑区域。 弹出"允许用户编辑区域"对话框，单击"新建"按钮，如图14-74所示。

4 编辑新区域。 弹出"新区域"对话框，在"标题"文本框中输入"保护区域1"，在"引用单元格"文本框中已经自动将A5:D20单元格区域添加了进来，在"区域密码"文本框中输入"222"，如图14-75所示。

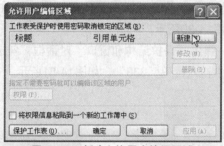

图14-74 新建允许用户编辑区域

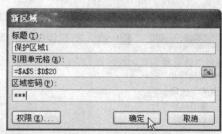

图14-75 编辑新区域

5 重新输入密码。 单击"确定"按钮，弹出"确认密码"对话框，在"重新输入密码"文本框中再次输入密码"222"，如图14-76所示。

6 设置权限。 单击"确定"按钮，返回"允许用户编辑区域"对话框中，单击"权限"按钮，如图14-77所示。

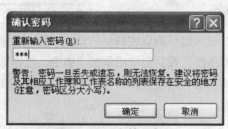

图14-76 重新输入密码

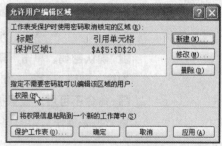

图14-77 设置权限

7 添加保护区域1的权限。 弹出"保护区域1的权限"对话框，可以为该区域不同的权限操作设置不同的用户，单击"添加"按钮，如图14-78所示。

8 选择用户或组。 弹出"选择用户或组"对话框，在该对话框中进行选择用户或组操作，如图14-79所示。

图 14-78　添加保护区域 1 的权限

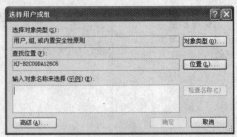

图 14-79　选择用户或组

14.3.3　保护工作簿

很多时候，需要保护整个工作簿，保护工作簿的方法有两种，一种是保护工作簿的结构和窗口；另一种是设置打开和修改操作权限。现在以保护资产负债表所在工作簿为例，介绍保护工作簿的操作如下。

1　保护结构和窗口。打开第14章\最终文件\资产负债表1.xlsx工作簿，若只保护该工作簿的结构和窗口，则可在"审阅"选项卡下单击"保护工作簿"按钮，从展开的下拉列表中单击"保护结构和窗口"选项，如图14-80所示。

2　输入密码保护结构和窗口。弹出"保护结构和窗口"对话框，勾选"结构"和"窗口"复选框，然后在"密码"文本框中输入密码"333"，如图14-81所示。

> **提示**
>
> 如果用户需要撤消对工作簿的保护，可在"审阅"选项卡下单击"撤消保护工作簿"按钮即可。

图 14-80　保护结构和窗口

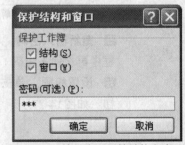

图 14-81　输入密码保护结构和窗口

3　确认密码。单击"确定"按钮弹出"确认密码"对话框，在"重新输入密码"文本框中再次输入密码"333"，如图14-82所示，设置完毕后单击"确定"按钮即可。

4　命令不可用。被保护了结构和窗口的工作簿，将不允许对其中的工作表进行插入、删除、重命名等操作，如图14-83所示。

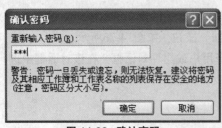

图 14-82　确认密码

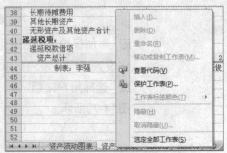

图 14-83　命令不可用

5 **加密文档。**如果要设置打开工作簿口令，可单击Office按钮 ，从弹出的菜单中将鼠标指针指向"准备"命令，在其弹出的级联菜单中单击"加密文档"命令，如图14-84所示。

6 **设置打开权限密码。**弹出"加密文档"对话框，在"密码"文本框中输入加密该工作簿的密码"107868"，如图14-85所示。

图 14-84　加密文档

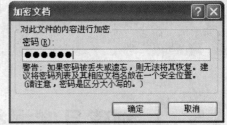

图 14-85　设置打开权限密

7 **重新输入密码。**单击"确定"按钮，弹出"确认密码"对话框，在"重新输入密码"文本框中再次输入密码"107868"，如图14-86所示。

8 **打开设有权限的工作簿。**当用户试图打开设置了权限密码的工作簿时，屏幕上将弹出如图14-87所示的"密码"对话框，要求用户输入密码，如果不知道密码则无法打开该工作簿。

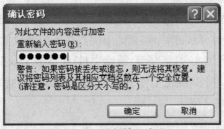

图 14-86　重新输入密码

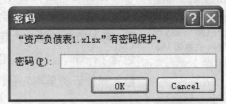

图 14-87　打开设有权限的工作簿

相关行业知识 | **财务报表编制总体流程**

财务报表编制的总体流程如图14-88所示。

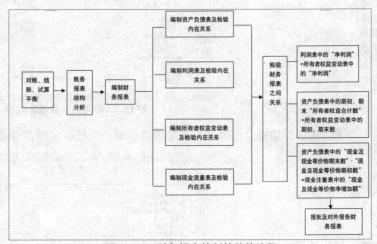

图 14-88　财务报表编制的总体流程

Chapter

15

企业损益分析表

损益表是反映企业在一定会计期的经营成果及其分配情况的会计报表。企业的经营成果通常表现为某个时期收入与费用配比而得的利润或亏损。为了正确地反映企业的利润和亏损，编入损益表的必须是按照收入确认原则确定的当期收入和按照配比原则确定的与之相应的费用。

15.1 创建月度损益分析表

损益表主要包括以下内容，在损益表里面有主营业务利润、主营业务收入、营业成本、销售费用、管理费用等一些关键指标，他们共同组成了一个完整的损益表。

15.1.1 建立各月损益分析表格

光盘路径

原始文件：源文件\第15章\原始文件\损益表.xlsx

在创建损益表之前，首先要了解损益表的结构内容。损益表包括表首和基本内容两部分，表首反映损益表名称、会计主体、报告期间和金额单位，基本内容包括项目和金额两大栏。

1 **输入损益表基本内容。**打开源文件\第15章\原始文件\损益表.xlsx工作簿，该工作簿中已经包含了一个“总账1”工作表，将Sheet2工作表标签重命名为“损益表”，然后在该工作表中输入损益表的基本内容，如图15-1所示。

提示

损益表是一个动态报表，它由收入、费用、利润等三个动态会计要素组成，并按照“收入−费用＝利润”这一动态要素平衡关系联系起来，形成损益表的基本结构。

	A	B	C	D	E	F
1			损益表			
2	编制单位			时间		金额：元
3	项目名称	科目代码	行次	本月数	上月累计数	本年累计数
4	一、主营业务收入					
5	减：主营业务成本					
6	主营业务税金及附加					
7	二、主营业务利润					
8	加：其他业务收入					
9	减：其他业务支出					
10	减：营业费用					
11	管理费用					
12	财务费用					
13	三、营业利润					
14	加：投资收益					
15	补贴收入					
16	营业外收入					
17	减：营业外支出					
18	四、利润总额					
19	减：所得税					
20	五、净利润					
21						

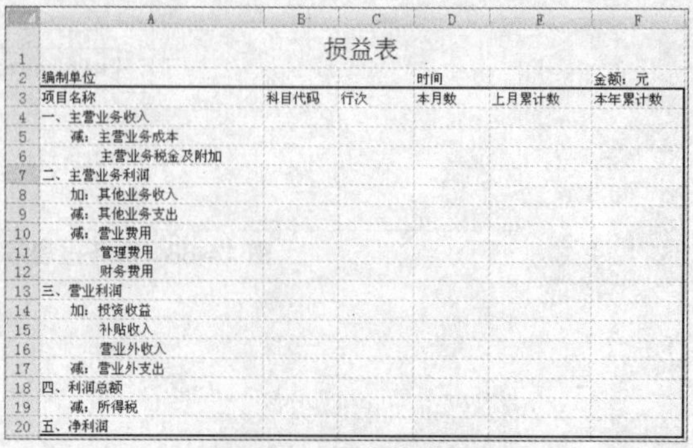

图 15-1 输入损益表基本内容

2 **添加外边框。**选择表格基本内容区域，为该区域添加外边框，如图15-2所示。

提示

图15-2所应用的外边框可直接从“边框”下拉列表中选择“粗匣框线”即可。

	A	B	C	D	E	F
1			损益表			
2	编制单位			时间		金额：元
3	项目名称	科目代码	行次	本月数	上月累计数	本年累计数
4	一、主营业务收入					
5	减：主营业务成本					
6	主营业务税金及附加					
7	二、主营业务利润					
8	加：其他业务收入					
9	减：其他业务支出					
10	减：营业费用					
11	管理费用					
12	财务费用					
13	三、营业利润					
14	加：投资收益					
15	补贴收入					
16	营业外收入					
17	减：营业外支出					
18	四、利润总额					
19	减：所得税					
20	五、净利润					

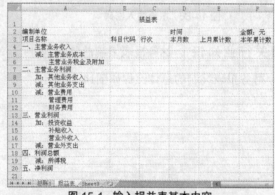

图 15-2 添加外边框

③ 设置表头字段格式。 选中损益表的表头字段，设置损益表的表头字段为灰色的底纹效果，并添加边框线，如图15-3所示。

图15-3 设置表头字段格式

④ 突出显示损益表各项目。 将第7行、13行、18行和20行底纹都设置为灰色，以突出各个项目，如图15-4所示。

图15-4 突出显示损益表各项目

⑤ 损益表最终格式。 输入损益表中各个科目对应的科目代码和行次，最后得到的损益表格式如图15-5所示。

图15-5 损益表最终格式

15.1.2 引用总账数据计算损益表各项目

光盘路径

最终文件：
源文件\第15章\最
终文件\损益表.xlsx

创建完毕损益表的样式后，接下来就需要使用总账数据计算损益表各项目，具体操作步骤如下。

① 计算主营业务收入。 继上，在D4单元格中输入公式"=SUMIF(总账1!$B$3:$B$83,损益表!B4,总账1!$G$3:$G$83)"，按下Enter键，得到主营业务收入本月数结果如图15-6所示。

图15-6 计算主营业务收入

2 **计算主营业务成本。**在D5单元格中输入公式"=SUMIF(总账1!\$B\$3:\$B\$83,损益表!B5,总账1!\$F\$3:\$F\$83)"，按下Enter键，得到主营业务成本本月数，结果如图15-7所示。

	A	B	C	D	E
	fx =SUMIF(总账1!\$B\$3:\$B\$83,损益表!B5,总账1!\$F\$3:\$F\$83)				
1			损益表		
2	编制单位			时间	
3	项目名称	科目代码	行次	本月数	上月累
4	一、主营业务收入	5101	1	225601.00	
5	减：主营业务成本	5401	2	69780.00	

图 15-7 计算主营业务成本

3 **计算主营业务税金及附加。**在D6单元格中输入公式"=SUMIF(总账1!\$B\$3:\$B\$83,B6,总账1!\$F\$3:\$F\$83)"，按下Enter键，得到主营业务税金及附加本月数，结果如图15-8所示。

	A	B	C	D
	fx =SUMIF(总账1!\$B\$3:\$B\$83,B6,总账1!\$F\$3:\$F\$83)			
1		损益表		
2	编制单位			时间
3	项目名称	科目代码	行次	本月数
4	一、主营业务收入	5101	1	225601.00
5	减：主营业务成本	5401	2	69780.00
6	主营业务税金及附加	5402	3	0.00

图 15-8 计算主营业务税金及附加

4 **复制公式。**选中D4单元格，按下Ctrl+C组合键复制该单元格中公式，如图15-9所示。

	A	B	C	D
1		损益表		
2	编制单位			时间
3	项目名称	科目代码	行次	本月数
4	一、主营业务收入	5101	1	225601.00
5	减：主营业务成本	5401	2	69780.00
6	主营业务税金及附加	5402	3	0.00

图 15-9 复制公式

5 **选择性粘贴。**右击D8单元格，从弹出的快捷菜单中单击"选择性粘贴"命令，如图15-10所示。

	A	B	C	D	E	F
1			损益表			
2	编制单位			时间		金额：元
3	项目名称	科目代码	行次	本月数	上月累计数	本年累计数
4	一、主营业务收入	5101	1			
5	减：主营业务成本	5401	2			
6	主营业务税金及附加	5402	3			
7	二、主营业务利润					
8	加：其他业务收入	5102	4			
9	减：其他业务支出	5402	5			
10	减：营业费用	5501	6			
11	管理费用	5502	7			
12	财务费用	5503	8			
13	三、营业利润					

图 15-10 选择性粘贴

6 **粘贴公式和数字格式。**弹出"选择性粘贴"对话框，单击"公式和数字格式"单选按钮，然后单击"确定"按钮，如图15-11所示。

7 **计算其他业务收入。**返回工作表中，在单元格D8中显示了复制得到的公式计算结果，编辑栏中显示了该单元格的公式代码，如图15-12所示。

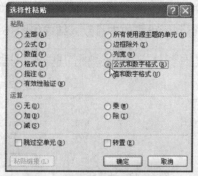

图 15-11　粘贴公式和数字格式

图 15-12　计算其他业务收入

8 **计算其他业务支出。** 在D9单元格中输入公式 "=SUMIF(总账1!\$B\$3:\$B\$83,损益表!B9,总账1!\$F\$3:\$F\$83)"，按下Enter键，计算其他业务支出的本月数，结果如图15-13所示。

fx	=SUMIF(总账1!\$B\$3:\$B\$83,损益表!B9,总账1!\$F\$3:\$F\$83)				
	A	B	C	D	
2	编制单位			时间	
3	项目名称	科目代码	行次	本月数	上
4	一、主营业务收入	5101	1	225601.00	
5	减：主营业务成本	5401	2	69780.00	
6	主营业务税金及附加	5402	3	0.00	
7	二、主营业务利润				
8	加：其他业务收入	5102	4	3625.00	
9	减：其他业务支出	5405	5	6000.00	

图 15-13　计算其他业务支出

9 **复制公式。** 由于"营业费用"、"管理费用"和"财务费用"都是费用性质的科目，他们的借贷方向一致，所以可以拖动单元格D9右下角的填充柄向下复制公式，结果如图15-14所示。

fx	=SUMIF(总账1!\$B\$3:\$B\$83,损益表!B10,总账1!\$F\$3:\$F\$83)				
	A	B	C	D	
3	项目名称	科目代码	行次	本月数	上月
4	一、主营业务收入	5101	1	225601.00	
5	减：主营业务成本	5401	2	69780.00	
6	主营业务税金及附加	5402	3	0.00	
7	二、主营业务利润				
8	加：其他业务收入	5102	4	3625.00	
9	减：其他业务支出	5405	5	6000.00	
10	减：营业费用	5501	6	0.00	
11	管理费用	5502	7	6578.00	
12	财务费用	5503	8	600.00	

图 15-14　复制公式

10 **计算营业利润项目部分数据。** 将D4单元格中公式复制到D14:D16单元格区域中，分别计算出投资收益、补贴收入和营业外收入的本月数，结果如图15-15所示。

fx	=SUMIF(总账1!\$B\$3:\$B\$83,损益表!B14,总账1!\$G\$3:\$G\$83)			
	A	B	C	D
12	财务费用	5503	8	600.00
13	三、营业利润			
14	加：投资收益	5201	9	0.00
15	补贴收入	5203	10	0.00
16	营业外收入	5301	11	1450.00

图 15-15　计算营业利润项目部分数据

11 **计算营业外支出。** 在D17单元格中输入公式 "=SUMIF(总账1!\$B\$3:\$B\$83,损益表!B17,总账1!\$F\$3:\$F\$83)"，按下Enter键，计算出营业外支出的本月数，结果如图15-16所示。

fx	=SUMIF(总账1!\$B\$3:\$B\$83,损益表!B17,总账1!\$F\$3:\$F\$83)			
	A	B	C	D
15	补贴收入	5203	10	0.00
16	营业外收入	5301	11	1450.00
17	减：营业外支出	5601	12	15420.00

图 15-16　计算营业外支出

提示

通过 SUMIF() 函数求得了损益表中各个科目本月的发生额，接下来将在损益表中设置运算公式计算净利润。

12 计算所得税。在D19单元格中输入公式"=SUMIF(总账1!\$B\$3:\$B\$83,损益表!B19,总账1!\$F\$3:\$F\$83)"，按下Enter键，得到所得税的本月数，结果如图15-17所示。

				f_x =SUMIF(总账1!\$B\$3:\$B\$83,损益表!B19,总账1!\$F\$3:\$F\$83)
		A	B	C	D
13	三、营业利润			146268.00
14	加：投资收益	5201	9	0.00
15	补贴收入	5203	10	0.00
16	营业外收入	5301	11	1450.00
17	减：营业外支出	5601	12	15420.00
18	四、利润总额			
19	减：所得税	5701	13	17800.00

图 15-17　计算所得税

提示

主营业务利润=主营业务收入-主营业务成本-主营业务税金及附加；
营业利润=主营业务利润+其他业务收入-其他业务支出-营业费用-管理费用-财务费用。

13 计算主营业务利润。在D7单元格中输入公式"=D4-D5-D6"，按下Enter键，向右复制公式至F7单元格中，得到的结果如图15-18所示。

		f_x =D4-D5-D6
	A	B	C	D	E
3	项目名称	科目代码	行次	本月数	上月累计数
4	一、主营业务收入	5101	1	225601.00	213,200.00
5	减：主营业务成本	5401	2	69780.00	58,230.00
6	主营业务税金及附加	5402	3	0.00	13,680.00
7	二、主营业务利润			155821.00	141290.00

图 15-18　计算主营业务利润

14 计算营业利润。在D13单元格中输入公式"=D7+D8-D9-D10-D11-D12"，按下Enter键，向右复制公式至F13单元格中，得到的结果如图15-19所示。

		f_x =D7+D8-D9-D10-D11-D12
	A	B	C	D	E
3	项目名称	科目代码	行次	本月数	上月累计数
4	一、主营业务收入	5101	1	225601.00	213,200.00
5	减：主营业务成本	5401	2	69780.00	58,230.00
6	主营业务税金及附加	5402	3	0.00	13,680.00
7	二、主营业务利润			155821.00	141290.00
8	加：其他业务收入	5102	4	3625.00	86,700.00
9	减：其他业务支出	5405	5	6000.00	30,000.00
10	减：营业费用	5501	6	0.00	22,000.00
11	管理费用	5502	7	6578.00	48,920.00
12	财务费用	5503	8	600.00	5,230.00
13	三、营业利润			146268.00	121840.00

图 15-19　计算营业利润

提示

利润总额=营业利润+投资收益+补贴收入+营业外收入-营业外支出；
净利润=利润总额-所得税。

15 计算利润总额。在D18单元格中输入公式"=D13+D14+D15+D16+D17"，按下Enter键，向右复制公式至F18单元格中，得到的结果如图15-20所示。

		f_x =D13+D14+D15+D16+D17
	A	B	C	D	E
13	三、营业利润			146268.00	121840.00
14	加：投资收益	5201	9	0.00	8,745.00
15	补贴收入	5203	10	0.00	0.00
16	营业外收入	5301	11	1450.00	22,140.00
17	减：营业外支出	5601	12	15420.00	5,200.00
18	四、利润总额			163138.00	157925.00

图 15-20　计算利润总额

16 计算净利润。在D20单元格中输入公式"=D18-D19"，按下Enter键，向右复制公式至F20单元格中，得到的结果如图15-21所示。

		f_x =D18-D19
	A	B	C	D	E
13	三、营业利润			146268.00	121840.00
14	加：投资收益	5201	9	0.00	8,745.00
15	补贴收入	5203	10	0.00	0.00
16	营业外收入	5301	11	1450.00	22,140.00
17	减：营业外支出	5601	12	15420.00	5,200.00
18	四、利润总额			163138.00	157925.00
19	减：所得税	5701	13	17800.00	102,300.00
20	五、净利润			145338.00	55625.00

图 15-21　计算净利润

⓱　**计算本年度累计数。** 在F4单元格中输入公式"=D4+E4"，按下Enter键，向下复制公式至F6单元格中，接着将F4单元格中公式复制到F8:F12、F14:F17和F19单元格中，得到的结果如图15-22所示。

	fx	=D4+E4				
	A	B	C	D	E	F
1				损益表		
2	编制单位		时间			金额：元
3	项目名称	科目代码	行次	本月数	上月累计数	本年累计数
4	一、主营业务收入	5101	1	225601.00	213,200.00	438801.00
5	减：主营业务成本	5401	2	69780.00	58,230.00	128010.00
6	主营业务税金及附加	5402	3	0.00	13,680.00	13680.00
7	二、主营业务利润			155821.00	141290.00	297111.00
8	加：其他业务收入	5102	4	3625.00	86,700.00	90325.00
9	减：其他业务支出	5405	5	6000.00	30,000.00	36000.00
10	减：营业费用	5501	6	0.00	22,000.00	22000.00
11	管理费用	5502	7	6578.00	48,920.00	55498.00
12	财务费用	5503	8	600.00	5,230.00	5830.00
13	三、营业利润			146268.00	121840.00	268108.00
14	加：投资收益	5201	9		8,745.00	8745.00
15	补贴收入	5203	10	0.00	0.00	0.00
16	营业外收入	5301	11	1450.00	22,140.00	23590.00
17	减：营业外支出	5601	12	15420.00	5,200.00	20620.00
18	四、利润总额			163138.00	157925.00	321063.00
19	减：所得税	5701	13	17800.00	102,300.00	120100.00
20	五、净利润			145338.00	55625.00	200963.00

图 15-22　计算本年度累计数

相关行业知识｜**损益表的重要作用**

损益表上所反映的会计信息，可以用来评价一个企业的经营效率和经营成果，评估投资的价值和报酬，进而衡量一个企业在经营管理上的成果。具体来说有以下几个方面的作用：

❶ 损益表可作为经营成果的分配依据。

损益表反映企业在一定期间的营业收入、营业成本、营业费用以及营业税金、各项期间费用和营业外收支等项目，最终计算出利润综合指标。损益表上的数据直接影响到许多相关集团的利益，如国家的税收收入、管理人员的奖金、职工的工资与其他报酬、股东的股利等。正是由于这方面的作用，损益表的地位甚至超过资产负债表，成为最重要的财务报表。

❷ 损益表能综合反映生产经营活动的各个方面，有助于考核经营管理人员的工作业绩。

企业在生产、经营、投资、筹资等各项活动中的管理效率和效益都可以从利润数额的增减变化中综合地表现出来。通过将收入、成本费用、利润与企业的生产经营计划对比，可以考核生产经营计划的完成情况，进而评价企业的经营业绩和效率。

❸ 损益表可用来分析企业的获利能力、预测企业未来的现金流量。

损益表揭示了经营利润、投资净收益和营业外收支净额的详细资料，可据以分析企业的盈利水平，评估企业的获利能力。同时，报表使用者所关注的各种预期的现金来源、金额、时间、和不确定性，如股利或利息、出售证券所得及借款的清偿，都与企业的获利能力密切相关，所以收益水平在预测未来现金流量方面具有重要作用。

15.2　使用图表分析损益情况

◎ 光盘路径

最终文件：
源文件 \ 第15章 \
最终文件 \ 损益表
1.xlsx

在完成了损益表中相关数据计算后，可以对损益表中当期的主营业务收入、主营业务成本、营业费用等项目进行对比分析，具体操作步骤如下。

1 **建立损益表副本。** 打开源文件\第15章\最终文件\损益表.xlsx工作簿，按住Ctrl键，拖动"损益表"工作表标签，得到损益表的副本"损益表（2）"，如图15-23所示。

损益表

	A	B	C	D	E	F
1			损益表			
2	编制单位			时间		金额：元
3	项目名称	科目代码	行次	本月数	上月累计数	本年累计数
4	一、主营业务收入	5101	1	225601.00	213,200.00	438801.00
5	减：主营业务成本	5401	2	69780.00	58,230.00	128010.00
6	主营业务税金及附加	5402	3	0.00	13,680.00	13680.00
7	二、主营业务利润			155821.00	141290.00	297111.00
8	加：其他业务收入	5102	4	3625.00	86,700.00	90325.00
9	减：其他业务支出	5405	5	6000.00	30,000.00	36000.00
10	减：营业费用	5501	6	0.00	22,000.00	22000.00
11	管理费用	5502	7	6578.00	48,920.00	55498.00
12	财务费用	5503	8	600.00	5,230.00	5830.00
13	三、营业利润			146268.00	121840.00	268108.00
14	加：投资收益	5201	9	0.00	8,745.00	8745.00
15	补贴收入	5203	10	0.00	0.00	0.00
16	营业外收入	5301	11	1450.00	22,140.00	23590.00
17	减：营业外支出	5601	12	15420.00	5,200.00	20620.00
18	四、利润总额			163138.00	157925.00	321063.00
19	减：所得税	5701	13	17800.00	102,300.00	120100.00
20	五、净利润			145338.00	55625.00	200963.00
21						

总账1 损益表 损益表 (2) Sheet3

图 15-23 建立损益表副本

2 **插入科目列**。在损益表中插入一列，并将项目名称列中的会计科目复制到该列中，如图 15-24所示。

损益表

	A	B	C	D	E	F	G
1			损益表				
2	编制单位				时间		金额：元
3	项目名称	科目	科目代码	行次	本月数	上月累计数	本年累计数
4	一、主营业务收入	主营业务收入	5101	1	225601.00	213,200.00	438801.00
5	减：主营业务成本	主营业务成本	5401	2	69780.00	58,230.00	128010.00
6	主营业务税金及附加	主营业务税金及附加	5402	3	0.00	13,680.00	13680.00
7	二、主营业务利润	主营业务利润			155821.00	141290.00	297111.00
8	加：其他业务收入	其他业务收入	5102	4	3625.00	86,700.00	90325.00
9	减：其他业务支出	其他业务支出	5405	5	6000.00	30,000.00	36000.00
10	减：营业费用	营业费用	5501	6	0.00	22,000.00	22000.00
11	管理费用	管理费用	5502	7	6578.00	48,920.00	55498.00
12	财务费用	财务费用	5503	8	600.00	5,230.00	5830.00
13	三、营业利润	营业利润			146268.00	121840.00	268108.00
14	加：投资收益	投资收益	5201	9	0.00	8,745.00	8745.00
15	补贴收入	补贴收入	5203	10	0.00	0.00	0.00
16	营业外收入	营业外收入	5301	11	1450.00	22,140.00	23590.00
17	减：营业外支出	营业外支出	5601	12	15420.00	5,200.00	20620.00
18	四、利润总额	利润总额			163138.00	157925.00	321063.00
19	减：所得税	所得税	5701	13	17800.00	102,300.00	120100.00
20	五、净利润	净利润			145338.00	55625.00	200963.00

图 15-24 插入科目列

3 **选择图表类型**。按住Ctrl键同时选择B4:B5和E4:E5单元格区域，在"插入"选项卡下单击"图表"组中的对话框启动器，弹出"插入图表"对话框，选择"柱形图"子集中的"簇状柱形图"类型，如图15-25所示。

4 **创建主营业务收入与成本比较图表**。单击"确定"按钮，返回工作表中，创建的主营业务收入与成本比较图表如图15-26所示。

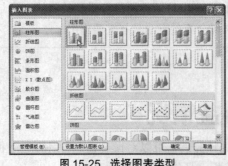

图 15-25 选择图表类型

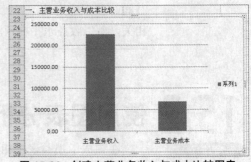

图 15-26 创建主营业务收入与成本比较图表

提示

当用户选中图 15-26 所示图表的数据系列时，在编辑栏中显示引用行，在引用工作表名称时出现了'损益表 (2)'，即工作表名称在引用时自动添加了单引号，这是因为当前工作表名称中含有空格。当引用的工作表名称中包含空格时，Excel 会自动为工作表名称加单引号。

5 **设置无图例**。选中图表，在图表工具"布局"选项卡下单击"图例"按钮，从展开的库中单击"无"选项，如图15-27所示。

6 **设置数据点格式**。单击数据系列，再单击一次"主营业务收入"数据点，右击"主营业务收入"数据点，从弹出的快捷菜单中单击"设置数据点格式"命令，如图15-28所示。

图 15-27　设置无图例

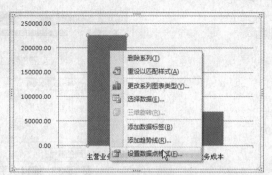
图 15-28　设置数据点格式

7 **设置主营业务收入填充效果。** 弹出"设置数据点格式"对话框，切换至"填充"选项卡下，单击"纯色填充"单选按钮，然后从"颜色"下拉列表中选择如图15-29所示的填充色。

8 **设置主营业务成本填充效果。** 相同的方法，选中图表中的"主营业务成本"数据点，打开"设置数据点格式"对话框，在"填充"选项卡下设置其填充色为"黄色"，如图15-30所示。

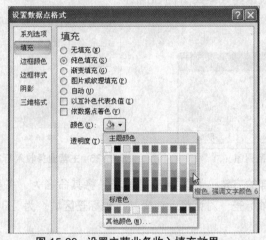
图 15-29　设置主营业务收入填充效果

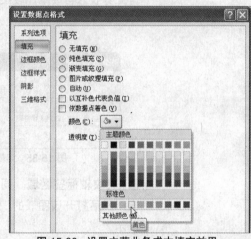
图 15-30　设置主营业务成本填充效果

9 **更改填充色后图表效果。** 经过以上操作对两个数据点填充色的设置后，得到的图表效果如图15-31所示。

10 **复制图表。** 按住Ctrl键，拖动"主营业务收入与成本比较"图表，复制一个图表，将该图表命名为"主营业务收入与营业费用比较"，如图15-32所示。

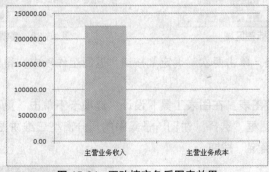
图 15-31　更改填充色后图表效果

图 15-32　复制图表

11 **编辑水平轴标签。** 选中"主营业务收入与营业费用比较"图表，在图表工具"设计"选项卡下单击"选择数据"按钮，弹出"选择数据源"对话框，在"水平（分类）轴标签"列表框中单击"编辑"按钮，如图15-33所示。

12 **选择轴标签区域。** 弹出"轴标签"对话框，单击"轴标签区域"文本框中右侧的折叠按钮，返回工作表中按住Ctrl键单击B4和B10单元格，如图15-34所示。

图 15-33　编辑水平轴标签　　　　　　图 15-34　选择轴标签区域

⓭ **编辑系列值。** 单击"确定"按钮，返回"选择数据源"对话框，在"图例项（系列）"列表框中单击"编辑"按钮，弹出"编辑数据系列"对话框，单击"系列值"文本框右侧的折叠按钮，返回工作表中，同时选中E4和E10单元格，如图15-35所示。

⓮ **主营业务收入与成本比较图表最终效果。** 单击两次"确定"按钮，返回工作表中，得到主营业务收入与成本比较图表最终效果如图15-36所示。

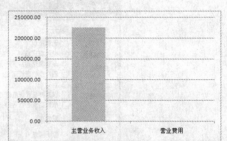

图 15-35　编辑系列值　　　　　　图 15-36　主营业务收入与成本比较图表最终效果

⓯ **更改轴标签区域。** 同样的方法，再复制一个图表，将其命名为"各类费用比较分析"图表，然后打开该图表的"轴标签"对话框，选择其"轴标签区域"为"B10:B12"，如图15-37所示。

⓰ **编辑数据系列。** 打开该图表的"编辑数据系列"对话框，设置其"系列值"为"E10:E12"单元格区域，如图15-38所示。

图 15-37　更改轴标签区域　　　　　　图 15-38　编辑数据系列

⓱ **各类费用比较分析图表。** 单击两次"确定"按钮，返回工作表中，得到的各类费用比较分析图表效果如图15-39所示。

⓲ **更改图表类型。** 选中该图表，在图表工具"设计"选项卡下单击"更改图表类型"按钮，弹出"更改图表类型"对话框，选择"饼图"子集中的"分离型三维饼图"类型，如图15-40所示，选择完毕后单击"确定"按钮。

> **提示**
>
> 由于这里的营业费用为0，所以在图15-39中的图表中该项目没有显示。

图 15-39　各类费用比较分析图表　　　　　　图 15-40　更改图表类型

⓳ **选择显示图例位置**。返回工作表中，选中图表，在图表工具"布局"选项卡下单击"图例"按钮，从展开的库中单击"在底部显示图例"选项，如图15-41所示。

⓴ **添加数据标签**。在图表工具"布局"选项卡下单击"数据标签"按钮，从展开的库中单击"其他数据标签选项"选项，如图15-42所示。

图 15-41　选择显示图例位置

图 15-42　添加数据标签

㉑ **选择标签选项**。弹出"设置数据标签格式"对话框，在"标签选项"选项卡下勾选"百分比"和"显示引导线"复选框，如图15-43所示。

㉒ **各类费用比较分析图表最终效果**。单击"关闭"按钮，返回工作表中，得到各类费用比较图表的最终效果如图15-44所示。

图 15-43　选择标签选项

图 15-44　各类费用比较分析图表最终效果

相关行业知识 | **损益表的格式**

目前比较普遍的损益表格式主要有多步式损益表和单步式损益表两种。

❶ **多步式损益表**

多步式损益表的内容被分解为多个步骤，即将收入与费用按同类属性分别加以归集，分别计算主营业务利润、其他业务利润、营业利润，最后计算出净利润。由于它采用多步的中间性计算，所以称为"多步式损益表"。多步式损益表从营业收入开始，分为以下几个步骤展示企业的经营成果及其影响因素。

第一步，反映营业利润，即从营业收入中减去营业成本、营业税金及附加、销售费用、管理费用、财务费用、资产减值损失，加上投资收益和公允价值变动净收益后的余额。

第二步，反映利润总额，即营业利润，营业外收支净额等项目后的余额。

第三步，反映净利润，即利润总额减所得税后的余额。

第四步，计算每股收益。

多步式损益表的优点在于，便于对企业生产经营情况进行分析，有利于不同企业之间进行比较。由于它提供的信息比单步式利润表更为丰富，因而便于报表使用者分析企业的盈利能力。

❷ **单步式损益表**

单步式损益表是将本期所有的收入和费用分别加以汇总，用收入总额减去费用总额即为企业的利润总额。它实际上是将"收入－费用＝利润"这一会计等式表格化，由于它仅有一个相减的步骤，故称为单步式损益表。

在单步式损益表下，损益表分为营业收入和收益、营业费用和损失、净收益三部分，格式简洁，便于编制，且表示的均是未经加工的原始资料，便于报表使用者理解。但是由于收入、费用的性质不加以区分，硬性归为一类，不能提供利润中各要素之间的内在联系，不能提供一些重要的中间信息，如营业利润、利润总额等，不便于报表使用者进行盈利分析与预测。

15.3 编制利润分配表

光盘路径

最终文件：
源文件\第15章\最终文件\利润分配表.xlsx

利润分配表是将企业本期实现的利润总额按照有关法规和投资协议所确认的比例顺序，在国家、企业和投资者之间所进行的分配。企业实现的利润，首先应按规定缴纳所得税，之后得到净利润，然后应当按一定的比例提取公积金或公益金，最后在出资人之间分配。利润分配表是损益表的附表，下面就为读者介绍如何创建利润分配表。

1 创建表格。 新建一个工作簿，将其保存后命名为"利润分配表.xlsx"，然后将Sheet1工作表标签重命名为"利润分配表"，在该工作表中创建如图15-45所示的利润分配表格。

提示

利润分配表是利润表的附表，是反映企业在一定时期利润分配情况和年末未分配利润的结余情况的报表，按月编制，用来反映企业的利润分配情况。

图 15-45 创建表格

2 输入数据。 在利润分配表中输入行次、上年数和本年数，如图15-46所示。

图 15-46 输入数据

提示

净利润＋年初未分配利润＋其他转入＝可供分配利润；可供分配利润－法定盈余公积－法定公益金－职工奖励及福利基金－储备基金－企业发展基金－利润归还投资＝可供投资者分配的利润。

3 计算可供分配的利润。 根据"可供分配的利润＝净利润＋年初未分配利润＋其他转入"，在C7单元格中输入公式"=C4+C5+C6"，按下Enter键，向右复制公式，计算结果如图15-47所示。

图 15-47 计算可供分配的利润

4 **计算可供投资者分配的利润。**根据"可供投资者分配的利润=可供分配的利润-法定盈余公积金-法定公益金-职工奖励及福利基金-储备基金-企业发展基金-利润归还投资",在单元格C14中输入公式"=C7-SUM(C8:C13)",按下Enter键,向右复制公式至D14单元格区域,得到的结果如图15-48所示。

	A	B	C	D
			=C7-SUM(C8:C13)	
3	项目	行次	上年数	本年数
4	一、净利润	1	20,000,000.00	23,000,000.00
5	加：年初未分配利润	2	1,600,000.00	0.00
6	其他转入	4	650,000.00	720,000.00
7	二、可供分配的利润	8	22,250,000.00	23,720,000.00
8	减：提取法定盈余公积	9	5,000,000.00	8,640,000.00
9	提取法定公益金	10	2,000,000.00	2,300,000.00
10	提取职工奖励及福利基金	11	120,000.00	150,000.00
11	提取储备基金	12	0.00	12,000.00
12	提取企业发展基金	13	0.00	18,000.00
13	利润归还投资	14	0.00	8,800.00
14	三、可供投资者分配的利润	16	15,130,000.00	12,591,200.00

图 15-48　计算可供投资者分配的利润

> **提示**
>
> 可供投资者分配的利润-应付优先股股利-任意盈余公积-应付普通股股利-转作资本的普通股股利=未分配利润。

5 **计算未分配利润。**根据"未分配利润=可供投资者分配的利润-应付优先股股利-任意盈余公积金-应付普通股股利-转作资本(股本)的普通股股利",在单元格C19中输入公式"=C17-SUM(C15:C18)",按下Enter键,向右复制公式至D19单元格中,得到的结果如图15-49所示。

	A	B	C	D
			=C14-SUM(C15:C18)	
14	三、可供投资者分配的利润	16	15,130,000.00	12,591,200.00
15	减：应付优先股股利	17	0.00	145,000.00
16	提取任意盈余公积	18	0.00	378,000.00
17	应付普通股股利	19	6,000,000.00	6,600,000.00
18	转作资本（或股本）的普通股股利	20	600,000.00	623,000.00
19	四、未分配利润	25	8,530,000.00	4,845,200.00

图 15-49　计算未分配利润

6 **引用本年年初未分配利润。**根据"本年年初未分配利润=上年未分配利润",在单元格D5中输入公式"=C19",按下Enter键,结果如图15-50所示。

	A	B	C	D
			=C19	
2	编制单位：力发科技有限公司		年份：2007年	金额：元
3	项目	行次	上年数	本年数
4	一、净利润	1	20,000,000.00	23,000,000.00
5	加：年初未分配利润	2	1,600,000.00	8,530,000.00
6	其他转入	4	650,000.00	720,000.00
7	二、可供分配的利润	8	22,250,000.00	32,250,000.00

图 15-50　引用本年年初未分配利润

7 **最终结果。**由于D5单元格中的数据发生了变化,故会引起其他单元格数据的变化,最终得到的利润分配表结果如图15-51所示。

	A	B	C	D
1	利润分配表			
2	编制单位：力发科技有限公司		年份：2007年	金额：元
3	项目	行次	上年数	本年数
4	一、净利润	1	20,000,000.00	23,000,000.00
5	加：年初未分配利润	2	1,600,000.00	8,530,000.00
6	其他转入	4	650,000.00	720,000.00
7	二、可供分配的利润	8	22,250,000.00	32,250,000.00
8	减：提取法定盈余公积	9	5,000,000.00	8,640,000.00
9	提取法定公益金	10	2,000,000.00	2,300,000.00
10	提取职工奖励及福利基金	11	120,000.00	150,000.00
11	提取储备基金	12	0.00	12,000.00
12	提取企业发展基金	13	0.00	18,000.00
13	利润归还投资	14	0.00	8,800.00
14	三、可供投资者分配的利润	16	15,130,000.00	21,121,200.00
15	减：应付优先股股利	17	0.00	145,000.00
16	提取任意盈余公积	18	0.00	378,000.00
17	应付普通股股利	19	6,000,000.00	6,600,000.00
18	转作资本（或股本）的普通股股利	20	600,000.00	623,000.00
19	四、未分配利润	25	8,530,000.00	13,375,200.00

图 15-51　最终结果

相关行业知识	利润分配表的编制方法

报表中的"本年数"栏，根据本年的"本年利润"及"利润分配"科目所属明细科目的记录分析填列。"上年数"栏根据上年"利润分配表"填列。如果上年度利润分配表与本年利润分配表的项目名称和内容不一致，应对上年度报表项目的名称和数字按本年度的规定进行调整，填入本表"上年数"栏内。本表各项目的内容及填列方法如下。

❶ "净利润"项目，反映企业实现的净利润。如为净亏损，以"－"号填列，本项目的数字应与损益表"本年数"栏的"净利润"项目一致。

❷ "年初未分配利润"项目，反映企业年初未分配的利润。如为未弥补的亏损，以"－"号填列。

❸ "其他转入"项目，反映企业按规定应由盈余公积弥补亏损等转入的数额。

❹ "提取法定盈余公积"项目，反映企业按照规定提取的法定盈余公积。本项目根据"盈余公积－法定盈余公积"科目分析填列。

❺ "提取职工奖励及福利基金"项目，反映外商投资企业按规定提取的职工奖励和福利基金。

❻ "提取储备基金"项目和"提取企业发展基金"项目，分别反映外商投资企业按照规定提取的储备基金和企业发展基金。

❼ "利润归还投资"项目，反映中外合作经营企业按规定在合作期间以利润归还投资者的投资。

❽ "应付优先股股利"项目，反映企业应分配给优先股股东的现金股利。

❾ "提取任意盈余公积"项目，反映企业提取的任意盈余公积，本项目可以根据"盈余公积－任意盈余公积"科目分析填列。

❿ "应付普通股股利"项目，反映企业应分配给普通股股东的现金股利。企业分配给投资者的利润，也在本项目反映。

⓫ "转作资本（或股本）的普通股股利"项目，反映企业分配给普通股股东的股票股利。企业以利润转增的资本，也在本项目中反映。

⓬ "未分配利润"项目，反映企业年末尚未分配的利润。如为未弥补的亏损以"－"号填列。企业如因以收购本企业股票方式减少注册资本而相应减少的未分配的利润，可在本表"年初未分配利润"项目下增设"减：减少注册资本减少的未分配利润"项目反映。

15.4 损益表综合分析

根据损益表提供的财务信息，可以了解和分析企业的经营成果和获利能力；可以为经营管理者进行未来经营决策提供依据；可以预测企业未来经营的盈利能力和发展趋势。损益表的比率分析主要分析企业的盈利能力和成本费用消化能力。

15.4.1 盈利能力分析

光盘路径

最终文件：
源文件\第15章\最终文件\损益表综合分析.xlsx

反映企业盈利能力的指标很多，通常使用的主要有主营业务利润率、主营业务毛利率、总资产报酬率、净资产收益率、资本收益率等。

1 选择性粘贴。 打开源文件\第15章\最终文件\损益表.xlsx工作簿，按下Ctrl＋A组合键，选中"损益表"表格，然后按下Ctrl＋C复制整个表格。新建一个工作簿，将其保存后命名为"损益表综合分析.xlsx"，在"开始"选项卡下单击"粘贴"按钮，从展开的下拉列表中单击"选择性粘贴"选项，如图15-52所示。

2 选择粘贴选项。 弹出"选择性粘贴"对话框，单击"值和数字格式"单选按钮，如图15-53所示，选定之后单击"确定"按钮即可。

图 15-52　选择性粘贴

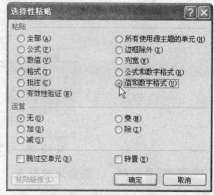

图 15-53　选择粘贴选项

3 格式化损益表。 此时在"损益表综合分析"工作簿中粘贴了损益表，为了便于后面的分析，这里删除原有的"本年累计数"列，并将行标题更改为"本年数"和"上年数"，做成年度损益表，最后将损益表进行相应的格式化，得到最终效果如图15-54所示。

4 创建盈利能力分析表格。 相同的方法，打开源文件\第14章\最终文件\资产负债表.xlsx工作簿中的"资产负债表"，并将其复制到该工作簿中，将复制后的两个工作表的标签更改为"损益表"和"资产负债表"，将Sheet3工作表标签重命名为"损益表综合分析"，在该工作表中创建如图15-55所示的盈利能力分析表格。

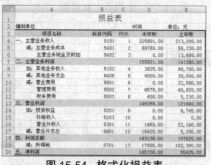

图 15-54　格式化损益表

图 15-55　创建盈利能力分析表格

5 计算主营业务利润率。 主营业务利润率＝主营业务利润/主营业务净收入×100%，所以在B3单元格中输入公式"=损益表!D7/损益表!D4"，按下Enter键后，计算结果如图15-56所示。

6 计算主营业务成本利润率。 主营业务成本利润率＝主营业务利润/主营业务成本×100%，在B4单元格中输入公式"=损益表!D7/损益表!D5"，按下Enter键后，计算结果如图15-57所示。

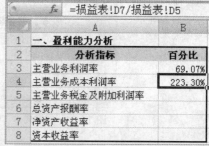

图 15-56　计算主营业务利润率

图 15-57　计算主营业务成本利润率

7 **计算总资产报酬率。** 由于主营业务税金及附加利润等于0，所以这里没有计算主营业务税金及附加利润率。在B6单元格中输入公式"=(损益表!D18+损益表!D12)/(('资产负债表!C43+'资产负债表'!D43)/2)"，按下Enter键后，计算结果如图15-58所示。

8 **计算净资产收益率。** 净资产报酬率＝净利润/平均所有者权益（股东权益）×100%，在B7单元格中输入公式"=损益表!D20/(('资产负债表'!G42+'资产负债表'!H42)/2)"，按下Enter键，计算结果如图15-59所示。

	=(损益表!D18+损益表!D12)/(('资产负债表'!C43+'资产负债表'!D43)/2)	
	A	B	C
1	一、盈利能力分析	
2	分析指标	百分比
3	主营业务利润率	69.07%
4	主营业务成本利润率	223.30%
5	主营业务税金及附加利润率	–
6	总资产报酬率	5.92%
7	净资产收益率	
8	资本收益率	

图 15-58　计算总资产报酬率

	=损益表!D20/(('资产负债表'!G42+'资产负债表'!H42)/2)	
	A	B	C
1	一、盈利能力分析	
2	分析指标	百分比
3	主营业务利润率	69.07%
4	主营业务成本利润率	223.30%
5	主营业务税金及附加利润率	–
6	总资产报酬率	5.92%
7	净资产收益率	48.87%
8	资本收益率	

图 15-59　计算净资产收益率

9 **计算资本收益率。** 根据资本收益率＝净利润/实收资本×100%，在B8单元格中输入公式"=损益表!D20/('资产负债表'!H34)"，按下Enter键后，计算结果如图15-60所示。

	=损益表!D20/('资产负债表'!H34)	
	A	B	C
1	一、盈利能力分析	
2	分析指标	百分比
3	主营业务利润率	69.07%
4	主营业务成本利润率	223.30%
5	主营业务税金及附加利润率	–
6	总资产报酬率	5.92%
7	净资产收益率	48.87%
8	资本收益率	47.92%

图 15-60　计算资本收益率

15.4.2 成本、费用消化能力分析

成本、费用消化能力分析主要是分析企业主营业务收入的流向。企业主营业务收入主要有三大流向，成本、费用和税金，企业对三大开支的负担能力决定了企业的盈利能力。按照重要性原则，成本、费用消化能力分析主要有以下指标，主营业务成本率、管理费用率、财务费用率和成本、费用利润率。具体分析过程如下。

1 **创建成本、费用消化能力分析表格。** 在盈利能力分析表格的下方继续创建如图15-61所示的成本、费用消化能力分析表格。

2 **计算主营业务成本率。** 主营业务成本率＝主营业务成本/主营业务收入×100%，在B12单元格中输入公式"=损益表!D5/损益表!D4"，按下Enter键后，得到的结果如图15-62所示。

	A	B
9		
10	二、成本、费用消化能力分析	
11	指标	百分比
12	主营业务成本率	
13	管理费用率	
14	财务费用率	
15	成本、费用利润率	

图 15-61　创建成本、费用消化能力分析表格

	=损益表!D5/损益表!D4	
	A	B
9		
10	二、成本、费用消化能力分析	
11	指标	百分比
12	主营业务成本率	30.93%
13	管理费用率	
14	财务费用率	
15	成本、费用利润率	

图 15-62　计算主营业务成本率

3 **计算管理费用率。**管理费用率＝管理费用/主营业务收入×100%，在B13单元格中输入公式“＝损益表!D11/损益表!D4”，按下Enter键后，得到的结果如图15-63所示。

4 **计算财务费用率。**财务费用率＝财务费用/主营业务收入×100%，在B14单元格中输入公式“＝损益表!D12/损益表!D4”，按下Enter键，计算结果如图15-64所示。

提示

财务费用率是指财务费用与主营业务收入的百分比；成本、费用利润率是指利润总额与成本、费用的百分比。它反映企业每百元成本、费用支出能够获得的利润。

fx =损益表!D11/损益表!D4

	A	B
9		
10	二、成本、费用消化能力分析	
11	指标	百分比
12	主营业务成本率	30.93%
13	管理费用率	2.92%
14	财务费用率	
15	成本、费用利润率	

图 15-63 计算管理费用率

fx =损益表!D12/损益表!D4

	A	B
9		
10	二、成本、费用消化能力分析	
11	指标	百分比
12	主营业务成本率	30.93%
13	管理费用率	2.92%
14	财务费用率	0.27%
15	成本、费用利润率	

图 15-64 计算财务费用率

5 **计算成本、费用利润率。**成本、费用利润率＝利润总额/(主营业务成本＋期间费用)×100%，其中期间费用包括管理费用、财务费用和营业费用，在B15单元格中输入公式“＝损益表!D18/(损益表!D5＋损益表!D10＋损益表!D11＋损益表!D12)”，按下Enter键后，结果如图15-65所示。

fx =损益表!D18/(损益表!D5+损益表!D10+损益表!D11+损益表!D12)

	A	B	C
9			
10	二、成本、费用消化能力分析		
11	指标	百分比	
12	主营业务成本率	30.93%	
13	管理费用率	2.92%	
14	财务费用率	0.27%	
15	成本、费用利润率	211.98%	

图 15-65 计算成本、费用利润率

15.5 创建成本费用报表

光盘路径

最终文件：
源文件\第15章\最终文件\成本费用报表.xlsx

成本费用报表是以企业产品成本和经营管理费用为依据，定期编制，反映企业一定时期内产品成本的经营管理费用水平及构成情况的数字形式的书面报告。成本费用报表主要是利用成本核算资料和其他相关资料，将本期实际成本与目标成本、上年实际成本、国内外同类产品的成本进行比较，用以了解成本的升降变动情况。

1 **创建表格。**新建一个工作簿，保存后命名为“成本费用报表.xlsx”，将Sheet1工作表标签重命名为“成本费用报表”，在该工作表中创建如图15-66所示的成本费用报表及分析表格。

2 **输入公式计算合计。**在B9单元格中输入公式“=SUM(B3:B8)”，按下Enter键，向右复制公式，得到的结果如图15-67所示。

提示

成本费用报表属于企业的内部报表，为企业内部的经营管理者服务。因此，成本费用报表没有固定的格式，格式和编制方法都由企业自定。

	A	B	C
1	成本费用报表及分析		
2	项目	上年数	本年数
3	直接材料	￥880,000.00	￥924,571.00
4	直接人工	￥253,547.00	￥286,954.00
5	制造费用	￥104,521.00	￥124,571.00
6	管理费用	￥25,000.00	￥28,000.00
7	营业费用	￥37,000.00	￥39,000.00
8	财务费用	￥12,000.00	￥15,000.00
9	合计		
10			

成本费用报表 Sheet2 Sheet3

图 15-66 创建表格

fx =SUM(B3:B8)

	A	B	C
1	成本费用报表及分析		
2	项目	上年数	本年数
3	直接材料	￥880,000.00	￥924,571.00
4	直接人工	￥253,547.00	￥286,954.00
5	制造费用	￥104,521.00	￥124,571.00
6	管理费用	￥25,000.00	￥28,000.00
7	营业费用	￥37,000.00	￥39,000.00
8	财务费用	￥12,000.00	￥15,000.00
9	合计	￥1,312,068.00	￥1,418,096.00

图 15-67 输入公式计算合计

3 选择条形图。 选择A2:C8单元格区域，在"插入"选项卡下单击"条形图"按钮，从展开的库中选择"簇状条形图"类型，如图15-68所示。

4 创建图表。 创建的图表效果如图15-69所示。

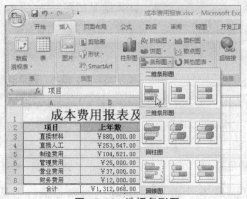

图 15-68 选择条形图

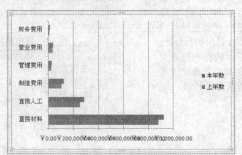

图 15-69 创建图表

5 设置无图例。 选中图表，在图表工具"布局"选项卡下单击"图例"按钮，在展开的库中单击"无"选项，如图15-70所示。

6 选择图表标题位置。 在图表工具"布局"选项卡下单击"图表标题"按钮，在展开的库中单击"图表上方"选项，如图15-71所示。

图 15-70 设置无图例

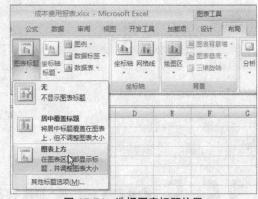

图 15-71 选择图表标题位置

7 输入图表标题。 在图表上方输入图表标题"成本费用年度对比分析"，适当将图表区域调长，得到的图表效果如图15-72所示。

8 选择图表样式。 在图表工具"设计"选项卡下单击"图表样式"组中的快翻按钮，从展开的库中选择如图15-73所示的样式。

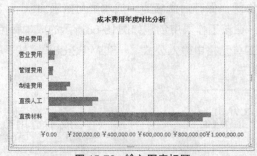

图 15-72 输入图表标题

图 15-73 选择图表样式

9 应用图表样式后效果。 应用了所选择的图表样式后的效果如图15-74所示。

10 选择图表类型。 选择A3:B8单元格区域，打开"插入图表"对话框，选择"饼图"子集中的"分离型饼图"类型，如图15-75所示。

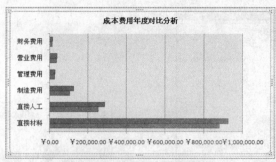

图 15-74　应用图表样式后效果

图 15-75　选择图表类型

⑪ **创建的图表效果。** 单击"确定"按钮，返回工作表中，此时的图表效果如图15-76所示。

⑫ **选择图表布局。** 在图表工具"设计"选项卡下单击"图表布局"组中的快翻按钮，从展开的库中选择如图15-77所示的布局。

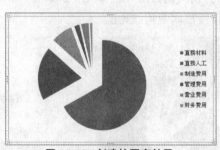

图 15-76　创建的图表效果

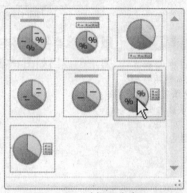

图 15-77　选择图表布局

⑬ **输入图表标题。** 应用了所选择的图表布局后系统自动为图表添加了百分比形式的数据标签，输入图表标题"上年度成本费用结构"，如图15-78所示。

⑭ **启动渐变填充。** 在图表工具"格式"选项卡下单击"形状填充"按钮，从展开的下拉列表中将鼠标指针指向"渐变"选项，在其展开的库中单击"其他渐变"选项，如图15-79所示。

图 15-78　输入图表标题

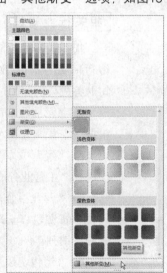

图 15-79　启动渐变填充

⑮ **设置渐变色。** 弹出"设置图表区格式"对话框，在"渐变光圈"下拉列表中添加三个光圈，光圈1和光圈3颜色都为"浅绿"，光圈2为"白色"，如图15-80所示。

⑯ **上年度成本费用结构图最终效果。** 单击"关闭"按钮，返回工作表中，得到上年度成本费用结构图的最终效果如图15-81所示。

图 15-80　设置渐变色

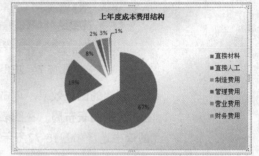

图 15-81　上年度成本费用结构图最终效果

17 创建本年度成本费用结构图。相同的方法，选择A3:A8和C3:C8单元格区域，按照前面的方法创建出如图15-82所示的本年度成本费用结构图。

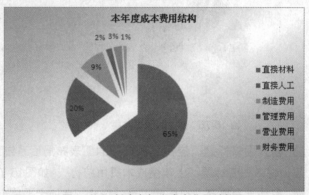

图 15-82　创建本年度成本费用结构图

相关行业知识 | 损益表的编制方法

损益表主要反映两个方面的情况：一是公司的收入与费用情况以及公司在一定期间内获得利润(或亏损)的数额，通过这些数据的分析，可以了解公司的经济效益和获利能力；二是公司财务成果的分配过程和结果。损益表中主要包括以下项目。

❶ "营业收入"项目：反映企业经营主要业务和其他业务所确认的收入总额。本项目应根据"主营业务收入"、"其他业务收入"科目的发生额计算填列。

❷ "经营成本"项目：反映企业经营主要业务和其他业务发生的实际成本总额。本项目应根据"主营业务成本"和"其他业务成本"科目的发生额计算填列。

❸ "营业税金及附加"项目：反映企业经营业务应负担的营业税、消费税、城市维护建设税、资源税、土地增值税和教育费附加等。本项目应根据"营业税金及附加"科目的发生额分析填列。

❹ "销售费用"项目：反映企业在销售商品过程中发生的包装费、广告费和为销售本企业商品而专设的销售机构的职工薪酬、业务经营等费用。本项目应根据"销售费用"科目的发生额分析填列。

❺ "管理费用"项目：反映企业为组织和管理生产经营发生的管理费用。本项目应根据"管理费用"科目的发生额填列。

❻ "财务费用"项目：反映企业筹集生产经营所需资金等而发生的筹资费用。本项目应根据"财务费用"科目的发生额分析填列。

❼ "资产减值损失"项目：反映企业各项资产发生的减值损失。本项目应根据"资产减值损失"科目的发生额分析填列。

❽ "公允价值变动净收益"项目：反映企业按照相关准则规定应当计入当期损益的资产或负债公允价值变动净收益。本项目应根据"公允价值变动损益"科目的发生额分析填列。

❾ "投资净收益"项目：反映企业以各种方式对外投资所取得的收益。本项目应根据"投资收益"、"公允价值变动损益"科目的发生额分析填列。

❿ "营业外收入"、"营业外支出"项目：反映企业发生的与其经营活动无直接关系的各项收入和支出。其中，非流动资产净损失，应当单独列示。这两个项目应分别根据"营业外收入"科目和"营业外支出"科目的发生额填列。

⓫ "利润总额"项目：反映企业实现的利润总额。如为亏损总额，以"－"号填列。

⓬ "所得税费用"项目：反映企业根据所得税准则确认的应从当期利润总额中扣除的所得税费用。本项目应根据"所的税"科目的发生额分析填列。

⓭ "基本每股收益"和"稀释每股收益"项目：应当根据每股收益准则的规定计算的金额填列。

企业现金流量表

16

现金流量表反映企业一定会计期间的经营活动、投资活动和筹资活动产生的现金流入、流出量。现金在满足企业各种需求中有着非常重要的意义。因此企业的经营管理者才必须及时掌握企业各种活动所产生的现金流入与流出情况，而现金流量表就是简洁而实用地反映企业现金变动状况的会计报表。

16.1 创建现金流量表

现金流量表的主体结构主要包括四个方面：交易需要、预防需求、筹资需要和营运需要。本节将为读者介绍如何创建一个完整的现金流量表。

16.1.1 建立与格式化表格

在初步了解了现金流量表的内容和结构后，接下来就可以着手创建现金流量表并将其进行格式化。具体操作步骤如下。

提示

经营活动产生的现金流量是一项重要的指标，它可以说明企业在不动用外部筹得资金的情况下，通过经营活动产生的现金流量是否足以偿还负债、支付股利和对外投资。经营活动产生的现金流量通常可以采用直接法反映。

1 **创建现金流量表表格。** 新建一个工作簿，将其保存后命名为"现金流量表.xlsx"，将Sheet1工作表标签更改为"现金流量表"，然后在该工作表中创建如图16-1所示的表格并设置表格格式。

图 16-1 创建现金流量表表格

2 **设置单元格格式。** 选中B4:E38单元格区域，然后在"开始"选项卡下单击"数字"组中的对话框启动器，弹出"设置单元格格式"对话框，在"数字"选项卡下设置数字格式为"货币"，并设置小数位数为"2"位，如图16-2所示。

3 **拆分表格。** 选中B4单元格，在"视图"选项卡下单击"拆分"按钮，此时表格将列标题行和行标题列拆分开来，如图16-3所示。

提示

现金流量表中的投资活动包含非现金等价物的短期投资和长期投资的购买与处置、固定资产的购买与处置、无形资产的购买与处置。通过单独反映投资活动产生的现金流量，可以了解为获得未来收益和现金流量而导致资源转出的程度，以及之前资源转出带来的现金流入的信息。

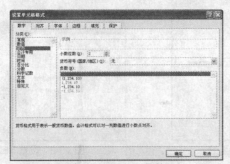

图 16-2　设置单元格格式

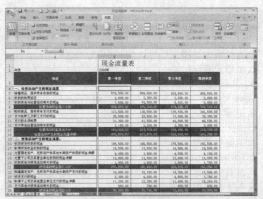

图 16-3　拆分表格

4 冻结拆分窗口。在"视图"选项卡下单击"冻结窗格"按钮，从展开的下拉列表中单击"冻结拆分窗格"选项，如图16-4所示。

5 冻结标题行和标题列效果。冻结窗格后，无论向右还是向下滚动窗口时，被冻结的行和列始终显示在屏幕上，如图16-5所示，同时工作表中还将显示水平和垂直冻结线。

图 16-4　冻结拆分窗口

图 16-5　冻结标题行和标题列效果

16.1.2 使用日期函数添加日期

日期是会计报表非常重要的一个部分，下面使用日期和文本函数为现金流量表添加日期，具体操作步骤如下。

1 插入函数。继上，单击B2单元格，在"公式"选项卡下单击"插入函数"按钮，如图16-6所示。

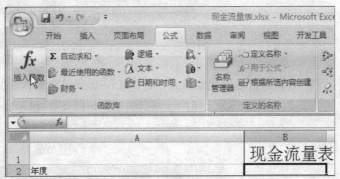

图 16-6　插入函数

2 选择TEXT()函数。弹出"插入函数"对话框，首先在"或选择类别"下拉列表中选择"文本"类型，然后在下方的"选择函数"列表框中选择"TEXT"函数，如图16-7所示。

3 设置TEXT()函数参数。单击"确定"按钮，弹出"函数参数"对话框，设置参数"Value"为"now()"，"Format_text"为"e年"，如图16-8所示。

TEXT() 函数用于将数值转换为按指定数字格式表示的文本。其语法为：TEXT(value,for mat_text)，其中参数 value 为数值、计算结果为数字值的格式；参数 format_text 是作为引号括起来的文本字符串的数字格式。

图 16-7　选择 TEXT() 函数

图 16-8　设置 TEXT() 函数参数

4 返回当前年份。单击"确定"按钮，返回工作表中，此时可以在B2单元格中查看到公式已经返回了当前的年份"2008年"，在编辑栏中可以看到公式的完整表述，如图16-9所示。

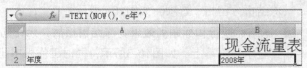

图 16-9　返回当前年份

16.1.3　计算现金流量金额

最终文件：
源文件\第16章\最终文件\现金流量表.xlsx

所有准备工作完成后，下面就来计算现金流量表中各个项目的现金流入和流出值，并得到各个项目的净额，最终将各项目净额相加得到现金及现金等价物增加净额。具体操作步骤如下。

1 输入数据。在现金流量表中首先输入各个项目各季度的现金值，如图16-10所示。

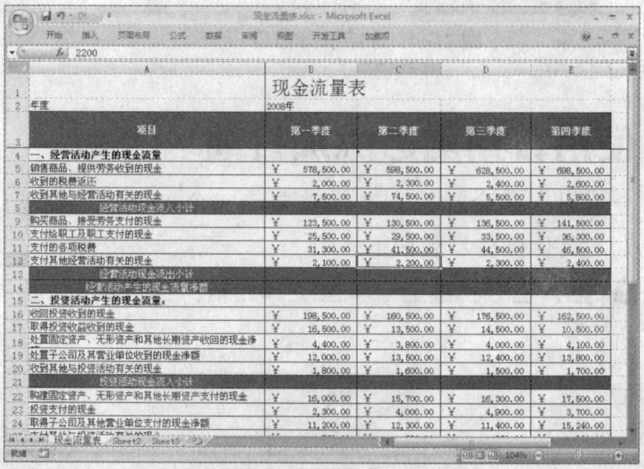

图 16-10　输入数据

"销售商品、提供劳务收到的现金"项目，反映企业销售商品、提供劳务实际收到的现金。

2 计算经营活动现金流入小计。在B8单元格中输入公式"SUM(B5:B7)"，按下Enter键，向右复制公式至E8单元格中，得到的结果如图16-11所示。

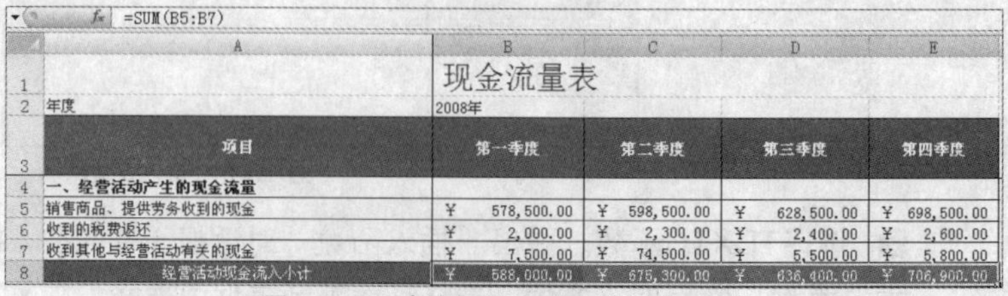

图 16-11　计算经营活动现金流入小计

3 计算经营活动现金流出小计。在B13单元格中输入公式"=SUM(B9:B12)"，按下Enter键，向右复制公式至E13单元格，得到的结果如图16-12所示。

308

図 16-12 計算经营活动现金流出小计

	=SUM(B9:B12)			
	现金流量表			
年度	2008年			
项目	第一季度	第二季度	第三季度	第四季度
9 购买商品、接受劳务支付的现金	¥ 123,500.00	¥ 130,500.00	¥ 136,500.00	¥ 141,500.00
10 支付给职工及职工支付的现金	¥ 25,500.00	¥ 29,500.00	¥ 33,500.00	¥ 36,300.00
11 支付的各项税费	¥ 31,300.00	¥ 41,500.00	¥ 44,500.00	¥ 46,500.00
12 支付其他经营活动有关的现金	¥ 2,100.00	¥ 2,200.00	¥ 2,300.00	¥ 2,400.00
13 经营活动现金流出小计	¥ 182,400.00	¥ 203,700.00	¥ 216,800.00	¥ 226,700.00

图 16-12　计算经营活动现金流出小计

4 计算经营活动产生的现金流量净额。现金净额量＝现金流入－现金流出，所以在B14单元格中输入公式"＝B8－B13"，按下Enter键，向右复制公式至E14单元格中，得到的结果如图16-13所示。

	=B8-B13			
	现金流量表			
年度	2008年			
项目	第一季度	第二季度	第三季度	第四季度
10 支付给职工及职工支付的现金	¥ 25,500.00	¥ 29,500.00	¥ 33,500.00	¥ 36,300.00
11 支付的各项税费	¥ 31,300.00	¥ 41,500.00	¥ 44,500.00	¥ 46,500.00
12 支付其他经营活动有关的现金	¥ 2,100.00	¥ 2,200.00	¥ 2,300.00	¥ 2,400.00
13 经营活动现金流出小计	¥ 182,400.00	¥ 203,700.00	¥ 216,800.00	¥ 226,700.00
14 经营活动产生的现金流量净额	¥ 405,600.00	¥ 471,600.00	¥ 419,600.00	¥ 480,200.00

图 16-13　计算经营活动产生的现金流量净额

5 计算投资活动产生的现金流量净额。在B21、B26和B27单元格中分别输入如下公式：

B21＝SUM(B16:B20)

B26＝SUM(B22:B25)

B27＝B21－B26

按下Enter键后，分别向右复制公式，得到的结果如图16-14所示。

	=B21-B26			
	现金流量表			
年度	2008年			
项目	第一季度	第二季度	第三季度	第四季度
15 二、投资活动产生的现金流量:				
16 收回投资收到的现金	¥ 198,500.00	¥ 160,500.00	¥ 176,500.00	¥ 162,500.00
17 取得投资收益收到的现金	¥ 16,500.00	¥ 13,500.00	¥ 14,500.00	¥ 10,500.00
18 处置固定资产、无形资产和其他长期资产收回的现金净额	¥ 4,400.00	¥ 3,800.00	¥ 4,000.00	¥ 4,100.00
19 处置子公司及其营业单位收到的现金净额	¥ 12,000.00	¥ 13,500.00	¥ 12,400.00	¥ 13,800.00
20 收到其他与投资活动有关的现金	¥ 1,800.00	¥ 1,600.00	¥ 1,500.00	¥ 1,700.00
21 投资活动现金流入小计	¥ 233,200.00	¥ 192,900.00	¥ 208,900.00	¥ 192,600.00
22 购建固定资产、无形资产和其他长期资产支付的现金	¥ 16,000.00	¥ 15,700.00	¥ 16,300.00	¥ 17,500.00
23 投资支付的现金	¥ 2,300.00	¥ 4,000.00	¥ 4,900.00	¥ 3,700.00
24 取得子公司及其他营业单位支付的现金净额	¥ 11,200.00	¥ 12,300.00	¥ 11,400.00	¥ 15,240.00
25 支付其他与投资活动有关的现金	¥ 560.00	¥ 780.00	¥ 850.00	¥ 930.00
26 投资活动现金流出小计	¥ 30,060.00	¥ 32,780.00	¥ 33,450.00	¥ 37,370.00
27 投资活动产生的现金流量净额	¥ 203,140.00	¥ 160,120.00	¥ 175,450.00	¥ 155,230.00

图 16-14　计算投资活动产生的现金流量净额

6 计算筹资活动产生的现金流量净额。分别在单元格B32、B36和B37中输入以下公式：

B32＝SUM(B29:B31)

B36＝SUM(B33:B35)

B37＝B32－B36

按下Enter键后，分别向右复制公式，得到的结果如图16-15所示。

	=B32-B36			
	现金流量表			
年度	2008年			
项目	第一季度	第二季度	第三季度	第四季度
28 三、筹资活动产生的现金流量:				
29 吸收投资收到的现金	¥ 118,500.00	¥ 78,500.00	¥ 168,500.00	¥ 48,500.00
30 取得借款收到的现金	¥ 298,500.00	¥ 228,500.00	¥ 98,500.00	¥ 118,500.00
31 收到其他与筹资活动有关的现金	¥ 4,500.00	¥ 2,500.00	¥ 2,000.00	¥ 1,300.00
32 筹资活动现金流入小计	¥ 421,500.00	¥ 309,500.00	¥ 269,000.00	¥ 168,300.00
33 偿还债务支付的现金	¥ 56,500.00	¥ 118,500.00	¥ 144,500.00	¥ 18,500.00
34 分配股利、利润或偿付利息支付的现金	¥ 4,700.00	¥ 11,700.00	¥ 12,900.00	¥ 20,000.00
35 支付其他与筹资活动有关的现金	¥ 8,800.00	¥ 10,500.00	¥ 7,500.00	¥ 9,300.00
36 筹资活动现金流出小计	¥ 70,000.00	¥ 140,700.00	¥ 164,900.00	¥ 48,000.00
37 筹资活动产生的现金流量净额	¥ 351,500.00	¥ 168,800.00	¥ 104,100.00	¥ 120,300.00

图 16-15　计算筹资活动产生的现金流量净额

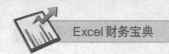

7 **计算现金及现金等价物增加净额。** 在单元格B38中输入公式 "=B14+B27+B37"，按下Enter键后，向右复制公式，得到的结果如图16-16所示。

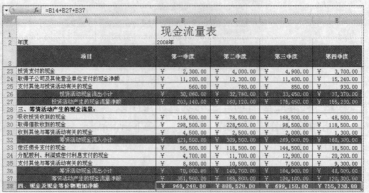

项目	第一季度	第二季度	第三季度	第四季度
23 投资支付的现金	¥ 2,300.00	¥ 4,000.00	¥ 4,900.00	¥ 3,700.00
24 取得子公司及其他营业单位支付的现金净额	¥ 11,200.00	¥ 12,300.00	¥ 11,400.00	¥ 15,240.00
25 支付其他与投资活动有关的现金	¥ 560.00	¥ 780.00	¥ 850.00	¥ 930.00
26 投资活动现金流出小计	¥ 30,060.00	¥ 32,780.00	¥ 33,450.00	¥ 37,370.00
27 投资活动产生的现金流量净额	¥ 203,140.00	¥ 160,120.00	¥ 175,450.00	¥ 155,230.00
28 三、筹资活动产生的现金流量:				
29 吸收投资收到的现金	¥ 118,500.00	¥ 78,500.00	¥ 168,500.00	¥ 48,500.00
30 取得借款收到的现金	¥ 298,500.00	¥ 228,500.00	¥ 98,500.00	¥ 118,500.00
31 收到其他与筹资活动有关的现金	¥ 4,500.00	¥ 2,500.00	¥ 2,000.00	¥ 1,300.00
32 筹资活动现金流入小计	¥ 421,500.00	¥ 309,500.00	¥ 269,000.00	¥ 168,300.00
33 偿还债务支付的现金	¥ 56,500.00	¥ 118,500.00	¥ 144,500.00	¥ 18,500.00
34 分配股利、利润或偿付利息支付的现金	¥ 4,700.00	¥ 11,700.00	¥ 12,900.00	¥ 20,200.00
35 支付其他与筹资活动有关的现金	¥ 8,800.00	¥ 10,500.00	¥ 7,500.00	¥ 9,300.00
36 筹资活动现金流出小计	¥ 70,000.00	¥ 140,760.00	¥ 164,900.00	¥ 48,000.00
37 筹资活动产生的现金流量净额	¥ 351,500.00	¥ 168,740.00	¥ 104,100.00	¥ 120,300.00
38 四、现金及现金等价物增加净额	¥ 960,240.00	¥ 800,520.00	¥ 699,150.00	¥ 755,730.00

图 16-16 计算现金及现金等价物增加净额

相关行业知识 | **现金流量表编制总体流程**

现金流量表编制的总体流程如图16-17所示。

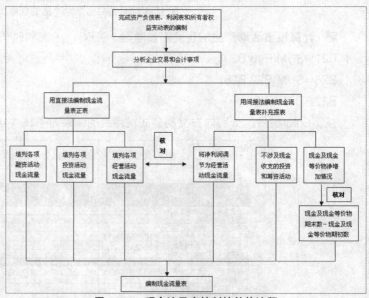

图 16-17 现金流量表编制的总体流程

16.2 现金流量趋势分析

现金流量表的趋势分析是通过观察连续阶段的会计报表，比较各阶段有关项目的金额，分析某些指标的增减变动情况，在此基础上判断其发展趋势，从而对未来可能出现的结果做出预测的一种方法。

16.2.1 编辑现金流量定比表

制作现金流量定比表是对现金流量表趋势分析的一种方法，首先需要创建现金流量汇总表格，然后再根据此表格得到现金流量定比表，具体操作步骤如下。

◎ 光盘路径

最终文件：
源文件\第16章\最终文件\现金流量表 1.xlsx

提示

如果用户不愿意套用系统内置的表格格式,可自定义表格格式,从展开的库中单击"新建表样式"选项即可重新对表格的边框、字体、颜色等进行设置。

1　创建现金流量汇总表格。打开源文件\第16章\最终文件\现金流量表.xlsx工作簿,将Sheet2工作表标签重命名为"现金流量汇总表",然后在该工作表中创建如图16-18所示的表格内容。

2　选择表格格式。选择 A2:E10 单元格区域,在"开始"选项卡下单击"套用表格格式"按钮,从展开的库中选择如图 16-19 所示的内置表格格式。

图 16-18　创建现金流量汇总表格

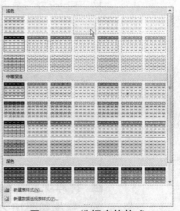

图 16-19　选择表格格式

3　选择表数据的来源。弹出"套用表格式"对话框,在"表数据的来源"文本框中已经自动将所选择的A2:E10单元格区域添加了进来,单击"确定"按钮即可,如图16-20所示。

4　套用表格格式后效果。套用了表格格式后的现金流量汇总表效果如图16-21所示。

提示

如果用户这里选择将标题行一起应用表格格式,那么将在标题行中应用筛选功能,显然不符合实际需要,所以这里选择的是 A2:E10 单元格区域。

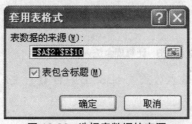

图 16-20　选择表数据的来源

图 16-21　套用表格格式后效果

5　计算经营活动产生的现金流入。在B4单元格中输入公式"=现金流量表!B8",按下Enter键,向右复制公式至E4单元格中,得到的结果如图16-22所示。

图 16-22　计算经营活动产生的现金流入

6　计算投资活动和筹资活动现金流入。在B5和B6单元格中分别输入如下公式:

B5 =现金流量表!B21

B6 =现金流量表!B32

按下Enter键,分别向右复制公式,得到的结果如图16-23所示。

图 16-23　计算投资活动和筹资活动现金流入

7 **计算各项目的现金流出量。** 在B8、B9和B10单元格中分别输入如下公式：

B8 =现金流量表!B13

B9 =现金流量表!B26

B10 =现金流量表!B36

按下Enter键，分别向右复制公式，得到的结果如图16-24所示。

图 16-24 计算各项目的现金流出量

8 **计算现金流入量。** 在B3单元格中输入公式 "=B4+B5+B6"，按下Enter键，向右复制公式，结果如图16-25所示。

图 16-25 计算现金流入量

提示

如果输入公式按下Enter键后，部分单元格会显示"#####"符号，这并不表示复制公式有问题，而是因为数字太长，单元格无法全部显示出来，此时可以拖动列标，或者直接双击来调整列宽。

9 **计算现金流出量。** 在B7单元格中输入公式 "=B8+B9+B10"，按下Enter键，向右复制公式，结果如图16-26所示。

图 16-26 计算现金流出量

10 **移动或复制工作表。** 现金流量汇总表制作完毕，下面需要根据现金流量汇总表来制作现金流量定比表。右击"现金流量汇总表"工作表标签，从弹出的快捷菜单中单击"移动或复制工作表"命令，如图16-27所示。

11 **选择移动的具体位置。** 弹出"移动或复制工作表"对话框，在"下列选定工作表之前"列表框中单击"Sheet3"选项，然后勾选"建立副本"复选框，如图16-28所示。

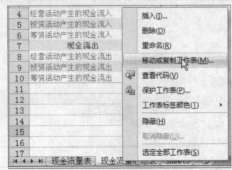

图 16-27 移动或复制工作表

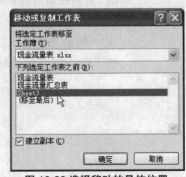

图 16-28 选择移动的具体位置

⓬ **创建的工作表副本**。单击"确定"按钮,此时在Sheet3工作表之前插入一个名为"现金流量汇总表(2)"的副本,将该工作表标签更改为"现金流量定比表",并将工作表中单元格区域B3:E10中的数据清除,如图16-29所示。

图 16-29 创建的工作表副本

⓭ **设置数字格式**。选择B3:E10单元格区域,打开"设置单元格格式"对话框,切换至"数字"选项卡下,设置数字格式为"百分比"类型,并保留小数位数"2"位,如图16-30所示,设置完毕后单击"确定"按钮。

⓮ **转换为区域**。切换至"现金流量汇总表"中,在图表工具"设计"选项卡下单击"转换为区域"按钮,如图16-31所示。

> **提示**
>
> 图16-31中分别将现金流量表和现金流量定比表的表格转换为区域形式,这是为了防止下面计算各项目的百分比输入公式时出错。如果这里不将其转换为区域,用户在图16-33中输入公式时会将两个表格自动定义名称,公式中将自动应用这些名称。

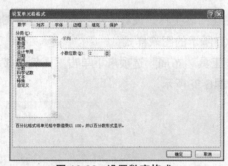

图 16-30 设置数字格式

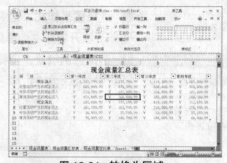

图 16-31 转换为区域

⓯ **提示框**。此时将在屏幕上弹出如图16-32所示的提示框,提示是否将表格转换为普通区域,单击"是"按钮。相同的方法,切换至"现金流量定比表"中,将该表格也转换为区域。

⓰ **输入公式**。在B3单元格中输入公式"=现金流量汇总表!B3/现金流量汇总表!$B$3",按下Enter键,得到第一个季度现金流入的百分比,如图16-33所示。

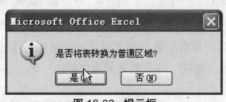

图 16-32 提示框

图 16-33 输入公式

⓱ **复制公式**。使用序列填充功能,将单元格B3中的公式填充至其余单元格中,自动计算出结果,如图16-34所示。

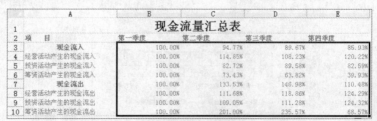

图 16-34 复制公式

16.2.2 创建流量走势图表

虽然通过现金流量定比表可以很容易地查看到经营活动产生的现金流入、投资活动产生的现金流入以及筹资活动产生的现金流入的趋势，但为了更加明显地说明问题，下面将利用图表来分析现金流入、流出的趋势。

1 **选择数据源和图表类型。** 打开源文件\第16章\最终文件\现金流量表1.xlsx工作簿，切换至"现金流量定比表"中，按住Ctrl键同时选中A2:E2、A4:E6单元格区域，在"插入"选项卡下单击"折线图"按钮，从展开的库中选择"堆积折线图"选项，如图16-35所示。

2 **创建的图表。** 创建的选定区域的图表效果如图16-36所示。

提示

堆积折线图用于显示每一数值所占比率随时间或有序类别变化的趋势，可能显示数据点以表示单个数据值，也可能不显示这些数据点。

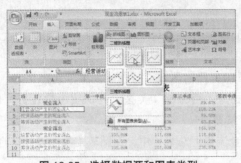

图 16-35 选择数据源和图表类型

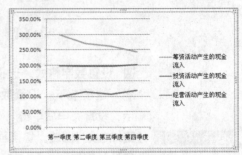

图 16-36 创建的图表

3 **选择图表样式。** 选中图表，在图表工具"设计"选项卡下单击"图表样式"组中的快翻按钮，从展开的库中选择如图16-37所示的图表样式。

4 **选择图例位置。** 接着在图表工具"布局"选项卡下单击"图例"按钮，从展开的库中单击"在底部显示图例"选项，如图16-38所示。

提示

因为图例过长，所以在图16-38中可将图例的位置设置为放在图表的下方。

图 16-37 选择图表样式

图 16-38 选择图例位置

5 **应用样式后效果。** 经过以上对图表样式和图例的设置，图表效果如图16-39所示。

6 **设置无网格线。** 在图表工具"布局"选项卡下单击"网格线"按钮，从展开的下拉列表中将鼠标指针指向"主要横网格线"选项，在其展开的库中单击"无"选项，如图16-40所示。

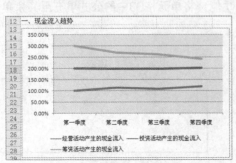

图 16-39 应用样式后效果

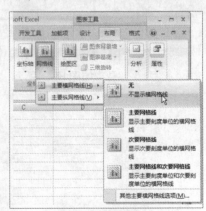

图 16-40 设置无网格线

7 **现金流入趋势图表**。经过以上设置，得到如图16-41所示的现金流入趋势图表。

8 **现金流出趋势图表**。参照前面的方法，以工作表中的单元格区域A2:E2，A8:E10创建如图16-42所示的"现金流出趋势"图表。

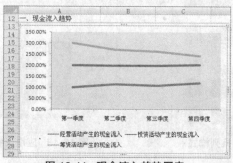
图 16-41　现金流入趋势图表

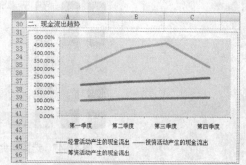
图 16-42　现金流出趋势图表

16.2.3 使用图表创建现金收支图

在上面一节中分析了现金流入和现金流出各项目的趋势，本节将利用图表比较总现金流入和总现金流出情况，具体操作步骤如下。

1 **选择数据源**。打开源文件\第16章\最终文件\现金流量表2.xlsx工作簿，按住Ctrl键同时选中A2:E3，A7:E7单元格区域，然后在"插入"选项卡下单击"图表"组中的对话框启动器，如图16-43所示。

2 **选择图表类型**。弹出"插入图表"对话框，选择"柱形图"子集中的"三维簇状柱形图"，如图16-44所示。

提示

三位簇状柱形图用于比较各个类别的数值，三维簇状柱形图仅以三维格式显示垂直矩形，而不以三维格式显示数据。

图 16-43　选择数据源

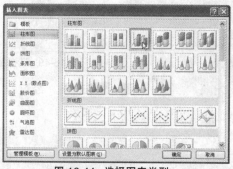
图 16-44　选择图表类型

3 **创建的图表**。单击"确定"按钮，返回工作表中，创建的图表效果如图16-45所示。

4 **选择现金流入系列样式**。在图表中选中现金流入的数据系列，然后在图表工具"格式"选项卡下单击"形状样式"组中的快翻按钮，从展开的库中选择如图16-46所示的样式。

提示

如果用户不套用系统提供的形状样式，也可以自定义每个数据系列的形状样式，右击数据系列，从弹出的快捷菜单中单击"设置数据系列格式"命令，在弹出的"设置数据系列格式"对话框中设置系列的颜色和形状即可。

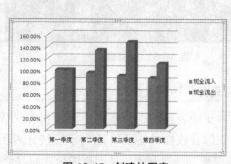
图 16-45　创建的图表

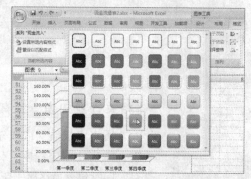
图 16-46　选择现金流入系列样式

5 **选择现金流出系列样式**。在图表中选中现金流出的数据系列，在图表工具"格式"选项卡下单击"形状样式"组中的快翻按钮，从展开的库中选择如图16-47所示的样式。

6 **应用形状样式后图表效果。** 如图16-48所示为应用了所选择的形状样式后的图表效果。

图 16-47　选择现金流出系列样式

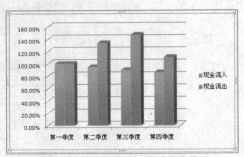

图 16-48　应用形状样式后图表效果

提示

像设置数据系列格
式一样，用户也可以
选择图表区，然后从
"形状样式"库中直
接套用图表区形状
样式。

7 **选择图表区填充色。** 选中图表区，在图表工具"格式"选项卡下单击"形状填充"按钮，从展开的库中选择"蓝色"，如图16-49所示。

8 **选择文本颜色。** 选中图表区，在图表工具"格式"选项卡下单击"文本填充"按钮右侧的下拉按钮，从展开的库中选择"白色，背景1"选项，如图16-50所示。

图 16-49　选择图表区填充色

图 16-50　选择文本颜色

9 **最终效果。** 经过以上对图表区填充色和文本的设置，得到现金收支图的最终效果如图16-51所示。

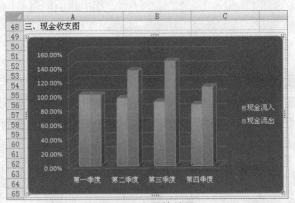

图 16-51　最终效果

相关行业知识	所有者权益表分析综合收益

　　所有者权益（或股东权益）变动表反映企业年末所有者权益（或股东权益）变动的情况。本表在一定程度上体现企业综合收益的特点，除列示直接计入所有者权益得利和损失外、同时包含最终属于所有者权益变动的净利润，从而构成企业的综合收益。

　　所有者权益变动表各项目应当根据当期净利润、直接计入所有者权益得利和损失项目、所有者投入资本和向所有者权分配利润、提取盈余公积等情况分析填列。

在所有者权益变动表中，直接计入当期损益得利和损失应包含在净利润中；直接计入所有者权益得利和损失主要包括：供出售金融资产公允价值变动净额、权益法下被投资单位其他所有者权益变动的影响等单列项目反映。

所有者权益变动表应当反映构成所有者权益的各组成部分当期的增减变动情况。当期损益、直接计入所有者权益得利和损失以及与所有者（或固定）的资本交易导致的所有者权益的变动，应当分别列示。

所有者权益变动表至少应当单独列示反映下列信息的项目：

（1）净利润；

（2）直接计入所有者权益得利和损失项目及其总额；

（3）会计政策变更和差错更正的累积影响金额；

（4）所有者投入资本和向所有者分配利润等；

（5）按照规定提取的盈余公积；

（6）实收资本（或股东）、资本公积、盈余公积、未分配利润的期初和期末余额及其调节情况。

16.3 打印现金流量表和图表

创建完毕现金流量表和图表后，可以根据需要自己将其打印出来，另外还可以将创建的图表打印出来。

16.3.1 打印现金流量表

○ 光盘路径

最终文件：
源文件\第16章\最终文件\现金流量表 4.xlsx

在打印现金流量表之前，首先应该对表格进行预览，然后再打印，打印时还可以根据需要设置打印的范围和份数，具体操作步骤如下。

1 启动打印预览功能。打开源文件\第16章\最终文件\现金流量表3.xlsx工作簿，切换至"现金流量表"工作表中，单击Office按钮，从弹出的菜单中将鼠标指针指向"打印"命令，在其弹出的级联菜单中单击"打印预览"命令，如图16-52所示。

2 预览效果。进入预览窗口，如图16-53所示为现金流量表的预览效果。

图 16-52 启动打印预览功能

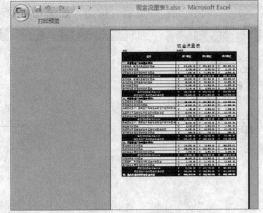

图 16-53 预览效果

○ 提示

如果用户经常使用"打印预览"功能，可将"打印预览"命令添加到"快速访问"工具栏中，每次使用的时候只需单击"打印预览"按钮即可。

3 放大预览效果。如果用户觉得预览的效果显示过小，可单击"显示比例"按钮，此时可以放大预览效果，如图16-54所示，此时可以看到前三个季度的现金流入和流出情况，但第四季度的现金流入和流出却没有显示在该页。

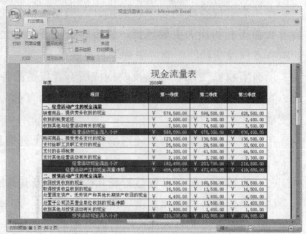

图 16-54　放大预览效果

交叉参考

在第 12 章第 12.4 节中详细为读者介绍过打印的功能，用户可参考此节内容。

4 **启动页面设置。**由于打印的效果不能在同一页面显示，所以这里需要进行页面设置。单击"页面设置"按钮，如图 16-55 所示。

5 **选择打印方向。**弹出"页面设置"对话框，切换至"页面"选项卡下，在"方向"选项组中单击"横向"单选按钮，如图 16-56 所示。

图 16-55　启动页面设置

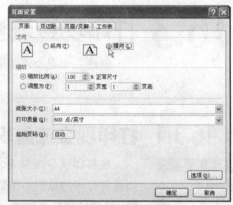

图 16-56　选择打印方向

6 **设置页边距。**单击"页边距"标签，切换至"页边距"选项卡下，设置上、下边距都为"0.5"，然后在"居中方式"选项组中勾选"水平"复选框，如图 16-57 所示。

7 **设置页眉/页脚。**单击"页眉/页脚"标签，切换至"页眉/页脚"选项卡下，单击"自定义页眉"按钮，如图 16-58 所示。

提示

在图 16-57 中之所以要将上、下页边距设置为那么小，是因为只有这样才能将现金流量表完整的打印在一个页面上。

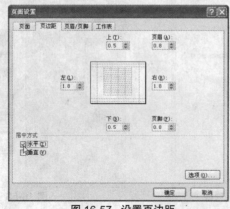

图 16-57　设置页边距

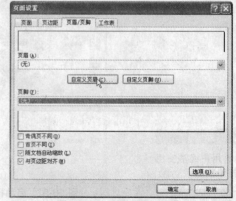

图 16-58　设置页眉 / 页脚

8 **自定义页眉。**弹出"页眉"对话框，在"左"侧文本框中输入"企业密文"，如图 16-59 所示。

提示

在图 16-59 将自定义页眉内容输入在整个页面的"左"侧，是为了防止由于上面页边距过高，遮挡页眉内容。

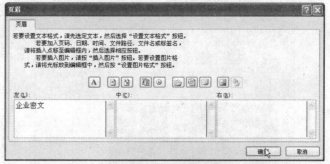

图 16-59　自定义页眉

9　**查看自定义页眉。**单击"确定"按钮，返回"页面设置"对话框中，在"页眉"列表框中此时显示出了自定义的页眉效果，如图16-60所示。

10　**经过页面设置后预览效果。**单击"确定"按钮，返回预览窗口中，此时可以看到现金流量表都打印在了一个页面上，预览效果如图16-61所示。

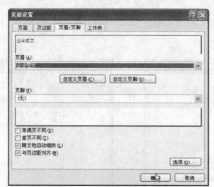

图 16-60　查看自定义页眉

图 16-61　经过页面设置后预览效果

11　**打印现金流量表。**如果用户觉得预览效果满意后可在预览窗口中直接单击"打印"按钮，如图16-62所示。

12　**设置打印份数。**弹出"打印内容"对话框，在"份数"选项组的"打印份数"文本框中输入"20"份，如图16-63所示。

图 16-62　打印现金流量表

图 16-63　设置打印份数

16.3.2　打印现金收支图表

现金流量表打印完毕后，表格中的数据使阅读者看起来非常头痛，形象的图表查看起来显得更加方便。下面以打印现金收支图表为例，为读者介绍如何打印图表。

提示

如果不选中图表，而是直接打印"现金流量定比表"，那么该工作表中的表格和所有图表都将打印出来。

1　**选中需要打印的图表。**打开第16章\最终文件\现金流量表3.xlsx工作簿，切换至"现金流量定比表"中，选中第三个图表"现金收支图"，然后在"页面布局"选项卡下单击"页面设置"组中的对话框启动器，如图16-64所示。

2　**选择打印质量。**弹出"页面设置"对话框，单击"图表"标签，切换至"图表"选项卡下，勾选"草稿品质"复选框，如图16-65所示。

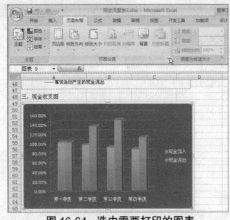

图 16-64　选中需要打印的图表

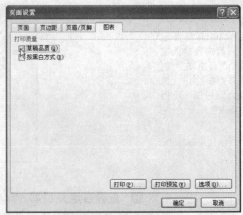

图 16-65　选择打印质量

3 **选择图表打印方向**。单击"选项"按钮，弹出如图16-66所示的对话框，首先切换至"布局"选项卡下，选择图表的打印方向为"横向"。

4 **选择图表打印颜色**。单击"纸张/质量"标签，切换至该选项卡下，单击"颜色"单选按钮，如图16-67所示。

提示

如果在图16-67中单击的是"黑白"单选按钮，那么在后面的预览效果中用户将看到打印效果为黑白图表形式。

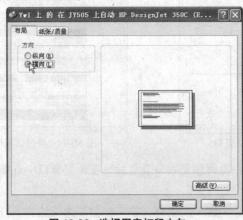

图 16-66　选择图表打印方向

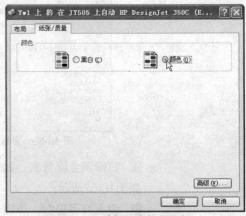

图 16-67　选择图表打印颜色

5 **启动打印预览**。单击"确定"按钮，返回"页面设置"对话框，单击"打印预览"按钮，如图16-68所示。

6 **图表预览效果**。打开预览窗口，此时需要打印的收支图表打印预览效果如图16-69所示。

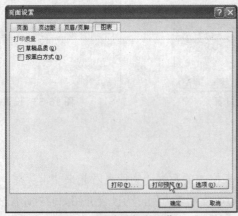

图 16-68　启动打印预览

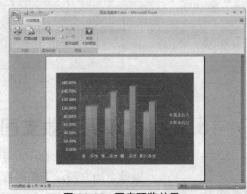

图 16-69　图表预览效果

7 **打印图表**。图表预览满意后，在预览窗口中直接单击"打印"按钮，弹出"打印内容"对话框，在该对话框中不做任何设置，保持默认设置，直接单击"确定"按钮即可打印图表，如图16-70所示。

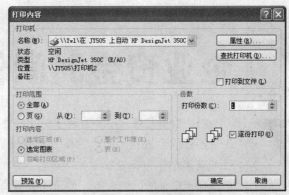

图 16-70　打印图表

相关行业知识	现金流量表的编制基础和分类

　　现金流量表是以现金及现金等价物为编制基础的，这里的现金是指企业库存现金，以及可以随时用于支付的存款及现金等价物，具体包括以下三类。

　　（1）库存现金

　　是指企业持有可随时用于支付的现金限额，即与会计核算中"库存现金"所包括的内容一致。

　　（2）银行存款

　　是指企业存在金融企业中随时可以用于支付的存款，即与会计核算中"银行存款"科目所包含的内容基本一致，区别在于：如果存在金融企业的款项中有不能随时用于支付的存款，如不能随时支取的定期存款，不作为现金流量表中的现金；但提前通知金融企业便可支取的定期存款，则包括在现金流量表中的现金范围。

　　（3）其他货币资金

　　是指企业存在金融企业有特定用途的资金，如外埠存款、银行汇票存款、银行本票存款、信用证保证金存款、信用卡存款等。

---

17 企业资金时间价值分析

时间价值是现代财务管理中的一个重要财务管理观念，贯穿于筹资、投资和生产经营的全过程。货币想要具有时间价值必须将货币有目的地进行投资，直接或间接地作为资金投入生产过程。本章将介绍企业货币时间价值分析，主要内容包括资金的时间价值、普通年金与先付年金以及利率与通货膨胀等内容。

17.1 资金的时间价值

资金的时间价值是指在社会生产和再生产的过程中，货币经过一定时间的投资和再投资后所增加的价值。时间价值对提高企业经济效益具有重要的意义，即是进行筹资决策、提高筹资效益和投资决策、评价投资效益、企业进行生产经营决策等的重要依据。本节将介绍存款单利终值计算、存款复利终值计算等内容。

17.1.1 存款单利终值计算

光盘路径

原始文件：
源文件\第17章\原始文件\存款单利终值计算.xlsx

最终文件：
源文件\第17章\最终文件\存款单利终值计算.xlsx

单利是计算利息的一种方法，是指在计算利息时，每一次都按照原先融资双方确认的本金计算利息，每次计算的利息并不转入下一次本金中。在使用单利计算利息时，只有本金在存/贷款期限中获得利息，不管时间多长，所生利息均不加入本金重复计算利息。

单利终值的计算，是指一定数额的资金经过一段时期后的价值，即资金在其运动终点的价值，在商业上称为本利和。

其计算公式为：$F=P+P \times i \times n=P \times (1+i \times n)$

其中（$1+i \times n$）为单利终值系数，F表示终值，P表示现值，i表示利率，n表示计息期数。

假设企业计划在一年后扩大公司规模，现将100万元人民币的企业扩展资金存入银行，本例将计算企业存入银行的资金在1年后会增值多少。下面将介绍存款单利终值计算的方法，具体操作步骤如下。

1 **打开工作簿。** 首先打开源文件\第17章\原始文件\存款单利终值计算.xlsx文件，并切换至"存款单利终值计算"工作表中，如图17-1所示。

2 **输入公式计算利息。** 首先选中B9单元格，并在其中输入计算公式"= B8*\$B\$3/12*MONTH(B7)"，如图17-2所示。

提示

MONTH()函数的语法规则为：MONTH(serial_number)，MONTH()函数的功能是计算日期所代表的相应的月份，即返回一个月份值，是一个1(一月)~12(十二月)之间的数字。

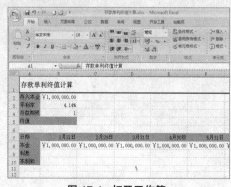

图 17-1　打开工作簿

图 17-2　输入公式计算利息

3 输入公式计算本利和。按下键盘中的Enter键之后，此时可以看到在B9单元格中显示了计算的结果。接着再选中B10单元格，并在其中输入公式"=B8+B9"，表示本利和等于本金加上该月的利息，如图17-3所示。

4 复制公式。按下键盘中的Enter键，此时可以看到本利和已经计算出来。选中B9：B10单元格区域，并将鼠标指针移至B10单元格的右下角，当指针变成十字形状时按住鼠标左键并向右拖动即可，如图17-4所示。

图 17-3 输入公式计算本利和

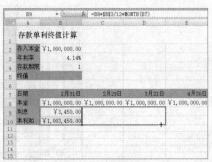

图 17-4 复制公式

5 显示复制公式后的效果。拖至M10单元格位置处时释放鼠标即可，此时可以看到已经将B9：B10单元格中的公式复制到了C9：M10单元格区域中，计算结果如图17-6所示。

6 使用函数计算终值。接着再选中B5单元格，并在其中输入计算终值的函数公式，在此输入"=FV (B3,B4,0,-B2)"，如图17-6所示。

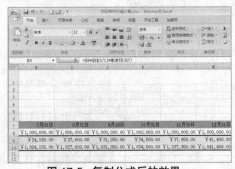

图 17-5 复制公式后的效果

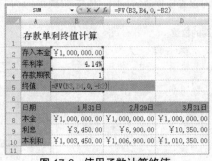

图 17-6 使用函数计算终值

7 显示计算的终值结果。输入公式之后再按下键盘中的Enter键，此时可以看到在目标单元格中已经显示了计算的终值结果。并且该数据等于步骤5中计算所得的12月31日的本利和数据，说明这两种方法计算的结果一致，如图17-7所示。

8 创建簇状柱形图表。用户还可以插入图表对数据进行分析，选中工作表中的A7：M10单元格区域，并单击"插入"标签切换至"插入"选项卡下，然后在"图表"组中单击"柱形图"按钮，并在展开的库中选择"簇状柱形图"选项，如图17-8所示。

图 17-7 显示计算终值的结果

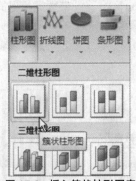

图 17-8 插入簇状柱形图表

9 打开"设置坐标轴格式"对话框。此时可以看到在工作表中显示了插入的图表，而图表横坐标轴中的日期已经发生变化，则还需要设置坐标轴的类型。在此右击图表横坐标轴，并在弹出的快捷菜单中单击"设置坐标轴格式"命令，如图17-9所示。

10 选择坐标轴类型。弹出"设置坐标轴格式"对话框，在"坐标轴选项"选项卡下的"坐标轴类型"组中选中"文本坐标轴"单选按钮，然后单击"关闭"按钮即可，如图17-10所示。

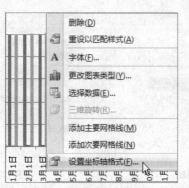

图 17-9 打开"设置坐标轴格式"对话框

图 17-10 选择坐标轴类型

11 插入图表标题。接着切换至"图表工具—布局"上下文选项卡下，并在"标签"组中单击"图表标题"按钮，然后在展开的下拉列表中选择"图表上方"选项，如图 17-11 所示。

提示

用户可以直接拖动鼠标调整图表中图表标题的位置。

12 输入并设置图表标题。首先在图表标题文本框中输入"本金、利息及本利和变化图表"文本，然后切换至"开始"选项卡下，设置其字体格式为"隶书"、"18"、"紫色"，效果如图17-12所示。

图 17-11 插入图表标题

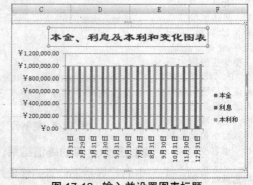

图 17-12 输入并设置图表标题

13 打开"更改图表类型"对话框。首先选中图表中的"利息"数据系列并右击鼠标，然后在弹出的快捷菜单中单击"更改系列图表类型"命令，如图17-13所示。

提示

用户可以更改整个图表的图表类型，也可以对图表中的某组数据系列进行图表类型的更改。

14 选择图表类型。弹出"更改图表类型"对话框，首先切换至"折线图"选项卡下，选择"带数据标记的折线图"选项，如图17-14所示。

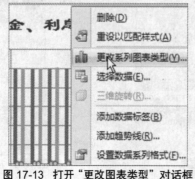

提示

用户可以根据需要设置图表中不同数据系列的图表类型，使图表显示更好的效果。

图 17-13 打开"更改图表类型"对话框

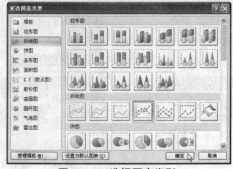

图 17-14 选择图表类型

⓯　**显示更改系列图表类型后的效果。** 单击"确定"按钮后返回工作表中，此时可以看到利息数据系列的类型已经更改，如图17-15所示。

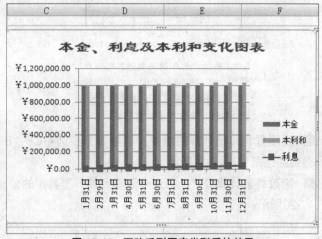

图 17-15　更改系列图表类型后的效果

⓰　**显示图表的最终效果。** 通过图表可以看出，采用单利的方式本金不发生变化，利息随着时间的推移等量增长。再对图表设置样式进行美化，最后效果如图17-16所示。

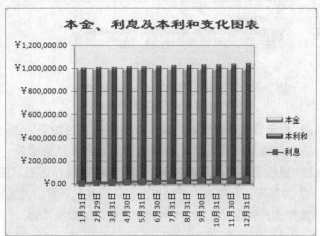

图 17-16　显示图表的最终效果

17.1.2　存款复利终值计算

🔊 提示

复利终值计算公式 $F=P×(1+i)^n$ 中 F 指终值即本利和，P 指现值即本金，i 指利率，n 指计算期数。

◎ 光盘路径

原始文件：
源文件 \ 第 17 章 \ 原始文件 \ 存款复利终值计算 .xlsx
最终文件：
源文件 \ 第 17 章 \ 最终文件 \ 存款复利终值计算 .xlsx

复利是指每一次计算出利息后，将利息重新加入本金，从而使下一次的利息在上一次的本利和的基础上进行。每次计算利息时，都要将计算的利息转入下次计算利息时的本金，重新计算利息。

复利终值是指一定量的本金按复利计算若干期后的本利和。

其计算公式为：$F=P×(1+i)^n$

下面将介绍存款复利终值计算的方法，具体操作步骤如下。

❶　**修改本金计算公式。** 首先打开源文件\第17章\原始文件\存款复利终值计算.xlsx文件并选中C8单元格，然后在其中输入使用复利方式计算本金的公式，在此输入"=B8+B9"，表示本金等于上月本金与利息的和，如图17-17所示。

❷　**修改利息计算公式。** 按下Enter键之后，此时可以看到第2月的本金已经发生变化。接着再选中B9单元格，并在其中输入公式"=B8*$B$3/12"，表示利息等于本金乘以利率再除以12，如图17-18所示。

图 17-17 修改本金计算公式　　　　　　图 17-18 修改利息计算公式

交叉参考

对贷款本金及利息
的计算，用户可参
见本章第 17.1.1 节。

3 **显示复利终值计算的结果。** 接着再分别选中 C8、B9 单元格并向右复制公式，复制公式后
得到的结果如图 17-19 所示。

4 **修改终值计算公式。** 再选中 B5 单元格并将其中的公式更改为"=B2*(1+B3/12)＾12"，如图
17-20 所示。

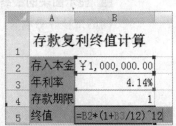

图 17-19 复制公式后的效果　　　　　　图 17-20 修改终值计算公式

提示

完成表格数据的计
算后，用户可以使
用图表来分析统计
的不同数据信息，通
过图形对比分析不
同金额数据的变化
情况。

5 **显示终值计算结果。** 输入正确的公式后按下 Enter 键，此时可以看到使用复利方式计算
的终值结果，其数据与 12 月 31 日的本利和结果相等，如图 17-21 所示。

6 **显示图表更新后的效果。** 经过前面的操作之后，图表也会自动更新，更新后的图表如图
17-22 所示。从图表中可以看出，采用复利计算的方式，与单利计算方式明显的区别是复利计
算方式下本金、利息、本利和均是变化的数据系列。

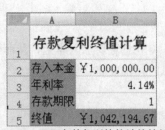

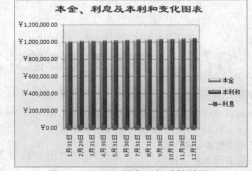

图 17-21 显示存款复利终值计算的结果　　　　图 17-22 显示图表更新后的效果

17.1.3 单利现值与复利现值计算

提示

单利现值的计算同
单利终值的计算是
互逆的，由终值计
算现值的过程称为
折现。

现值是指将来的一笔收付款相当于现在的价值。单利现值是指未来一定时间的待定资金
按单利计算的现在价值。复利现值是指未来一定时间的待定资金按复利计算的现在价值，或
者说是为了取得将来一定本利和现在所需要的本金。

下面将介绍单利现值与复利现值计算的方法，具体操作步骤如下。

光盘路径

原始文件：
源文件\第17章\原
始文件\单利现值与
复利现值计算.xlsx

最终文件：
源文件\第17章\最
终文件\单利现值与
复利现值计算.xlsx

1 **输入公式计算现值。** 首先打开源文件\第17章\原始文件\单利现值与复利现值计算.xlsx 文件，并在"单利现值计算"工作表中选中B5单元格，然后在其中输入公式"=B2*(1/(1+B3*B4))"，再按下Enter键即可，如图17-23所示。

2 **计算本金。** 接着再选中B8单元格，并在其中输入"=$B$5"，然后再按下Enter键，如图17-24所示。

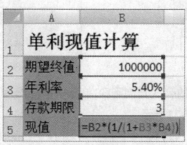

图 17-23 输入公式计算现值

图 17-24 输入公式计算本金

3 **计算利息。** 选中工作表中的B9单元格，并在其中输入计算利息的公式，比如在此输入"=B8*($B$3/12*B7)"，如图17-25所示。

4 **计算本利和。** 计算出利息之后，再选中B10单元格，并在其中输入"=B8+B9"，然后再按下Enter键，如图17-26所示。

图 17-25 计算利息

图 17-26 计算本利和

5 **复制公式。** 选中B8:B10单元格区域，将鼠标指针移至B10单元格的右下角，当指针变成十字形状时向右拖动至G10单元格位置处即可，计算完毕之后结果如图17-27所示。在第36个月月末的本利和正好与期望终值相等，说明步骤1中计算的值是正确的。

6 **计算现值。** 再切换至"复利现值计算"工作表中，选中B5单元格，然后在其中输入"B2*(1/(1+B3)^B4)"，再按下Enter键，如图17-28所示。

提示

复利现值是指未来一定时间的特定资金按复利计算的现在价值，或者说是为了取得将来一定本利和现在所需要的本金。

图 17-27 显示计算完毕后的效果

图 17-28 计算现值

7 **计算第1年本金。** 选中工作表中的B8单元格，在其中输入"=B5"，再按下Enter键，如图17-29所示。

8 **计算第2年本金。** 选中工作表中的C8单元格，并输入公式"=B8+B9"，表示第2年的本金等于上年的本金与利息之和，再按下Enter键，如图17-29所示。

2	期望终值	1000000
3	年利率	5.40%
4	存款期限	3
5	现值	¥854,039.91
6		
7	月份序列	第1年
8	本金	¥854,039.91
9	利息	=B8*$B$3

图 17-29　计算第 1 年本金

复利现值计算

2	期望终值	1000000	
3	年利率	5.40%	
4	存款期限	3	
5	现值	¥854,039.91	
6			
7	月份序列	第1年	第2年
8	本金	¥854,039.91	=B8+B9
9	利息		

图 17-30　计算第 2 年本金

提示

在计算贷款本金利息时，本利和指本金加利息所得的总金额。

9 计算利息。首先将C8单元格中的公式复制到D8单元格中，然后再选中B9单元格，并在其中输入公式"=B8*$B$3"，如图17-31所示。

10 计算本利和。在B10单元格中输入公式"=B8+B9"并按下Enter键，然后选中B9:B10单元格区域并向右复制公式，最后效果如图17-32所示。

2	期望终值	1000000
3	年利率	5.40%
4	存款期限	3
5	现值	¥854,039.91
6		
7	月份序列	第1年
8	本金	¥854,039.91
9	利息	=B8*$B$3

图 17-31　计算利息

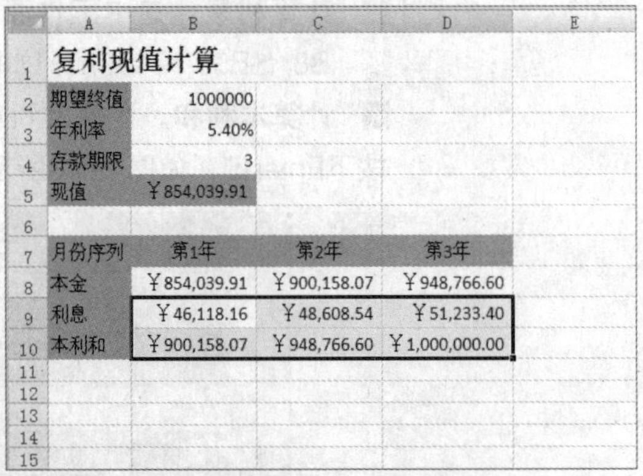

复利现值计算

	A	B	C	D	E
1	复利现值计算				
2	期望终值	1000000			
3	年利率	5.40%			
4	存款期限	3			
5	现值	¥854,039.91			
6					
7	月份序列	第1年	第2年	第3年	
8	本金	¥854,039.91	¥900,158.07	¥948,766.60	
9	利息	¥46,118.16	¥48,608.54	¥51,233.40	
10	本利和	¥900,158.07	¥948,766.60	¥1,000,000.00	
11					
12					
13					
14					
15					

图 17-32　计算本利和

相关行业知识　资金时间价值与利息率的区别

提示

资金时间价值相当于没有风险和没有通货膨胀情况下的社会平均利润率。资金时间价值是评估价值的最基本原则。

　　资金时间价值是指一定量资金在不同时点上价值量的差额。即使不存在通货膨胀，等量资金在不同时点上的价值也不一定相等，通俗地说就是钱值不值钱了，这充分体现了资金的使用具有时间价值的属性，它应该是在让渡资金使用权而发生的资金增值的现象。通常情况下，资金时间价值相当于没有风险和没有通货膨胀情况下的社会平均利润率。

　　由于资金时间价值的计算方法与有关利息的计算方法相同，因此资金时间价值与利息率容易被混为一谈。实际上，财务管理活动总是或多或少地存在风险，而通货膨胀也是市场经济中客观存在的经济现象。因此，利率不仅包含时间价值，也包含风险价值和通货膨胀因素。一般来说，只有在购买国库券等政府证券时才几乎没有风险，如果通货膨胀也很低的话，此时可以用政府债券利率表示资金时间价值。

　　利息率是国家对市场进行宏观调控的一种主要手段。利息率也叫利率，它是一定时期内利息额同本金的比率。

　　利息率的高低取决于两个因素：a.平均利润率的高低；b.资本市场上的供求关系即借贷资本的供求状况。

　　在现实经济生活中，影响利息率的因素还有：借贷风险的大小、借贷时间的长短、价格变动的预期、国家的货币金融政策以及宏观经济的走势等。基本原理就是逆势而行，比如：经济环境非常好，市场上有大量的投资行为，对资本的需求量很大，那么银行就升高利率。

17.2 普通年金与先付年金

在日常经济生活中，经济会遇到企业或个人在一段时期内定期支付或收取一定量货币的现象。收付与平常的一次性收、付款相比有两上明显的特点，一是定期收付，二是金额相等。在财务管理学中把这种定期等额收付款的形式叫做年金。每次收付款的时间都发生在期末，称为后付年金，或普通年金；如果发生在期初则为先付年金。

17.2.1 普通年金现值与终值计算

光盘路径

原始文件：
源文件\第17章\原始文件\普通年金现值与终值计算.xlsx
最终文件：
源文件\第17章\最终文件\普通年金现值与终值计算.xlsx

普通年金现值是指现金流量发生在每一期的期末，现值在发生第一笔现金流量那一时期的期末计算。普通年金终值是指一定时期内，每期期末等额收入或支出的本利和，也就是将每一期的金额按复利换算到最后一期期末的终值，然后加总就是该年金终值。

普通年金现值计算公式：$P=A\times\dfrac{1-(1+i)^n}{i}$

其中 $\dfrac{1-(1+i)^{-n}}{i}$ 为年金现值系数，记为（P/A，i，n）。

普通年金终值计算公式：$F=A\times\dfrac{(1+i)^{-n}-1}{i}$

其中 $\dfrac{(1+i)^{-n}-1}{i}$ 为年金终值系数，记为（F/A，i，n）。

下面将介绍普通年金现值与终值计算的方法，具体操作步骤如下。

提示

年金是指一定时期内每期相等金额的收付款项。在年金问题中，系列等额收付的间隔期只要满足相等的条件即可，因此，间隔期可以不是一年。

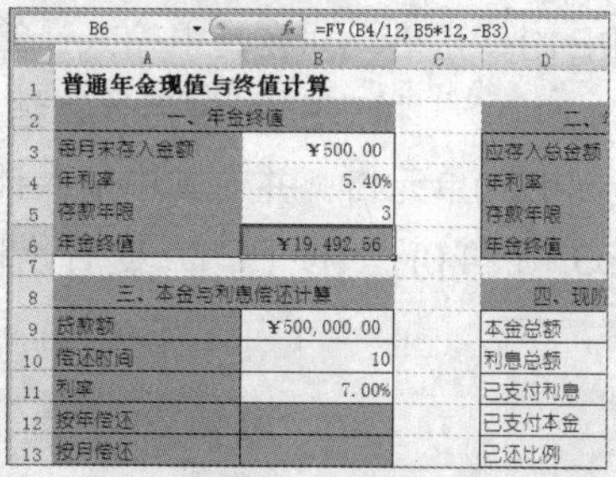

1 **计算普通年金终值。** 首先打开源文件\第17章\原始文件\普通年金现值与终值计算.xlsx文件，并在"普通年金计算"工作表中选中B6单元格，然后在其中输入公式"=FV(B4/12,明B5*12,-B3)"，按下Enter键之后计算结果如图17-33所示。

2 **计算普通年金现值。** 接着再选中E3单元格，并在其中输入公式"=PV(E4,E5,0,-E6,0)"，按下Enter键之后计算结果如图17-34所示。

提示

PV() 函数是返回投资的现值。其语法规则为：PV(rete,nper,pmt,fv, type)，其中参数 Rete 为各期利率；Nper 为总投资（或贷款）期，即该项投资（或贷款）的付款期总数；Pmt 为各期所应支付的金额，其数值在整个年金期间保持不变；FV 为未来值，或在最后一次支付后希望得到的现金余额，如省略FV，则假设其值为零（一笔贷款的未来值即为零）。

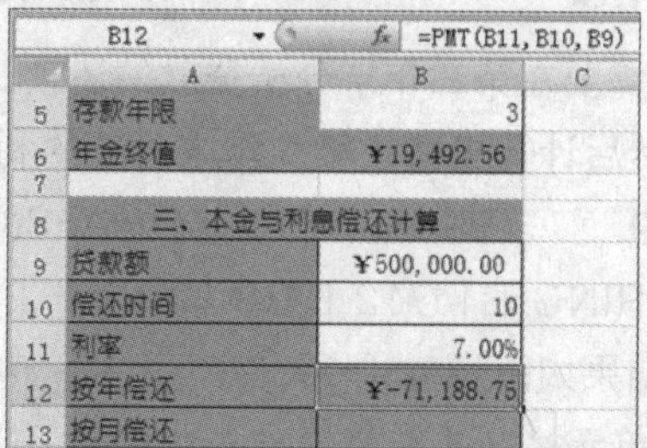

图 17-33 计算普通年金终值

图 17-34 计算普通年金现值

3 **计算按年偿还额。** 接着选中工作表中的B12单元格，并在其中输入公式"=PMT(B11,B10,B9)"，按下Enter键之后计算结果如图17-35所示。

4 **计算按月偿还额。** 再选中B13单元格，并在其中输入公式"=PMT(B11/12,B10*12,B9)"，按下Enter键之后计算结果如图17-36所示。

图 17-35 计算按年偿还额

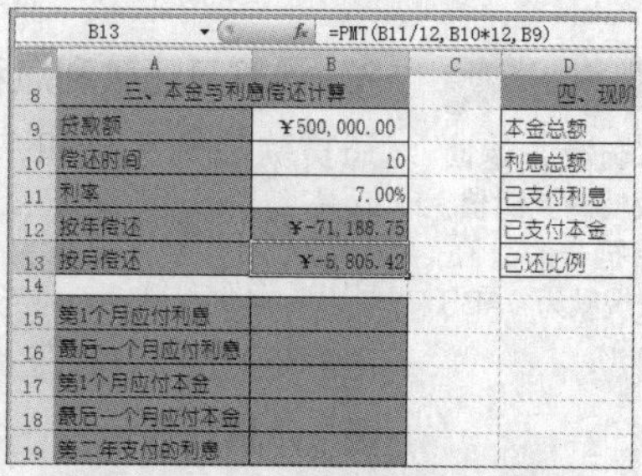

图 17-36 计算按月偿还额

提示

IPMT() 函数，是基于固定利率及等额分期付款方式，返回给定期数内对投资的利息偿还额。其语法规则为：IPMT (rate,per,nper,pv,fv,type)。

5 计算第1个月应付利息。选中工作表中的B15单元格，并在其中输入计算第1个月应付利息的公式 "=IPMT(B11/12,1,B10*12,B9)"，按下Enter键后计算结果如图17-37所示。

6 计算最后一个月应付利息。再选中B16单元格，并在其中输入计算最后一个月应付利息的公式 "=IPMT(B11/12,B10*12,B10*12,B9)"，按下Enter键后计算结果如图17-38所示。

图 17-37 计算第1个月应付利息　　　　图 17-38 计算最后一个月应付利息

提示

PPMT () 函数是基于固定利率及等额分期付款方式，返回贷款的每期付款额。其语法规则为：PMT(rete,nper,pv,fv,type)。

7 计算第1个月应付本金。选中B17单元格，并在其中输入计算第1个月应付本金的公式 "=PPMT(B11/12,1,B10*12,B9)"，按下Enter键后计算结果如图17-39所示。

8 计算最后一个月应付本金。再选中B18单元格，并在其中输入公式 "=PPMT(B11/12,B10*12,B10*12,B9)"，按下Enter键后计算结果如图17-40所示。

图 17-39 计算第1个月应付本金　　　　图 17-40 计算最后一个月应付本金

9 计算第二年支付的利息。再选中B19单元格，并在其中输入计算第二年支付的利息的公式 "=CUMIPMT(B11/12,B10*12,B9,13,24,0)"，按下Enter键后计算结果如图17-41所示。

10 计算第二年支付的本金。接着选中B20单元格，并在其中输入计算第二年支付的本金的公式 "=CUMPRINC(B11/12,B10*12,B9,13,24,0)"，按下Enter键后计算结果如图17-42所示。

图 17-41 计算第二年支付的利息　　　　图 17-42 计算第二年支付的本金

提示

ABS() 函数是返回给定数值的绝对值，即不带符号的数值。其语法规则为：ABS (number)。

11 计算已还款利息和本金。如果需要在第二年末分析贷款的还款比例，还需要首先计算出应还贷款的利息总和、本金之和，然后计算出截止第二年末已还的利息和本金。在E9:E12单元格区域中依次输入计算公式 "=B9"、"=B9*B11*B10"、"=ABS(CUMIPMT(B11/12,B10*12,B9,1,24,0))"、"=ABS(CUMPRINC(B11/12,B10*12,B9,1,24,0))"、"=(E11+E12)/(E9+E10)"，按下Enter键后计算结果如图17-43所示。

12 计算已还比例。接着选中E12单元格，并在其中输入计算已还比例的公式 "=(E11+E12)/(E9+E10)"，按下Enter键后计算结果如图17-44所示。

	¥500.00		应存入总金额	¥255,121.20
	5.40%		年利率	5.55%
	3		存款年限	3
	¥19,492.56		年金终值	¥300,000.00
慧偿还计算			四、现阶段已还比例	
	¥500,000.00		本金总额	¥500,000.00
	10		利息总额	¥350,000.00
	7.00%		已支付利息	¥65,143.91
	¥-71,188.75		已支付本金	¥74,186.27
	¥-5,805.42		已还比例	
	¥-2,916.67			

图 17-43 计算已还款利息和本金

fx =(E11+E12)/(E9+E10)

	¥500.00		应存入总金额	¥255,121.20
	5.40%		年利率	5.55%
	3		存款年限	3
	¥19,492.56		年金终值	¥300,000.00
慧偿还计算			四、现阶段已还比例	
	¥500,000.00		本金总额	¥500,000.00
	10		利息总额	¥350,000.00
	7.00%		已支付利息	¥65,143.91
	¥-71,188.75		已支付本金	¥74,186.27
	¥-5,805.42		已还比例	16.39%
	¥-2,916.67			

图 17-44 计算已还比例

17.2.2 先付年金现值与终值计算

先付年金现值是指现金流量发生在每一期的期初，现值在发生第一笔现金流量那一时期的期初计算。先付年金终值是指一定时期内，每期期初等额收入或支出的本利和，也就是将每一期的金额按复利换算到最后一期期初的终值，然后汇总就是先付年金终值。

先付年金现值公式：$F=A×(P/A, i, n)×(1+i)$

或$F=A×[(P/A, i, n-1)+1]$

先付年金终值公式：$F=A×(F/A, i, n)×(1+i)$

或$F=A×[(F/A, i, n+1)-1]$

下面将介绍先付年金现值与终值计算的方法，具体操作步骤如下。

1 计算年金终值。首先打开源文件\第17章\原始文件\先付年金现值与终值计算.xlsx 文件，并在"先付年金计算"工作表中选中B6单元格，然后在其中输入计算公式"=FV(B4/12,B5*12,-B3,1)"，计算出结果如图17-45所示。

2 计算年金现值。再选中E3单元格，并在其中输入计算公式"=PV(E4,E5,0,-E6,1)"，计算出结果如图17-46所示。

B6 fx =FV(B4/12,B5*12,-B3,1)

	A	B		C	D
1	先付年金现值与终值计算				
2		一、年金终值			二、
3	每月末存入金额	¥500.00		应存入总金额	
4	年利率	5.40%		年利率	
5	存款年限	3		存款年限	
6	年金终值	¥19,491.38		年金终值	
7					
8	三、本金与利息偿还计算			四、现阶	
9	贷款额	¥500,000.00		本金总额	
10	偿还时间	10		利息总额	
11	利率	7.00%		已支付利息	
12	按年偿还			已支付本金	

图 17-45 计算年金终值

fx =PV(E4,E5,0,-E6,1)

		B		C	D	E	F
	终值计算						
	终值			二、年金现值			
		¥500.00		应存入总金额		¥255,121.20	
		5.40%		年利率		5.55%	
		3		存款年限		3	
		¥19,491.38		年金终值		¥300,000.00	
	慧偿还计算			四、现阶段已还比例			
		¥500,000.00		本金总额			
		10		利息总额			
		7.00%		已支付利息			
				已支付本金			

图 17-46 计算年金现值

3 计算按年偿还额。接着再选中B12单元格，并在其中输入计算按年偿还额的公式"=PMT(B11,B10,B9,,1)"，计算出结果如图17-47所示。

4 计算按月偿还额。选中B13单元格，并在其中输入计算按月偿还额的公式"=PMT(B11/12,B10*12,B9,,1)"，计算出结果如图17-48所示。

B12 fx =PMT(B11,B10,B9,,1)

	A	B		C	D
7					
8	三、本金与利息偿还计算			四、现阶	
9	贷款额	¥500,000.00		本金总额	
10	偿还时间	10		利息总额	
11	利率	7.00%		已支付利息	
12	按年偿还	¥-66,531.54		已支付本金	
13	按月偿还			已还比例	
14					
15	第1个月应付利息				
16	最后一个月应付利息				
17	第1个月应付本金				
18	最后一个月应付本金				

图 17-47 计算按年偿还额

B13 fx =PMT(B11/12,B10*12,B9,,1)

	A	B		C	D
6		¥19,491.38			年金终值
7					
8	三、本金与利息偿还计算			四、现阶	
9	贷款额	¥500,000.00		本金总额	
10	偿还时间	10		利息总额	
11	利率	7.00%		已支付利息	
12	按年偿还	¥-66,531.54		已支付本金	
13	按月偿还	¥-5,771.76		已还比例	
14					
15	第1个月应付利息				
16	最后一个月应付利息				
17	第1个月应付本金				
18	最后一个月应付本金				

图 17-48 计算按月偿还额

5 计算第1个月应付利息。选中B15单元格，并在其中输入计算第1个月应付利息的公式“=IPMT(B11/12,1,B10*12,B9,,1)”，计算出结果如图17-49所示。

6 计算最后一个月应付利息。再选中B16单元格，并在其中输入计算最后一个月应付利息的公式“=IPMT(B11/12,B10*12,B10*12,B9,,1)”，计算出结果如图17-50所示。

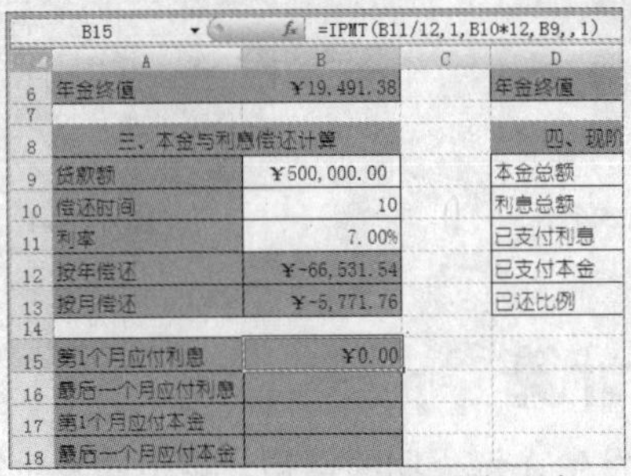

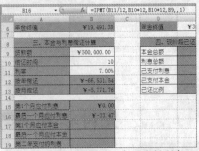

图 17-49 计算第 1 个月应付利息

图 17-50 计算最后一个月应付利息

> **提示**
> PPMT()函数，是基于固定利率及等额分期付款方式，返回投资在某一给定期间内的本金偿还额。其语法规则为：PPMT(rate,per,nper,pv,fv,type)。

7 计算第1个月应付本金。然后选中B17单元格，并在其中输入计算第1个月应付本金的公式“=PPMT(B11/12,1,B10*12,B9,,1)”，计算出结果如图17-51所示。

8 计算最后一个月应付本金。选中工作表中的B18单元格，并在其中输入计算最后一个月应付本金的公式“=PPMT(B11/12,B10*12,B10*12,B9,,1)”，计算出结果如图17-52所示。

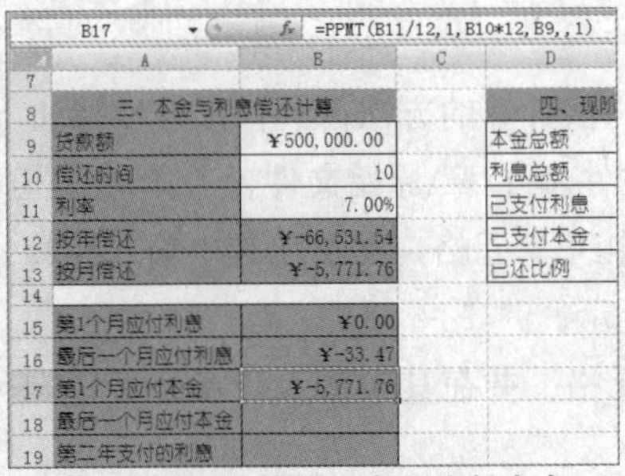

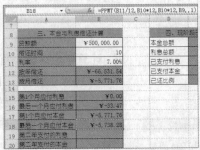

图 17-51 计算第 1 个月应付本金

图 17-52 计算最后一个月应付本金

> **提示**
> 用户可以使用不同的公式计算在不同利率下不同时期内的应付金额及利息。

9 计算第二年支付利息。在B19单元格中输入“=CUMIPMT(B11/12,B10*12,B9,13,24,1)”计算公式，计算出结果如图17-53所示。

10 计算第二年支付的本金。接着选中B20单元格，并在其中输入计算第二年支付的本金的计算公式“=CUMPRINC(B11/12,B10*12,B9,13,24,1)”，计算出结果如图17-54所示。

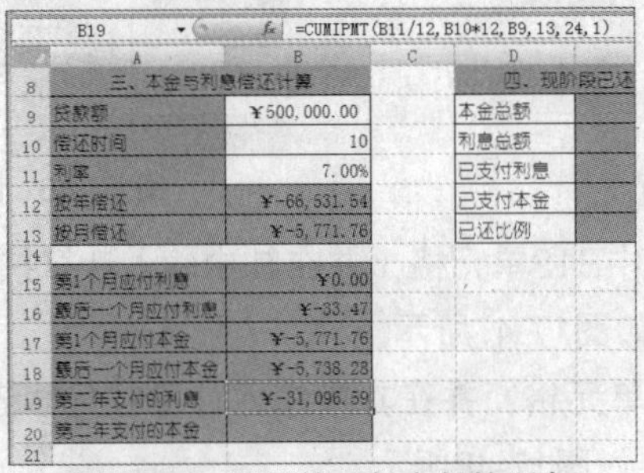

图 17-53 计算第二年支付的利息

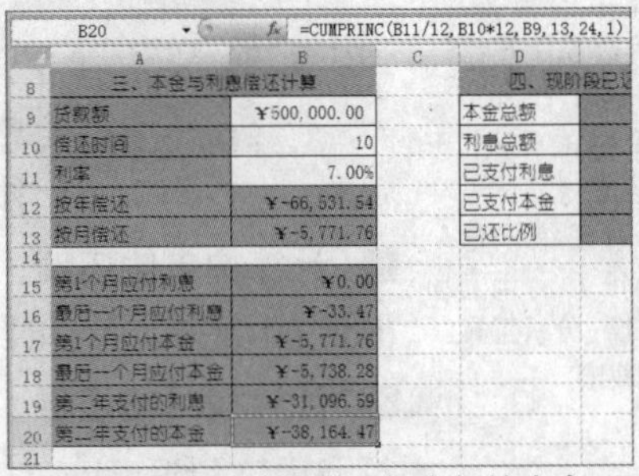

图 17-54 计算第二年支付的本金

11 计算已还款利息和本金。接下来计算已还款利息和本金的金额，在E9:E12单元格中分别输入公式“=B9”、“=B9*B11*B10”、“=ABS(CUMIPMT(B11/12,B10*12,B9,1,24,1))”、“=ABS(CUMPRINC(B11/12,B10*12,B9,1,24,1))”，计算出结果如图17-55所示。

12 计算已还比例。接着在E13单元格中输入“=(E11+E12)/(E9+E10)”计算公式，计算出结果如图17-56所示。经过前面的计算之后，可以看到截止到第二年年底时，先付年金所支付的本金总额大于普通年金，先付年金支付的利息总额小于普通年金，而从整个本利和的还款比例来看，普通年金的还款比例略高于先付年金。

| 图 17-55　计算已还款利息和本金 | 图 17-56　计算已还比例 |

17.2.3 使用图表比较分析支付金额

光盘路径

原始文件：
源文件\第17章\使用图表比较分析支付金额.xlsx

最终文件：
源文件\第17章\使用图表比较分析支付金额.xlsx

在实际工作中，个人或者企业应选择普通年金还是先付年金，在考虑企业实际经济情况与企业支付能力的前提下，应对普通年金与先付年金在各年的支付情况进行对比，选择最节约、最适合企业的年金。下面将使用图表比较分析支付金额，以便用户选择最佳的支付方式，具体操作步骤如下。

1 计算普通年金第1年支付利息额。首先打开源文件\第17章\原始文件\使用图表比较分析支付金额.xlsx文件，并选中工作表中的C10单元格，然后在其中输入"=-CUMIPMT($B$4,$B$5,$B$3,C9,C9,0)"公式，计算出结果如图17-57所示。

2 计算普通年金5年利息之和。首先将C10单元格中的公式向右复制到G10单元格位置处，在H10单元格中输入"=SUM(C10:G10)"公式，计算出结果如图17-58所示。

图 17-57　计算普通年金第1年支付利息额

图 17-58　计算普通年金5年利息之和

提示

此处在公式前面输入负号，是因为公式的计算结果为负数，为了方便后面作图，因此需要将公式结果转为正数。

3 计算先付年金各年支付利息额。首先在C11单元格中输入计算先付年金各年支付利息额的公式"=-CUMIPMT($B$4,$B$5,$B$3,C9,C9,1)"，然后再向右复制公式，并计算出支付利息合计总额，最后计算出结果如图17-59所示。

4 计算普通年金各年支付本金额。接着选中C15单元格，并在其中输入计算普通年金各年支付本金额的公式"=-CUMPRINC($B$4,$B$5,$B$3,$C$14,C14,0)"，然后再向右复制公式并计算出普通年金支付本金总额，最后效果如图17-60所示。

提示

在计算普通年金及先付年金利息总额时，需要将不同年份的计算金额进行相加。

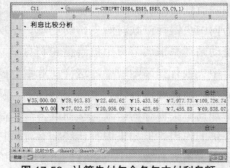

图 17-59　计算先付年金各年支付利息额

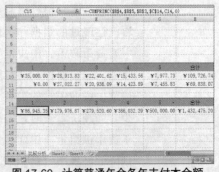

图 17-60　计算普通年金各年支付本金额

5 **计算先付年金各年支付本金额**。再选中C16单元格，并在其中输入计算先付年金各年支付本金额的公式"=-CUMPRINC($B$4,$B$5,$B$3,C14,C14,1)"，然后再向右复制公式并计算出先付年金支付本金总额即可，最后效果如图17-61所示。

6 **计算普通和先付年金实际需要支付的本息总额**。然后分别在单元格B6、B7中输入公式"=H10+H17"、"=H11+H16"，计算出结果后效果如图17-62所示。经过前面的操作之后，可以看出普通年金需实际支付的本息和比先付年金支付的数额更多一些，因此选择先付年金更节约一些。

图 17-61　计算先付年金各年支付本金额

图 17-62　计算实际需要支付的本息总额

> **提示**
>
> 关于图表创建的具体操作与设置方法可参见本书第5章第5.1.1节。

7 **创建利息比较图表**。首先选中工作表中的B10：G11单元格区域，并插入簇状柱形图，然后再添加图表标题"普通与先付年金利息支出比较"，如图17-63所示。由图表可以看出，普通年金和先付年金的利息数额均随时间的推移逐渐减少，并且先付年金第一年的利息数额为0，而以后各年的先付年金应付利息数额均小于普通年金应付利息数额。

8 **创建本金比较图表**。接着再选中工作表中的B17：G16单元格区域并插入簇状柱形图，然后再添加图表标题"普通与先付年金本金支出比较"，如图17-64所示。由图表可以看出，普通年金的数额随时间的推移逐渐增长，而先付年金第一年内支付数额较多，以后各年均小于普通年金。但从趋势上看，也是呈逐渐增长趋势。

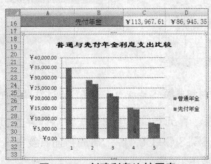

图 17-63　创建利息比较图表

图 17-64　创建本金比较图表

相关行业知识　贴现率和期数的推算

贴现率是指将未来支付改变为现值所使用的利率，或指持票人以没有到期的票据向银行要求兑现，银行将利息先行扣除所使用的利率，这种贴现率也指再贴现率，即各成员银行将已贴现过的票据作担保，作为向中央银行借款时所支付的利息。贴现率政策是西方国家的主要货币政策。中央银行通过变动贴现率来调节货币供给量和利息率，从而促使经济扩张或收缩。当需要控制通货膨胀时，中央银行提高贴现率，这样商业银行就会减少向中央银行的借款，商业银行的准备金就会减少，而商业银行的利息将得到提高，从而导致货币供给量减少。当经济萧条时，银行就会增加向中央银行的借款，从而准备金提高，利息率下降，扩大了货币供给量，由此起到稳定经济的作用。但如果银行已经拥有可供贷款的充足的储备金，则降低贴现率对刺激放款和投资也许不太有效。中央银行的再贴现率确定了商业银行贷款利息的下限。

存款期数就是指当用户存满一个存期，如果用户到期后不取，银行会帮用户自动转存，在存满第二个存期时取出，用户的存款期数就为两个存期。

17.3 通货膨胀

通货膨胀是指一个时期的物价普遍上涨，货币购买力下降，相同数量的货币只能购买较少的商品。货币购买力的上升或下降要通过物价指数计量。物价指数是反映不同时期商品价格变动的动态相对数。

通货膨胀对企业财务活动的影响主要表现在：一、对财务信息资料的影响。通货膨胀将导致物价变动，导致资产负债表所反映的资产价值低估，不能反映企业的真实财务状况。二、对企业成本的影响。通货膨胀使利率上升，企业使用资金的成本提高。

17.3.1 可变利率下的未来值

光盘路径

原始文件：
源文件\第17章\原始文件\可变利率的未来值.xslx
最终文件：
源文件\第17章\最终文件\可变利率的未来值.xslx

在计算未来值时，都是假定在固定利率下进行的。而在实际中，利率并不是固定不变的，它会随市场经济的宏观调控而发生变化，那么当利率可变时，应按不同利率计算未来值，下面为用户介绍如何计算在利率变化的情况下，存款的未来值。

假设企业存入资金100000元，以月为单位计算，等量利率在一年中变化了三次，计算一年后存款的总额。

1 **创建表格。** 打开源文件\第17章\原始文件\可变利率的未来值.xslx，查看输入的年利率数据信息，如图17-65所示。

2 **计算月利率。** 在C3单元格中输入公式＝B3/12，并向下复制公式计算不同月份的利率，如图17-66所示；

图 17-65　查看表格

图 17-66　计算月利率

3 **计算利息。** 在E3单元格中输入公式＝C3*D3，计算第一个月的利息，如图17-67所示。

4 **计算本金。** 由于是计算复利本金，因此在D4单元格中输入公式＝D3+E3，并向下拖动鼠标复制公式，计算不同月份的本金，如图17-68所示。

图 17-67　计算利息

图 17-68　计算本金

5 计算利息。将E3单元格公式向下复制，计算不同月份的利息额，此时可以看到本金额也相应地进行自动调整，计算出不同月份下的本金额，如图17-69所示。

6 计算利息合计。在E15单元格中输入公式=SUM(E3:E14)，计算利息合计值，如图17-70所示。

提示

FVSCHEDULE() 函数用于计算某项投资在变动或可调利率下的未来值。其利息计算方法为复利。函数语法结构FVSCHEDULE(principal, schedule)，参数 principal 指定现值，参数 schedule 指定利率数组。

年利率	月利率	本金	利息
3.70%	0.308%	100000.00	308.33
3.70%	0.308%	100308.33	309.28
3.70%	0.308%	100617.62	310.24
3.70%	0.308%	100927.86	311.19
3.56%	0.297%	101239.05	300.34
3.56%	0.297%	101539.39	301.23
3.56%	0.297%	101840.63	302.13
3.56%	0.297%	102142.75	303.02
3.61%	0.301%	102445.78	308.19
3.61%	0.301%	102753.97	309.12
3.61%	0.301%	103063.09	310.05
3.65%	0.304%	103373.13	314.43

图 17-69　计算利息

=SUM(E3:E14)

存款本金及利息变化分析

	年利率	月利率	本金	利息
1	3.70%	0.308%	100000.00	308.33
2	3.70%	0.308%	100308.33	309.28
3	3.70%	0.308%	100617.62	310.24
4	3.70%	0.308%	100927.86	311.19
5	3.56%	0.297%	101239.05	300.34
6	3.56%	0.297%	101539.39	301.23
7	3.56%	0.297%	101840.63	302.13
8	3.56%	0.297%	102142.75	303.02
9	3.61%	0.301%	102445.78	308.19
10	3.61%	0.301%	102753.97	309.12
11	3.61%	0.301%	103063.09	310.05
12	3.65%	0.304%	103373.13	314.43
			利息合计	3687.56

图 17-70　计算利息合计

7 计算总存款额。在表格中制作计算可变利率下未来值相关项目内容，并在B18单元格中输入公式=B17+E15，如图17-71所示。

8 使用函数计算。在B19单元格中输入公式=FVSCHEDULE(B17,C3:C14)，并查看计算结果，此时可以看到两种方法下的计算结果是相同的，如图17-72所示。

提示

当用户使用FVSCHEDULE()计算总存款额时，其计算结果与使用手动编辑的公式计算结果是相同的，用户可以根据需要选择习惯的计算方法。

=B17+E15

			利息合计	3687.56
	计算可变利率下的未来值			
存入资金	100000			
1年后总存款额	103687.56			
1年后总存款额（函数）				

图 17-71　计算总存款额

=FVSCHEDULE(B17,C3:C14)

	计算可变利率下的未来值		
存入资金	100000		
1年后总存款额	103687.56		
1年后总存款额（函数）	103687.56		

图 17-72　使用函数计算

17.3.2 通货膨胀与时间价值

通货膨胀与资金时间价值都随着时间的推移而显示出各自对货币的影响，其中资金时间价值随着时间的推移使货币增值，一般用利率按复利形式进行计量；通货膨胀则随着时间的推移使货币贬值，一般用物价指数的增长百分比来计量。

在通货膨胀情况下，没有剔除通货膨胀因素计算出来的投资项目的报酬率是名义上的报酬率。名义投资报酬率包含通货膨胀率和实际投资报酬率两个部分，它们之间的关系如下：

$(1+i) = (1+f) \times (1+r)$

其中i为名义投资报酬率；f为通货膨胀率；r为实际投资报酬率。

用户也可以将i理解为包含通货膨胀率的贴现率，f仍为通货膨胀率，r为剔除通货膨胀的投资报酬率和反映资金时间真实价值的贴现率。

提示

通货膨胀对财务活动的影响主要表现在：1. 对财务信息资料的影响；2. 对企业成本的影响。

在通货膨胀情况下就有下面的等式：$\frac{1}{(1+i)^n} = \frac{1}{(1+f)^n} \times \frac{1}{(1+r)^n}$

即 $(1+i) = (1+f) \times (1+r)$，当f=0时，i=r，说明当通货膨胀率为零时，名义投资报酬率就等于实际投资报酬率，或等于只反映资金时间价值的贴现率。

价值评估是确定一项资产内在价值的过程。任何资产都可以为其持有人带来现金流。比如债券可以为其持有人带来利息和收回的本金。目标资产在未来有效期内产生的预期现金流的现值，就是该目标资产的价值或内在价值。确定资产的内在价值，就是对资产进行价值评估。

相关行业知识 | 债券价值的评估

　　债券作为一种投资，现金流出是其购买价格，现金流入是利息和归还的本金，或出售时得到的现金。债券未来现金流入的现值，称为债券的价值或内在价值。债券的价值只有大于其购买价格时，才值得购买。

　　分期付息到期还本债券价值的计算模型，即按复利方式计算的公式为：

　　债券价值=每年利息×年金现值系数×到期本金×复利现值系数

　　一次还本付息债券价值的计算模型，即按单利方式计算的公式为：

　　债券价值=债券本利和×单利现值系数

　　债券价值与必要报酬率有密切的关系，债券定价的基本原则是：必要报酬率等于债券利率时，债券价值就是其面值；如果必要报酬率高于债券利率时，债券的价值就低于面值；如果必要报酬率低于债券利率，债券的价值就高于面值。对于所有类型的债券估价，都必须遵循这一原理。

　　债券价值不仅受必要报酬率的影响，而且受到债券到期时间的影响。在必要报酬率一直保持不变的情况下，不管它高于或低于票面利率，债券价值随到期时间的缩短逐渐向债券面值靠近，直到到期日债券价值等于债券面值。

企业项目投资管理

18

项目投资是一种以特定项目为对象，直接与新建项目或更新改造项目有关的长期投资行为。从性质上看，它是企业直接的、生产性的对内实物投资，通常包括固定资产投资、无形资产投资、开办费投资和流动资金投资等内容。项目投资具有投资金额大、影响时间长、变现能力差、投资风险大等特点。

18.1 投资项目财务评估

企业经营的目的之一是在合法的情况下获取尽可能多的经济利润，也就是说企业使用有限的资金来赢取最大的利润，因此企业在进行商业投资之前必须对此投资进行全面的评估分析，评估分析中重要的部分便是财务的评估分析。

对项目投资的评价，通常使用两类指标：第一类是非贴现指标，即没有考虑货币时间价值因素的指标，主要包括投资回收期、会计收益率等；另一类是贴现值指标，即考虑了货币时间价值因素的指标，主要包括净现值、净现值率、现值指数、内含报酬率等。

18.1.1 净现值法评估

所谓净现值，是指特定投资方案未来现金流入的现值与未来现金流出的现值之间的差额，记作NPV。

净现值的基本计算公式为：$\text{NPV} = \sum_{t=0}^{n} \frac{I_t}{(1+i)^t} - \sum_{t=0}^{n} \frac{O_t}{(1+i)^t}$

公式中，n为投资涉及的年限，I_t为第t年的现金流入量，O_t为第t年的现金流出量，i为预定的贴现率。

其中贴现率可直接影响项目评价的结论，一般有以下几种方法用来确定项目的贴现率：（1）以投资项目的资金成本作为贴现率；（2）以投资的机会成本作为贴现率；（3）根据不同阶段采用不同贴现率；（4）以行业平均收益率作为项目贴现率。

使用净现值评估法评估计算结果时，其原则是：如果投资方案的净现值大于或等于零，该方案为可行方案；如果投资方案的净现值小于零，那么该方案为不可行方案；如果几个方案的投资额相同，且净现值均大于零，那么净现值最大的方案为最优方案。

例如：某企业计划投资某项工程，有A和B两种方案可供选择。已知企业计划投资期初资金为300万，预计贴现率为7%，该投资年运行费用为1.5万元，预计期末残值为1.8万元，投资回收期为6年，首先分析贴现率的可行性，再根据不同的方案进行综合比较，选择一个最优方案。

1 创建表格。 新建一个工作表，在表格中输入投资方案净现值分析表格；假定贴现率为7%，计算投资的净现值，如图18-1所示。

2 插入函数。 选中需要输入公式的B8单元格，在"公式"选项卡下单击"财务"按钮，在展开的列表中单击"PV"选项，如图18-2所示。

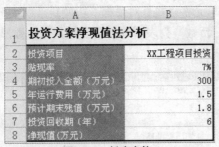

图 18-1　创建表格

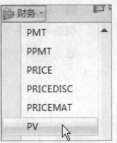

图 18-2　插入函数

3 **设置函数参数**。打开"函数参数"对话框，分别设置PV函数的参数内容，再单击"确定"按钮，如图18-3所示。

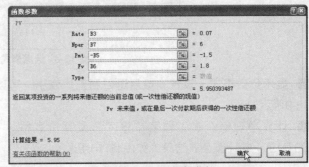

图 18-3　设置函数参数

4 **编辑公式**。返回到工作表中，在公式编辑栏中完成公式的编辑，输入"=PV(B3,B7，−B5,B6)−B6"，如图18-4所示。

5 **查看计算结果**。在B8单元格显示计算结果净现值为4.15，如图18-5所示。由于计算结果大于0，因此假设的贴现率是可行的，用户可以使用该贴现率分析两种方案的可行性。

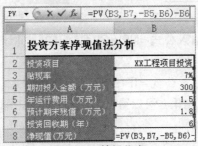

图 18-4　编辑公式

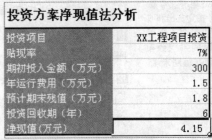

图 18-5　查看计算结果

6 **创建表格**。切换到Sheet2工作表，在表格中输入不同方案在不同年度的现金流量数据，并选中B5:C12单元格区域，如图18-6所示。

7 **设置数字格式**。切换到"开始"选项卡下，在"数字"组中单击对话框启动器按钮，如图18-7所示。

年份	A方案	B方案
	投资方案现金流量表	
	单位:	元
	贴现率:	7%
0	−3,000,000	−3,000,000
1	980,000	600,000
2	1,200,000	1,000,000
3	1,600,000	2,000,000
4	2,000,000	2,200,000
5	2,500,000	2,400,000
6	2,800,000	2,600,000
7	−26,000	−56,000

图 18-6　创建表格

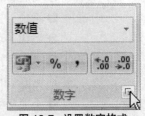

图 18-7　设置数字格式

⑧ **设置负数格式。**打开"设置单元格格式"对话框，切换到"数字"选项卡下，在"分类"列表中单击"数值"选项，在"负数"列表中选择需要应用的负数形式，再单击"确定"按钮，如图18-8所示。

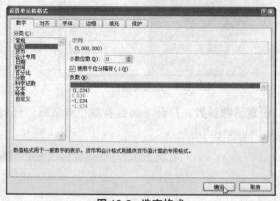

图18-8 选定格式

⑨ **显示负数格式。**设置完成后返回到工作表中，可以看到负数显示指定的格式效果，如图18-9所示。

> **提示**
>
> NPV（）函数用于通过使用贴现率以及一系列未来支出（负值）和收入（正值），返回一项投资的净现值。其语法结果为NPV（rate,value1, value2…），其中参数rate指定整个阶段的贴现率。参数value指定支出和收入的1到254个参数，时间平均分布并出现在每期末尾。

⑩ **计算净现值。**在工作表中输入方案评价表格，在B16单元格中输入公式=NPV(C3,B5:B12)，并计算公式结果，如图18-10所示。

年份	A方案	B方案
0	(3,000,000)	(3,000,000)
1	980,000	600,000
2	1,200,000	1,000,000
3	1,600,000	2,000,000
4	2,000,000	2,200,000
5	2,500,000	2,400,000
6	2,800,000	2,600,000
7	(26,000)	(56,000)

图18-9 显示负数格式

B16 ▾ =NPV(C3,B5:B12)

	A	B	C
10	5	2,500,000	2,400,000
11	6	2,800,000	2,600,000
12	7	(26,000)	(56,000)
13			
14	**方案评价**		
15	方案	净现值	评价结果
16	A方案	5,072,816.39	
17	B方案		

图18-10 计算净现值

⑪ **计算净现值。**在B17单元格中输入公式=NPV(C3,C5:C12)，并计算公式结果，如图18-11所示。

⑫ **评价方案。**在C16单元格中输入公式=IF(B16>B17,"优","")，C17单元格中输入公式=IF(B16<B17,"优","")，并计算公式结果，可以得出A方案更优，如图18-12所示，企业应选择A方案进行投资。

B17 ▾ =NPV(C3,C5:C12)

	A	B	C
10	5	2,500,000	2,400,000
11	6	2,800,000	2,600,000
12	7	(26,000)	(56,000)
13			
14	**方案评价**		
15	方案	净现值	评价结果
16	A方案	5,072,816.39	
17	B方案	4,816,760.97	

图18-11 计算净现值

C16 ▾ =IF(B16>B17,"优","")

	A	B	C
10	5	2,500,000	2,400,000
11	6	2,800,000	2,600,000
12	7	(26,000)	(56,000)
13			
14	**方案评价**		
15	方案	净现值	评价结果
16	A方案	5,072,816.39	优
17	B方案	4,816,760.97	

图18-12 分析评价结果

> **提示**
>
> 计算不同方案的净现值后，可使用IF（）函数来判断满足条件的数据结果。

相关行业知识 | **净现值法优缺点**

净现值法的优点：

❶ 考虑了资金的时间价值，增强了投资经济性的评价；

❷ 考虑了项目计算期的全部净现金流量，体现了流动性与收益性的统一；

❸ 考虑了投资的风险性，因为贴现率的大小与风险大小有关，风险越大，贴现率就越高。

净现值法的缺点：

❶ 不能从动态的角度直接反映投资项目的实际收益水平，当各项目投资额不等时，仅用净

现值无法确定投资方案的优劣；

❷ 净现金流量的制定和贴现率的确定比较困难，而它们的正确性对计算净现值有着重要影响；

❸ 净现值计算麻烦，且较难理解和掌握。

18.1.2 内含报酬率法评估

提示

内含报酬率也称内部收益率，即通常所说的IRR。内部收益率法是根据估计的收益率分别计算现金流入与流出两项现值，并用现金流入现值减去现金流出现值，如果差额为正，则收益率过低，应调高，反之为负，则内部收益率过高，应调低后再进行测算。

所谓内含报酬率法，是指能够使未来现金流入量现值等于未来现金流出量现值的贴现率，或者说是使投资方案净现值为零的贴现率。

其计算公式为：$0 = \sum_{t=0}^{n} \frac{I_t}{(1+IRR)^t} - \sum_{t=0}^{n} \frac{O_t}{(1+IRR)^t}$

内含报酬率的计算，通常采用逐步测试法。首先估计一个贴现率，用来计算方案的净现值，如果净现值为正数，说明方案本身的报酬率超过估计的贴现率，应提高贴现率后进一步测试，如果净现值为负数，说明方案本身的报酬率低于估计的贴现率，应降低贴现率后进一步测试。经过多次测试，寻找出使净现值接近于零的贴现值，即为方案本身的内含报酬率。

采用内含报酬率指标的决策标准是：将所测算的各方案的内含报酬率与其资金成本对比，如果方案的内含报酬率大于其资金成本，该方案为可行方案；如果投资方案的内含报酬率小于资金成本，则为不可行方案。如果几个投资方案的内含报酬率都大于其资金成本，且各方案的投资额相同，那么内含报酬率与资金成本之间差异最大的方案最好；如果几个方案的内含报酬率均大于其资金成本，但各方案的原始投资额不等，其决策标准应是"投资额×（内含报酬率−资金成本）"值最大的方案为最优方案。

以上一节中的投资方案为例，使用内含报酬率法对不同方案进行评价与分析，使用IRR函数计算内部收益率，再进行比较从而得出最优方案。

光盘路径

原始文件：
源文件\第18章\原始文件\内部收益率法.xlsx

最终文件：
源文件\第18章\最终文件\内部收益率法.xlsx

1 查看数据。 打开源文件\第18章\原始文件\内部收益率法.xlsx，查看输入的投资方案现金流量表相关数据信息，如图18-13所示。

2 创建方案评价模型。 在现金流量表下方，制作方案评价表格，如图18-14所示。

图 18-13 查看表格数据　　图 18-14 创建方案评价表

3 制作内部收益率分析表。 在工作表中编辑使用IRR函数分析表格内容，如图18-15所示。

图 18-15 制作函数分析表格

4 **计算净现金流量**。在B14单元格中输入公式=NPV($A14,B$5:B$11)，并向右拖动鼠标复制公式，如图18-16所示。

5 **复制公式**。向下拖动鼠标复制公式，计算不同贴现率下不同方案的现金净流量，如图18-17所示。

B14 ▼		*fx*	=NPV($A14,B$5:B$11)
	A	B	C
13	贴现率	A方案	B方案
14	20%	1,380,818.29	1,199,113.37
15	30%		
16	35%		
17	38%		
18	39%		
19	40%		
20	41%		
21	42%		
22	43%		
23	内部收益率		

图18-16 计算净现金流量

▼		*fx*	=NPV($A14,B$5:B$11)
	A	B	C
	贴现率	A方案	B方案
	20%	1,380,818.29	1,199,113.37
	30%	493,201.20	325,016.61
	35%	190,332.37	28,859.10
	38%	40,741.15	-116,750.08
	39%	-4,562.25	-160,735.94
	40%	-47,774.98	-202,636.66
	41%	-89,001.08	-242,556.59
	42%	-128,338.71	-280,594.25
	43%	-165,880.56	-316,842.61
	内部收益率		

图18-17 复制公式

6 **计算内部收益率**。在B23单元格中输入公式=$A21+B21*($A22-$A21)/(B21-B22)，并向右复制公式，计算B方案内部收益率，如图18-18所示。

7 **评价方案**。在D14单元格中输入公式=IF(B23>C23,"A方案更优","B方案更优")，评价方案的优劣性，并得出评价结果，如图18-19所示。

fx	=$A21+B21*($A22-$A21)/(B21-B22)		
A	B	C	D
贴现率	A方案	B方案	评价
20%	1,380,818.29	1,199,113.37	
30%	493,201.20	325,016.61	
35%	190,332.37	28,859.10	
38%	40,741.15	-116,750.08	
39%	-4,562.25	-160,735.94	
40%	-47,774.98	-202,636.66	
41%	-89,001.08	-242,556.59	
42%	-128,338.71	-280,594.25	
43%	-165,880.56	-316,842.61	
内部收益率	38.58%	34.26%	

图18-18 计算内部收益率

fx	=IF(B23>C23,"A方案更优","B方案更优")		
A	B	C	D
	方案评价		
贴现率	A方案	B方案	评价
20%	1,380,818.29	1,199,113.37	
30%	493,201.20	325,016.61	
35%	190,332.37	28,859.10	
38%	40,741.15	-116,750.08	A方案更优
39%	-4,562.25	-160,735.94	
40%	-47,774.98	-202,636.66	
41%	-89,001.08	-242,556.59	
42%	-128,338.71	-280,594.25	
43%	-165,880.56	-316,842.61	
内部收益率	38.58%	34.26%	

图18-19 评价方案

8 **计算内部收益率**。在B27单元格中输入公式=IRR(B$5:$B7)，并向右复制公式，如图18-20所示。

fx	=IRR(B$5:$B7)		
A	B	C	D
	使用IRR函数分析		
年份	IRR1	IRR2	评价
2	-18.35%	-13.59%	

图18-20 计算内部收益率

9 **复制公式**。向下拖动鼠标复制公式，计算不同方案下不同年份的内部收益率，如图18-21所示。

10 **评价方案**。在D27单元格中输入公式=IF(B31>C31,"方案A更优","方案B更优")，并计算公式结果，得出方案评价结果，如图18-22所示。

fx	=IRR(B$5:$B7)		
A	B	C	
	使用IRR函数分析		
年份	IRR1	IRR2	
2	-18.35%	-13.59%	
3	11.47%	4.74%	
4	28.10%	12.66%	
5	38.96%	17.22%	
6	38.90%	17.18%	

图18-21 复制公式

fx	=IF(B31>C31,"方案A更优","方案B更优")			
A	B	C	D	E
	使用IRR函数分析			
年份	IRR1	IRR2	评价	
2	-18.35%	-13.59%		
3	11.47%	4.74%	方案A更优	
4	28.10%	12.66%		
5	38.96%	17.22%		
6	38.90%	17.18%		

图18-22 评价方案

相关行业知识 | 内含报酬率评估优点

内含报酬率的优点是注重货币的时间价值，能从动态的角度直接反映投资项目的实际收益水平，且不受行业基准收益率高低的影响，比较客观。但该指标的计算过程十分麻烦，当经营期大量追加投资时，有可能导致多个IRR出现，可能偏高或偏低，缺乏实际意义。

18.1.3 回收期法评估

回收期法是指计算项目预期的现金流量，能够收回初期投资成本所需的时间，其计算公式如下：

$$A_0 - \sum_{t=2}^{T} AF_2 = O$$

其中A_0指初期建构成本，AF_1为未来每期的营运收入，需要计算公式中的T，即为投资计划的回收期。

由于在Excel中没有专门的函数用于计算投资回收期，用户可以手动编辑公式进行计算，其原理比较简单，因此公式的编辑也相对比较简单。下面以某项投资在不同年度的现金流量情况为例，分析该投资的回收期。

1 输入数据。在工作表中输入如图18-23所示的数据信息，记录投资项目在不同年份的净收入情况，选中需要输入公式的B7单元格。

2 计算投资回收期。在B7单元格中输入公式＝IF(B1+B2>0,B1/B2,IF(B1+B2+B3>0,1+(-B2-B1)/B3,IF(B1+B2+B3+B4>0,2+(-B3-B2-B1)/B4,IF(B1+B2+B3+B4+B5>0,3+(-B4-B3-B2-B1)/B5,4+(-B6-B5-B4-B2-B1)/B6)))),从计算结果可得企业的投资期为3.7年，如图18-24所示。

	A	B
1	初期投资	(￥70,000)
2	第一年净收入	￥12,000
3	第二年净收入	￥15,000
4	第三年净收入	￥18,000
5	第四年净收入	￥21,000
6	第五年净收入	￥26,000
7	投资回收期：	

图 18-23 输入表格数据

=IF(B1+B2>0,B1/B2,IF(B1+B2+B3>0,1+(-B2-B1)/B3,IF(B1+B2+B3+B4>0,2+(-B3-B2-B1)/B4,IF(B1+B2+B3+B4+B5>0,3+(-B4-B3-B2-B1)/B5,4+(-B6-B5-B4-B2-B1)/B6))))

B	C	D
￥15,000		
￥18,000		
￥21,000		
￥26,000		
3.73076923		

图 18-24 计算投资回收期

18.1.4 利润率指标法评估

利润率指标法是指未来的现金流量现值除以初.期投资金额，其计算公式如下：

$$a = \frac{\sum_{i=1}^{T} AF_1}{A_0}$$

其中，A_0指初期建构成本，AF_0为未来每期的营运收入。

由于利润率法在Excel中没有专门的函数，但其与NPV函数有着一定的联系，因此用户可以在Excel中灵活使用公式进行计算。下面以某项投资为例，分析利润率指标。

1 输入数据。在工作表中输入如图18-25所示的数据信息，并选中需要输入公式的B8单元格。

2 计算利润率指标。在B8单元格中输入公式＝NPV(B7,B2:B6)/-B1，如图18-26所示。

图 18-25 输入表格数据

图 18-26 计算利润率指标

18.2 创建投资计划财务评估表

某企业拥有1000万元的闲散资金，需要进行项目投资，现要求企划部的不同员工，分别进行投资策划，并分析不同企划方案的可行性及投资收益情况，最终选择最为优秀的投资方案进行投资。用户可以创建投资计划财务评估表，对不同的方案进行评估比较。本节将为用户介绍财务评估表的制作方法。

18.2.1 建立与格式化表格

光盘路径

原始文件：
源文件\第18章\原始文件\投资财务评估.xlsx
最终文件：
源文件\第18章\最终文件\投资财务评估.xlsx

根据已知的数据信息，建立基本投资计划财务评估表并进行计算，具体操作步骤如下：

1 输入数据。 打开源文件\第18章\原始文件\投资财务评估.xlsx，在表格中输入不同企划方案的相关数据信息，包括投资金额及各年度的获利信息，归纳需要计算的项，如图18-27所示。

2 计算回收期间。 在B8单元格中输入公式=IF(B4+B3>0,-B3/B4,IF(B5+B4+B3>0,1+(−B3−B4)/B5,IF(B6+B5+B4+B3>0,2+(−B3−B4−B5)/B6,3+(−B3−B4−B5−B6)/B7))))，计算企划A的回收期间，如图18-28所示。

图 18-27 输入表格数据

图 18-28 计算回收期间

3 复制公式。 向右拖动鼠标，复制公式计算不同企划方案的回收期间，如图18-29所示。

4 选定单元格。 在表格中选中B9单元格，需要计算投资方案的净现值，如图18-30所示。

提示

图18-28中公式表示，如果第一年能将投资收回，则回收期等于投资值除以第一年的获利值；如果第二年收回投资，则回收期等于投资值减去第一年获利值的差除以第二年获利值再加上1；如果第三年收回投资，则回收期等于投资值减去第一年和第二年获利值之和的差除以第三年的获利值再加上2；如果第四年能收回投资，那么回收期等于投资值减去第一年至第三年的获利值之和的差除以第四年的获利值再加上3。

图 18-29 复制公式

图 18-30 选定单元格

5 插入函数。 切换到"公式"选项卡下，在"函数库"组中单击"财务"按钮，在展开的列表中单击"NPV"选项，如图18-31所示。

6 设置函数参数。 打开"函数参数"对话框，分别设置不同的参数内容，再单击"确定"按钮，如图18-32所示。

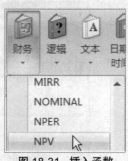

图 18-31 插入函数

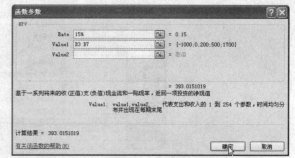

图 18-32 设置函数参数

7 **复制公式。**设置完成后返回到工作表中，在B9单元格中显示公式计算结果，向右复制公式，计算不同企划方案的净现值，如图18-33所示。

8 **计算内部报酬率。**在B10单元格中输入公式=IRR(B3:B7)，并计算公式结果，如图18-34所示。

投资财务评估分析表			
企划A	企划B	企划C	企划D
(￥1,000)	(￥1,000)	(￥1,000)	(￥1,000)
￥0	￥200	￥300	￥250
￥200	￥800	￥500	￥400
￥500	￥100	￥600	￥500
￥1,700	(￥90)	￥800	￥1,200
3.1764706	2	2.3333333	2.7
￥393.02	￥-179.89	￥426.83	￥464.97

图 18-33 复制公式

f_x	=IRR(B3:B7)			
A	B	C	D	E
	投资财务评估分析表			
	企划A	企划B	企划C	企划D
投资金额	(￥1,000)	(￥1,000)	(￥1,000)	(￥1,000)
第一年获利	￥0	￥200	￥300	￥250
第二年获利	￥200	￥800	￥500	￥400
第三年获利	￥500	￥100	￥600	￥500
第四年获利	￥1,700	(￥90)	￥800	￥1,200
回收期间	3.1764706	2	2.3333333	2.7
NPV	￥393.02	￥-179.89	￥426.83	￥464.97
IRR	28%			
利润率				

图 18-34 计算内部报酬率

提示

投资利润率：又称投资报酬率，是指投资中所获得的利润与投资额之间的比率。计算公式是：投资利润率＝利润/投资额*100% 投资利润率=(销售收入/投资额)×(成本费用/销售收入)×(利润/成本费用)＝资本周转率×销售成本率×成本费用利润率

9 **计算利润率。**复制公式计算不同投资方案的内部报酬率。假设企业设定的资金成本为15%，需要计算投资方案的利润率，因此在B11单元格中输入公式=NPV(15%,B4:B7)/-B3，计算利润率，如图18-35所示。

10 **复制公式。**向右拖动鼠标复制公式，计算不同企划方案的利润率，如图18-36所示。

f_x	=NPV(15%,B4:B7)/-B3			
A	B	C	D	E
	投资财务评估分析表			
	企划A	企划B	企划C	企划D
投资金额	(￥1,000)	(￥1,000)	(￥1,000)	(￥1,000)
第一年获利	￥0	￥200	￥300	￥250
第二年获利	￥200	￥800	￥500	￥400
第三年获利	￥500	￥100	￥600	￥500
第四年获利	￥1,700	(￥90)	￥800	￥1,200
回收期间	3.1764706	2	2.3333333	2.7
NPV	￥393.02	￥-179.89	￥426.83	￥464.97
IRR	28%	1%	34%	33%
利润率	145%			

图 18-35 计算利润率

f_x	=NPV(15%,B4:B7)/-B3			
A	B	C	D	E
	投资财务评估分析表			
	企划A	企划B	企划C	企划D
投资金额	(￥1,000)	(￥1,000)	(￥1,000)	(￥1,000)
第一年获利	￥0	￥200	￥300	￥250
第二年获利	￥200	￥800	￥500	￥400
第三年获利	￥500	￥100	￥600	￥500
第四年获利	￥1,700	(￥90)	￥800	￥1,200
回收期间	3.1764706	2	2.3333333	2.7
NPV	￥393.02	￥-179.89	￥426.83	￥464.97
IRR	28%	1%	34%	33%
利润率	145%	79%	149%	153%

图 18-36 复制公式

18.2.2 分析比较评估结果

在完成表格数据的计算后，用户还需要将不同的计算结果进行分析比较，从而得出最佳的投资方案，下面介绍具体的分析评估方法。

1 **设置单元格格式。**继上，选定表格中B8:E8单元格区域，并单击鼠标右键，在展开的列表中单击"设置单元格格式"选项，如图18-37所示。

2 **设置小数位数。**打开"设置单元格格式"对话框，切换到"数字"选项卡下，在"分类"列表中单击"数值"选项，在"小数位数"文本框中输入"2"，再单击"确定"按钮，如图18-38所示。

提示

当用户需要设置负数在单元格中不以负号的形式显示时，可以打开"设置单元格格式"对话框，在"数字"选项卡下进行操作设置。

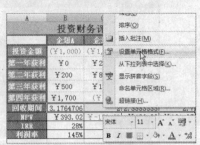 

图18-37 设置单元格格式　　　　　图18-38 设置小数位数

3 比较回收期间。由于投资回收期越短越好，因此在比较不同方案的投资回收期后，可以得出企划B的投资回收期最短，因此在F8单元格中引用C2数据，如图18-39所示。

4 比较净现值。使用NPV净现值来比较方案，由于净现值越大，方案越优，因此在F9单元格中引用E2数据，如图18-40所示。

图18-39 比较回收期间　　　　　图18-40 比较净现值

5 比较内部收益率。由于内部收益率越大，投资方案越佳，因此在F10单元格中引用D2单元格数据，如图18-41所示。

6 比较利润率。由于利润率越大，投资方案越优，因此在F11单元格中引用E2单元格数据，如图18-42所示。

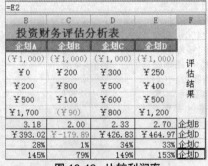

图18-41 比较内部收益率　　　　　图18-42 比较利润率

7 比较各准则数据。从不同准则评估所得的数据结果可以看出，如果采用投资回收期法，则应选择企划B方案；如果使用内部收益率法评估，则应选择企划C方案；如果使用净现值或利润率法评估，则应选择企划D方案。由于不同的评估法得出不同的投资定位，因此还需要在此类前提下，判断采用何种评估方法。

优秀的评估法则应包括如下特点：1.考虑到货币的时间价值。2.考虑到投资计划期间内所有的现金流量。3.需显示财富的增加。4.客观并容易判断。

因此根据上面的特点，可以得出如下的结论：1.回收期法仅满足特点4。2.净现值法满足四个特点。3.内部收益率法不满足特点3。4.利润率法不满足特点3。

从以上的结论中可以得出，企业应支持企划部的企划D项目，因此在投资财务评估分析表下方添加分析结果，如图18-43所示。

投资财务评估分析表					
	企划A	企划B	企划C	企划D	评估结果
投资金额	（￥1,000）	（￥1,000）	（￥1,000）	（￥1,000）	
第一年获利	￥0	￥200	￥300	￥250	
第二年获利	￥200	￥800	￥500	￥400	
第三年获利	￥500	￥100	￥600	￥500	
第四年获利	￥1,700	（￥90）	￥800	￥1,200	
回收期间	3.18	2.00	2.33	2.70	企划B
NPV	￥393.02	￥-179.89	￥426.83	￥464.97	企划D
IRR	28%	1%	34%	33%	企划C
利润率	145%	79%	149%	153%	企划D
评估结论：	企划D				

图 18-43　得出分析结果

相关行业知识　项目计算期与资金构成

　　项目计算期是指投资项目从投资建设开始到最终清理结束整个过程的全部时间，即该项目的有效持续期间。完整的项目计算期包括建设期和生产经营期。其中，建设期的第一年初（通常记作第0年）称为建设起点，建设期的最后一年年末称为投产日，项目计算期的最后一年年末（通常记作第n年）称为终结点。从投产日到终结点之间的时间间隔为生产经营期，而生产经营期又包括试产期和达产期。

　　原始总投资又称为初始投资，是反映项目所需现实资金水平的价值指标，从项目投资的角度看，原始总投资是企业为项目完全达到设计生产能力，开始正常经营而投入的全部现实资金，包括建设投资和流动资金投资两项内容。

　　投资总额是一个反映项目投资总体规模的价值指标，等于原始总投资与建设期资本化利息之和。其中建设期资本化利息是指在建设期发生的与购建项目所需的固定资产、无形资产等长期资产有关的借款利息。

18.2.3　共享评估分析结果表

　　财务部门在对投资方案进行评估分析后，需要将其呈交给企业高层管理人员查看，因此用户常常需要将分析结果进行共享，这样在局域网中就能查阅，节省各部门之间的传阅与修改时间，提高工作效率。

1 保护结构和窗口。切换到"审阅"选项卡下，在"更改"组中单击"保护工作簿"按钮，在展开的列表中单击"保护结构和窗口"选项，如图18-44所示。

2 设置密码。打开"保护结构和窗口"对话框，勾选"结构"和"窗口"复选框，在"密码"文本框中输入需要设置的密码内容，在此输入"123"，再单击"确定"按钮，如图18-45所示。

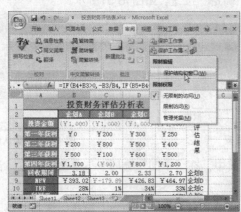

图 18-44　保护结构和窗口

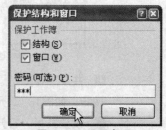

图 18-45　设置密码

3 确认密码。 打开"确认密码"对话框，在"重新输入密码"文本框中输入设置的密码，再单击"确定"按钮，如图18-46所示。

4 工作簿被保护。 设置完成后返回到窗口中，在工作表标签上方单击鼠标右键，在展开的列表中可以看到工作表一些相关操作呈不可用状态，说明此时工作簿受保护，如图18-47所示。

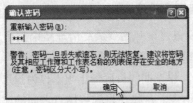

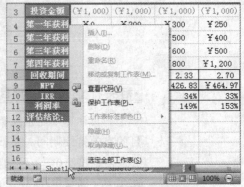

图 18-46 确认密码 　　　　　　　　　图 18-47 工作簿受保护

5 另存工作簿。 在窗口中单击Office按钮，在展开的列表中单击"另存为"命令，打开"另存为"对话框，单击"工具"按钮，在展开的列表中单击"常规选项"选项，如图18-48所示。

6 设置文件共享。 打开"常规选项"对话框，在"打开权限密码"和"修改权限密码"文本框中输入需要设置的密码内容如123，勾选"建议只读"复选框，再单击"确定"按钮，如图18-49所示。

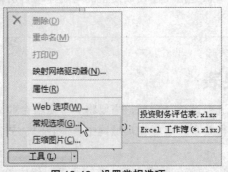

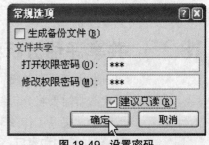

图 18-48 设置常规选项 　　　　　　　图 18-49 设置密码

7 确认密码。 打开"确认密码"对话框，在"重新输入密码"文本框中输入设置的密码内容，再单击"确定"按钮，如图18-50所示。

8 确认修改权限密码。 打开"确认密码"对话框，在"重新输入修改权限密码"文本框中输入设置的密码内容，再单击"确定"按钮，如图18-51所示。

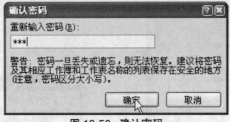

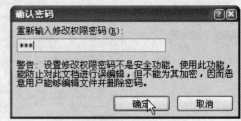

图 18-50 确认密码 　　　　　　　　　图 18-51 确认修改权限密码

9 共享工作簿。 返回到工作簿中，在"审阅"选项卡下单击"更改"组中的"共享工作簿"按钮，如图18-52所示。

10 设置共享。 打开"共享工作簿"对话框，切换到"编辑"选项卡下，勾选"允许多用户同时编辑，同时允许工作簿合并"复选框，再单击"确定"按钮，如图18-53所示。

提示

在"共享工作簿"对
话框中的"正在使
用本工作簿的用户"
列表中可以看到当
前正在查看共享工
作簿的用户。

图 18-52 共享工作簿

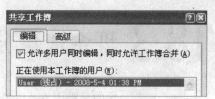

图 18-53 设置共享

提示

当用户对当前工作
簿执行过保存操作
时，会弹出如图18-
54所示的提示对话
框，如果未保存而
直接共享，则还会
打开"另存为"对话
框，首先要求用户
进行保存。

11 **保存文档**。弹出提示对话框，提示用户是否保存文档，单击"确定"按钮，如图18-54
所示。

12 **工作簿共享**。设置完成后返回到工作簿中，在标题栏位置处可以看到文档标题后显示"共
享"字样，如图18-55所示。

图 18-54 保存文档

图 18-55 显示共享

13 **共享文件夹**。在设置工作簿共享后，用户还需要将共享工作簿存放在共享的文件夹中，从
而使局域网中的其他用户共同使用该工作簿文件。因此打开共享工作簿所在的文件夹，并用
鼠标右键单击该文件夹，在展开的列表中单击"共享和安全"选项，如图18-56所示。

14 **设置共享**。打开"属性"对话框，切换到"共享"选项卡下，勾选"在网络上共享这个文
件夹"复选框，再单击"确定"按钮，如图18-57所示。

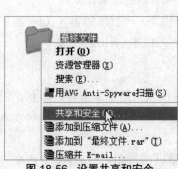

图 18-56 设置共享和安全

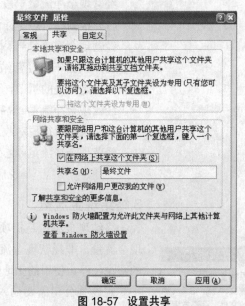

图 18-57 设置共享

15 **文件已共享**。设置完成后返回到文件夹中，可以看到共享的文件夹添加了一个手形，表示
该文件夹已共享，如图18-58所示。

图 18-58 文件夹被共享

18.3 现金流量分析

在整个项目投资决策中，估计或预测投资项目的现金流量是非常关键的，是项目投资评价的首要环节，也是最重要、最困难的步骤之一。现金流量所包含的内容是否完整，预测结果是否准确，直接关系到投资项目的决策结果。

针对某个具体的固定资产项目，现金流量是指一个项目在其计算期内因资本循环而可能或应该发生的现金流入量与现金流出量的统称。

18.3.1 现金流量计算

通常投资项目的现金流量分为以下三个部分加以估算：

1.初始现金流量

初始现金流量是指投资项目开始时发生的现金流量，主要包括：（1）固定资产投资支出，如设备、运输费、安装费、建筑费等。（2）垫支的营运资本，指项目投产前后分次或一次投放于流动资产上的资本增加额，又称铺底营运资本。（3）原有固定资产的变价收入，指固定资产更新时原有固定资产变卖所得的现金净流量。（4）其他费用，指与投资项目有关的筹建费用、职工培训等费用。（5）所得税效应，指固定资产重置时变价收入的税赋损益。

2.经营现金流量

经营现金流量又称营业现金流量，是指投资项目投入使用后，在经营使用期内由于生产经营所带来的现金流入和现金流出数量。这种现金流量一般以年为单位进行计算。

经营现金净流量一般可以按以下三种方式计算：

（1）根据经营现金净流量的定义计算。

经营现金净流量=营业收入－付现成本－所得税

（2）根据年末经营结果来计算。企业每年现金增加来自两个主要方面，一是当年增加的净利；二是计提的折旧，以现金形式从销售收入中扣回，留在企业里。

经营现金净流量=税后净利润+折旧

（3）根据所得税对收入、成本和折旧的影响计算。

经营现金净流量=收入×（1－税率）－付现成本×（1－税率）+折旧×税率

=税后收入－税后成本+折旧抵税额

3.终结现金流量

终结现金流量是指项目完结时所发生的现金流量，即包括经营现金流量，又包括非经营现金流量。非经营现金流量包括固定资产的残值收入或变价收入及税赋损益、垫支营运资本的回收、停止使用的土地变价收入等。

光盘路径

原始文件：
源文件\第18章\原始文件\投资方案现金流量计算表.xlsx
最终文件：
源文件\第18章\最终文件\投资方案现金流量计算表.xlsx

假设某公司需要购入一台大型机器设备，现有A、B两个方案可供选择，方案A需投资30000元，使用设备5年，采用直线法计提折旧，5年后设备无残值，5年中每年销售收入15000元，付现成本5000元。方案B需投资36000元，使用寿命5年，5年后残值收入6000元，5年中销售收入为17000元，付现成本第一年为6000元，以后随着设备陈旧将增加修理费300元，所得税率为40%，计算不同方案投资的现金流量情况。

1 **查看表格。** 打开源文件\第18章\原始文件\投资方案现金流量计算表.xlsx，查看需要计算的项目内容，如图18-59所示。

2 **输入数据。** 由于方案A的每年销售收入与付现成本不变，因此在表格中输入相关数据，并选中需要计算折旧的E4单元格，如图18-60所示。

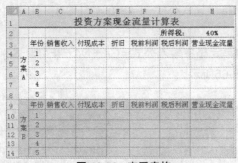

投资方案现金流量计算表
所得税: 40%
年份 销售收入 付现成本 折旧 税前利润 税后利润 营业现金流量
方案A
方案B

图 18-59 查看表格

投资方案现金
年份 销售收入 付现成本 折旧
方案A
1 15000 5000
2 15000 5000
3 15000 5000
4 15000 5000
5 15000 5000

图 18-60 选定单元格

提示

SLN() 函数用于返回固定资产的每期线性折旧费。其语法结构为 (cost,salvage,life)。

3 **插入函数。**在公式编辑栏中输入“=SLN(”，并单击“插入函数”按钮，如图18-61所示。

=SLN(
SLN(cost, salvage, life)
插入函数
投资方案现金流量
年份 销售收入 付现成本 折旧 税前利
方案A
1 15000 5000 =SLN(
2 15000 5000
3 15000 5000
4 15000 5000
5 15000 5000

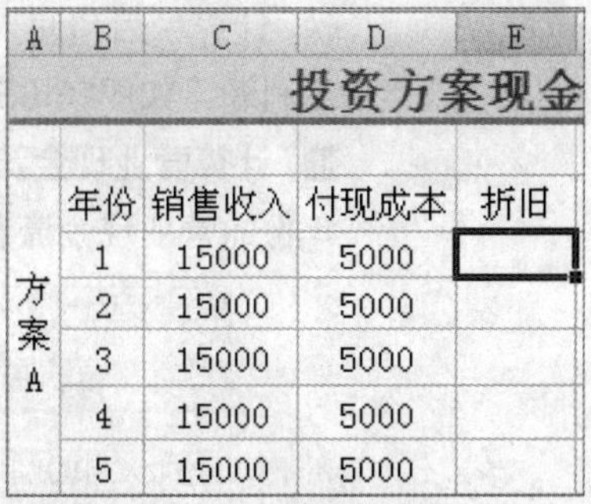

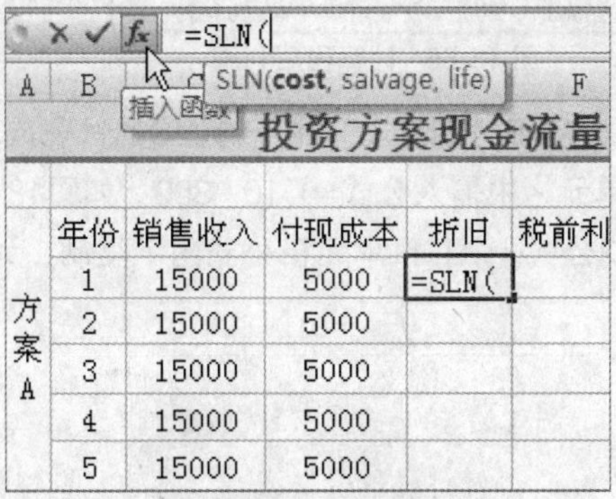

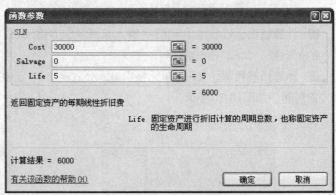

图 18-61 插入函数

4 **设置函数参数。**打开“函数参数”对话框，设置不同的参数内容，再单击“确定”按钮，如图18-62所示。

函数参数
SLN
Cost 30000 = 30000
Salvage 0 = 0
Life 5 = 5
= 6000
返回固定资产的每期线性折旧费
Life 固定资产进行折旧计算的周期总数，也称固定资产的生命周期
计算结果 = 6000
有关该函数的帮助(H)
确定
取消

图 18-62 设置函数参数

5 **复制公式。**在E4单元格中显示公式计算结果，向下复制公式计算不同年份的折旧额，如图18-63所示。

提示

在公式编辑栏中用户可以直接输入函数及参数内容，输入完成后按Enter键即可。

6 **计算税前利润。**在F4单元格中输入公式=C4－D4－E4，并向下复制公式计算不同年份的折旧额，如图18-64所示。

=SLN(30000,0,5)
投资方案现金流量计
销售收入 付现成本 折旧 税前利润
15000 5000 ￥6,000
15000 5000 ￥6,000
15000 5000 ￥6,000
15000 5000 ￥6,000
15000 5000 ￥6,000

图 18-63 复制公式

=C4-D4-E4
投资方案现金流量计
销售收入 付现成本 折旧 税前利润
15000 5000 ￥6,000 ￥4,000
15000 5000 ￥6,000 ￥4,000
15000 5000 ￥6,000 ￥4,000
15000 5000 ￥6,000 ￥4,000
15000 5000 ￥6,000 ￥4,000

图 18-64 计算税前利润

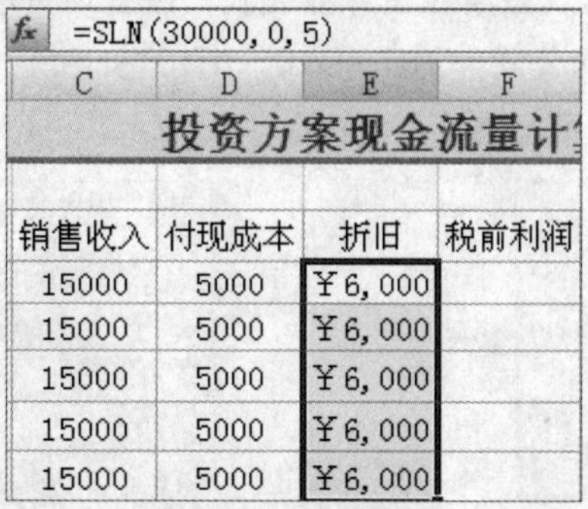

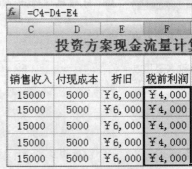

7 计算税后利润。在G4单元格中输入公式=F4－(F4*$H$2)，并复制公式计算不同年份的税后利润，如图18-65所示。

8 计算营业现金流量。在H4单元格中输入公式=C4－D4－(F4*$H$2)，并复制公式计算不同年份的营业现金流量，如图18-66所示。

fx =F4-(F4*$H$2)

C	D	E	F	G
投资方案现金流量计算表				
				所得税:
销售收入	付现成本	折旧	税前利润	税后利润
15000	5000	￥6,000	￥4,000	￥2,400
15000	5000	￥6,000	￥4,000	￥2,400
15000	5000	￥6,000	￥4,000	￥2,400
15000	5000	￥6,000	￥4,000	￥2,400
15000	5000	￥6,000	￥4,000	￥2,400

图18-65 计算税后利润

fx =C4-D4-(F4*$H$2)

D	E	F	G	H
投资方案现金流量计算表				
			所得税:	40%
付现成本	折旧	税前利润	税后利润	营业现金流量
5000	￥6,000	￥4,000	￥2,400	￥8,400
5000	￥6,000	￥4,000	￥2,400	￥8,400
5000	￥6,000	￥4,000	￥2,400	￥8,400
5000	￥6,000	￥4,000	￥2,400	￥8,400
5000	￥6,000	￥4,000	￥2,400	￥8,400

图18-66 计算营业现金流量

9 计算方案B付现成本。由于方案B的付现成本随年份增加，因此在D10单元格中输入6000，在D11单元格中输入公式=D10+300，如图18-67所示。

10 复制公式。将D11单元格公式向下复制，计算不同年份的付现成本，如图18-68所示。

提示

SLN()函数中参数cost指定固定资产原值，参数salvage指定固定资产使用年限终了时的估计残值，参数life指定固定资产进行折旧计算的周期总数，也称固定资产的生命周期。

fx =D10+300

A	B	C	D
	年份	销售收入	付现成本
方案B	1	17000	6000
	2	17000	6300
	3	17000	
	4	17000	
	5	17000	

图18-67 计算付现成本

fx =D10+300

A	B	C	D	E
	年份	销售收入	付现成本	折旧
方案B	1	17000	6000	
	2	17000	6300	
	3	17000	6600	
	4	17000	6900	
	5	17000	7200	

图18-68 复制公式

11 计算折旧。在E10单元格中输入公式=SLN(36000,6000,5)，并复制公式计算不同年度的折旧额，如图18-69所示。

12 计算税前利润。在F10单元格中输入公式=C10－D10－E10，并复制公式计算不同年度的税前利润，如图18-70所示。

提示

与编辑数学公式相同，如果用户需要设置公式运算的先后顺序，则可以为公式添加括号进行设置。

fx =SLN(36000,6000,5)

C	D	E	F
销售收入	付现成本	折旧	税前利润
17000	6000	￥6,000	
17000	6300	￥6,000	
17000	6600	￥6,000	
17000	6900	￥6,000	
17000	7200	￥6,000	

图18-69 计算折旧

fx =C10-D10-E10

D	E	F	G
付现成本	折旧	税前利润	税后利润
6000	￥6,000	￥5,000	
6300	￥6,000	￥4,700	
6600	￥6,000	￥4,400	
6900	￥6,000	￥4,100	
7200	￥6,000	￥3,800	

图18-70 计算税前利润

13 计算税后利润。在G10单元格中输入公式=F10－(F10*$H$2)，并复制公式计算不同年份的税后利润，如图18-71所示。

14 计算营业现金流量。根据经营现金净流量计算公式：经营现金净流量=营业收入－付现成本－所得税，在H10单元格中输入公式=C10－D10－(F10*$H$2)，计算营业现金流量，如图18-72所示。

提示

在编辑公式时，用户需要注意将引用单元格地址进行设置，更改其引用方式，从而方便用户在复制公式时，简化公式的重复编辑过程。

fx =F10-(F10*$H$2)

D	E	F	G
付现成本	折旧	税前利润	税后利润
6000	￥6,000	￥5,000	￥3,000
6300	￥6,000	￥4,700	￥2,820
6600	￥6,000	￥4,400	￥2,640
6900	￥6,000	￥4,100	￥2,460
7200	￥6,000	￥3,800	￥2,280

图18-71 计算税后利润

fx =C10-D10-(F10*$H$2)

E	F	G	H
折旧	税前利润	税后利润	营业现金流量
￥6,000	￥5,000	￥3,000	￥9,000
￥6,000	￥4,700	￥2,820	￥8,820
￥6,000	￥4,400	￥2,640	￥8,640
￥6,000	￥4,100	￥2,460	￥8,460
￥6,000	￥3,800	￥2,280	￥8,280

图18-72 计算营业现金流量

18.3.2 使用图表分析现金流量

完成不同方案营业现金流量的计算后，用户可以使用图表功能将不同方案的现金流量情况进行分析比较，下面介绍使用柱形图分析现金流量的具体操作与设置方法。

1 选定图表源数据。在表格中选中H4:H8单元格区域，作为创建图表的源数据区域，如图18-73所示。

2 插入图表。切换到“插入”选项卡下，在“图表”组中单击“柱形图”按钮，在展开的列表中单击“簇状柱形图”选项，如图18-74所示。

E	F	G	H
案现金流量计算表			
		所得税：	40%
折旧	税前利润	税后利润	营业现金流量
￥6,000	￥4,000	￥2,400	￥8,400
￥6,000	￥4,000	￥2,400	￥8,400
￥6,000	￥4,000	￥2,400	￥8,400
￥6,000	￥4,000	￥2,400	￥8,400
￥6,000	￥4,000	￥2,400	￥8,400

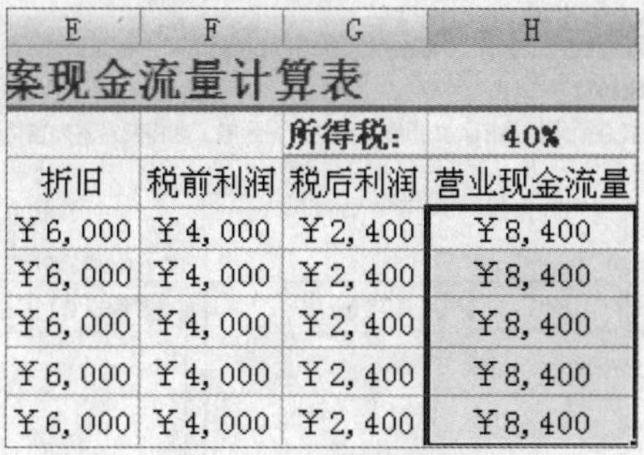

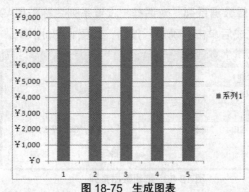

图 18-73 选定图表源数据

图 18-74 插入柱形图

交叉参考

用户可以参见本书第5章详细介绍柱形图的创建与设置方法。

3 生成图表。在工作表中生成由选定数据创建的柱形图，如图18-75所示。

4 选择数据。切换到图表工具“设计”选项卡下，单击“数据”组中的“选择数据”按钮，如图18-76所示。

图 18-75 生成图表

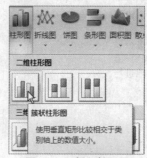

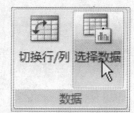

图 18-76 选择数据

5 编辑系列。打开“选择数据源”对话框，选中“系列1”选项，再单击“编辑”按钮，如图18-77所示。

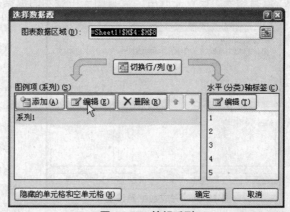

图 18-77 编辑系列

6 设置系列名称。打开“编辑数据系列”对话框，设置系列名称引用A3单元格，再单击“确定”按钮，如图18-78所示。

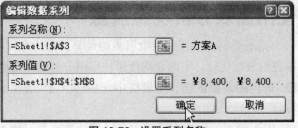

图 18-78　设置系列名称

7 **添加系列**。返回到"选择数据源"对话框，单击"添加"按钮，如图18-79所示。

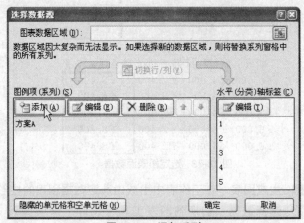

图 18-79　添加系列

8 **编辑数据系列**。打开"编辑数据系列"对话框，设置系列名称引用A9单元格，系列值引用
H10:H14单元格区域，设置完成后单击"确定"按钮，如图18-80所示。

图 18-80　编辑数据系列

9 **完成设置**。返回到"选择数据源"对话框，完成数据源的设置后，单击"确定"按钮，如
图18-81所示。

10 **查看图表**。设置完成后，查看图表中显示的数据系列信息，如图18-82所示。

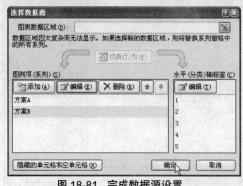

图 18-81　完成数据源设置

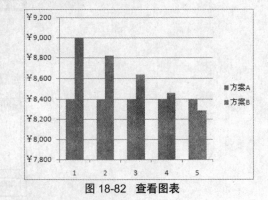

图 18-82　查看图表

11 **移动图表**。在"设计"选项卡下单击"移动图表"按钮，如图18-83所示。

12 **设置移动位置**。打开"移动图表"对话框，单击选中"新工作表"单选按钮，并输入放置
图表的工作表名称，再单击"确定"按钮，如图18-84所示。

图 18-83 移动图表　　　　　　　　　　　图 18-84 选择图表位置

13 **图表被移动**。此时可以看到图表被移动到指定的工作表中，如图18-85所示。

交叉参考

对于柱形图的创建与设置，可参考本书第 5 章第 5.1.1 节。

14 **快速样式**。在"设计"选项卡下单击"快速样式"按钮，在展开的列表中单击"样式42"选项，如图18-86所示。

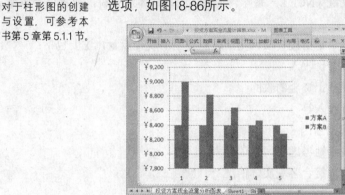

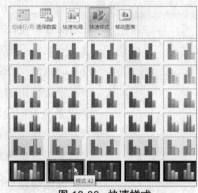

图 18-85 图表被移动　　　　　　　　　　图 18-86 快速样式

15 **添加坐标轴标题**。在"布局"选项卡下单击"坐标轴标题"按钮，在展开的列表中单击"主要横坐标轴标题"选项，并单击"坐标轴下方标题"选项，如图18-87所示。

16 **编辑坐标轴标题**。在图表横坐标轴标题文本框中输入需要添加的标题文本内容，并调整坐标轴标题的位置，如图18-88所示。

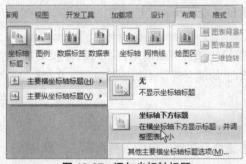

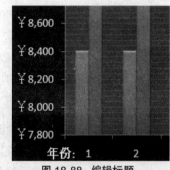

图 18-87 添加坐标轴标题　　　　　　　　图 18-88 编辑标题

17 **添加次要网格线**。在"布局"选项卡下单击"网格线"按钮，在展开的列表中单击"主要横网格线"选项，再单击"次要网格线"选项，如图18-89所示。

18 **查看图表效果**。设置完成后，查看制作完成后的图表效果，如图18-90所示。

提示

用户可以设置在图表中不显示网格线，选中图表单击"网格线"按钮，在展开的列表中单击"主要横网格线"选项，再单击"无"选项即可。

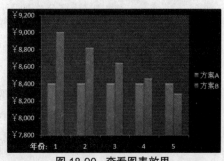

图 18-89 设置次要网格线　　　　　　　　图 18-90 查看图表效果

一．现金流量

❶ 现金流量的构成

初始现金流量：初始现金流量是指开始投资时发生的现金流量，一般包括以下几种：

（1）固定资产上的投资

（2）流动资产上的投资

（3）其他投资费用

（4）原固定资产的变价收入

营业现金流量：是指投资项目投入使用后，在其寿命周期内由于生产经营所带来的现金流入量和流出量。每年净现金流量（NCF）= 每年营业收入付现成本所得税，或者每年净现金流量 = 净利润 + 折旧 。

终结现金流量：终结现金流量是指投资项目完结时所发生的现金流量，主要包括：

（1）固定资产的残值收入或变价收入

（2）原来垫支在各种流动资产上资金的收回

（3）停止使用的土地的变价收入等

❷ 投资决策中使用现金流量的原因

（1）采用现金流量有利于科学地考虑时间价值因素

（2）采用现金流量才能更好地符合客观实际情况

二．非贴现现金流量指标

非贴现现金流量指标是指不考虑资金时间价值的各种指标，一般包括：

❶ 投资回收期

投资回收期（PP）是指回收初始投资所需要的时间，一般以年为单位。如果每年的营业净现金流量（NCF）相等，则投资回收期可计算公式为：投资回收期 = 原始投资额 / 每年 NCF；如果每年的营业现金流量（NCF）不相等，则计算投资回收期要根据每年年末尚未回收的投资额与每年的营业净现金流量加以确定。

❷ 平均报酬率

平均报酬率（ARR）是指投资项目寿命周期内平均的年投资报酬率。平均收益率有多种计算方法，如平均报酬率 = 年平均现金流量÷初始投资额×100%，或会计收益率 = 年平均净利润÷初始投资额×100%。

三．贴现现金流量指标

贴现现金流量指标是指考虑资金时间价值的各种指标，一般包括：

❶ 净现值及净现值法

（1）净现值及其计算公式

净现值，是指投资项目投入使用后的现金流量，按资本成本或企业要求的报酬率折算为现值，并减去初始投资以后的余额。

NPV计算公式如下：

$$NPV = \sum_{t=1}^{n} NCF_t \cdot (1+K)-t-C$$

其中，

  NPV，表示净现值；

  NCF$_t$，表示第t年的净现金流量；

  k，表示资本成本或要求的报酬率；

n，表示项目预计使用年限；

C，表示初始投资额。

（2）净现值法的决策规则

对于接受—拒绝决策（AR决策），NPV ≥ 0 为可以接受（可行）项目；反之则拒绝，为不可行项目。对于选择性决策，在多个可行项目中，NPV 最大的为可以接受项目。

❷ 内部报酬率

（1）内部报酬率又称为内含报酬率（IRR），是使投资项目的净现值等于零的贴现率。

内含报酬率可以通过下面公式计算：

$$\sum_{t=1}^{n} NCF_t \cdot (1+IRR)^{-t} - C = 0$$

其中，

NCF_t，表示第t年的净现金流量；

IRR，表示内含报酬率；

n，表示项目预计使用年限；

C，表示初始投资额。

（2）内部报酬率法的决策规则

对于接受—拒绝决策（AR决策），IRR ≥资本成本为可以接受（可行）项目；反之则拒绝，为不可行项目。对于选择性决策，在多个可行项目中，IRR最大的为可以接受项目。

❸ 获利指数

（1）获利指数（PI）是投资项目未来报酬的净现值总和与初始投资额的现值之比。获利指数可以通过下面公式计算：

$$PI = \sum_{t=1}^{n} NCF_t \cdot (1+i)^{-t} / C$$

其中，

NCF_t，表示第t年的净现金流量；

i，表示折现率（资本成本）；

n，表示项目预计使用年限；

C，表示初始投资额。

（2）获利指数法的决策规则

对于接受—拒绝决策（AR决策），PI ≥1 为可以接受（可行）项目；反之则拒绝，为不可行项目。对于选择性决策，在多个可行项目中，PI最大的为可以接受项目。

企业筹资管理

19

企业筹资，是指企业作为筹资主体根据其生产经营、对外投资和调整资本结构等需要，通过筹资渠道和金融市场，运用筹资方式，经济有效地筹措和集中资本的活动，是财务管理的首要环节。

19.1 企业筹资方式分类

筹资渠道，是指筹措资金来源的方向与通道，体现资金的来源与流量。目前我国企业筹资渠道主要包括：银行信贷资金、其他金融机构资金、其他企业资金、居民个人资金、国家资金和企业自留资金。而筹资方式，是指企业筹集资金所采用的具体形式。目前我国企业的筹资方式主要有吸收直接投资、发行股票、利用留存收益、向银行借款、利用商业信用、发行公司债券和融资租赁。筹资渠道解决的是资金来源问题，筹资方式则解决通过何种方式取得资金的问题，它们之间存在一定的对应关系。一定的筹资方式可能只适用于某一特定的筹资渠道（如向银行借款），但是同一渠道的资金往往可采用不同的方式取得，同一筹资方式又往往适用于不同的筹资渠道。因此，企业在筹资时，应实现两者的合理配合。

19.2 筹资方式分析

在上面一节中为读者介绍了筹资方式的分类，本节将列举几种筹资方式并简单地对其进行分析。包括借款筹资方式、租赁筹资方式、股票筹资方式和债券筹资方式。

19.2.1 借款筹资分析

◎ 光盘路径

原始文件：
源文件\第19章\原始文件\借款筹资单变量模拟运算.xlsx
最终文件：
源文件\第19章\最终文件\借款筹资单变量模拟运算1.xlsx

借款筹资是企业筹资方式中的一种重要方式。借款是企业向金融机构以及其他单位借入的期限在一年以上的各种形式的借款，主要用于购买固定资产和长期性占用的流动资产。

1.单变量模拟运算

在实际生活中，贷款的利息是可变的，企业可以根据公司自身的情况，选择最佳的贷款方式，假设利息从5%～10%不等，企业可接受的月还款额为9000～11500元之间，可以使用下面的方式求得企业选择的最佳还贷方案。

1 查看单变量模拟运算表。打开源文件\第19章\原始文件\借款筹资单变量模拟运算.xlsx工作簿，可以看到企业贷款的金额为100万，贷款年限为10年，需要根据不同的利率求出每月不同的还款额，如图19-1所示。

2 输入公式。在D3单元格中输入公式"=PMT(C3/12,B3*12,-A3)"，按下Enter键，得到年利率为5.00%时的月还款额为10606.55元，如图19-2所示。

图 19-1　查看单变量模拟运算表

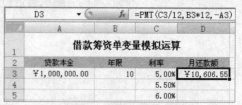

图 19-2　输入公式

3 打开"数据表"对话框。选择C3:D13单元格区域，在"数据"选项卡下单击"假设分析"按钮，从展开的下拉列表中单击"数据表"选项，如图19-3所示。

4 输入引用列的单元格。弹出"数据表"对话框，单击"输入引用列的单元格"文本框右侧的折叠按钮，返回工作表中单击C3单元格，如图19-4所示。

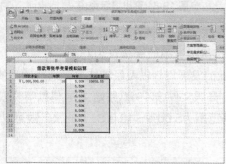

图 19-3　单击 "数据表" 选项

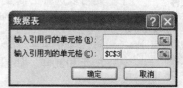

图 19-4　输入引用列的单元格

5 计算结果。单击"确定"按钮，返回工作表中，得到不同利率下的月还款额，将D列数据设置为货币型，保留小数后2位，如图19-5所示。

6 设置条件格式。由于公司能够负担起的月还款额为9000～11500元，所以需要将这部分数据突出显示。选择D3:D13单元格区域，在"开始"选项卡下单击"条件格式"按钮，从展开的下拉列表中将鼠标指针指向"突出显示单元格规则"选项，在其展开的下拉列表中单击"介于"选项，如图19-6所示。

图 19-5　计算结果

图 19-6　设置条件格式

7 设置数值介于范围。弹出"介于"对话框，设置数值介于9000～11500之间，位于该范围的数值设置为"浅红填充色深红色文本"，如图19-7所示。

图 19-7　设置数值介于范围

⑧ 突出显示数值。单击"确定"按钮，返回工作表中，此时可以看到位于单元格区域D3:D6范围内的数据突出显示，如图19-8所示。说明企业可以选择年利率为5.00%、5.50%、6.00%和6.50%的金融机构进行贷款。

	A	B	C	D
1	借款筹资单变量模拟运算			
2	贷款本金	年限	利率	月还款额
3	￥1,000,000.00	10	5.00%	￥10,606.55
4			5.50%	￥10,852.63
5			6.00%	￥11,102.05
6			6.50%	￥11,354.80
7			7.00%	￥11,610.85
8			7.50%	￥11,870.18
9			8.00%	￥12,132.76
10			8.50%	￥12,398.57
11			9.00%	￥12,667.58
12			9.50%	￥12,939.76
13			10.00%	￥13,215.07

图 19-8　突出显示数值

2.双变量模拟运算

光盘路径

原始文件：
源文件\第19章\原始文件\借款筹资双变量模拟运算.xlsx
最终文件：
源文件\第19章\最终文件\借款筹资双变量模拟运算1.xlsx

前面为读者介绍了单变量模拟运算中的变量仅为利率，而实际工作中，贷款期限通常也是可以选择的，企业可根据企业的发展规划以及经济能力，选择适当的贷款期限。

① 查看双变量模拟运算表。打开源文件\第19章\原始文件\借款筹资双变量模拟运算.xlsx工作簿，已知企业贷款100万，利率范围为5.00%～10.00%，贷款年限可以为10年、15年、20年、25年和30年，如图19-9所示。

图 19-9　查看双变量模拟运算表

② 计算贷款10年利率5.00%的月还款额。在D5单元格中输入公式"=PMT(B4/12,B3*12,−B2)"，按下Enter键，得到贷款年利率为5.00%，贷款年限为10年的情况下应该还款的金额，如图19-10所示。

③ 打开"数据表"对话框。选择D5:I16单元格区域，在"数据"选项卡下单击"假设分析"按钮，从展开的下拉列表中单击"数据表"选项，如图19-11所示。

交叉参考

在第9章第9.1.3节中详细地为读者介绍过双变量模拟运算，用户可参阅此处。

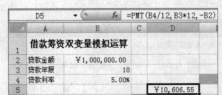

图 19-10　计算贷款10年利率5.00%的月还款额

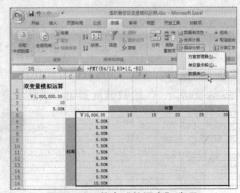

图 19-11　单击"数据表"选项

4 输入引用行和列的单元格。弹出"数据表"对话框，单击"输入引用行的单元格"文本框右侧的折叠按钮，返回工作表中单击B3单元格，相同的方法，设置"输入引用列的单元格"为B4，如图19-12所示。

5 双变量模拟运算结果。单击"确定"按钮，返回工作表中，分别计算出了各种利率和年限下的月还款额，如图19-13所示。

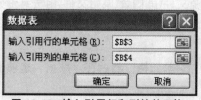

图 19-12 输入引用行和列的单元格

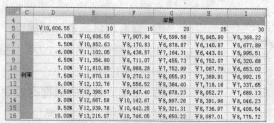

图 19-13 双变量模拟运算结果

6 设置条件格式。选择E6:I16单元格区域，在"开始"选项卡下单击"条件格式"按钮，从展开的下拉列表中将鼠标指针指向"突出显示单元格规则"选项，在其展开的库中单击"小于"选项，如图19-14所示。

7 设置数值小于范围。假设企业所能承受的月还款额为8000元以下，那么在弹出的"小于"对话框中键入"8000"，然后从"设置为"下拉列表中选择"绿填充色深绿色文本"选项，如图19-15所示。

> **提示**
>
> 如果用户需要新建条件规则，可从展开的"条件格式"下拉列表中单击"新建规则"按钮即可。

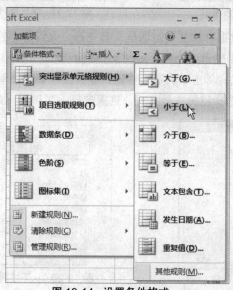

图 19-14 设置条件格式

图 19-15 设置数值小于范围

8 突出显示月还款额小于8000的单元格。单击"确定"按钮，返回工作表中，此时可以看到突出显示了月还款额小于8000元的单元格区域，如图19-16所示。

	C	D	E	F	G	H	I
4					年限		
5		¥10,606.55	10	15	20	25	30
6		5.00%	¥10,606.55	¥7,907.94	¥6,599.56	¥5,845.90	¥5,368.22
7		5.50%	¥10,852.63	¥8,170.83	¥6,878.87	¥6,140.87	¥5,677.89
8		6.00%	¥11,102.05	¥8,438.57	¥7,164.31	¥6,443.01	¥5,995.51
9		6.50%	¥11,354.80	¥8,711.07	¥7,455.73	¥6,752.07	¥6,320.68
10		7.00%	¥11,610.85	¥8,988.28	¥7,752.99	¥7,067.79	¥6,653.02
11	利率	7.50%	¥11,870.18	¥9,270.12	¥8,055.93	¥7,389.91	¥6,992.15
12		8.00%	¥12,132.76	¥9,556.52	¥8,364.40	¥7,718.16	¥7,337.65
13		8.50%	¥12,398.57	¥9,847.40	¥8,678.23	¥8,052.27	¥7,689.13
14		9.00%	¥12,667.58	¥10,142.67	¥8,997.26	¥8,391.96	¥8,046.23
15		9.50%	¥12,939.76	¥10,442.25	¥9,321.31	¥8,736.97	¥8,408.54
16		10.00%	¥13,215.07	¥10,746.05	¥9,650.22	¥9,087.01	¥8,775.72

图 19-16 突出显示月还款额小于8000的单元格

19.2.2 租赁筹资分析

租赁是指在约定的期间内，出租人将资产使用权让与承租人以获取租金的行为。租赁作为一种特殊的筹资方式，在市场经济中的运用日益广泛。租赁的形式多种多样，在现行税法中涉及的租赁形式主要有经营租赁和融资租赁。租赁过程中的纳税筹划，对于减轻企业税收负担具有重要意义。本节将为读者介绍如何分析租赁筹资。

1 查看租赁筹资分析模型。打开源文件\第19章\原始文件\租赁筹资分析.xlsx工作簿，从表格中可以看出租金为120万，租赁的年利率为7.65%，租赁的年限为12年，每年分为2期支付，如图19-17所示。

2 设置支付方式数据有效性。选中B4单元格，然后在"数据"选项卡下单击"数据有效性"按钮，如图19-18所示。

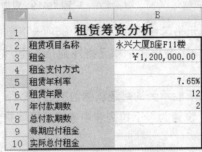

图 19-17　查看租赁筹资分析模型

图 19-18　设置支付方式数据有效性

3 设置有效性条件。弹出"数据有效性"对话框，首先在"允许"下拉列表中选择"序列"选项，然后在"来源"文本框中输入"先付,后付"，如图19-19所示。

4 从下拉列表中选择支付方式。单击"确定"按钮，返回工作表中，单击B4单元格右侧的下拉按钮，从展开的下拉列表中选择租赁支付方式，这里选择"先付"，如图19-20所示。

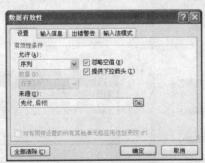

图 19-19　设置有效性条件

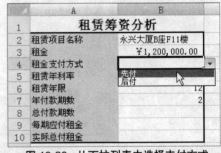

图 19-20　从下拉列表中选择支付方式

5 计算总付款期数。总付款期数＝租赁年限×年付款期数，所以在B8单元格中输入公式"=B6*B7"，按下Enter键，得到总付款期数为24期，如图19-21所示。

6 计算每期应付租金。在B9单元格中输入公式"=IF(B4="先付",ABS(PMT(B5/B7,B8,B3,0,1)),ABS(PMT(B5/B7,B8,B3,0,0)))"，按下Enter键，得到的结果如图19-22所示。

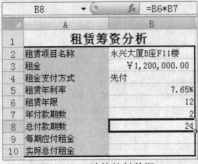

图 19-21　计算总付款期

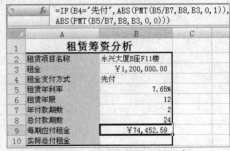

图 19-22　计算每期应付租金

提示

图 19-22 中所使用的 ABS() 函数用于返回数字的绝对值。其语法为 ABS(number),其中参数 number 表示需要计算绝对值的实数。

7 　**计算实际总付租金。**实际总付租金＝每期应付租金×总付款期数,所以在B10单元格中输入公式"=B9*B8",按下Enter键,得到的结果如图19-23所示。

8 　**创建双变量模拟运算表。**同贷款筹资的模型一样,上述分析模型只能反映固定利率与总付款期数的相关参数,在实际工作中,常需要以这两项作为变量进行分析,输入不同的利率值和还款期限值构建二维表格,如图19-24所示。

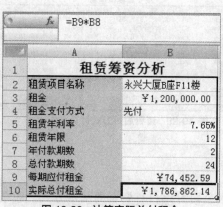

图 19-23　计算实际总付租金

图 19-24　创建双变量模拟运算表

9 　**输入公式。**在A13单元格中输入公式"=IF(B4="先付",ABS(PMT(B5/B7,B8,B3,0,1)),ABS(PMT(B5/B7,B8,B3,0,0)))",按下Enter键,得到年利率为7.65%,租赁年限为12年的每期租金,结果如图19-25所示。

10 　**打开"数据表"对话框。**选择A13:F24单元格区域,在"数据"选项卡下单击"假设分析"按钮,从展开的下拉列表中单击"数据表"选项,如图19-26所示。

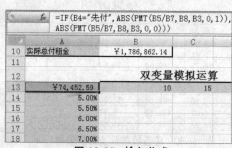

图 19-25　输入公式

图 19-26　单击"数据表"选项

交叉参考

双变量的模拟运算用户可参考本章前面的知识点。

11 　**模拟运算表参数设置。**弹出"数据表"对话框,单击"输入引用行的单元格"文本框右侧的折叠按钮,返回工作表中单击B6单元格,相同的方法,设置引用列的单元格为B5,如图19-27所示。

12 　**双变量模拟运算结果。**单击"确定"按钮,返回工作表中,得到的结果如图19-28所示。

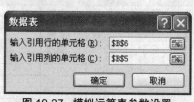

图 19-27　模拟运算表参数设置

图 19-28　双变量模拟运算结果

13 　**查看后付方式计算结果。**选定单元格B4,从下拉列表中选择"后付",可以查看"后付"方式下的模拟运算结果,如图19-29所示。

图 19-29　查看后付方式计算结果

19.2.3　股票筹资分析

发行股票筹资是股份有限公司筹集自有资金的基本方式。股票是由股份有限公司发行的，了解股票筹资的情况，首先必须了解股份有限公司的概况。股票筹资有弹性强、融资风险小、无固定到期日等优点；但股票筹资也有缺点，即股票筹资的资金成本较高，容易分散控制权，所以企业在用股票筹资时应结合公司实际情况充分考虑上述优缺点。本节将为读者介绍如何分析股票筹资方式。具体操作步骤如下。

1　**查看股票筹资分析表格。** 打开源文件\第19章\原始文件\股票筹资分析.xlsx工作簿，在Sheet1工作表中包含了一个股票筹资分析表格，需要用户计算出2000～2007年利用股票筹集的资金，如图19-30所示。

图 19-30　查看股票筹资分析表格

2　**计算2000年筹集资金。** 在F4单元格中输入公式 "=SUMPRODUCT(B4:C4,D4:E4)"，按下Enter键，得到2000年所筹得的资金为1020万元，如图19-31所示。

图 19-31　计算 2000 年筹集资金

3　**复制公式。** 拖动F4单元格右下角的填充柄，向下复制公式，得到各年份筹集的资金值，结果如图19-32所示。

	股票筹资分析				
年份	发行量（万股）		发行价格（元）		筹资合计（万元）
	A股	B股	A股	B股	
2000	50.00	50.00	18.50	1.90	1020
2001	276.41	194.83	16.70	1.80	4966.741
2002	99.78	49.62	22.50	2.50	2369.1
2003	85.51	22.68	11.20	2.20	1007.608
2004	294.34	224.45	10.80	2.60	3762.442
2005	853.06	655.06	11.90	3.00	12116.594
2006	778.02	421.59	8.90	1.40	7514.604
2007	893.60	512.88	15.60	1.70	14812.056

图 19-32 复制公式

4 选择插入的图表类型。选择F4:F11单元格区域，在"插入"选项卡下单击"折线图"按钮，从展开的库中选择"带数据标记的折线图"类型，如图19-33所示。

5 创建的图表效果。如图19-34所示为创建的选定区域的图表效果。

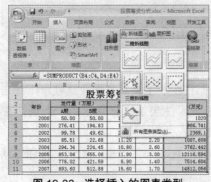

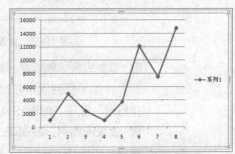

图 19-33 选择插入的图表类型　　　　　　　　图 19-34 创建的图表效果

6 编辑系列。弹出"选择数据源"对话框，在"图例项（系列）"列表框中选中"系列1"，然后单击"编辑"按钮，如图19-35所示。

7 设置系列名称。弹出"编辑数据系列"对话框，单击"系列名称"文本框右侧的折叠按钮，返回工作表中单击F2单元格，如图19-36所示。

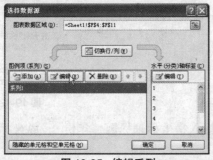

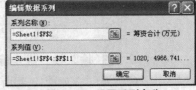

图 19-35 编辑系列　　　　　　　　　　　图 19-36 设置系列名称

8 编辑水平轴标签。单击"确定"按钮，返回"选择数据源"对话框中，在"水平（分类）轴标签"列表框中单击"编辑"按钮，如图19-37所示。

9 选择轴标签区域。弹出"轴标签"对话框，单击"轴标签区域"文本框右侧的折叠按钮，返回工作表中，选择A4:A11单元格区域，如图19-38所示。

图 19-37 编辑水平轴标签　　　　　　　　图 19-38 选择轴标签区域

⑩ **更改图表标题**。连续单击两次"确定"按钮，返回工作表中，此时可以看到图表效果如图19-39所示。将图表标题更改为"股票筹资走势图"。

⑪ **添加横坐标轴**。选中图表，在图表工具"布局"选项卡下单击"坐标轴标题"按钮，从展开的下拉列表中将鼠标指针指向"主要横坐标轴标题"选项，在其展开的库中单击"坐标轴下方标题"选项，如图19-40所示。

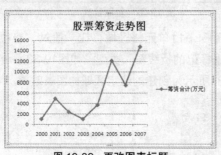

图 19-39　更改图表标题

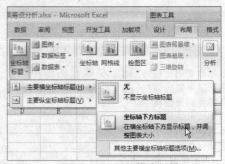

图 19-40　添加横坐标轴

⑫ **添加纵坐标轴标题**。选中图表，在图表工具"布局"选项卡下单击"坐标轴标题"按钮，从展开的下拉列表中将鼠标指针指向"主要纵坐标轴标题"选项，在其展开的库中单击"竖排标题"选项，如图19-41所示。

⑬ **设置无图例**。在图表工具"布局"选项卡下单击"图例"按钮，从展开的库中单击"无"选项，如图19-42所示。

图 19-41　添加纵坐标轴标题

图 19-42　设置无图例

⑭ **输入横、纵坐标轴标题**。输入横坐标轴标题"年份"，纵坐标轴标题"筹资合计（万元）"，如图19-43所示。

趋势线是以图形的方式表示数据系列的趋势。趋势线用于问题预测研究，又称回归分析。

⑮ **添加趋势线**。选中图表，在图表工具"布局"选项卡下单击"趋势线"按钮，从展开的库中单击"其他趋势线选项"选项，如图19-44所示。

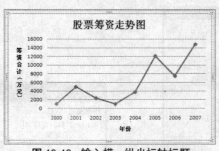

图 19-43　输入横、纵坐标轴标题

图 19-44　添加趋势线

⓰ **选择趋势线类型。** 弹出"设置趋势线格式"对话框，在"趋势线选项"选项卡下单击"线性"单选按钮，如图19-45所示。

⓱ **设置趋势线颜色。** 单击"线条颜色"选项，切换至该选项卡下，单击"实线"单选按钮，从"颜色"下拉列表中选择"红色"，如图19-46所示。

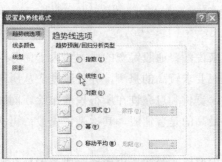

图 19-45　选择趋势线类型

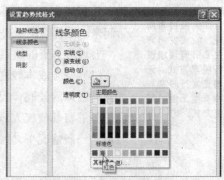

图 19-46　设置趋势线颜色

⓲ **设置趋势线线型。** 单击"线型"选项，切换至"线型"选项卡下，设置趋势线的"宽度"为"1.5磅"，如图19-47所示。

⓳ **最终效果。** 单击"关闭"按钮，返回工作表中，此时在图表中添加了如图19-48所示的趋势线。

图 19-47　设置趋势线线型

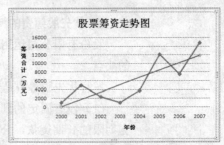

图 19-48　最终效果

相关行业知识　股票筹资的特点

股票按股东的权利义务划分为普通股和优先股。由于普通股和优先股的权利义务各不相同，股份有限公司运用普通股筹资与运用优先股筹资的特点也不一致。

一. 普通股筹资的特点

股份有限公司运用普通股筹集自有资本，与优先股相比，与公司债券、长期借款等筹资方式相比有其优点，也有一定的缺点。

发行普通股是股份有限公司筹集资金的一种基本方式，其优点主要有：

（1）普通股筹资没有固定的股利负担。采用普通股筹资，公司没有盈利，就不必支付股利；公司有盈利，并认为适合分配股利，就可以分给股东；公司盈利较少，或虽有盈利但资金短缺或有更有利的投资机会，就可以少支付或不支付股利。

（2）普通股股本没有固定的到期日，不用偿还。利用普通股筹集的是永久性的资金，除非公司清算才需要偿还。这对于保证公司对资金的最低要求，促进公司长期持续稳定发展具有重要意义。

（3）普通股筹资的财务风险较小。由于普通股股本没有固定的到期日，一般也不用支付固定的股利，不存在还本付息的风险。

（4）能增加公司的信誉。普通股股本以及由此产生的资本公积金和盈余公积金等，是公司筹措债务资金的基础。有了较多的自有资金，就可为债权人提供较大的损失保障，因而普通股筹资既可以提高公司的信用价值，同时也为使用更多的债务资金提供了强有力的支持。

（5）筹资限制较少。利用优先股或债券筹资，通常有许多限制，这些限制往往会影响公司经营的灵活性，而利用普通股筹资则没有这些限制。

（6）能激励职工的积极性。公司在股票发行和上市过程中，通过安排职工购买公司股份，使其成为公司股东，从而可以直接参与公司的重大决策，把自身利益与公司前途紧密结合起来。这样有助于提高公司职工的工作效率，调动其积极性。

普通股筹资的缺点主要有：

（1）资金成本较高。一般来说，普通股筹资的成本要大于债务筹资。这主要是由于投资于普通股风险较高，投资者相应要求较高的报酬，并且股利应从所得税后的净利润中支付，而债务筹资其债权人风险较低，支付利息允许在所得税前扣除。同时，普通股的发行成本也较高，一般情况下，发行费用最高的是普通股，其次是优先股，再次是公司债券，最后是长期借款。

（2）容易分散控制权。利用普通股筹资，出售新股票，增加新股东，由于普通股股东通常都享有投票权，所以可能将公司的部分控制权转移给新股东，分散公司的控制权。同时新股东对公司已积累的盈余具有分享权，这就会降低普通股的每股净收益，从而可能引起普通股股价的下跌。

（3）如果今后发行新的普通股，会导致股票价格的下跌。新股东对公司已积累的盈余具有分享权，这就会降低普通股的每股净收益，从而可能引起普通股市价的下跌。

二. 优先股筹资的特点

股份有限公司运用优先股筹集资本，与普通股和其他筹资方式相比有其优点，也有一定的缺点。

发行优先股筹资是一种比较灵活机动的筹资方式，其优点主要有：

（1）没有固定的到期日，不用偿还本金。发行优先股筹集资金，实际上等于得到了一笔无期限的长期贷款，公司不承担还本义务。对可赎回优先股，公司可在需要时按一定的价格收回，这就使得利用这部分资金更有弹性。当财务状况较弱时发行优先股，而财务状况较强时收回，这有利于结合资金需求加以调剂，同时也便于控制公司的资本结构。

（2）股利的支付既固定又有一定的弹性。一般而言，优先股都采用固定股利，但对固定股利的支付并不构成公司的法定义务。如果公司财务状况不佳，可以暂时不支付优先股股利，而且优先股股东也不能像公司债权人那样迫使公司破产。

（3）保持普通股股东对公司的控制权。因优先股一般没有表决权，通过发行优先股，公司普通股股东可避免与新投资者一起分享公司的盈余和控制权。当公司既想向外筹措自有资金，又想保持原有股东的控制权时，利用优先股筹资尤为恰当。

（4）有利于增强公司信誉。从法律上讲，优先股股本属于公司的自有资金，发行优先股能增强公司的自有资本基础，可适当增强公司的信誉，提高公司的借款举债能力。

优先股筹资也有它自身的缺点，主要有：

（1）筹资成本高。优先股必须以高于债券利率的股利支付率出售，其成本虽低于普通股，但一般高于债券，加之优先股支付的股利要从税后利润中支付，使得优先股筹资成本较高。

（2）筹资限制多。发行优先股，通常有许多限制条款，例如，为了保证优先股的固定股利，当公司盈利不多时普通股就可能分不到股利。

（3）财务负担重。优先股需要支付固定股利，但又不能在税前扣除，当公司盈利下降时，优先股的股利可能成为公司一项较重的财务负担，有时不得不延期支付，会影响公司的形象。

19.2.4 **债券筹资分析**

债券是通过向投资人发行债务凭证而取得负债资金。债券主要由债券面值、债券价格、债券还本期限与方式和债券利率四个要素组成。它可以从不同的角度进行分类，并具有一定的特征。债券发行必须具备一定的条件，发行方式有多种，影响债券发行价格的因素有债券票面金额、票面利率、市场利率、债券期限。必须采用一定的方法计算债券的发行价格。债券的主要特征是到期必须还本利息。本节为读者分析债券筹资。

1 **建立债券筹资模型1。** 新建一个工作簿，保存后命名为"债券筹资分析.xlsx"，已知企业于2008-2-14日发行债券进行筹资，起息日期为2008-2-20，成交日期为2008-7-25，年利率为8.00%，年付息次数为2次，发行量为200，创建如图19-49所示的表格。

2 **计算筹资数额。** 在B10单元格中输入公式"=B7*B8"，按下Enter键，计算出此处筹集的资金额，结果如图19-50所示。

	A	B	C	D
1		债券筹资模型		
2		模型1		
3	发行日期	2008-2-14		
4	起息日期	2008-2-20		
5	成交日期	2008-7-25		
6	年利率	8.00%		
7	证券价值	¥10,000.00		
8	发行量	200		
9	年付息次数	2		
10	筹资数额			
11	到期利息			

图 19-49 建立债券筹资模型 1

fx	=B7*B8	
	A	B
1		债券
2		模型1
3	发行日期	2008-2-14
4	起息日期	2008-2-20
5	成交日期	2008-7-25
6	年利率	8.00%
7	证券价值	¥10,000.00
8	发行量	200
9	年付息次数	2
10	筹资数额	¥2,000,000.00
11	到期利息	

图 19-50 计算筹资数额

3 **计算到期利息。** 在B11单元格中输入公式"=ACCRINT(B3,B4,B5,B6,B7,B9)"，按下Enter键，得到到期应付的利息，计算结果如图19-51所示。

4 **建立债券筹资模型2。** 如果企业使用一次性付息债券筹资170万，债券的价值为120万，成交日期为2004-2-14，到期日期为2008-2-14，日计算基准为0，根据这些条件创建如图19-52所示的筹资模型2。

fx	=ACCRINT(B3,B4,B5,B6,B7,B9)		
	A	B	C
1		债券筹资模	
2		模型1	
3	发行日期	2008-2-14	
4	起息日期	2008-2-20	
5	成交日期	2008-7-25	
6	年利率	8.00%	
7	证券价值	¥10,000.00	
8	发行量	200	
9	年付息次数	2	
10	筹资数额	¥2,000,000.00	
11	到期利息	¥357.78	

图 19-51 计算到期利息

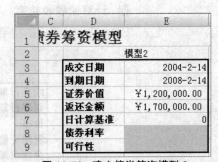

	C	D	E
1		债券筹资模型	
2		模型2	
3	成交日期		2004-2-14
4	到期日期		2008-2-14
5	证券价值		¥1,200,000.00
6	返还金额		¥1,700,000.00
7	日计算基准		0
8	债券利率		
9	可行性		

图 19-52 建立债券筹资模型 2

5 **计算债券利率。** 在E8单元格中输入公式"=INTRATE(E3,E4,E5,E6,E7)"，按下Enter键，计算出债券的利率为10.42%，如图19-53所示。

6 **判断可行性。** 当债券利率大于0.05时视为可行，在E9单元格中输入公式"=IF(E8>0.05,"可行","")"，按下Enter键，判断结果如图19-54所示。

f_x =INTRATE(E3,E4,E5,E6,E7)

	C	D	E
1		债券筹资模型	
2			模型2
3		成交日期	2004-2-14
4		到期日期	2008-2-14
5		证券价值	￥1,200,000.00
6		返还金额	￥1,700,000.00
7		日计算基准	0
8		债券利率	10.42%
9		可行性	

图 19-53　计算债券利

f_x =IF(E8>0.05,"可行","")

	C	D	E
1		债券筹资模型	
2			模型2
3		成交日期	2004-2-14
4		到期日期	2008-2-14
5		证券价值	￥1,200,000.00
6		返还金额	￥1,700,000.00
7		日计算基准	0
8		债券利率	10.42%
9		可行性	可行

图 19-54　判断可行性

7　建立债券筹资模型3。假设企业的第三套债券筹资方案如下：成交日期为2006-2-14，到期日期为2010-2-14，票面价值为1000元，票息半年利率为4.25%，收益率为5.50%，年付息次数为2次，日计算基准为0，要求计算出发行价格，根据这些条件，创建如图19-55所示的表格。

8　计算发行价格。在H10单元格中输入公式"=PRICE(H3,H4,H6,H7,H5,H8,H9)"，按下Enter键，得到发行价格为819.98元，如图19-56所示。

	F	G	H
1			
2		模型3	
3		成交日期	2006-2-14
4		到期日期	2010-2-14
5		票面价值	￥1,000.00
6		票息半年利率	4.25%
7		收益率	5.50%
8		年付息次数	2
9		日计算基准	0
10		发行价格	

图 19-55　建立债券筹资模型 3

f_x =PRICE(H3,H4,H6,H7,H5,H8,H9)

	F	G	H	I
1				
2		模型3		
3		成交日期	2006-2-14	
4		到期日期	2010-2-14	
5		票面价值	￥1,000.00	
6		票息半年利率	4.25%	
7		收益率	5.50%	
8		年付息次数	2	
9		日计算基准	0	
10		发行价格	￥819.98	

图 19-56　计算发行价格

9　建立债券筹资模型4。已知企业的第四套债券筹资方案成交日期为2007-5-26，到期日期为2011-5-26，发行价格为85元，票面价值为100元，息票利率为5.25%，年付息次数为2次，日计算基准为0，需要计算出债券收益率和可行性。根据这些条件，创建出如图19-57所示的表格。

10　计算债券收益率。在K10单元格中输入公式"=YIELD(K3,K4,K7,K5,K6,K8,K9)"，按下Enter键，计算出的结果如图19-58所示。

	I	J	K
2		模型4	
3		成交日期	2007-5-26
4		到期日期	2011-5-26
5		价格	85
6		票面价值	100
7		息票利率	5.25%
8		年付息次数	2
9		日计算基准	0
10		债券收益率	
11		可行性	

图 19-57　建立债券筹资模型 4

f_x =YIELD(K3,K4,K7,K5,K6,K8,K9)

	I	J	K	L
2		模型4		
3		成交日期	2007-5-26	
4		到期日期	2011-5-26	
5		价格	85	
6		票面价值	100	
7		息票利率	5.25%	
8		年付息次数	2	
9		日计算基准	0	
10		债券收益率	9.88%	
11		可行性		

图 19-58　计算债券收益率

11　判断可行性。在K11单元格中输入公式"=IF(K10>0.05,"可行","")"，按下Enter键，判断结果为"可行"，如图19-59所示。

提示

在图 19-58 中所使用的 YIELD() 函数的功能是基于返回定期付息有价证券的收益率。其语法为：YIELD(settlement, maturity,rate,pr,redemption,frequency, basis)。

⓬ **最终效果。**四种债券筹资方案计算完毕后，最终效果如图19-60所示。

图 19-59 判断可行性　　　　　　　　图 19-60 最终效果

相关行业知识 | **企业筹资应考虑的基本因素**

❶ 资金市场

资金市场又称金融市场，是金融资产易手的场所。一切金融机构以存款货币等金融资产进行的交易均属于资金市场范畴。资金市场有广义和狭义之分。广义的资金市场泛指一切金融性交易，包括金融机构与客户之间、金融机构与金融机构之间、客户与客户之间所有的以资本为交易对象的金融活动；狭义的资金市场则限定在以票据和有价证券为交易对象的金融活动。一般意义上的资金市场是指狭义的资金市场。

❷ 金融资产

金融资产，又称金融工具，是指可以用来融通资金的工具，一般包括货币和信用工具。

所谓信用，就是以他人的返还为目的，给予他人一段时间的财物支配权。通俗地讲，就是把财物借给别人使用一段时间，到期归还。

金融资产是对于某种未来收入的一种债权，金融负债则是其对称。金融资产有两种主要功能：

第一，它提供一种手段，通过它，资金剩余者可以把它转移给能对这些资金做有利投资的人。

第二，它提供一种转移，把风险从进行投资的人那边转移给为投资提供资金的人。

资金的供给者和使用者之间可以不经过有组织的资金市场来实现这种交易。如在信用活动中，借款人得到货币使用权，把借据开给货币出借者；债权人持有借据即债权证明，在归还期到来之前失去了货币使用权。

19.3 筹资风险分析

光盘路径

原始文件：
源文件 \ 第19章 \ 原始文件 \ 筹资风险分析 .xlsx

最终文件：
源文件 \ 第19章 \ 最终文件 \ 筹资风险分析 1.xlsx

企业的筹资风险是指企业因借入资金而产生的丧失偿债能力的可能性和企业利润（股东收益）的可变性。筹资风险是指由于负债筹资引起且仅由主权资本承担的附加风险。企业承担风险程度因负债方式、期限及资金使用方式的不同而面临的偿债压力也有所不同。因此，筹资决策除规划资金需要数量，并以合适的方式筹措到所需资金以外，还必须正确权衡不同筹资方式下的风险程度，并提出回避和防范风险的措施。

❶ **查看筹资风险分析模型。**打开源文件\第19章\原始文件\筹资风险分析.xlsx工作簿，在表格中显示了企业2006年—2008年的资本总额、其中负债以及各年税前利润额，如图19-61所示。

图 19-61　查看筹资风险分析模型

2 计算资产负债率。在C5单元格中输入公式"=C4/C3"，按下Enter键，向右复制公式，得到各年份的资产负债率，如图19-62所示。

图 19-62　计算资产负债率

3 计算权益资本。权益资本是指在资本总额中属于企业自身资本的部分，在单元格C6中输入公式"=C3－C4"，按下Enter键，向右复制公式，计算结果如图19-63所示。

图 19-63　计算权益资本

4 计算利息费用。假定企业贷款的利率均为8%，在C8单元格中输入公式"=C4*0.08"，按下Enter键后，向右复制公式，计算结果如图19-64所示。

图 19-64　计算利息费用

5 计算税前利润。在C9单元格中输入公式"=C7－C8"，按下Enter键后，向右复制公式，计算结果如图19-65所示。

| | fx | =C7-C8 | | |

项目	行次	2006年	2007年	2008年
		筹资风险分析		
资本总额	1	¥3,000,000.00	¥5,000,000.00	¥8,000,000.00
其中：负债	2	¥1,200,000.00	¥1,500,000.00	¥2,050,000.00
资产负债率	3	40.00%	30.00%	25.63%
权益资本	4	¥1,800,000.00	¥3,500,000.00	¥5,950,000.00
息税前利润	5	¥1,500,000.00	¥2,000,000.00	¥3,500,000.00
利息费用	6	¥96,000.00	¥120,000.00	¥164,000.00
税前利润	7	¥1,404,000.00	¥1,880,000.00	¥3,336,000.00

图 19-65　计算税前利润

6 计算税后利润及权益资本净利润率。分别在C10、C11和C12单元格中输入以下公式：

C10＝C9*0.4

C11＝C9－C10

C12＝C11/C6

按下Enter键后，向右复制公式，计算结果如图19-66所示。

| | fx | =C11/C6 | | |

项目	行次	2006年	2007年	2008年
		筹资风险分析		
资本总额	1	¥3,000,000.00	¥5,000,000.00	¥8,000,000.00
其中：负债	2	¥1,200,000.00	¥1,500,000.00	¥2,050,000.00
资产负债率	3	40.00%	30.00%	25.63%
权益资本	4	¥1,800,000.00	¥3,500,000.00	¥5,950,000.00
息税前利润	5	¥1,500,000.00	¥2,000,000.00	¥3,500,000.00
利息费用	6	¥96,000.00	¥120,000.00	¥164,000.00
税前利润	7	¥1,404,000.00	¥1,880,000.00	¥3,336,000.00
所得税	8	¥561,600.00	¥752,000.00	¥1,334,400.00
税后净利	9	¥842,400.00	¥1,128,000.00	¥2,001,600.00
权益资本净利润率	10	46.80%	32.23%	33.64%

图 19-66　计算税后利润及权益资本净利润率

提示

财务杠杆系数（通常用 Degree of Financial Leverage，DFL）来衡量，财务杠杆系数指企业权益资本收益变动相对税前利润变动率的倍数。其理论公式为：财务杠杆系数＝息税利润／（息税前利润－负债比率×利息率）。

7 计算财务杠杆系数。在单元格C13单元格输入公式"=C7/C9"，按下Enter键后，向右复制公式，计算结果如图19-67所示。

| C13 | | fx | =C7/C9 | |

项目	行次	2006年	2007年	2008年
		筹资风险分析		
资本总额	1	¥3,000,000.00	¥5,000,000.00	¥8,000,000.00
其中：负债	2	¥1,200,000.00	¥1,500,000.00	¥2,050,000.00
资产负债率	3	40.00%	30.00%	25.63%
权益资本	4	¥1,800,000.00	¥3,500,000.00	¥5,950,000.00
息税前利润	5	¥1,500,000.00	¥2,000,000.00	¥3,500,000.00
利息费用	6	¥96,000.00	¥120,000.00	¥164,000.00
税前利润	7	¥1,404,000.00	¥1,880,000.00	¥3,336,000.00
所得税	8	¥561,600.00	¥752,000.00	¥1,334,400.00
税后净利	9	¥842,400.00	¥1,128,000.00	¥2,001,600.00
权益资本净利润率	10	46.80%	32.23%	33.64%
财务杠杆系数	11	1.07	1.06	1.05

图 19-67　计算财务杠杆系数

8 计算利息费用。假定企业贷款的利率均为8%，在C8单元格中输入公式"=C4*0.08"，按下Enter键后，向右复制公式，计算结果如图19-68所示。

提示

从财务杠杆系数的计算结果，以及折线图的趋势可以得知，随着年份的增加，由于企业负债减少，资金结构风险也随之减少。

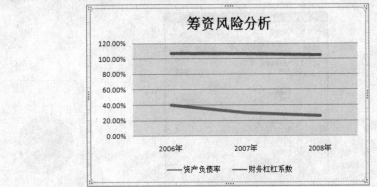

图 19-68　创建折线图表

19.4 企业资金结构图表分析

在本章的第2节中为读者介绍了企业筹集资金的四种方式，企业通过这四种方式筹集的资金和企业本身持有的资金构成了企业的总资金，下面将对企业的资金结构进行分析。

1 **创建企业资金结构分析表格。**新建一个工作簿，将其保存后命名为"企业资金结构分析.xlsx"，已知企业现有的资金和筹集的资金额，筹集资金分为长期借款、租赁筹资、股票筹资和债券筹资，如图19-69所示。

2 **选择图表类型。**选择A3:C7单元格区域，在"插入"选项卡下单击"饼图"按钮，从展开的库中选择"复合饼图"类型，如图19-70所示。

企业资金结构分析		
项目		金额
自有资金		￥5,600,000.00
筹集资金	长期借款	￥2,540,000.00
	租赁筹资	￥1,280,000.00
	股票筹资	￥2,310,000.00
	债券筹资	￥3,450,000.00

图 19-69 创建企业资金结构分析表格

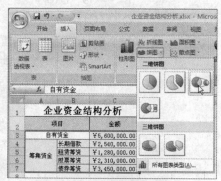

图 19-70 选择图表类型

3 **创建的复合饼图。**如图19-71所示为创建的选定区域的复合饼图效果。

4 **设置数据系列格式。**右击饼图中的任意数据系列，从弹出的快捷菜单中单击"设置数据系列格式"命令，如图19-72所示。

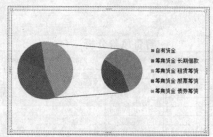

图 19-71 创建的复合饼图

图 19-72 设置数据系列格式

5 **设置第二绘图区系列个数。**弹出"设置数据系列格式"对话框，在"系列选项"选项卡下的"第二绘图区包含最后一个"文本框中输入"4"，如图19-73所示。

6 **设置数据系列后效果。**单击"关闭"按钮，返回工作表中，此时的图表效果如图19-74所示，可以看出第二个绘图区中包含了4个数据系列，即筹集资金的四种方式。

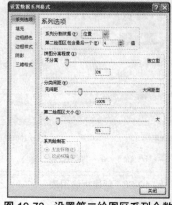

图 19-73 设置第二绘图区系列个数

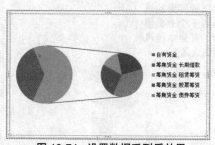

图 19-74 设置数据系列后效果

7 **选择图表布局**。选中图表，在图表工具"设计"选项卡下单击"图表布局"组中的快翻按钮，从展开的库中选择如图19-75所示的布局样式。

8 **输入图表标题**。应用了所选择的图表布局后，系统自动为图表添加了数据标志，并添加了图表标题文本框，输入图表标题"企业资金结构分布图"，如图19-76所示。

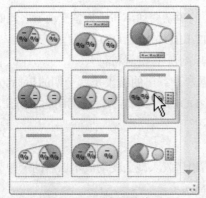

图 19-75　选择图表布局

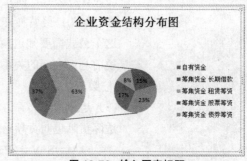

图 19-76　输入图表标题

9 **打开"设置图表区格式"对话框**。选中图表区，在图表工具"格式"选项卡下单击"形状样式"组中的对话框启动器，如图19-77所示。

提示

在图 19-78 中如果用户不采用预设的渐变颜色，可通过设置渐变光圈颜色自定义渐变颜色。

10 **设置图表区填充色**。弹出"设置图表区格式"对话框，在"填充"选项卡下单击"渐变填充"单选按钮，然后从"预设颜色"下拉列表中选择"金色年华"选项，如图19-78所示。

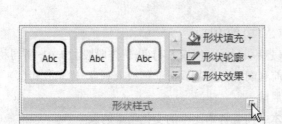

图 19-77　单击"形状样式"组对话框启动器

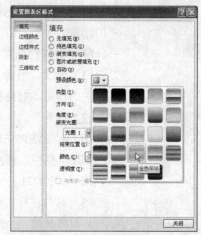

图 19-78　设置图表区填充色

11 **设置图表区边框样式**。单击"边框样式"选项，切换至"边框样式"选项卡下，勾选"圆角"复选框，如图19-79所示。

12 **最终效果**。单击"关闭"按钮，返回工作表中，得到资金结构分布图的最终效果如图19-80所示。

图 19-79　设置图表区边框样式

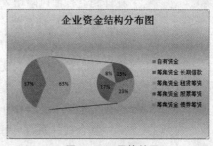

图 19-80　最终效果

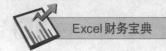

相关行业知识 | **财务管理中的杠杆原理**

财务管理中的杠杆原理是指由于固定费用的存在，当业务量发生较小的变化时，利润会产生较大的变化。主要有经营杠杆、财务杠杆、复合杠杆。

❶ 经营杠杆系数

（1）含义：是企业计算息税前的盈余变动率与销售量变动率之间的比率。

（2）计算公式：DOL＝（△EBIT/EBIT）÷（△Q/Q）

即理解为：经营杠杆系数=边际贡献/息税前利润

这个公式需要知道两期的数据，计算出的结果是后一期的指标。经营杠杆反映了销售量与息税前利润之间的关系。注意，DOL是一个倍数，说明销售量每变动1%，息税前利润变动1%的倍数。

（3）边际贡献

边际贡献也叫贡献毛利，是指销售收入减去变动成本以后的余额。

$$M＝S-V＝(P-v)×Q＝MQ$$

（4）息税前利润

息税前利润是指支付利息和交纳所得税之前的利润。

$$EBIT＝S-V-a＝P-v)×Q-a＝M-a$$

（5）经营杠杆与经营风险

经营风险：因经营上的原因而导致利润变动的风险。

影响企业经营风险的因素：产品需求、产品售价、产品成本、调整价格的能力、固定成本的比重。

❷ 财务杠杆系数

（1）含义：财务杠杆是指在某一固定财务费用比重下，息税前利润变动对普通股每股利润产生的作用。财务杠杆作用的大小通常用财务杠杆系数表示。

（2）计算公式

DFL＝（△EPS/EPS)/（△EBIT/EBIT)

DFL＝息税前利润÷（息税前利润-债权人利息-优先股股利÷（1-所得税））

推导式：DFL＝息税前利润÷（息税前利润-债权人利息-优先股利息）

（3）财务杠杆与财务风险

a.财务风险：全部资本中债务资本比率的变化带来的风险。

b.财务杠杆系数越大，表明财务杠杆作用越大，财务风险也就越大。

c.财务杠杆系数表明息税前盈余增长所引起的每股收益的增长幅度。故变动后的EPS=变动前的EPS（1+DFL×息税前利润变动百分比）。

d.在资本总额、息税前盈余相同的情况下，负债比率越高，财务杠杆系数越高，财务风险越大，预期每股收益（投资者收益）也越高。

e.控制财务风险的方法：控制负债比率，即通过合理安排资本结构，适度负债，使财务杠杆利益抵消风险增大所带来的不利影响。

❸ 复合杠杆系数

（1）含义：经营杠杆与财务杠杆的连锁作用称为复合杠杆作用，表明销售额稍有变动会使每股收益产生更大变动。

（2）计算公式：复合杠杆作用程度（DCL）是指每股利润变动率相当于业务量变动率的倍数，也等于经营杠杆系数和财务杠杆系数的乘积。

复合杠杆系数＝每股利润变动率÷产销量变动率

DCL＝（△EPS/EPS)/（△S/S)

$$=DOL \cdot DFL=Q \times (P-V)/[Q \times (P-V)-F-I]$$

$$=(S-VC)/(S-VC-F-I)$$

复合杠杆系数＝边际贡献÷（息税前利润-利息）

（3）复合杠杆与企业风险

复合风险是由于复合杠杆作用使每股利润大幅度波动而造成的风险。在其他因素不变的情况下，复合杠杆系数越大，复合风险越大。

复合杠杆系数反映了经营杠杆与财务杠杆间的关系，即为了达到某一总杠杆系数，经营杠杆和财务杠杆可有多种不同组合。在维持总风险一定的情况下，企业可以根据实际情况，选择不同的经营风险和财务风险组合，从而为企业创造性地实施各种财务管理策略提供了条件。

企业财务预算

20

　　财务预算，是指对企业未来的收入、成本、利润、现金流量及融资需求等财务指标所作的估计和推测。财务预算是编制投资和融资计划的基础，是企业制定发展战略的基本要素。同时，应用Excel编制财务预算，不仅可以节省大量的人力，而且还可以使预算具有更大的弹性。

20.1 财务预算体系

　　财务预算是一系列专门反映企业未来一定期限内预计财务状况和经营成果，以及现金收支等价值指标的各种预算的总称。

20.1.1 全面预算体系

　　全面预算主要包括三个部分：业务预算、专门决策预算和财务预算。

1. 业务预算

　　业务预算是基础，主要包括与企业日常业务直接相关的销售预算、生产预算、直接材料及采购预算、直接人工预算、制造费用预算、产品成本预算、期末存货预算、销售及管理费用预算等。其中销售预算又是业务预算的编制起点。

　　传统的全面预算体系是建立在销售预算的基础上，也就是说销售预算是全面预算的关键和起点。销售预算需要根据企业年度目标利润确定的预计销售量、销售价格和销售额等参数编制。

　　（1）销售预算

　　在单一产品的企业里，销售预算中反映产品的销售数量、销售价格和销售额。在多品种的企业里，销售预算中通常只需要列示全年及各季的销售总额，并根据各种主要产品的销售量和销售单价分别编制销售预算的附表。

　　通常情况下，还应当根据销售预算编制与销售收入有关的现金收入预计表，用以反映全年及各季销售所得现金收入和回收以前期间应收账款的现金数额。

　　（2）生产预算

　　生产预算编制的主要依据是预算期各种产品的预计销售量和库存资料。在正常情况下，企业预计的生产量和销售量往往存在不一致现象，企业就需要储备一定数量的产成品存货。因此，在预计生产量时要考虑产成品期初存货和期末存货的水平。可以按照下面的公式确定本期的预计生产量：

　　预计生产量＝预计销售量＋预计期末存货量－预计期初存货量

　　（3）直接材料预算

　　直接材料的预算是为规划直接材料的采购活动和消耗情况而编制的，其编制依据是生产预算、材料消耗等资料。

　　由于企业预算期的生产耗用量和采购量存在不一致的情况，企业一般会保持一定数量的材料库存，以满足生产的变化需要。预计材料采购量可以按照下面的公式计算：

预计材料采购量＝预计材料耗用量＋预计期末库存材料－预计期初库存材料

同时，为了以后编制财务预算的方便，根据直接材料采购的预算情况，需要编制现金支出预算。

（4）直接人工预算

直接人工预算是用来确定预算期内人工工时的耗费水平和人工成本水平的预算。在编制过程中，主要依据生产预算中的预计生产量、标准单位直接人工工时和标准工时率等资料。

预计直接人工成本＝小时工资率×预计直接人工总工时

预计直接人工总工时＝单位产品直接人工的工时定额×预计生产量

此外，还需要编制制造费用预算、产品成本预算、销售及管理费用预算等。

2. 专门决策预算

专门决策预算是指企业为那些在预算期内不经常发生的、一次性业务活动所编制的预算，主要包括：根据长期投资决策结论编制的与购置、更新、改造、扩建固定资产决策有关的资本支出预算，与资源开发、产品改造和新产品试制有关的生产经营决策预算等。

3. 财务预算

财务预算主要反映企业预算期现金收支、经营成果和财务状况的各项预算，包括：现金预算、预计利润表和预计资产负债表。现金预算是依据业务预算和专门决策预算而编制的，是整个预算体系的主体。

现金预算主要是规划预算期现金收入、现金支出和资金融通的一种财务预算。

现金预算通常由四个部分组成：

a.现金收入

现金收入包括期初的现金结存数和预算期内发生的现金收入，其主要来源是销售收入和应收账款的收回。

b.现金支出

现金支出包括预算期内预计可能发生的一切现金支出，如材料采购支出、直接人工支出、制造费用支出等。

c.现金收支差额

根据现金收入和现金支出的情况，可以得出现金支出差额。如果差额为正，说明收入大于支出，现金有余；如果差额为负，说明支出大于收入，现金不足，需要进行资金的融通。

d.资金融通

在预算期内，根据现金收支的差额和企业有关资金管理的各项政策，确定资金筹集和运用的数额。资金融通包括两方面：多余资金的合理运用，不足资金的筹措。

20.1.2 财务预算编制作用与步骤

1. 财务预算的作用

财务预算是企业全面预算体系中的组成部分，它在全面预算体系中有以下重要作用。

（1）财务预算使决策目标具体化、系统化和定量化。

在现代企业财务管理中，财务预算能够全面、综合地协调、规划企业内部各部门、各层次的经济关系与职能，使之统一服从于未来经营总体目标的要求；同时，财务预算又能使决策目标具体化、系统化和定量化，能够明确规定企业有关生产经营人员各自职责及相应的奋斗目标，做到人人事先心中有数。

财务预算作为全面预算体系中的最后环节，可以从价值方面总括地反映经营期特种决策预算与业务预算的结果，使预算执行情况一目了然。

（2）财务预算有助于财务目标的顺利实现。

通过财务预算，可以建立评价企业财务状况的标准。将实际数与预算数对比，可及时发现问题、调整偏差，使企业的经济活动按预定的目标进行，从而实现企业的财务目标。

2. 财务预算的编制方法

（1）固定预算与弹性预算

固定预算又称静态预算，是把企业预算期的业务量固定在某一预计水平上，以此为基础来确定其他项目预计数的预算方法。

弹性预算是固定预算的对称，它主要的特点在于把所有的成本按其性态分为变动成本与固定成本两大部分。

固定预算与弹性预算的主要区别：固定预算是针对某一特定业务量编制的，弹性预算是针对一系列可能达到的预计业务量水平编制的。

（2）增量预算和零基预算

增量预算是指在基期成本费用水平的基础上，结合预算期业务量水平及有关降低成本的措施，通过调整原来有关成本费用项目而编制预算的方法。

零基预算，或称零底预算，是指在编制预算时，对于所有的预算支出以零为基础，不考虑其以往情况如何，从实际需要出发，研究分析各项预算费用开支是否必要合理，进行综合平衡，从而确定预算费用。

增量预算与零基预算的区别：增量预算是以基期成本费用水平为基础，零基预算是一切从零开始。

（3）定期预算和滚动预算

定期预算就是以会计年度为单位编制的各类预算。

滚动预算又称永续预算，其主要特点在于：不将预算期与会计年度挂钩，而是始终保持十二个月，每过去一个月，就根据新的情况进行调整和修订后几个月的预算，并在原预算基础上增补下一个月预算，从而逐期向后滚动，连续不断地以预算形式规划未来经营活动。

定期预算与滚动预算的区别：定期预算一般以会计年度为单位定期编制，滚动预算不将预算期与会计年度挂钩，而是连续不断向后滚动，始终保持十二个月。

20.2 编制财务预算费用

本节主要为读者介绍常见的几种预算，包括销售预算、生产产量预算、直接材料预算、直接人工预算、制造费用预算、销售费用和管理费用预算、现金预算、预算利润表和预算资产负债表。

20.2.1 销售预算与分析

任何企业的销售预算是编制全面预算的关键，是整个预算的起点，其他预算都以销售预算作为基础。产品的生产数量以及生产产品的材料、人工、设备和资金的需要量，销售及管理费用和其他财务支出等都要受预期的商品销售量的制约。下面为读者介绍编制销售预算与分析。

光盘路径

原始文件：
源文件\第20章\原始文件\销售预算及分析.xlsx

最终文件：
源文件\第20章\最终文件\销售预算及分析1.xlsx

1 **查看销售预算表格。**打开源文件\第20章\原始文件\销售预算及分析.xlsx工作簿，在Sheet1工作表中创建了一个用于销售预算的表格，如图20-1所示。

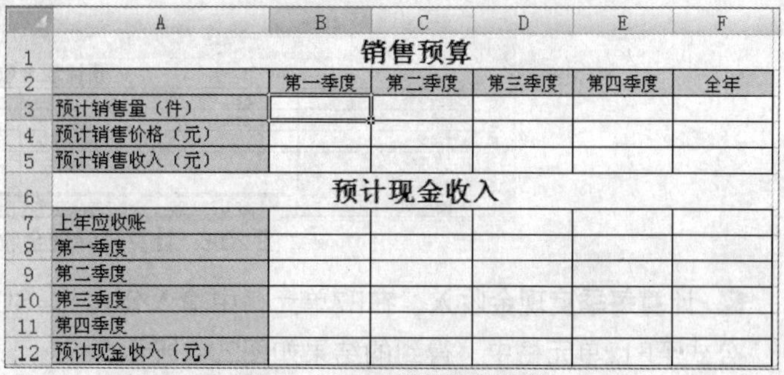

图20-1　查看销售预算表格

提示

预计销售收入＝预计销售量×预计销售单价。

2 **计算预计销售收入。**在B3:E4单元格区域中分别输入预计销量和销售价格，然后在B5单元格中输入公式"=B3*B4"，按下Enter键，得到预计销售收入，如图20-2所示。

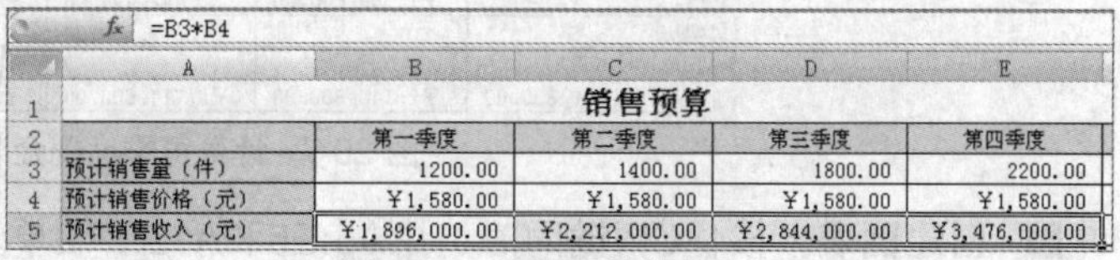

图20-2　计算预计销售收入

3 **计算全年销量和销售收入。**在F3单元格中输入公式"=SUM(B3:E3)"，按下Enter键后，将该公式复制到F5单元格中，在F4单元格中直接输入"1580"，如图20-3所示。

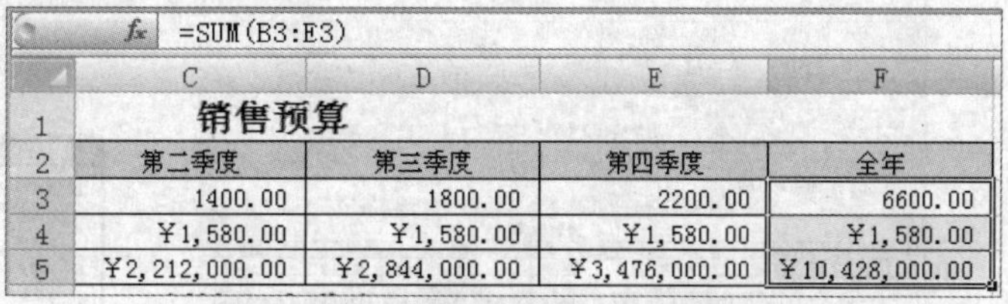

图20-3　计算全年销量和销售收入

提示

企业在编制销售预算时，应通过本量利分析，确定有可能使企业经济效益最佳的销售量和销售单价，同时还应考虑企业生产能力等因素。

4 **计算各季度现金收入预算。**在B7单元格中输入上一年应收账。假设当期实现的销售收入，只能按80%的比例收回现金，其余的要等到下一季度收回。根据此条件，在B8单元格中输入公式"=B$5*0.8"，按下Enter键后，将该公式复制到C9、D10和E11单元格中，结果如图20-4所示。

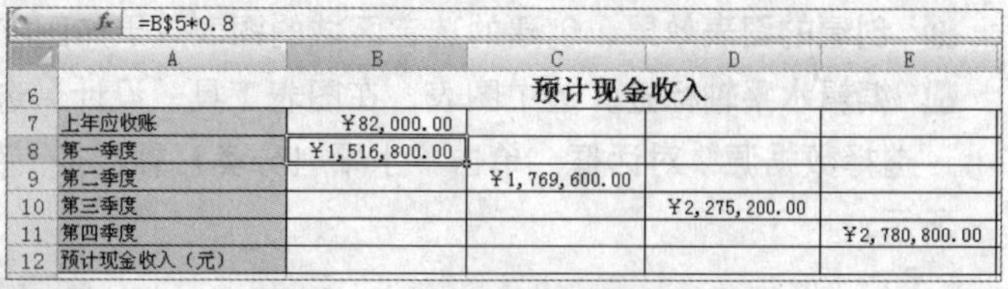

图20-4　计算各季度现金收入预算

提示

图20-4中如果将公式更改为"=B5*0.8"，再复制到C9、D10和E11单元格中时，B5就会相应的变为C6、D7和E8，而这里要求的是列标可以变动，但行号不能变化，所以在B5中添加了绝对符号"B$5"。

5 **计算下一季度现金收入。**每一季度中剩余的20%将预留到下一季度收回，所以在C8单元格中输入公式"=B$5*0.2"，按下Enter键，将公式复制到D9和E10单元格中，结果如图20-5所示。

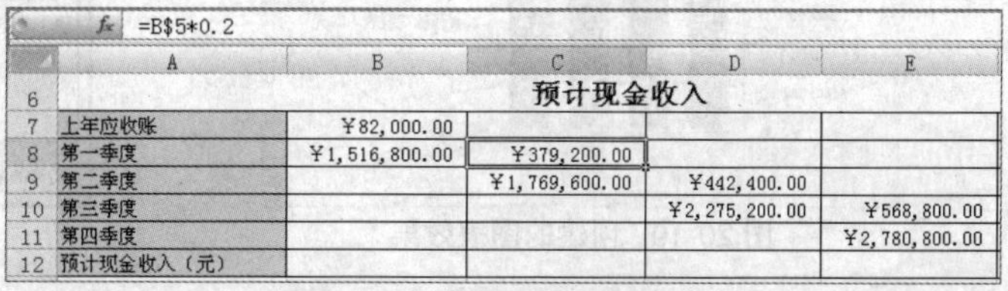

图20-5　计算下一季度现金收入

6 计算预计现金收入。 在B12单元格中输入公式"=SUM(B7:B11)",按下Enter键,向右复制公式至E12单元格中,得到的结果如图20-6所示。

	A	B	C	D	E
6			预计现金收入		
7	上年应收账	¥82,000.00			
8	第一季度	¥1,516,800.00	¥379,200.00		
9	第二季度		¥1,769,600.00	¥442,400.00	
10	第三季度			¥2,275,200.00	¥568,800.00
11	第四季度				¥2,780,800.00
12	预计现金收入(元)	¥1,598,800.00	¥2,148,800.00	¥2,717,600.00	¥3,349,600.00

图 20-6　计算预计现金收入

7 计算每季度现金收入。 在F7单元格中输入公式"=SUM(B7:E7)",按下Enter键,向下复制公式至F12单元格中,得到的结果如图20-7所示。

	B	C	D	E	F
6			预计现金收入		
7	¥82,000.00				¥82,000.00
8	¥1,516,800.00	¥379,200.00			¥1,896,000.00
9		¥1,769,600.00	¥442,400.00		¥2,212,000.00
10			¥2,275,200.00	¥568,800.00	¥2,844,000.00
11				¥2,780,800.00	¥2,780,800.00
12	¥1,598,800.00	¥2,148,800.00	¥2,717,600.00	¥3,349,600.00	¥9,814,800.00

图 20-7　计算每季度现金收入

提示

要选定不连续的单元格区域,请配合使用键盘上的 Ctrl 键。

8 创建图表。 按住Ctrl键同时选中A5:E5和A12:E12单元格区域,在"插入"选项卡下单击"图表"组中的对话框启动器,如图20-8所示。

9 选择三维簇状柱形图。 弹出"插入图表"对话框,选择"柱形图"子集中的"三维簇状柱形图"类型,如图20-9所示。

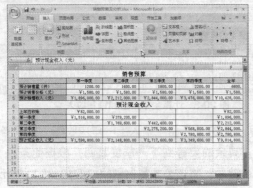

图 20-8　创建图表

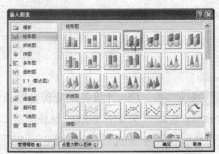

图 20-9　选择三维簇状柱形图

10 创建的图表效果。 创建的选定区域的图表效果如图20-10所示。

11 编辑水平轴标签。 选中图表,在图表工具"设计"选项卡下单击"选项数据"按钮,弹出"选择数据源"对话框,单击"水平(分类)轴标签"列表框中的"编辑"按钮,如图20-11所示。

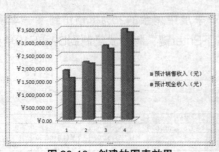

图 20-10　创建的图表效果

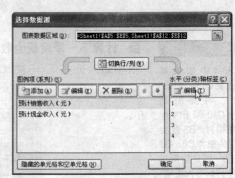

图 20-11　编辑水平轴标签

⓬ **选择轴标签区域。** 弹出"轴标签区域"对话框，单击"轴标签区域"文本框右侧的折叠按钮，返回工作表中，选择B2:E2单元格区域，如图20-12所示。

⓭ **选择图表布局。** 连续单击两次"确定"按钮返回工作表中，选中图表，在图表工具"设计"选项卡下单击"图表布局"组中的快翻按钮，从展开的库中选择"布局3"样式，如图20-13所示。

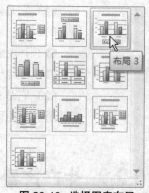

图 20-12 选择轴标签区域

图 20-13 选择图表布局

⓮ **输入图表标题。** 此时可以看到图表的图例位于图表区下方，在图表上方输入图表标题"预计销售收入与现金收入"，如图20-14所示。

⓯ **设置三维旋转。** 选中图表，在图表工具"布局"选项卡下单击"三维旋转"按钮，如图20-15所示。

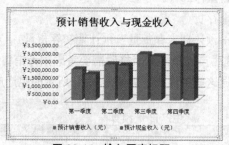

图 20-14 输入图表标题

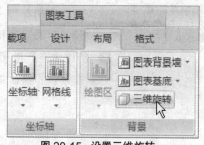

图 20-15 设置三维旋转

⓰ **设置旋转角度。** 弹出"设置图表区格式"对话框，在"三维旋转"选项卡下输入"X"的角度为"50°"，"Y"的角度为"40°"，如图20-16所示。

⓱ **最终效果。** 单击"关闭"按钮，返回工作表中，得到预计销售收入与现金收入的最终效果图如图20-17所示。

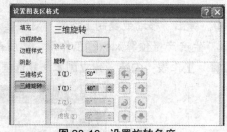

图 20-16 设置旋转角度

图 20-17 最终效果

相关行业知识 | **财务预算的组成**

财务预算的组成主要包括以下几个方面：

❶ 现金预算

❷ 财务费用预算

❸ 预计利润表

（1）预计利润表是综合反映预算期内企业经营活动成果的一种财务预算。

（2）它是根据销售、产品成本、费用等预算的有关资料编制的。

❹ 预计利润分配表

❺ 预计资产负债表

（1）预计资产负债表是总括反映预算期内企业财务状况的一种财务预算。

（2）它是以期初资产负债表为基础，根据销售、生产、资本等预算的有关数据加以调整编制的。

❻ 预计现金流量表

（1）预计现金流量表是反映企业一定期间现金流入与现金流出情况的一种财务预算。

（2）它是从现金的流入和流出两个方面，揭示企业一定期间经营活动、投资活动和筹资活动所产生的现金流量。

20.2.2 生产产量预算

生产预算编制的主要依据是预算期各种产品的预计销售量和库存货资料。在正常情况下，企业预计的生产量和销售量往往存在不一致现象，企业就需要储备一定数量的产成品存货。因此，在预计生产量时要考虑产成品期初存货和期末存货的水平。

光盘路径

最终文件：
源文件\第20章\最终文件\生产产量预算.xslx

假定企业期末存货为下期销售量的20%，因此得到存货与预计生产量的计算公式如下：

预计期末存货＝下季度销售量×20%

预计期初存货＝上季度期末存货

预计生产量＝预计销售量＋预计期末存货量－预计期初存货量

❶ **创建生产产量预算表。** 创建生产产量预算表格时需要考虑预计销售量、预计期末存货、预计期初存货和预计生产量，根据这些条件，创建如图20-18所示的生产产量预算表格。

	季度	第一季度	第二季度	第三季度	第四季度	全年
	\multicolumn{6}{生产产量预算}					
3	预计销售量					
4	加：预计期末存货					
5	合计					
6	减：预计期初存货					
7	预计生产量					

图 20-18　创建生产产量预算表

交叉参考

关于移动或复制工作表的操作在前面的章节中已经为读者提到过很多，用户可参考相关的章节。

❷ **移动和复制销售预算表格。** 打开源文件\第20章\最终文件\销售预算及分析1.xlsx工作簿，右击Sheet1工作表标签，从弹出的快捷菜单中单击"移动或复制工作表"选项，如图20-19所示。

❸ **复制到生产产量预算工作簿中。** 弹出"移动或复制工作表"对话框，首先从"将选定工作表移至工作簿"下拉列表中选择"生产产量预算.xlsx"工作簿，然后在"下列选定工作表之前"列表框中单击"生产产量预算"工作表，勾选"建立副本"复选框，如图20-20所示。

图 20-19　移动和复制销售预算表格

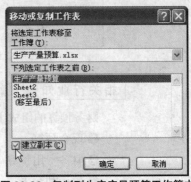

图 20-20　复制到生产产量预算工作簿中

4 **重命名复制的工作表标签。**单击"确定"按钮，返回工作表中，此时可以看到销售预算表格已经移动到"生产产量预算"工作表标签前，将sheet1工作表标签重命名为"销售预算"，如图20-21所示。

5 **计算预计销售量。**在B3单元格中输入公式"＝销售预算!B3"，按下Enter键，向右复制公式至E3单元格中，得到的结果如图20-22所示。

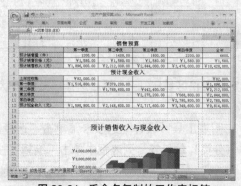

图 20-21　重命名复制的工作表标签

图 20-22　计算预计销售量

6 **计算预计期末存货。**假设库存为下季度销量的20%，第四季度的期末库存数为450，在单元格B4中输入公式"＝C3*0.2"，按下Enter键，向右复制公式至D4单元格中，得到的结果如图20-23所示。

	A	B	C	D	E
1	生产产量预算				
2	季度	第一季度	第二季度	第三季度	第四季度
3	预计销售量	1200	1400	1800	2200
4	加：预计期末存货	280	360	440	450

图 20-23　计算预计期末存货

7 **计算合计值。**预计销售量＋预计期末存货＝合计，所以在B5单元格中输入公式"＝B3＋B4"，按下Enter键，向右复制公式至E5单元格中，得到的结果如图20-24所示。

	A	B	C	D	E
1	生产产量预算				
2	季度	第一季度	第二季度	第三季度	第四季度
3	预计销售量	1200	1400	1800	2200
4	加：预计期末存货	280	360	440	450
5	合计	1480	1760	2240	2650

图 20-24　计算合计值

8 **计算预计生产量。**假设预计的期初库存量为100，预计生产量＝合计－预计期初存货，在B7单元格中输入公式"＝B5－B6"，按下Enter键，向右复制公式至E7单元格中，得到的结果如图20-25所示。

	A	B	C	D	E
1	生产产量预算				
2	季度	第一季度	第二季度	第三季度	第四季度
3	预计销售量	1200	1400	1800	2200
4	加：预计期末存货	280	360	440	450
5	合计	1480	1760	2240	2650
6	减：预计期初存货	100	100	100	100
7	预计生产量	1380	1660	2140	2550

图 20-25　计算预计生产量

⑨ **计算全年合计值。** 在F3单元格中输入公式 "=SUM(B3:E3)"，按下Enter键，向下复制公式至F7单元格中，结果如图20-26所示。

	A	B	C	D	E	F
1	生产产量预算					
2	季度	第一季度	第二季度	第三季度	第四季度	全年
3	预计销售量	1200	1400	1800	2200	6600
4	加：预计期末存货	280	360	440	450	1530
5	合计	1480	1760	2240	2650	8130
6	减：预计期初存货	100	100	100	100	400
7	预计生产量	1380	1660	2140	2550	7730

图20-26 计算全年合计值

⑩ **创建预计生产量图表。** 选定单元格区域B7:E7，然后选择"三维簇状柱形图"，创建出如图20-27所示的图表。

⑪ **选择数据源。** 选中图表，在图表工具"设计"选项卡下单击"选择数据"按钮，打开"选择数据源"对话框，在"水平（分类）轴标签"列表框中单击"编辑"按钮，如图20-28所示。

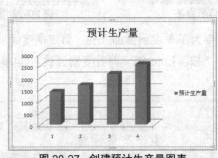

图20-27 创建预计生产量图表

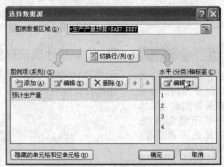

图20-28 选择数据源

⑫ **选择轴标签区域。** 弹出"轴标签"对话框，单击"轴标签区域"文本框右侧的折叠按钮，返回工作表中，选择B2:E2单元格区域，如图20-29所示。

⑬ **选择图表样式。** 连续单击两次"确定"按钮，返回工作表中，在图表工具"设计"选项卡下单击"图表样式"组中的快翻按钮，从展开的库中选择如图20-30所示的图表样式。

图20-29 选择轴标签区域

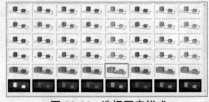

图20-30 选择图表样式

⑭ **图表效果。** 经过以上对水平轴标签的设置和图表样式的选择，得到的图表效果如图20-31所示。

⑮ **显示数据表。** 选中图表，在图表工具"布局"选项卡下单击"数据表"按钮，从展开的库中单击"显示数据表"选项，如图20-32所示。

提示

如果用户不想直接套用系统提供的图表样式，可单独设置数据系列的格式，以及图表的背景墙和基底。

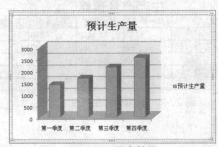

图20-31 图表效果

图20-32 显示数据表

16 **选择图表区样式。** 在图表工具 "格式" 选项卡下单击 "形状样式" 组中的快翻按钮，从展开的库中选择如图20-33所示的形状样式。

17 **图表最终效果。** 添加了数据表，应用了所选择的图表区形状样式后，得到预计生产量的最终效果图，如图20-34所示。

图 20-33　选择图表区样式

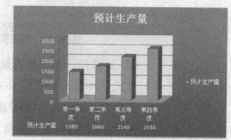

图 20-34　图表最终效果

20.2.3 直接材料预算

　　直接材料预算，是以生产预算为基础编制的，但同时还需要考虑原材料的存货情况。直接材料预算的主要内容是直接材料单位产品用量、生产需用量、期初和期末量等。在本例中假设各季度 "期末材料存量" 为下一季度生产量的20%，各季度 "期初材料存量" 是上季度的期末存货量。因此 "预计采购量" 的公式为：

　　　预计采购量＝生产需用量＋期末存量－期初存量

1 **另存为生产产量预算工作簿。** 打开源文件\第20章\最终文件\生产产量预算.xlsx工作簿，单击Office按钮，从弹出的菜单中单击 "另存为" 命令，如图20-35所示。

2 **保存为新的工作簿。** 弹出 "另存为" 对话框，首先选择保存位置，然后在 "文件名" 文本框中输入 "直接材料预算及分析"，最后单击 "保存" 按钮即可，如图20-36所示。

提示

在编制直接材料预算的同时还要预计材料各季度的现金支出，目的是便于以后编制现金预算。每季度的现金支出包括偿还上期应付账款和本期应支付的采购货款。本例假设材料采购的货款有60%在本季内支付，另外40%在下季度支付。

图 20-35　另存为生产产量预算工作簿

图 20-36　保存为新的工作簿

3 **创建直接材料预算表格。** 返回工作簿中，双击Sheet2工作表标签，将其重命名为 "直接材料预算"，然后在该工作表中创建如图20-37所示的直接材料预算表格和预计现金支出表格。

4 **计算预计生产量和生产需用量。** 在B3单元格中输入公式 "=生产产量预算!B7"，按下Enter键，向右复制公式，这里假设单位产品材料的用量都是25，然后在B5单元格中输入公式 "=B3*B4"，按下Enter键后，向右复制公式至E5单元格中，得到的结果如图20-38所示。

图 20-37　创建直接材料预算表格

图 20-38　计算预计生产量和生产需用量

5 计算预计期末库存量。各季度期末材料存量为下季度生产量的20%，根据此条件，在B6单元格中输入公式"=C5*0.2"，按下Enter键，向右复制公式至D6单元格，假设第四季度的库存量为13500，在B7单元格中输入公式"=SUM(B5:B6)"，按下Enter键，向右复制公式，得到的结果如图20-39所示。

	第一季度	第二季度	第三季度	第四季度
季度				
预计生产量	1380	1660	2140	2550
单位产品材料用量	25	25	25	25
生产需用量	34500	41500	53500	63750
加：预计期末库存量	8300	10700	12750	13500
合计	42800	52200	66250	77250

图 20-39　计算预计期末库存量

提示

预计采购量=生产需用量+期末存量－期初存量

6 计算预计采购金额。假设预计期初库存量都为1500，在B9单元格中输入公式"=B7－B8"，按下Enter键后，向右复制公式。假设单价都为3.84元，在B11单元格中输入公式"=B9*B10"，按下Enter键，向右复制公式至E11单元格中，得到的结果如图20-40所示。

	第一季度	第二季度	第三季度	第四季度
季度				
预计生产量	1380	1660	2140	2550
单位产品材料用量	25	25	25	25
生产需用量	34500	41500	53500	63750
加：预计期末库存量	8300	10700	12750	13500
合计	42800	52200	66250	77250
减：预计期初库存量	1500	1500	1500	1500
预计材料采购量	41300	50700	64750	75750
单价	￥3.84	￥3.84	￥3.84	￥3.84
预计采购金额	￥158,592.00	￥194,688.00	￥248,640.00	￥290,880.00

图 20-40　计算预计采购金额

7 计算全年各值。在F3单元格中输入公式"=SUM(B3:E3)"，按下Enter键后，将该公式复制到F5:F9单元格区域和F11单元格中，结果如图20-41所示。

	第一季度	第二季度	第三季度	第四季度	全年
季度					
预计生产量	1380	1660	2140	2550	7730
单位产品材料用量	25	25	25	25	25
生产需用量	34500	41500	53500	63750	193250
加：预计期末库存量	8300	10700	12750	13500	45250
合计	42800	52200	66250	77250	238500
减：预计期初库存量	1500	1500	1500	1500	6000
预计材料采购量	41300	50700	64750	75750	232500
单价	￥3.84	￥3.84	￥3.84	￥3.84	￥3.84
预计采购金额	￥158,592.00	￥194,688.00	￥248,640.00	￥290,880.00	￥892,800.00

图 20-41　计算全年各值

交叉参考

与前面介绍的销售预算中相同，这里也需要将 B11 采用绝对引用，这样在下面复制公式时才不会发生变化。

8 计算各季度应付采购现金。假设上年应付账款为8000元，根据材料支付规则，材料采购的货款有60%在本季度内支付，另外40%在下一季度支付，在B14单元格中输入公式"=B$11*过0.6"，按下Enter键，将该公式复制到C15、D16和E17单元格中，得到的结果如图20-42所示。

	=B$11*0.6			
	A	B	C	D	E
12	预计现金支出				
13	上年应付账款	¥8,000.00			
14	第一季度	¥95,155.20			
15	第二季度		¥116,812.80		
16	第三季度			¥149,184.00	
17	第四季度				¥174,528.00
18	现金支出合计				

图 20-42　计算各季度应付采购现金

9 计算下一季度应付账款。在C14单元格中输入公式"=B$11*0.4"，按下Enter键，将该单元格公式复制到D15和E16单元格中，得到的结果如图20-43所示。

	=B$11*0.4			
	A	B	C	D	E
11	预计采购金额	¥158,592.00	¥194,688.00	¥248,640.00	¥290,880.00
12	预计现金支出				
13	上年应付账款	¥8,000.00			
14	第一季度	¥95,155.20	¥63,436.80		
15	第二季度		¥116,812.80	¥77,875.20	
16	第三季度			¥149,184.00	¥99,456.00
17	第四季度				¥174,528.00
18	现金支出合计				

图 20-43　计算下一季度应付账款

10 计算现金支出合计。在B18和F13单元格中分别输入公式：

=SUM(B13:B17)

=SUM(B13:E13)

按下Enter键，分别向右和向下复制公式，得到的结果如图20-44所示。

	=SUM(B13:B17)				
	A	B	C	D	E	F
12	预计现金支出					
13	上年应付账款	¥8,000.00				¥8,000.00
14	第一季度	¥95,155.20	¥63,436.80			¥158,592.00
15	第二季度		¥116,812.80	¥77,875.20		¥194,688.00
16	第三季度			¥149,184.00	¥99,456.00	¥248,640.00
17	第四季度				¥174,528.00	¥174,528.00
18	现金支出合计	¥103,155.20	¥180,249.60	¥227,059.20	¥273,984.00	¥784,448.00

图 20-44　计算现金支出合计

11 创建预计材料采购图表。选择A9:E9单元格区域，选择"三维簇状柱形图"，创建如图20-45所示的图表。

12 编辑水平轴标签。选中图表，在图表工具"设计"选项卡下单击"选择数据"按钮，弹出"选择数据源"对话框，在"水平（分类）轴标签"列表框中单击"编辑"按钮，如图20-46所示。

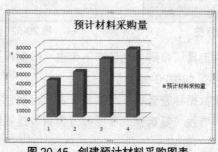

图 20-45　创建预计材料采购图表

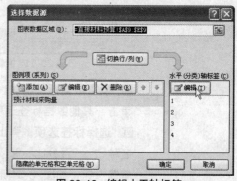

图 20-46　编辑水平轴标签

⓭ **选择轴标签区域。** 弹出"轴标签"对话框,单击"轴标签区域"文本框右侧的折叠按钮,返回工作表中,选择B2:E2单元格区域,如图20-47所示。

⓮ **选择图表样式。** 连续单击两次"确定"按钮,返回工作表中。在图表工具"设计"选项卡下单击"图表样式"组中的快翻按钮,从展开的库中选择如图20-48所示的图表样式。

图 20-50 创建的图表为各季度现金支出以及上年应付账款各占的百分比情况。

图 20-47　选择轴标签区域

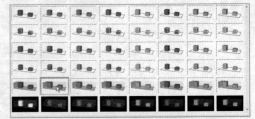

图 20-48　选择图表样式

⓯ **预计材料采购量最终效果。** 经过以上设置,应用所选择的图表样式后的预计材料采购量最终效果如图20-49所示。

⓰ **创建预计现金支出结构分布图。** 选中F13:F17单元格区域,选择"分离型三维饼图",创建出如图20-50所示的图表效果。

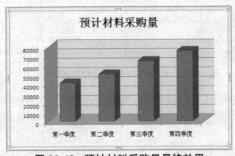

图 20-49　预计材料采购量最终效果

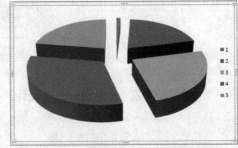

图 20-50　创建预计现金支出结构分布图

⓱ **编辑水平轴标签。** 选中图表,在图表工具"设计"选项卡下单击"选择数据"按钮,弹出"选择数据源"对话框,在"水平(分类)轴标签"列表框中单击"编辑"按钮,如图20-51所示。

⓲ **选择轴标签区域。** 弹出"轴标签"对话框,单击"轴标签区域"文本框右侧的折叠按钮,返回工作表中,选择A13:A17单元格区域,如图20-52所示。

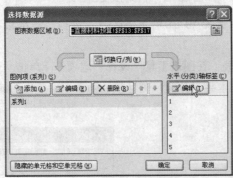

图 20-51　编辑水平轴标签

图 20-52　选择轴标签区域

⓳ **设置数据标签格式。** 在图表工具"布局"选项卡下单击"数据标签"按钮,从展开的库中单击"其他数据标签选项"选项,如图20-53所示。

⓴ **选择标签选项。** 弹出"设置数据标签选项"对话框,在"标签包括"选项组中勾选"类别名称"、"百分比"和"显示引导线"复选框,在"标签位置"选项组中单击"数据标签外"单选按钮,如图20-54所示。

图 20-53　设置数据标签格式

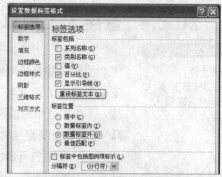

图 20-54　选择标签选项

21 选择图表区样式。单击"关闭"按钮，返回工作表中，选中图表区，在图表工具"格式"选项卡下单击"形状样式"组中的快翻按钮，从展开的库中选择如图 20-55 所示的形状样式。

22 预计现金支出结构分布图最终效果。将所有的图例设置为"无"，然后在图表上方添加图表标题"预计现金支出结构分布图"，得到图表的最终效果如图 20-56 所示。

图 20-55　选择图表区样式

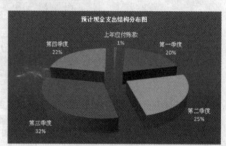

图 20-56　预计现金支出结构分布图最终效果

相关行业知识　财务预算的日常管理

预算制度包含有预算政策的订定、预算编制、日常管理及检讨改进四个部分，而其中又以日常管理最为重要，因为它是整个预算制度成功的关键。

预算的日常管理，通常是指日常管理报表的设计及应用，它的基本观念如下：

❶ 日常管理报表应配合预算项目而设计。一张日常管理报表可能包含多个相关预算项目，但每一个预算项目应有独立的字段，并有小计与月累计，以方便预算和比较。例如销货收入与销货成本应设计在一张表上，但两者都应有独立字段，并有小计与月累计。

❷ 日常管理报表通常应时序按凭证逐笔填写，资料量太大时可按日统计后填入，但应与明细资料相配合以方便查询。

❸ 日常管理表还应该有相对应的预算字段，这个字段的金额应该与该报表的期间累计相一致，以方便比较。

❹ 日常管理表需另外设计异常说明字段，并规定在何种差异的情形下，必须做异常说明，例如规定差异率在10%以上及差异金额在5000元以上必须说明异常原因及具体对策。

❺ 日常管理报表应有合理的审核流程，以确保各部门在遇到困难时能够被发觉并给予协助，故日常管理表不宜从责任部门直接送给督导阶层，最好先送交预算管理部门审查，在签署意见后，呈送督导阶层做必要的处理。

❻ 重要的日常管理报表可作为企业经营会议的讨论事项，由责任主管提出报告，再由相关人员提出意见。

总之，日常管理表是预算制度中的控制机制，随时发现预算执行时的问题并及时提供协助，以提高预算达成的可能性。

20.2.4 直接人工预算

直接人工指参加生产产品的工人的直接工资、各类津贴福利等费用。直接人工预算是以生产预算为基础编制的。其主要内容包括预计产量、单位产品工时、人工总工时、每小时人工成本和人工总成本。本节首先计算出各个季度的直接人工成本，然后使用图表分析全年直接人工费用分配的情况。

1 **移动和复制直接材料预算表格。** 新建一个工作簿，将其保存后命名为"直接人工预算及分析.xlsx"，然后打开源文件\第20章\最终文件\直接材料预算及分析.xlsx工作簿，右击"直接材料预算"工作表标签，从弹出的快捷菜单中单击"移动或复制工作表"命令，如图20-57所示。

2 **选择移动的位置。** 弹出"移动或复制工作表"对话框，首先从"将选定工作表移至工作簿"下拉列表中选择"直接人工预算及分析.xlsx"工作簿，然后从"下列选定工作表之前"列表框中单击"Sheet1"工作表，勾选"建立副本"复选框，如图20-58所示。

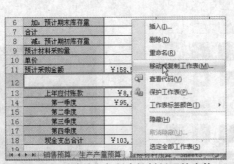

图 20-57 移动和复制直接材料预算表格

图 20-58 选择移动的位置

3 **创建直接人工预算表格。** 单击"确定"按钮，返回工作簿中，将Sheet1工作表标签重命名为"直接人工预算"，然后在该工作表中创建如图20-59所示的直接人工预算表格。

4 **计算人工总工时。** 在B3单元格中输入公式"=直接材料预算!B3"，按下Enter键，向右复制公式，假设单位产品工时都为8小时，那么在B5单元格中输入公式"=B3*B4"，按下Enter键，向右复制公式，得到的结果如图20-60所示。

图 20-59 创建直接人工预算表格

图 20-60 计算人工总工时

5 **计算总成本。** 假设每小时工人成本都为9.6元，在B7单元格中输入公式"=B5*B6"，按下Enter键，向右复制公式至E7单元格中，得到的结果如图20-61所示。

	f_x	=B5*B6			
		A	B	C	D	E
1			直接人工预算			
2		季度	第一季度	第二季度	第三季度	第四季度
3		预计生产量	1380	1660	2140	2550
4		单位产品工时	8	8	8	8
5		人工总工时	11040	13280	17120	20400
6		每小时工人成本	￥9.60	￥9.60	￥9.60	￥9.60
7		人工总成本	￥105,984.00	￥127,488.00	￥164,352.00	￥195,840.00

图 20-61 计算总成本

提示

图 20-62 中显示的
图表显示了各季度
人工总成本的百分
比分配情况。

6 **创建人工总成本分布图表。** 选择B7:E7单元格区域，利用"分离型三维饼图"创建出如图
20-62所示的图表。

7 **选择轴标签区域。** 按照前面介绍的方法打开"轴标签"对话框，选择"轴标签区域"为
"B2:E2"，如图20-63所示。

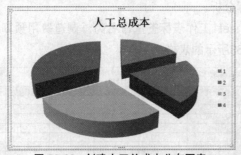

图 20-62　创建人工总成本分布图表　　　　图 20-63　选择轴标签区域

8 **设置数据标签格式。** 在图表工具"布局"选项卡下单击"数据标签"按钮，从展开的库中
单击"其他数据标签选项"选项，如图20-64所示。

9 **选择标签选项。** 弹出"设置数据标签格式"对话框，在"标签选项"选项卡下勾选"百分
比"和"显示引导线"复选框，如图20-65所示。

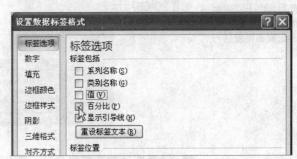

图 20-64　设置数据标签格式　　　　　　图 20-65　选择标签选项

10 **选择图表区纹理效果。** 选中图表，在图表工具"格式"选项卡下单击"形状填充"按钮，
从展开的下拉列表中将鼠标指针指向"纹理"选项，在其展开的库中选择如图20-66所示的纹
理效果。

11 **人工总成本分布图最终效果。** 应用了所选择的纹理样式，得到的图表最终效果如图20-67
所示。

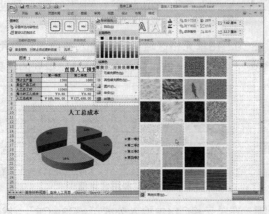

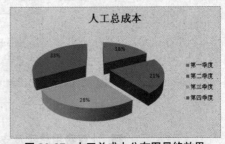

图 20-66　选择图表区纹理效果　　　　　图 20-67　人工总成本分布图最终效果

20.2.5 制造费用预算及分析

制造费用主要指车间范围内为产品生产提供服务而发生的各项间接费用，通常包括车间生产管理人员和生产工人的工资、固定折旧费和修理费、办公费、水电费等。下面就来创建制造费用预算表格并对其进行分析。

1 创建制造费用预算。将Sheet1工作表标签重命名为"制造费用预算及分析"，并根据制造费用包括的项目创建如图20-68所示的表格。

图 20-68　创建制造费用预算

2 计算变动制造费用。将生产产量预算表格复制到该工作簿中。在C4单元格中输入公式"=$B4*生产产量预算!B$7"，按下Enter键，向右复制公式，再向下复制公式，得到的结果如图20-69所示。

图 20-69　计算变动制造费用

3 计算变动制造费用合计。在C3单元格中输入公式"=SUM(C4:C7)"，按下Enter键，向右复制公式至F3单元格，得到的结果如图20-70所示。

图 20-70　计算变动制造费用合计

4 计算固定费用合计值。在C9:F13单元格区域中分别输入各项固定费用，然后在C8单元格中输入公式"=SUM(C9:C13)"，按下Enter键，向右复制公式，得到的结果如图20-71所示。

图 20-71　计算固定费用合计值

5 计算费用总额及支出总额。在单元格C14中输入公式"=C3+C8"，然后在单元格C16中输入公式"=C14－C15"，按下Enter键，分别向右复制公式，得到的结果如图20-72所示。

C14　　　　　　*fx*　=C3+C8

	A	B	C	D	E	F
11	管理人员工资		¥900.00	¥900.00	¥900.00	¥900.00
12	保险费		¥60.00	¥60.00	¥60.00	¥60.00
13	财产税		¥110.00	¥110.00	¥110.00	¥110.00
14	费用总计		¥11,298.00	¥12,866.00	¥15,654.00	¥18,350.00
15	减：折旧		¥1,500.00	¥1,300.00	¥1,800.00	¥1,900.00
16	现金支出的费用		¥9,798.00	¥11,566.00	¥13,854.00	¥16,450.00

图 20-72　计算费用总额及支出总额

6 **计算全年各项费用数。**在单元格G3中输入公式"=SUM(C3:F3)"，按下Enter键，向下复制公式，计算结果如图20-73所示。

G3　　　　　　*fx*　=SUM(C3:F3)

	C	D	E	F	G
1	**制造费用预算**				
2	第一季度	第二季度	第三季度	第四季度	全年
3	¥7,728.00	¥9,296.00	¥11,984.00	¥14,280.00	¥43,288.00
4	¥4,140.00	¥4,980.00	¥6,420.00	¥7,650.00	¥23,190.00
5	¥2,070.00	¥2,490.00	¥3,210.00	¥3,825.00	¥11,595.00
6	¥1,104.00	¥1,328.00	¥1,712.00	¥2,040.00	¥6,184.00
7	¥414.00	¥498.00	¥642.00	¥765.00	¥2,319.00
8	¥3,570.00	¥3,570.00	¥3,670.00	¥4,070.00	¥14,880.00
9	¥1,000.00	¥1,200.00	¥800.00	¥1,100.00	¥4,100.00
10	¥1,500.00	¥1,300.00	¥1,800.00	¥1,900.00	¥6,500.00
11	¥900.00	¥900.00	¥900.00	¥900.00	¥3,600.00
12	¥60.00	¥60.00	¥60.00	¥60.00	¥240.00
13	¥110.00	¥110.00	¥110.00	¥110.00	¥440.00
14	¥11,298.00	¥12,866.00	¥15,654.00	¥18,350.00	¥58,168.00
15	¥1,500.00	¥1,300.00	¥1,800.00	¥1,900.00	¥6,500.00
16	¥9,798.00	¥11,566.00	¥13,854.00	¥16,450.00	¥51,668.00

图 20-73　计算全年各项费用数

7 **创建图表。**按下Ctrl键，拖动鼠标选中单元格区域G4:G7和G9:G13，利用分离型三维饼图创建出如图20-74所示的图表。

8 **选择轴标签区域。**按照前面的方法，打开"轴标签"对话框，单击"轴标签区域"文本框右侧的折叠按钮，返回工作表中按下Ctrl键选择A4:A7和A9:A13单元格区域，如图20-75所示。

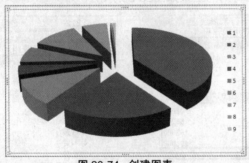

图 20-74　创建图表　　　　　　　　图 20-75　选择轴标签区域

9 **更改轴标签后效果。**连续单击两次"确定"按钮，返回工作表中，得到的图表效果如图20-76所示。

10 **选择图表布局。**选中图表，在图表工具"设计"选项卡下单击"图表布局"组的快翻按钮，从展开的库中选择如图20-77所示的图表布局。

图 20-76　更改轴标签后效果　　　　　　图 20-77　选择图表布局

11 输入图表标题。 最后输入图表标题 "制造费用预算及分析"，得到的最终图表效果如图 20-78所示。

图 20-78　输入图表标题

20.2.6 销售费用和管理费用预算及分析

销售费用预算，是指为了实现销售预算所需支付的费用预算。它以销售预算为基础，要分析销售收入、销售利润和销售费用的关系，力求实现销售费用的最有效使用。在分析销售费用时，要利用本量利分析方法，以求费用的支付能获得更多的收益。

1 创建销售费用和管理费用预算表。 新建一个工作簿，将其保存后命名为 "销售费用和管理费用预算及分析.xlsx"，然后将Sheet1工作表标签重命名为 "销售费用和管理费用"，在该工作表中创建出如图20-79所示的表格。

2 输入公式。 在B12单元格中输入公式 "=SUM(B3:B11)"，在B13单元格中输入公式 "=B12/4"，按下Enter键，得到的结果如图20-80所示。

> **提示**
>
> 管理费用是企业在日常生产经营活动中极为重要的一类费用，在编制管理费用预算时，要分析企业的业务和一般经济状况，务必做到费用合理化。管理费用多属于固定费用，所以，一般是以过去的实际开支为基础，按预算期的可预见变化来调整。

	A	B
1	销售费用和管理费用预算表	
2	销售费用：	
3	销售人员工资	180000
4	保管费	250000
5	包装运输费	190000
6	广告费	280000
7	管理费用：	
8	保险费	32000
9	福利费	55000
10	办公费	102000
11	管理人员工资	290000
12	合计	
13	每季度支出	
14		

图 20-79　创建销售费用和管理费用预算表

B12		f_x =SUM(B3:B11)
	A	B
1	销售费用和管理费用预算表	
2	销售费用：	
3	销售人员工资	¥180,000.00
4	保管费	¥250,000.00
5	包装运输费	¥190,000.00
6	广告费	¥280,000.00
7	管理费用：	
8	保险费	¥32,000.00
9	福利费	¥55,000.00
10	办公费	¥102,000.00
11	管理人员工资	¥290,000.00
12	合计	¥1,379,000.00
13	每季度支出	¥344,750.00

图 20-80　输入公式

3 选择图表类型。 按住Ctrl键选中A3:B6，A8:B11单元格区域，打开 "插入图表" 对话框，选择柱形图子集中的 "簇状柱形图"，如图 20-81所示。

4 创建的图表。 单击 "确定" 按钮，返回工作表中，得到创建的图表效果如图20-82所示。

图 20-81　选择图表类型

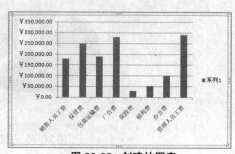

图 20-82　创建的图表

5　输入图表标题。将图表标题设置在图表上方，输入图表标题"销售费用和管理费用比较"，然后将图例设置为"无"，得到的图表效果如图20-83所示。

6　排序数据。选中B3:B6单元格区域，在"数据"选项卡下单击"升序"按钮，如图20-84所示。

提示

图 20-84 中分别对销售费用各项目和管理费用各项目进行排序，从而使排序的结果反映到图表中，图表中的数据系列也会随之按照从小到大的顺序进行排列。

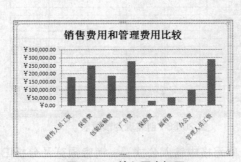

图 20-83　输入图表标题

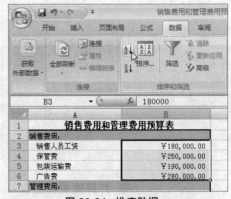

图 20-84　排序数据

7　排序提醒。弹出"排序提醒"对话框，单击"以当前选定区域排序"单选按钮，然后单击"排序"按钮即可，如图20-85所示。

8　排序后图表效果。返回工作表中，得到的表格效果如图20-86所示。

提示

在图 20-85 中如果用户单击"扩展选定区域"单选按钮，那么 B 列数据都会按照从小到大的顺序排列，而不会将销售费用和管理费用单独进行排序。

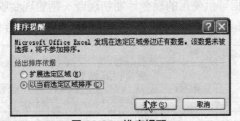

图 20-85　排序提醒

	A	B
1	销售费用和管理费用预算表	
2	销售费用：	
3	销售人员工资	¥180,000.00
4	保管费	¥190,000.00
5	包装运输费	¥250,000.00
6	广告费	¥280,000.00
7	管理费用：	
8	保险费	¥32,000.00
9	福利费	¥55,000.00
10	办公费	¥102,000.00
11	管理人员工资	¥290,000.00
12	合计	¥1,379,000.00
13	每季度支出	¥344,750.00

图 20-86　排序后图表效果

9　最终效果。排序后的图表效果如图20-87所示。

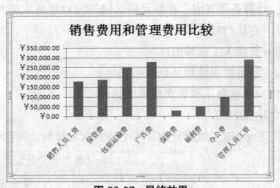

图 20-87　最终效果

20.2.7　现金预算

　　现金预算是有关预算的汇总，由现金收入、现金支出、现金多余或不足、资金的筹集和运用四个部分组成。"现金收入"部分包括期初现金余额和预算期现金收入，现金收入的主要来源是销货收入。"现金支出"部分包括预算的各项现金支出，其中包括"直接材料"、"直接人工"、"制造费用"等。

1 **创建现金预算表。** 新建一个工作簿，将其保存为现金预算.xlsx，创建如图20-88所示的现金预算表格。

图 20-88　创建现金预算表

2 **计算销售现金收入。** 在B4单元格中输入公式"=销售预算及分析!B12"，按下Enter键，向右复制公式，得到的结果如图20-89所示。

图 20-89　计算可供使用的现金

3 **计算可供使用的现金。** 根据可供使用的现金＝期初现金＋销售现金收入，在单元格B5中输入公式"=B3+B4"，按下Enter键，向右复制公式，得到的结果如图20-90所示。

图 20-90　计算可供使用的现金

4 **计算各项支出。** 在单元格区域B7:B11中依次输入下列公式：

B7 ＝直接材料预算!B18

B8 ＝直接人工预算!B7

B9 ＝制造费用预算及分析!C16

B10 ＝销售费用和管理费用!$B$13

B11 ＝ B4*0.3

按下Enter键，然后分别将各个公式向右复制，得到结果如图20-91所示。

图 20-91　计算各项支出

5 **计算支出合计。** 在单元格B14中输入公式"=SUM(B7:B13)"，计算支出合计，然后向右复制公式，计算结果如图20-92所示。

	B14	▼	f_x	=SUM(B7:B13)	
	A	B	C	D	E
1		现金预算模型			
2	季度	第一季度	第二季度	第三季度	第四季度
3	期初现金余额	￥5,000.00	￥5,500.00	￥5,200.00	￥6,000.00
4	加：销售现金收入	￥1,598,800.00	￥2,148,800.00	￥2,717,600.00	￥3,349,600.00
5	可供使用的现金	￥1,603,800.00	￥2,154,300.00	￥2,722,800.00	￥3,355,600.00
6	各项支出				
7	减：直接材料	￥103,155.20	￥180,249.60	￥227,059.20	￥273,984.00
8	直接人工	￥105,984.00	￥127,488.00	￥164,352.00	￥195,840.00
9	制造费用	￥9,798.00	￥11,566.00	￥13,854.00	￥16,450.00
10	销售及管理费用	￥344,750.00	￥344,750.00	￥344,750.00	￥344,750.00
11	所得税	￥479,640.00	￥644,640.00	￥815,280.00	￥1,004,880.00
12	购买设备			￥8,000.00	
13	股利		￥5,000.00		
14	支出合计	￥1,043,327.20	￥1,313,693.60	￥1,573,295.20	￥1,835,904.00

图 20-92　计算支出合计

提示

"现金多余或不足"是现金收入合计与现金支出合计的差额，差额为正，说明收入大于支出；差额为负，说明支出大于收入，需要向银行取得新的借款。

6 计算现金多余或不足。在B15单元格中输入公式"＝B5－B14"，计算结果如图20-93所示。若得到的数据为负数，则表明现金不足，若为正数，表示有多余的现金。

	B15	▼	f_x	=B5-B14	
	A	B	C	D	E
4	加：销售现金收入	￥1,598,800.00	￥2,148,800.00	￥2,717,600.00	￥3,349,600.00
5	可供使用的现金	￥1,603,800.00	￥2,154,300.00	￥2,722,800.00	￥3,355,600.00
6	各项支出				
7	减：直接材料	￥103,155.20	￥180,249.60	￥227,059.20	￥273,984.00
8	直接人工	￥105,984.00	￥127,488.00	￥164,352.00	￥195,840.00
9	制造费用	￥9,798.00	￥11,566.00	￥13,854.00	￥16,450.00
10	销售及管理费用	￥344,750.00	￥344,750.00	￥344,750.00	￥344,750.00
11	所得税	￥479,640.00	￥644,640.00	￥815,280.00	￥1,004,880.00
12	购买设备			￥8,000.00	
13	股利		￥5,000.00		
14	支出合计	￥1,043,327.20	￥1,313,693.60	￥1,573,295.20	￥1,835,904.00
15	现金多余或不足	￥560,472.80	￥840,606.40	￥1,149,504.80	￥1,519,696.00

图 20-93　计算现金多余或不足

提示

在图 20-94 使用的 CEILING() 函数参数 Number 向上舍入（沿绝对值增大的方向）为最接近的 significance 的倍数。
其语法为：CEILING (number,significance) 参数 Number 是要舍入的数值；Significance 用以进行舍入计算的倍数。

7 设计向银行借款数额。假设企业每个季度的现金保底数为8000，当现金不足8000时，需向银行借款。在B16单元格中输入公式"＝IF(B15＜15000,CEILING((ABS(B15)＋15000)/1000,1)*1000,0)"，按下Enter键后，向右复制公式，计算结果如图20-94所示。该结果表明每季度都不需要向银行借款。

	B16	▼	f_x	=IF(B15<15000,CEILING((ABS(B15)+15000)/1000,1)*1000,	
	A	B	C	D	E
5	可供使用的现金	￥1,603,800.00	￥2,154,300.00	￥2,722,800.00	￥3,355,600.00
6	各项支出				
7	减：直接材料	￥103,155.20	￥180,249.60	￥227,059.20	￥273,984.00
8	直接人工	￥105,984.00	￥127,488.00	￥164,352.00	￥195,840.00
9	制造费用	￥9,798.00	￥11,566.00	￥13,854.00	￥16,450.00
10	销售及管理费用	￥344,750.00	￥344,750.00	￥344,750.00	￥344,750.00
11	所得税	￥479,640.00	￥644,640.00	￥815,280.00	￥1,004,880.00
12	购买设备			￥8,000.00	
13	股利		￥5,000.00		
14	支出合计	￥1,043,327.20	￥1,313,693.60	￥1,573,295.20	￥1,835,904.00
15	现金多余或不足	￥560,472.80	￥840,606.40	￥1,149,504.80	￥1,519,696.00
16	向银行借款	￥0.00	￥0.00	￥0.00	￥0.00
17	还银行借款	￥0.00	￥0.00	￥0.00	￥0.00

图 20-94　设计向银行借款数额

8 计算支付利息数。假定企业规定，银行的借款必须在下期末归还，如果贷款利率为10％，在单元格B18中输入公式"＝B17*0.1/12*6"，计算应付利息数，计算结果如图20-95所示。

	B18	▼	f_x	=B17*0.1/12*6	
	A	B	C	D	E
5	可供使用的现金	￥1,603,800.00	￥2,154,300.00	￥2,722,800.00	￥3,355,600.00
6	各项支出				
7	减：直接材料	￥103,155.20	￥180,249.60	￥227,059.20	￥273,984.00
8	直接人工	￥105,984.00	￥127,488.00	￥164,352.00	￥195,840.00
9	制造费用	￥9,798.00	￥11,566.00	￥13,854.00	￥16,450.00
10	销售及管理费用	￥344,750.00	￥344,750.00	￥344,750.00	￥344,750.00
11	所得税	￥479,640.00	￥644,640.00	￥815,280.00	￥1,004,880.00
12	购买设备			￥8,000.00	
13	股利		￥5,000.00		
14	支出合计	￥1,043,327.20	￥1,313,693.60	￥1,573,295.20	￥1,835,904.00
15	现金多余或不足	￥560,472.80	￥840,606.40	￥1,149,504.80	￥1,519,696.00
16	向银行借款	￥0.00	￥0.00	￥0.00	￥0.00
17	还银行借款	￥0.00	￥0.00	￥0.00	￥0.00
18	借款利息	￥0.00	￥0.00	￥0.00	￥0.00

图 20-95　计算支付利息数

9 计算期末现金余额。在单元格B19中输入公式"＝B17＋B18"，在单元格B20中输入公式"＝SUM(B15:B16)－B19"，按下Enter键，向右复制公式，得到的结果如图20-96所示。

B20	▼	fx	=SUM(B15:B16)-B19	
	A	B	C	D	E
8	直接人工	¥105,984.00	¥127,488.00	¥164,352.00	¥195,840.00
9	制造费用	¥9,798.00	¥11,566.00	¥13,854.00	¥16,450.00
10	销售及管理费用	¥344,750.00	¥344,750.00	¥344,750.00	¥344,750.00
11	所得税	¥479,640.00	¥644,640.00	¥815,280.00	¥1,004,880.00
12	购买设备			¥8,000.00	
13	股利		¥5,000.00		
14	支出合计	¥1,043,327.20	¥1,313,693.60	¥1,573,295.20	¥1,835,904.00
15	现金多余或不足	¥560,472.80	¥840,606.40	¥1,149,504.80	¥1,519,696.00
16	向银行借款	¥0.00	¥0.00	¥0.00	¥0.00
17	还银行借款	¥0.00	¥0.00	¥0.00	¥0.00
18	借款利息	¥0.00	¥0.00	¥0.00	¥0.00
19	合计	¥0.00	¥0.00	¥0.00	¥0.00
20	期末现金余额	¥560,472.80	¥840,606.40	¥1,149,504.80	¥1,519,696.00

图20-96　计算期末现金余额

🔟 **计算各项全年合计值。** 在F3单元格中输入公式"=SUM(B3:E3)"，按下Enter键，向下复制公式。至此，现金预算表制作完毕，最终效果如图20-97所示。

	fx	=SUM(B3:E3)				
	A	B	C	D	E	F
1				现金预算模型		
2	季度	第一季度	第二季度	第三季度	第四季度	全年
3	期初现金余额	¥5,000.00	¥5,500.00	¥5,200.00	¥6,000.00	¥21,700.00
4	加：销售现金收入	¥1,598,800.00	¥2,148,800.00	¥2,717,600.00	¥3,349,600.00	¥9,814,800.00
5	可供使用的现金	¥1,603,800.00	¥2,154,300.00	¥2,722,800.00	¥3,355,600.00	¥9,836,500.00
6	各项支出					
7	减：直接材料	¥103,155.20	¥180,249.60	¥227,059.20	¥273,984.00	¥784,448.00
8	直接人工	¥105,984.00	¥127,488.00	¥164,352.00	¥195,840.00	¥593,664.00
9	制造费用	¥9,798.00	¥11,566.00	¥13,854.00	¥16,450.00	¥51,668.00
10	销售及管理费用	¥344,750.00	¥344,750.00	¥344,750.00	¥344,750.00	¥1,379,000.00
11	所得税	¥479,640.00	¥644,640.00	¥815,280.00	¥1,004,880.00	¥2,944,440.00
12	购买设备			¥8,000.00		¥8,000.00
13	股利		¥5,000.00			¥5,000.00
14	支出合计	¥1,043,327.20	¥1,313,693.60	¥1,573,295.20	¥1,835,904.00	¥5,766,220.00
15	现金多余或不足	¥560,472.80	¥840,606.40	¥1,149,504.80	¥1,519,696.00	¥4,070,280.00
16	向银行借款	¥0.00	¥0.00	¥0.00	¥0.00	¥0.00
17	还银行借款	¥0.00	¥0.00	¥0.00	¥0.00	¥0.00
18	借款利息	¥0.00	¥0.00	¥0.00	¥0.00	¥0.00
19	合计	¥0.00	¥0.00	¥0.00	¥0.00	¥0.00
20	期末现金余额	¥560,472.80	¥840,606.40	¥1,149,504.80	¥1,519,696.00	¥4,070,280.00

图20-97　计算各项全年合计值

20.2.8 编制利润预算表

◎ 光盘路径

最终文件：
源文件\第20章\最终文件\预算利润表.xlsx

预计财务报表是全部预算的综合，包括预计利润表、预计资产负债表和预计现金流量表。预计财务报表的作用与实际的财务报表不同，所有企业都要在年终编制实际的财务报表，其主要目的是向外部报表使用人提供财务信息。预计财务报表是为企业财务管理服务，是控制企业资金、成本和利润总量的重要手段。

1️⃣ **创建预算利润表。** 新建一个工作簿，将其保存后命名为预算利润表.xlsx，然后将Sheet1工作表标签重命名为"预算利润表"，在该工作表中创建如图20-98所示的预算利润表。

2️⃣ **更改数字类型。** 选择B3:B10单元格区域，打开"设置单元格格式"对话框，切换至"数字"选项卡下，在"分类"列表框中选择"会计专用"选项，然后设置其"小数位数"为"2"位，如图20-99所示。

🔊 提示

预计财务报表的作用与实际的财务报表不同。所有企业都要在年终编制实际的财务报表，这是有关法规的强制规定。

图20-98　创建预算利润表

图20-99　更改数字类型

3️⃣ **引用销售收入。** 将"销售预算与分析"、"销售费用和管理费用"、"现金预算"工作表移动并复制到该工作簿中。在B3单元格中输入公式"=销售预算及分析!F5"，按下Enter键，计算结果如图20-100所示。为了节省篇幅，这里没有创建销售成本预算，所以这里直接在B4单元格中输入销售成本值。

4 计算毛利。在B5单元格中输入公式“=B3－B4”，按下Enter键，得到的结果如图20-101所示。

fx =销售预算及分析!F5

	A	B
1	天恒集团2007年预算利润表	
2	项目	金额
3	销售收入	¥ 10,428,000.00
4	销售成本	¥ 2,125,000.00
5	毛利	
6	销售及管理费用	
7	利息	
8	利润总额	
9	所得税	
10	税后净收益	

图 20-100 引用销售收入

fx =销售预算及分析!F5

	A	B
1	天恒集团2007年预算利润表	
2	项目	金额
3	销售收入	¥ 10,428,000.00
4	销售成本	¥ 2,125,000.00
5	毛利	
6	销售及管理费用	
7	利息	
8	利润总额	
9	所得税	
10	税后净收益	

图 20-101 计算毛利

提示

利润总额＝毛利－销售及管理费用－利息

5 引用销售费用及利息。在B6和B7单元格中输入如下公式：

B6=销售费用和管理费用!B12

B7=现金预算!F18

按下Enter键后，计算结果如图20-102所示。

6 计算利润总额。在B8单元格中输入公式“=B5-B6-B7”，按下Enter键，得到的结果如图20-103所示。

fx =销售费用和管理费用!B12

	A	B
1	天恒集团2007年预算利润表	
2	项目	金额
3	销售收入	¥ 10,428,000.00
4	销售成本	¥ 2,125,000.00
5	毛利	¥ 8,303,000.00
6	销售及管理费用	¥ 1,379,000.00
7	利息	¥ -
8	利润总额	
9	所得税	
10	税后净收益	

图 20-102 引用销售费用及利息

fx =B5-B6-B7

	A	B
1	天恒集团2007年预算利润表	
2	项目	金额
3	销售收入	¥ 10,428,000.00
4	销售成本	¥ 2,125,000.00
5	毛利	¥ 8,303,000.00
6	销售及管理费用	¥ 1,379,000.00
7	利息	¥ -
8	利润总额	¥ 6,924,000.00
9	所得税	
10	税后净收益	

图 20-103 计算利润总额

7 引用所得税。在B9单元格中输入公式“=现金预算!F11”，按下Enter键，得到的结果如图20-104所示。

提示

税后净收益＝利润总额－所得税

8 计算税后净收益。在B10单元格中输入公式“=B8-B9”，按下Enter键，得到税后净收益的结果如图20-105所示。

fx =现金预算!F11

	A	B
1	天恒集团2007年预算利润表	
2	项目	金额
3	销售收入	¥ 10,428,000.00
4	销售成本	¥ 2,125,000.00
5	毛利	¥ 8,303,000.00
6	销售及管理费用	¥ 1,379,000.00
7	利息	¥ -
8	利润总额	¥ 6,924,000.00
9	所得税	¥ 2,944,440.00
10	税后净收益	

图 20-104 引用所得税

fx =B8-B9

	A	B
1	天恒集团2007年预算利润表	
2	项目	金额
3	销售收入	¥ 10,428,000.00
4	销售成本	¥ 2,125,000.00
5	毛利	¥ 8,303,000.00
6	销售及管理费用	¥ 1,379,000.00
7	利息	¥ -
8	利润总额	¥ 6,924,000.00
9	所得税	¥ 2,944,440.00
10	税后净收益	¥ 3,979,560.00

图 20-105 计算税后净收益

20.2.9 编制资产负债预算表

光盘路径

最终文件：源文件\第20章\最终文件\预算资产负债表.xlsx

预算资产负债表，与实际的资产负债表内容和格式相同，只是数据是反映预算期末的财务状况。编制预算资产负债表的目的在于判断预算反映的财务状况的稳定性和流动性。如果通过预算资产负债表的分析，发现某些财务比率不佳，必要时可修改有关预算，以改善财务状况。

1 创建预算资产负债表。新建一个工作簿，将其保存后命名为“预算资产负债表.xlsx”，将Sheet1工作表标签重命名为“预算资产负债表”，在该工作表中创建如图20-106所示的预算资产负债表。

提 示

预算资产负债表是利用本期期初资产负债表，根据销售、生产、资本等预算的有关数据加以调整编制的。

图 20-106　创建预算资产负债表

2 **引用现金、应收账款和直接材料**。将前面创建的预算表格都移动和复制到该工作簿中，然后在B4:C6单元格区域输入如下公式：

B4　=现金预算!B3

C4　=现金预算!F20

B5　=销售预算及分析!B7

C5　=销售预算及分析!E5*0.2

B6　=直接材料预算!F8*直接材料预算!B10

C6　=直接材料预算!F9*直接材料预算!F10

按下Enter键，得到的结果如图20-107所示。

3 **计算房屋设备及累计折旧**。在B7:C8、B9:B10单元格中分别输入"产成品"、"土地"的年初和年末值，并输入"房屋及设置"、"累计折旧"的年初值，然后在C9和C10单元格中分别输入如下公式：

C9　=B9+现金预算!F12

C10　=制造费用预算及分析!G10+预算资产负债表!B10

按下Enter键，得到的结果如图20-108所示。

	fx =现金预算!B3	
	A	B	C
1			预算
2		资　产	
3	项目	年初	年末
4	现金	￥5,000.00	￥4,070,280.00
5	应收账款	￥82,000.00	￥695,200.00
6	直接材料	￥23,040.00	￥892,800.00
7	产成品		
8	土地		
9	房屋及设置		
10	累计折旧		
11	资产总额		

图 20-107　引用现金、应收账款和直接材料

	fx =现金预算!B3	
	A	B	C
1			预算
2		资　产	
3	项目	年初	年末
4	现金	￥5,000.00	￥4,070,280.00
5	应收账款	￥82,000.00	￥695,200.00
6	直接材料	￥23,040.00	￥892,800.00
7	产成品		
8	土地		
9	房屋及设置		
10	累计折旧		
11	资产总额		

图 20-108　计算房屋设备及累计折旧

4 **计算资产总额**。在B11单元格中输入公式"=SUM(B4:B9)−B10"，按下Enter键，向右复制公式，得到的结果如图20-109所示。

5 **引用应付账款**。在F4和G4单元格中分别输入如下公式：

F4　=直接材料预算!B13

G4　=直接材料预算!E11*0.4

按下Enter键，得到的结果如图20-110所示。

	fx =SUM(B4:B9)−B10	
	A	B	C
2		资　产	
3	项目	年初	年末
4	现金	￥5,000.00	￥4,070,280.00
5	应收账款	￥82,000.00	￥695,200.00
6	直接材料	￥23,040.00	￥892,800.00
7	产成品	￥6,423.00	￥10,234.00
8	土地	￥20,456.00	￥20,456.00
9	房屋及设置	￥18,880.00	￥26,880.00
10	累计折旧	￥3,000.00	￥9,500.00
11	资产总额	￥152,799.00	￥5,706,350.00

图 20-109　计算资产总额

	fx =直接材料预算!B13	
	E	F	G
2		负债及所有者权益	
3	项目	年初	年末
4	应付账款	￥8,000.00	￥116,352.00
5	长借借款		
6	普通股		
7	未分配利润		
8			
9			
10			
11	负债及权益总额		

图 20-110　引用应付账款

提示

实际情况下，资产负债表最终的结果应为：期初的资产数等于期初的负债与所有者权益合计数，期末的资产数等于期末的负债与所有者权益合计数，这正好符合会计恒等式"资产=负债+所有者权益"，由于这里是举例说明，很多数字都是随意输入的，故不符合这一等式。

6 计算负债及权益总额。 在F5:G6单元格中输入"长期借款"和"普通股"的年初和期末值，接着在F7单元格中输入"未分配利润"的年初值，在G7单元格中输入公式"=F7+预算利润表!B10－现金预算!F12"，按下Enter键后，继续在F11单元格中输入公式"=SUM(F4:F7)"，按下Enter键后，向右复制公式，得到的结果如图20-111所示。

=SUM(F4:F7)

	E	F	G
2	负债及所有者权益		
3	项目	年初	年末
4	应付账款	¥8,000.00	¥116,352.00
5	长借借款	¥12,000.00	¥12,000.00
6	普通股	¥45,602.00	¥49,546.00
7	未分配利润	¥23,145.00	¥3,994,705.00
8			
9			
10			
11	负债及权益总额	¥88,747.00	¥4,172,603.00

图 20-111 计算负债及权益总额

相关行业知识 财务预算的分析与考核

❶ 各预算执行单位应当在每季度后15天，向公司财务部报告财务预算的执行情况。对于财务预算执行中发生的新情况、新问题及出现偏差较大的重大项目，由财务部责成有关预算执行单位查找原因，提出改进经营管理的措施和建议。必要时，由财务部提交财务预算委员会处理。

❷ 公司审计部定期对预算责任中心的报告及执行情况进行审计，纠正预算执行中存在的问题，维护预算管理的严肃性，审计部形成审计报告，及时反馈给财务部及预算责任中心，作为预算调整、改进内部管理和预算考核的一项重要参考。

财务预算审计可以全面审计，也可以抽样审计。

❸ 财务部定期向预算执行单位、财务预算委员会、董事会或总经理办公会提供财务预算的执行进度、执行差异及其对财务预算目标的影响等财务信息，促进公司完成财务预算目标。

❹ 公司建立财务预算分析制度，由财务预算委员会定期召开财务预算执行分析会议，全面掌握财务预算的执行情况，研究、落实解决财务预算执行中存在问题的政策措施，纠正财务预算的执行偏差。

❺ 公司的财务预算按调整后的预算执行，财务预算完成情况以企业年度财务会计报告为准。

❻ 预算年度终了，财务预算委员会应当向董事会报告财务预算执行情况，并依据财务预算完成情况和财务预算审计情况对预算执行单位进行考核。

❼ 财务预算执行考核是评价预算执行单位绩效的主要内容之一，与预算执行单位负责人的年度考核挂钩。

图书在版编目（CIP）数据

Excel财务宝典／马爱梅编著.—北京：中国青年出版社，2008

ISBN 978-7-5006-8478-7

I.E... II.马... III.电子表格系统，Excel－应用－财务管理 IV. F275-39

中国版本图书馆CIP数据核字（2008）第156497号

Excel 财务宝典

马爱梅　编著

出版发行	中国青年出版社
地　　址	北京市东四十二条21号
邮政编码	100708
电　　话	(010) 59521188　59521189
传　　真	(010) 59521111
企　　划	中青雄狮数码传媒科技有限公司
责任编辑	肖　辉　王丽锋　张丽群
封面设计	于　靖

印　　刷	中国农业出版社印刷厂
开　　本	889×1194　1/16
印　　张	25.75
版　　次	2009年3月北京第1版
印　　次	2009年3月第1次印刷
书　　号	ISBN 978-7-5006-8478-7
定　　价	55.00元（附赠1CD）

本书如有印装质量等问题，请与本社联系　电话：(010) 59521188

读者来信：reader@cypmedia.com

如有其他问题请访问我们的网站：www.21books.com